핵심예상문제풀이

# 전기철도공학
필기 및 필답형 실기

김양수 · 심규식 공저

동일출판사

# 머리말

우리나라의 전기철도는 1899년 서대문~동대문간에 DC 600[V] 노면전차를 운행한 것이 시초이며, 1973년 청량리~제천간 152[km] 산업선 전철화, 1974년 경인선, 경부선 등 수도권 전철이 교류 25[kV] 방식으로 건설되어 전기철도는 국토의 균형발전과 수송능력 증강, 친환경 에너지 이용 효율 확대, 대기오염 확산 저감과 중·장거리 대용량 수송에 적합하고, 안전성(安全性)과 신속성(迅速性), 편의성(便宜性), 정시성(定時性) 등 대중교통 수단으로서의 수송 역할을 다하고 있다.

특히, 2004년에는 서울~동대구간 KTX 고속열차 운행과 2009년 동대구~부산간 KTX 고속열차 운행으로 서울~부산간 최고영업속도 330[km/h]로 세계에서 5번째로 고속철도를 운행하는 국가로 발전하게 되었고, 그 이후 2013년 차세대 고속열차 HEMU 430X 고속열차와 전차선로, 신호시스템을 개발하여 호남선 일부 구간에서 최고 운행속도 421.3[km/h] 시운전에 성공하였으며, 최근에는 동력분산방식의 고속열차를 개발하여 시운전 중에 있다.

2022년 1월 1일 현재 우리나라의 전철화율은 78.2[%]로써 2004년 KTX 개통 이후 급격하게 증가되었고 2030년에는 85[%] 이상 상회할 수 있을 것으로 전망된다.

본서는 1999년 전기철도분야의 국가기술자격 종목이 신설되면서 출간되어 현재까지 23년이란 세월이 흐르는 동안 현실성과 시대성에서 맞지 않는 내용들이 많이 있어 이를 수정·보완·새로운 문제들을 수록하여 전기철도(산업)기사 국가기술자격시험을 준비하는 수험생의 이정표가 되고자 아래와 같이 구성하였다.

❶ 본 핵심예상문제풀이 수험서는 1장 전기철도 일반~8장 제3궤조방식까지 각 Chapter별로 꼭 알아야 할 핵심적인 내용들을 요약하여 정리하였다.
❷ 본서는 과거의 수험서와 달리 핵심적으로 출제가 예상되는 문제, 개념(정의)을 이해하고, 공식을 활용하여 계산하는 문제들을 충실하고 풍부하게 다루었고, 필기문제 해설과 필답형 실기문제 풀이를 통하여 쉽게 이해할 수 있도록 구성하였다.
❸ 본문의 내용에서 이해를 하지 못했다면 핵심예상문제풀이(필기 및 필답형 실기)에서 이해할 수 있도록 구성하였다.
❹ 각 Chapter별로 출제 예상빈도와 중요도를 분석하고, 문제의 중요성을 감안하여 별(★)의 개수를 1~5개까지 표기하여 합격의 지름길로 갈 수 있도록 하였다.

❺ 본서의 요점정리와 핵심예상문제풀이는 필기와 필답형 실기시험을 한 번에 합격하는 것을 목표로 난이도를 감안하여 구성하였다.

마지막으로 1장 첫 부분에는 전기철도 용어의 정의와 뒷 부분 부록에는 전철설비 표준기호(symbol)에서도 출제가 예상되어 최근 업그레이드된 자료를 추가하였다.

금년 전기철도 개통 50주년(2023.6.20)을 맞이하여 알짜배기로 된 전기철도공학 핵심예상문제풀이 수험서를 발간하게 됨을 영광으로 생각하며, 수험생 여러분의 전기철도(산업)기사 국가기술자격 취득에 조금이나마 보탬이 되었으면 하는 바람이다.

앞으로 계속 전기철도공학 수험서에 대한 내용의 수정·보완·새로운 문제 개발에 최선을 다할 것을 다짐하며 많은 이해와 조언 및 지도편달을 바라마지 않는다.

끝으로 본 수험서를 개편, 출간할 수 있도록 도움을 주신 분들과 동일출판사 임직원 여러분께 감사의 말씀을 전합니다.
독자 여러분의 합격을 기원합니다.

2023년 8월
저자 씀

# 차 례

### Chapter 1 전기철도 일반

1. 전기철도의 특성 및 구성 ·········································· 9
2. 전기철도의 분류 ························································ 29
3. 전기철도 관련 시스템 ·············································· 33
4. 급전방식 ···································································· 49
5. 급전계통의 구성 및 특성 ········································ 50
6. 급전계통의 운전 및 분리 ········································ 51
7. 급전시스템의 해석 ···················································· 55
▶ 핵심예상문제 필기 ···················································· 58
▶ 핵심예상문제 필답형 실기 ······································ 73

### Chapter 2 전철 변전설비

1. 변전설비 일반 ···························································· 89
2. 부하의 측정 및 관리 ················································ 94
3. 직류 변전설비 ···························································· 95
4. 교류 변전설비 ·························································· 103
5. 원격감시제어설비(SCADA 설비) ·························· 110
▶ 핵심예상문제 필기 ·················································· 114
▶ 핵심예상문제 필답형 실기 ···································· 128

### Chapter 3 전차선로 일반

1. 전차선로의 개요 ······················································ 139
2. 전차선로의 가선방식 ·············································· 141
3. 전차선로의 조가방식 ·············································· 142
4. 전차선로의 전기적 · 기계적 특성 ························ 146
5. 팬터그래프와 전차선의 상호작용 ························ 150
6. 전압강하 ···································································· 152
7. 전류용량과 온도상승 ·············································· 166
8. 순환전류의 발생, 영향 및 대책 ··························· 182
9. 귀선로의 대지 누설전류와 레일전위 ·················· 183
10. 전식 및 전식방지 ·················································· 184
11. 전자유도 및 유도방지 ·········································· 185
▶ 핵심예상문제 필기 ·················································· 186
▶ 핵심예상문제 필답형 실기 ···································· 203

## Chapter 4 일반 전차선로

1. 급전선(feeder line) ········· 223
2. 전차선(trolley wire) ········· 226
3. 조가선 ········· 233
4. 귀선 ········· 236
5. 진동방지·곡선당김장치 ········· 237
6. 건넘선장치(overhead crossing) ········· 238
7. 구분장치(sectioning device) ········· 238
8. 인류장치(straining device) ········· 239
9. 흐름방지장치(anticreeping device) ········· 240
10. 가동브래킷 ········· 241
▶ 핵심예상문제 필기 ········· 244
▶ 핵심예상문제 필답형 실기 ········· 279

## Chapter 5 고속 전차선로

1. 고속철도 일반 ········· 313
2. 급전선 ········· 316
3. 전차선 ········· 319
4. 조가선 ········· 337
5. 곡선당김장치 ········· 347
6. 건넘선장치 ········· 348
7. 구분장치 ········· 350
8. 인류장치 ········· 356
9. 흐름방지장치 ········· 362
10. 가동브래킷 ········· 362
▶ 핵심예상문제 필기 ········· 365
▶ 핵심예상문제 필답형 실기 ········· 384

## Chapter 6 강체 전차선로

1. 강체 전차선로의 구조 및 원리 ········· 407
2. 직류 강체방식(T-Bar) ········· 409
3. 교류 강체방식(R-Bar) ········· 416
4. 강체 전차선로의 해석 ········· 422
5. 강체 전차선로의 설계 ········· 428
▶ 핵심예상문제 필기 ········· 430
▶ 핵심예상문제 필답형 실기 ········· 439

## Chapter 7 계통보호방식 및 설비

1. 계통의 보호방식 ·········································· 449
2. 보호선(PW) ················································ 449
3. 가공지선(GW) ············································ 450
4. 보안기 ························································· 450
5. 피뢰기(L.A) ················································ 451
6. 보호계전기 ················································· 452
7. 이격거리 ····················································· 453
▶ 핵심예상문제 필기 ···································· 455
▶ 핵심예상문제 필답형 실기 ······················· 464

## Chapter 8 제3궤조방식

1. 제3궤조방식 일반 ······································ 475
2. 제3궤조방식의 가선방식 ·························· 476
3. 제3궤조방식의 구성품 ······························ 478
4. 제3궤조방식의 계산 ·································· 484
▶ 핵심예상문제 필기 ···································· 490
▶ 핵심예상문제 필답형 실기 ······················· 494

## 부록 전철설비 표준도 기호

1. 일반기호 ····················································· 499
2. 전선로 지지물 및 부속설비 ···················· 500
3. 전차선 ························································· 503
4. 급전선 기타 ··············································· 505
5. 변전소·급전구분소 등 ······························ 506
6. 경계 및 표지류 ········································· 506
7. 토목구조물 등 기타 ·································· 507

# MEMO

# Chapter 1. 전기철도 일반

## 1. 전기철도의 특성 및 구성

### 1.1 전기철도의 정의

전기철도(electric railway)는 『전기를 주동력으로 하는 전기차를 운행하여 여객 및 화물을 수송하는 철도를 말한다.』

#### 1.1.1 동력방식에 의한 철도의 분류

(1) 증기철도(steam railway)
(2) 전기철도(electric railway)
(3) 내연기철도(internal combustion railway)

#### 1.1.2 전철전력분야 용어의 정의

**(1) 전철전력 공통용어(가나다 순)**

1) 가스 증기 위험장소
   유류저장고, 위험물품창고, 도장실 또는 수술실 같은 가연성 가스 또는 인화성 액체의 증기가 공기중에 존재하여 위험한 장소 또는 그 우려가 있는 장소

2) 간선
   인입구로부터 분기 과전류차단기에 이르는 배선으로서 분기회로의 분기점으로부터 전원측의 부분

3) 건조물
   사람이 거주하거나 근무하며 또는 빈번한 출입이 있고 사람이 모이는 건축물 등을 말함.

4) 건축한계
   차량이 안전하게 운행될 수 있도록 궤도상에 설정한 일정한 공간

5) 고압
   직류에 있어서는 750[V]를 초과, 교류에 있어서는 600[V]를 초과하고 7,000[V] 이하의 전압

6) 공칭전압

전선로를 대표하는 선간전압

7) 공동관로

전력·신호·통신케이블 중 2개 분야 이상을 함께 사용하는 관로

8) 공사시방서

전문시방서를 기본으로 공사의 특수성·지역여건·공사방법 등을 고려하여 기본설계 및 실시설계 도면에 구체적으로 표시할 수 없는 내용과 공사수행을 위한 시공방법, 자재의 성능·규격 및 공법, 품질시험 및 검사, 안전관리계획 등에 관한 사항을 기술한 시공기준으로 당해공사의 계약문서

9) 공사원가계산서

공사 시 노무비, 재료비, 경비 등 순공사비와 이윤 등을 계산하기 위해 작성하는 명세서

10) 공용접지방식

레일과 병행하여 지중에 매설접지선을 포설하여 변전소로 돌아오는 전류의 귀환을 용이하게 하는 방식으로 모든 전기설비를 등전위 접지망으로 구성하여 레일 및 귀선을 연결시키는 접지방식

11) 공해지역

[1]아황산가스 오염도가 기준치(0.05[ppm])를 넘는 곳으로서 공단이 공해발생 취약개소로 지정한 장소

12) 과부하 전류

기기에 대하여는 그 정격전류, 전선에 대하여는 그 허용전류를 초과하여 계속 흐르고 있을 때, 기기 또는 전선의 손상 방지상 자동차단을 필요로 하는 전류

13) 과전류 차단기

배선용 차단기 및 기중 차단기와 같이 과부하 전류 및 단락 전류를 자동 차단하는 기능을 가지는 기구

14) 과전류

과부하 전류 또는 단락전류

15) 관등회로

방전등용 안정기(네온변압기 포함) 및 점등관 등 점등에 필요한 부속품과 방전관을 결합한 회로

---

[1] 환경정책기본법 시행령(2012.7.20) 별표 1 아황산가스($SO_2$) 24시간평균치 0.05ppm 이하

16) 구내 배전설비

수전설비의 배전반 이후로부터 전기기계, 기구에 이르는 전선로, 개폐기, 차단기, 분전반, 콘센트, 제어반, 스위치 기타 부속설비

17) 구내

벽, 울타리, 도랑 등으로 구분된 지역 또는 시설관리자 및 그 관계자 이외의 사람이 자유로이 출입할 수 없거나 지형상 및 사회통념상 이에 따르는 장소

18) 궤간

양쪽 레일 안쪽 간의 거리 중 가장 짧은 거리, 레일의 윗면으로부터 14[mm] 아래 지점을 기준

19) 궤도

레일·침목 및 도상과 이들의 부속품으로 구성된 시설

20) 귀선

운전용 전기를 통하는 귀선레일, 보조귀선, 부급전선, 흡상선, 중성선, 보호선용접속선 및 변전소 인입귀선을 총괄한 것

21) 귀선로

귀선 및 이를 지지 또는 보장하는 설비를 총괄한 것

22) 기본설계

예비타당성조사, 타당성 조사 및 기본계획을 감안하여 시설물의 규모, 배치, 형태, 개략공사방법 및 기간, 개략 공사비 등에 관한 조사, 분석, 비교·검토를 거쳐 최적안을 선정하고 이를 설계도서로 표현하여 제시하는 설계업무로서 각종사업의 인·허가를 위한 설계를 포함하며, 설계기준 및 조건 등 실시설계용역에 필요한 기술 자료를 작성하는 것

23) 기지

화물의 취급 또는 차량의 유치 등을 목적으로 시설한 장소로서 화물기지, 차량기지, 주박기지, 보수기지 및 궤도기지 등

24) 내진설계

지진 등의 물리적인 충격을 줄 수 있는 자연 재해로부터 건물이나 구조물, 설비, 인원을 안전하게 보호할 수 있도록 하는 설계

25) 누설전류

전로 이외를 흐르는 전류로서 전로의 절연체(전선의 피복, 애자, 붓싱, 스페이서 및 기타 기기의 부분으로 사용하는 절연체 등)의 내부 및 표면과 공간을 통하여 선간 또는 대지 사이로 흐르는 전류

26) 누전 경보장치

전로에 지락이 발생할 때 부하기기, 금속제 외함 등에 발생되는 고장전압 또는 지락 전류를 검출하는 부분과 경보를 하는 부분을 조합한 것으로 자동적으로 소리, 빛, 기타 방법으로 경보를 발생하는 것

27) 누전경보기

누전경보장치를 일체화하여(직접 경보를 하는 부분을 제외한 것을 포함) 용기 내에 넣은 것

28) 누전 차단기

누전 차단장치를 일체로 하여 용기 속에 넣어서 제작한 것으로서 용기 외로부터 수동으로 전로의 개폐 및 자동차단 후의 복귀가 가능한 것

29) 노출장소

옥내의 천정 밑면, 벽면 기타 옥측과 같은 장소

30) 단락전류

전로의 선간이 임피던스가 적은 상태로 접촉되었을 경우에 그 부분을 통하여 흐르는 큰 전류

31) 대지전압

접지식 전로에서는 전선과 대지 사이의 전압을 말하고, 비접지식 전로에서는 전선과 그 전로 중의 임의의 다른 전선 사이의 전압

32) 도상

레일 및 침목으로부터 전달되는 차량 하중을 노반에 넓게 분산시키고 침목을 일정한 위치에 고정시키는 기능을 하는 자갈 또는 콘크리트 등의 재료로 구성된 구조부분

33) 매설접지선

공용접지방식에서 레일과 병행하여 양쪽 또는 한쪽에 매설하는 접지용 전선

34) 물기있는 장소

세탁장 등 물을 취급하는 봉당(토방) 혹은 주방(세차장 및 욕실의 세면장을 포함) 또는 그 부근의 물기가 비산하는 장소, 간이 지하실에 상시 물이 누출 또는 결로 하는 장소, 소(沼), 연못, 용수(用水) 등 및 이들 주변, 기타 이것들과 유사한 장소

35) 방전등

방전관, 방전등용 안정기(방전등용 변압기 포함) 및 방전관의 점등에 필요한 부속품 등

36) 배선

전기 사용 장소에서 고정시켜 시설하는 전선을 말하며, 기계기구(배분전반을 포함)

내에 그 일부분으로 시설되는 배선으로 소 세력회로의 전선 등은 포함하지 않음.

### 37) 배선용 차단기
전자작용 또는 바이메탈의 작용에 의하여 과전류를 검출하고 자동으로 차단하는 과전류 차단기로서 그 최대 동작전류가 정격전류의 100[%]와 125[%] 사이에 있고 또한 외부에서 수동, 전자적 또는 전동적으로 조작할 수 있는 것

### 38) 배전반
개폐기, 과전류 차단기, 계기, 보호계전기 등을 설비한 독립된 반으로서 구내 배전 설비로 전기를 공급하는 전기설비

### 39) 배전선로
전철변전소 또는 수전설비의 배전반 2차측부터 전기실 등 변압기 1차측까지의 전선로 및 이에 부속되는 개폐장치 등의 설비

### 40) 배전설비
수전설비의 배전반 이후로부터 전기기계, 기구에 이르는 전선로, 개폐기, 차단기, 분전반, 콘센트, 제어반, 스위치 기타 부속설비

### 41) 부식성 가스 등이 있는 장소
개방형 축전지실 등 또는 이것과 유사한 장소

### 42) 본선
열차운행에 상용할 목적으로 설치한 선로

### 43) 분기개폐기
간선과 분기회로와의 분기점에 설치하는 개폐기(개폐기를 겸한 배선용차단기 포함)

### 44) 분기회로
간선으로부터 분기하여 분기 과전류차단기를 거쳐서 부하에 이르는 사이의 배선

### 45) 분전반
전로를 2이상으로 분기하기 위하여 필요한 기기를 설비한 독립된 반

### 46) 불연성 먼지가 많은 장소
폭발성 또는 가연성이 아닌 먼지가 많이 존재하는 장소

### 47) 사람이 쉽게 접촉할 우려가 있는 장소
옥내에서는 바닥면 등에서 1.8[m] 이하, 옥외에서는 지표면 등에서 2[m] 이하 높이의 장소를 말하고, 기타 계단중간, 창 등으로부터 손을 내밀어 쉽게 닿는 범위

### 48) 사람이 접촉할 우려가 있는 장소
옥내에서는 바닥면 등에서 저압의 경우는 1.8[m]를 초과하고 2.3[m]이하(고압의 경우는 1.8[m]를 초과하고 2.5[m]이하), 옥외에서는 지표면 등에서 2[m]를 초과하고

2.5 [m] 이하 높이의 장소를 말하고, 기타 계단중간, 창 등으로부터 손을 내밀어 쉽게 닿는 범위

49) 선로

차량을 운행하기 위한 궤도와 이를 받치는 노반 또는 인공구조물로 구성된 시설

50) 설계도면

과업계획에 의해 제시된 목적물의 형상과 규격 등을 표현하기 위해 설계자에 의해 작성된 도면으로 물량산출 및 내역산출의 기초가 되며 시공자가 시공상세도면을 작성할 수 있도록 모든 지침이 표현된 도면을 말하며, 복잡한 부분을 쉽게 판독할 수 있도록 상세히 작성한 상세설계 도면과 구조계산이 필요한 가시설물의 도면을 포함

51) 설계보고서

시설물의 규모, 배치, 형태, 공사방법과 기간, 공사비, 유지관리 등에 관한 세부 조사 및 분석, 비교·검토를 통한 최적안 선정 등 시공 및 유지관리에 필요한 내용을 작성한 설계도서

52) 설계속도

해당 선로를 설계할 때 기준이 되는 상한속도

53) 소형 전기기계기구

소비전류 6[A] 이하(전동기는 정격출력 200[W] 이하)의 가정용 전기기계기구

54) 수량산출서

설계도면을 작성·완료한 후에 공종별로 재료의 수량을 산출한 내역서

55) 수용장소 : 전기사용장소를 포함하여 전기를 사용하는 구내 전체

56) 수전반 : 특별고압 또는 고압 수용가의 수전용 배전반

57) 습기 많은 장소

장, 조리실, 열기소독실 등의 수증기가 충만한 장소, 바닥 또는 이와 유사한 장소(주택의 누각 같은 장소는 포함되지 않음)

58) 시공기면 : 노반을 조성하는 기준이 되는 면

59) 시공상세도

실시설계도서에 포함된 각종 상세도면 외에 시공자가 설계도서에 표시된 내용을 구체적으로 구현하기 위하여 어떤 수단과 방법 등으로 시공할 것인지의 검토 결과를 도면으로 작성하는 것

60) 시운전

선로를 새로 부설했거나 중대한 선로 보수를 한 경우와 전차선의 이상 유무 확인 및 각종 설비를 설치하고 사용 개시 전 최종 확인하는 것

61) 실시설계

기본설계 결과를 토대로 시설물의 규모, 배치, 형태, 공사방법과 기간, 공사비, 유지관리 등에 관하여 세부조사 및 분석, 비교·검토를 통하여 최적안을 선정하여 시공 및 유지관리에 필요한 설계도서(도면, 시방서, 내역서, 계산서 등), 및 각종 사업의 인·허가를 위한 설계도서를 작성하는 것

62) 약전류 전선

약전류 전기의 전송에 사용하는 전기도체, 절연물로 피복한 전기도체, 절연물로 피복한 위를 보호피복으로 보호한 전기도체

63) 약전류 전선로

약전류전선 및 이를 지지하거나 보장하는 설비(조영물의 옥내 또는 옥측에 시설하는 것 제외)

64) 역소

역, 조차장, 신호장, 각 사무소, 기타 이와 유사한 장소

65) 열차

동력차에 객차 또는 화차 등을 연결하여 본선을 운행할 목적으로 조성한 차량

66) 염해지역

염수의 침입 및 해풍으로 해안지역의 식물이나 전기시설물의 피해 우려가 있는 지역

67) 옥내배선

옥내의 전기 사용 장소에서 고정하여 시설하는 전선

68) 옥측 : 건조물의 옥외 측면

69) 옥측배선

옥측 전기 사용 장소에 시설하는 배선

70) 옥외배선

옥외 전기 사용 장소에 시설하는 배선(옥측배선을 제외)

71) 우선내

옥 측에서 처마, 차양 또는 이와 유사한 것의 끝에서 연직선에 대해 건조물 방향으로 45° 선의 내측 부분

72) 우선외

옥 측에서 우선 내 이외의 장소( 비를 맞는 장소)

73) 이중화 전원계통

각 종 사고의 경우에도 전원공급이 가능하도록 2회선으로 구성된 전용배전선로 전력계통

74) 인입구

옥외 또는 옥측으로부터 전로가 가옥의 외벽을 관통하는 부분

75) 인입구배선

가공 인입선 및 지중 인입선의 종단에서 인입구를 거쳐 인입개폐기에 이르는 배선

76) 인입구장치

인입구 이후 전로에 설치하는 전원 측에서 보아 최초의 개폐기 및 과전류차단기 조합

77) 인입선

배전선로로부터 분기하여 수용장소의 인입구에 이르는 부분의 전선

78) 인하선

배전선로의 지지점으로부터 분기하여 지지물을 따라 옥외 시설의 제표지등·역명표·외등 및 기타 시설물의 인입구에 이르는 부분의 전선

79) 장대터널 : 연장 5[km] 이상의 터널

80) 저압

직류에 있어서는 750[V] 이하, 교류에 있어서는 600[V] 이하의 전압

81) 전기 수용설비 : 수전설비와 구내 배전설비

82) 전기설비

수전, 변전, 전철, 배전 또는 전기사용을 위하여 설치하는 기계, 기구, 전선로, 보안통신선로 기타의 설비

83) 전기실 등

전기수용설비 중 개폐기 기타의 장치에 의하여 고압 또는 특별고압 전로를 개폐할 수 있는 설비와 변압기 등이 설치되어 있는 옥내·외 장소를 말하며, 변압기만 설치되어 있는 장소는 제외. 또한, 배전선로의 전기실은 수전실, 전기실, 배전소로 나누며, 한전에서 수전 받아 각 전기실로 공급하는 1차 전기실을 수전실, 역사 등 건물 내 부하에 전원을 공급하기 위한 곳을 전기실, 터널 등 선로 연변의 부하에 전기를 공급하기 위한 곳을 배전소라 함.

84) 전로

보통의 사용 상태에서 전기를 통하고 있는 회로의 전부 또는 일부

85) 전문시방서

공사시방서 작성을 위한 가이드로서 모든 공종을 대상으로 하여 발주처가 작성한 종합적인 시공기준

86) 전선

강전류전기의 전송에 사용하는 나전선, 절연전선, 코드선, 케이블 등의 전기도체(부

급전선, 보호선, 비절연보호선 및 가공공동지선, 섬락보호지선도 전선으로 봄.)

87) 전선로

전기사용장소 상호간의 전선 및 이를 지지하거나 또는 보장하는 시설물

88) 전주

전선로에 사용하는 목주, 철주, 강관주, H형강주 및 콘크리트주

89) 전철전력설비

전기칠도에서 수선선로, 변전설비, 스카다(SCADA), 전차선로, 배전선로, 건축전기설비와 이에 부속되는 설비를 총괄한 것

90) 전철전원설비

전기사업자로 부터 수전할 수 있는 수전선로, 전철전력설비에 공급할 수 있도록 적합하게 변성할 수 있는 제반 변전설비

91) 절연구간

절연체에 의해 접지부 및 충전부와 구분되는 개소

92) 절연전선 : 절연물로 피복한 전선

93) 점멸기 : 전등 등의 점멸에 사용하는 개폐기(텀블러스위치 등)

94) 점검 가능 은폐장소

점검구가 있는 천정 속, 찬장 또는 벽장 같은 장소

95) 점검 불가능한 은폐장소

점검구가 없는 천정 속, 바닥 밑, 벽 내부, 콘크리트 바닥 내 및 지중 같은 장소한 것을 접지극 또는 접지단자함에 접속하는 금속선

96) 접지선

다음 각목에 열거한 것을 접지극 또는 접지단자함에 접속하는 금속선

97) 접촉전압

지락이 발생된 전기기계, 기구의 금속제 외함 등에 사람이 닿았을 때 생체에 가하여지는 전압

98) 정거장

여객 또는 화물의 취급을 위한 철도시설 등을 설치한 장소[조차장(열차의 조성 또는 차량의 입환을 위하여 철도시설 등이 설치된 장소) 및 신호장(열차의 교차 통행 또는 대피를 위하여 철도시설 등이 설치된 장소)을 포함]

99) 정격 차단용량

과전류 차단기가 어떤 정해진 조건에서 차단할 수 있는 차단용량의 한계

100) 정격전압

전기사용 기계, 기구, 배선기구 등에서 사용상 기준이 되는 전압

101) 제어반

특정의 전기기계, 기구를 현지제어 및 원격제어하기 위하여 설치된 독립된 반

102) 제어회로

계전기 또는 이와 유사한 기구를 통하여 다른 회로를 제어하는 회로

103) 조영물

건물, 광고탑 등 토지에 정착된 공작물 중 건물기초 및 기둥 또는 벽이 있는 공작물

104) 조영재

조영물을 구성하는 부분

105) 조작반

특정의 전기기계, 기구를 수동조작하기 위하여 필요한 기기를 설비한 독립된 반

106) 지락 차단장치

전로에 지락이 생겼을 경우에 부하기기 금속제 외함 등에 발생하는 고장전압 또는 지락전류를 검출하는 부분과 차단기 부분을 조합하여 자동적으로 전로를 차단하는 장치

107) 지락전류

지락에 의하여 전로의 대지로 유출되어 화재, 감전 또는 전로나 기기의 손상 등 사고를 일으킬 우려가 있는 전류

108) 지락차단장치

전로에 지락이 생겼을 경우에 부하기기 금속제 외함 등에 발생하는 고장전압 또는 지락전류를 검출하는 부분과 차단기 부분을 조합하여 자동적으로 전로를 차단하는 장치

109) 지중관로

지중에 일정한 공간을 확보하여 지중전선로, 지중 약전류전선로, 지중 광섬유케이블 선로, 지중에 시설하는 수관 및 가스관과 이와 유사한 것 및 이들에 부속되는 지중함 등

110) 지지물

각종 전주 및 철탑, 전주대용물, 하수강 및 이의 부속장치

111) 직렬콘덴서

인덕턴스에 의한 전압강하의 경감을 위하여 급전선, 부급전선 또는 전차선에 직렬로 접속하는 콘덴서

112) 차량

　　선로를 운행할 목적으로 제작된 동력차 · 객차 · 화차 및 특수차

113) 차량한계

　　철도차량의 안전을 확보하기 위하여 궤도 위에 정지된 상태에서 측정한 철도차량의 길이 · 너비 및 높이의 한계

114) 최대 사용전압

　　보통의 사용 상태에서 그 회로에 가하여지는 선간전압의 최대치

115) 측선 : 본선 외의 선로

116) 캔트(Cant)

　　차량이 곡선구간을 원활하게 운행할 수 있도록 안쪽 레일을 기준으로 바깥쪽 레일을 높게 부설하는 것

117) 특별고압

　　고압의 한도를 초과하는 전압. 단, 고압 또는 특별고압의 다선식전로(중성선을 가지는 것)의 중성선과 다른 1선을 전기적으로 접속하여 시설하는 전기설비에 관하여는 그 사용전압 또는 최대 사용전압이 그 다선식전로의 사용전압 또는 최대 사용전압과 같은 것으로 하여 이 규정을 적용

118) 폴라이트(Pole Light)

　　기초, 등주, 조명기구 및 그 배선을 총칭

119) 횡단접속선

　　상 · 하선 각 궤도에 대한 귀선전류 평형단락 또는 지락사고 발생시 대지전위의 감소를 목적으로 설치하는 전선

120) 횡단전선관

　　철도선로 양측의 역구내 및 역간 각 기능실(변전소, 배전소, 신호 및 통신)의 전원공급, 접지 등의 선로횡단이 필요한 개소에 설치

## (2) 전철전원설비 용어(가나다 순)

1) 가스절연개폐장치(GIS)

　　$SF_6$ 가스를 절연체로 하여 모선 개폐장치, 계기용 변성기, 변류기, 피뢰기 등을 내장한 금속압력기기로 된 회로군

2) 급전구간

　　차단장치에 의하여 전력공급 구간을 구분할 수 있는 급전회로의 1구간

3) 급전구분소(Sectioning Post)

　　전철변전소간 전기를 구분 또는 연장급전을 하기 위하여 개폐장치, 단권변압기 등을

설치한 장소

4) **급전점** : 전철변전소의 전력을 급전회로에 공급하는 점

5) **급전회로**
전기철도에 있어서 급전선, 합성전차선, 귀선(부급전선, 보호선, 레일) 등으로 구성되는 전기회로

6) **단권변압기**
교류전차선로에서 전압강하 및 유도장해 등을 경감시킬 목적으로 전차선로에 설치하는 변압기

7) **단말보조급전구분소(Auto Transformer Post)**
전차선로의 말단에 가공전차선의 전압강하 보상과 유도장해의 경감을 위하여 단권변압기를 설치한 장소

8) **병렬급전**
1급전 구간에 2이상의 급전점을 가진 급전방식

9) **병렬급전소(Parallel Post)**
전압강하의 보상 및 유도장해 경감을 목적으로 전차선로의 상·하선을 병렬로 연결하기 위하여 개폐장치를 설치한 장소

10) **보조급전구분소(Sub Sectioning Post)**
선로의 작업, 고장, 장애 또는 사고시에 정전(단전)구간을 단축하기 위하여 급전계통의 분리에 필요한 개폐장치와 단권변압기 등을 설치한 장소

11) **수전선로**
한국전력변전소에서 전철변전소 또는 수전설비 간의 전선로와 이에 부속되는 설비

12) **연장급전**
2개소 이상의 급전점에서 급전할 수 있는 급전구간을 1개소의 급전점에서 급전하는 방식

13) **원격진단장치(예방진단설비)**
전기철도용 변전소(S/S), 급전구분소(SP), 보조급전구분소(SSP), 병렬급전소(PP), 단말보조급전구분소(ATP) 등에서 운전 중인 변전설비(변압기, 가스절연개폐장치)의 열화 상태를 상시 원격으로 감시 및 진단할 수 있는 장치

14) **전철변전소 등**
전철변전소, 급전구분소, 보조급전구분소, 단말보조급전구분소, 병렬급전소를 총칭

15) **전철변전소(Sub Station)**
전기차량 및 전기철도설비에 전력을 공급하기 위하여 구외로부터 전송된 전기를 구

내에 시설한 변압기, 전동발전기, 회전변류기, 정류기 등 기타의 기계 기구에 의하여 변성(전압을 높이거나 낮추는 것)하는 장소로서 변성한 전기를 다시 구외로 전송하는 장소

16) 절연구분장치(Neutral Section)
전차선로에서 서로 다른 전기방식(교류/직류) 또는 다른 위상(교류/교류)을 가진 전기를 구분하는 구간에 설치하는 설비

17) 흡상변압기
교류 전차선로에서 통신유도장해 경감을 위하여 급전회로에 직렬로 연결하여 레일에 통하는 운전전류를 부급전선으로 흐르게 하는 변압기

18) 흡상선
흡상변압기방식에서 부급전선과 귀선레일을 접속하는 전선

### (3) 전차선설비 용어(가나다 순)

1) 가고
합성전차선의 지지점에서 조가선과 전차선과의 수직 중심간격

2) 가공전차선
합성전차선과 이에 부속된 곡선당김장치, 건넘선장치, 장력조정장치, 구분장치, 급전분기장치, 균압장치, 흐름방지장치 등을 총괄한 것

3) 가공지선(overhead Ground Wire)
가공전선로의 뇌격방지를 위하여 전선로 상부에 설치하는 접지전선

4) 강체전차선
전기차량의 집전장치에 접촉, 동작하여 이에 전기를 공급하는 강체레일 형태의 도체 바(bar)

5) 강체전차선로
강체전차선 및 이를 지지하는 설비(지지금구, 연결금구, 리지드바, 롱이어, 애자, 브래킷 등)를 총괄한 것

6) 건넘선장치
선로가 교차하는 분기장소에 있어서 각 선로에 전기차를 운전할 수 있도록 전차선을 교차시켜서 팬터그래프의 집전을 가능하게 하는 설비

7) 건식게이지(Gauge)
전주중심과 궤도 중심과의 최소이격거리

8) 곡선당김장치
가동브래킷을 사용하지 않고 애자등으로 절연하여 합성전차선을 지지하는 장치

### 9) 구분장치

정전구간을 한정하거나 교류전철화 구간의 M, T상의 이상 전원을 구분하기 위하여 설치하는 장치로서, 전차선로의 운영 및 유지보수를 위하여 전기적으로 구분하는 장치인 동상구분장치(에어섹션, 애자형섹션), 변전소 급전인출구 및 급전구분소의 급전인출구, 교류와 직류를 구분하는 장치인 절연구분장치(Neutral Section), 전차선의 신축 때문에 전차선을 일정길이마다 인류하기 위해 설치한 기계적 구분장치인 에어 조인트(Air Joint)로 나눔

### 10) 급전선

합성전차선에 전기를 공급하는 전선[AT 급전방식에서 전차선에 직접 전기를 공급하는 전선(TF), 주변압기와 단권변압기 간을 연결하는 전선(AF)과 BT 급전방식에서 주변압기의 2차측 또는 BT에서 전차선에 직접 전기를 공급하는 전선(PF)을 포함]

### 11) 급전선로

급전선 및 이를 지지 또는 보장하는 설비(전주, 완철, 문형완철, 애자, 관로 등)를 총괄한 것

### 12) 보조조가선

합성전차선의 지지점에서 조가선의 가고를 조정하기 위하여 보조로 설치한 조가선 또한, 콤파운드 가선방식에서 본 조가선 밑에 설치한 조가선도 이에 포함

### 13) 보호선(Protective Wire)

단권변압기방식에서 애자의 부측 또는 빔 등을 연접하여 귀선 레일에 접속하는 가공전선으로서 대지에 대하여 절연한 전선

### 14) 보호선용접속선(Contact Protection Wire)

단권변압기방식에서 보호선과 귀선레일을 접속하는 전선

### 15) 부급전선

통신유도장해 경감을 위하여 귀선레일과 병렬로 시설하여 운전용 전기를 변전소로 귀환하게 하는 전선

### 16) 비절연보호선(Fault Protection Wire)

단권변압기방식의 지하구간 및 공용접지방식 구간에서 섬락보호를 위하여 철재, 지지물을 연접하여 귀선레일에 접속하는 가공전선으로서 대지에 대하여 절연하지 아니하는 전선

### 17) 섬락보호지선(Flashover Protection Ground Wire)

섬락으로부터 여객 및 기타 전선로를 보호하기 위하여 일정구간에 대하여 빔·철주 등 철 지지물을 연접하여 접지시키는 가공전선

18) 심플커티너리(Simple Catenary)

전차선로 타입의 하나로서 단일 조가선과 단일 전차선만으로 전차선로를 가공 현수하는 구조를 갖는 가선형태를 말하며, 헤비심플커티너리(Heavy Simple Catenary)를 포함

19) 에어섹션

집전부분의 전차선에 절연물을 넣지 않고 절연해야 할 전차선 상호간의 평행부분을 일정간격으로 유지시켜 공기의 절연을 이용한 구분장치

20) 영구신장조성(Prestretch)

전차선 및 조가선을 정상적으로 인류하기 전에 영구신장이 생기도록 미리 과장력을 가하여 주는 것

21) 이선

전차선과 전기차의 집전장치가 서로 떨어지거나 접촉력이 "0 (Zero)"인 상태

22) 이중조가선

합성전차선의 과선교 하부 및 지지점 등에서 조가선의 손상을 방지하기 위하여 2중으로 설치한 조가선

23) 이행구간

커티너리 가선구간과 강체 가선구간의 접속구간

24) 인류구간

가공전차선의 한 인류지점에서 맞은편 인류지점까지의 구간(흐름방지장치 제외)

25) 장력구간

가공전차선의 한 인류지점에서 장력조정장치의 힘이 미치는 구간

26) 장력조정장치

합성전차선에 장력을 일정하게 유지하기 위한 장치

27) 전차선

전기차량의 집전장치에 접촉, 동작하여 이에 전기를 공급하는 가공전선

28) 전차선 해빙시스템

전차선 결빙과 관련하여 전차선 결빙조건 도달시 해빙회로(동절기) 가공전차선에 발생하는 결빙을 임의의 폐회로를 구성하여 Joule열을 발생시켜 결빙을 녹이도록 구성한 회로)를 구성, 원격감시제어에 의해 이를 제거하여 전기차의 팬터그래프가 정상적인 집전이 이루어질 수 있도록 설치한 설비

29) 전차선로

동력차에 전기에너지를 공급하기 위하여 선로를 따라 설치한 시설물로서 전선, 지지

물 및 관련 부속설비를 총괄한 것

30) 전차선로용 보안기

한쪽은 대지와 접지 또는 섬락보호지선에 연결하여 일정한 간극을 유지하고, 다른 한쪽은 부급전선 또는 보호선에 접속하여 대지의 정격전압을 제한하기 위하여 삽입하는 방전간극장치

31) 피복조가선

조가선 보호를 위해 절연물로 피복한 전선

32) 중성선(Netural Wire)

단권변압기의 중성점과 귀선레일을 접속하는 전선을 말하며, 중성점 접지방식의 중성선과 구별

33) 지락도선

애자의 부측을 섬락보호지선, 부급전선 또는 보호선에 접속하는 전선(애자보호선)과 콘크리트주 등에 취부한 가동브래킷, 빔 등의 설치 밴드와 섬락보호지선, 부급전선 또는 보호선에 접속하는 전선(지락유도선)

34) 진동가고

전차선과 가동브래킷의 수평파이프(또는 진동방지파이프) 및 빔하스펜션과의 수직 중심간격

35) 합성전차선

조가선(강체 포함), 전차선, 행거, 드로퍼 등으로 구성한 가공전선

### (4) 원격제어설비 용어

1) 소규모 원격제어장치

변전소 또는 역사에 설치되는 SCADA 시스템을 말하며 유사시 현장에서 중앙감시제어장치를 대체할 수 있도록 하는 설비로써 해당 변전소 급전구간 및 전력설비 전력 공급구간의 원격제어 및 감시를 수행

2) 스카다(SCADA)

원격감시제어시스템으로서 전철변전소, 수전실, 전기실 등 원격지에 설치된 전기설비를 통신망으로 연결하여 전기관제실의 전기관제사 및 변전실에서 개폐기 등 각종 기기를 감시, 제어·통제 할 수 있도록 설치한 일체의 설비

3) 원격소장치

전철전력설비(변전소, 구분소, 전기실, 전차선 설비 등)가 설치된 장소에 설치되어 현장의 상태 및 아날로그 데이터를 수집하여 전기관제실 및 소규모 원격제어장치에 전송하는 장치

4) 전기관제실

전력계통운영 및 전력설비의 유지관리를 위하여 원격감시제어장치(이하 "원제장치"라 한다)에 의하여 전철변전소, 전기실 등의 원격감시제어와 설비의 유지관리 및 계통운용, 보호계전기 정정 등에 대하여 지시와 통제를 하는 장소

## 1.2 전기철도의 구성 3요소

(1) 변전설비(변전소)
(2) 급전설비(전차선로)
(3) 부하설비(EL, EC, KTX 등)

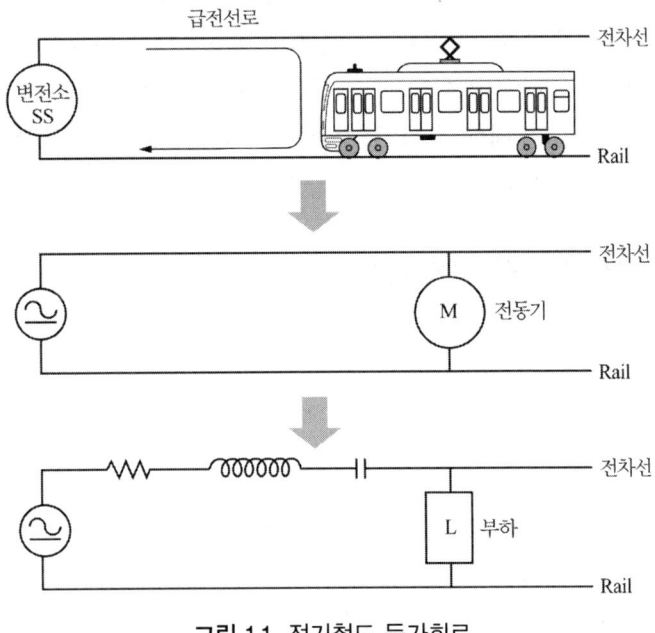

그림 1.1 전기철도 등가회로

## 1.3 전기철도의 발전

### 1.3.1 전기철도의 시작

1879년 5월 31일 독일의 Siemens Halsice사가 베를린에서 열리는 세계산업박람회에 제3궤조방식, 직류 150[V], 3[Hp] 2극 직권전동기를 사용하여 시속 12[km], 20인승 전기기관차를 출품

## 1.3.2 전기철도의 최초 상용화

1881년에 독일(베를린) 남부근교에서 영업을 개시

## 1.3.3 우리나라 전기철도의 시작

1899.5.4. 미국인 콜브렌(H.Collblen)과 보스트위크(H.D Bostwick) 양인이 조선왕실의 특허를 얻어 서대문-동대문간에 직류 600[V] 방식인 노면전차를 처음 운행(1968년 철거)

## 1.3.4 우리나라 산업선전철

경제개발5개년의 성과로 인하여 급증되는 시멘트 및 무연탄 기타 광석 등의 주요 산업 물자를 수송하기 위하여 험준한 산악지대와 장대터널과 교량이 연속된 산업선(중앙선, 태백선, 영동선) 전철화를 1969년 착공하여 1972.6.9 태백선(증산-고한 간) 10.7[km] 시험구간을 교류 25[kV]방식으로 완성한 후 1973.6.20 중앙선 청량리-제천간 155.2[km], 1974.6.20 태백선(제천-동백산간) 103.8[km], 1975.12.5 영동선(철암-북평 간) 61.5 [km] 개통

## 1.4.5 우리나라 도시전철의 본격적인 시작

1974. 8. 15. 경인선 서울-인천, 경부선 서울-수원, 경원선 용산-성북간 98.6[km] 기존선 전철화와 지하철 1호선 서울-청량리간 7.8[km] 신설 개통 상호 직통 운전

## 1.3.6 우리나라 고속전철

(1) 2004. 4.1 경부고속철도 1단계(서울~동대구) 개통
(2) 2009.11.1 경부고속철도 2단계(동대구~부산) 개통
(3) 2015.4.1 호남고속철도 오송~광주송정간 개통
(4) 2017.12.22 경강선 서원주~강릉간 개통
(5) 2019.12.9 수서~평택간(SRT) 개통

표 1.1 전철화율 증가 현황 (단위 : km)

| 구 분 | 전철화 증가 현황 ||||||  비 고 |
|---|---|---|---|---|---|---|---|
| | '04.01.01 | '07.01.01 | '11.01.01 | '16.01.01 | '21.01.01 | '22.01.01 | |
| 철도 거리 | 3,140.3 | 3,392.0 | 3,555.9 | 3,873.5 | 4,154.3 | 4,188.8 | |
| 전철 거리 | 682.5 | 1,818.4 | 2,147.0 | 2,727.1 | 3,043.0 | 3,273.7 | |
| 전철화율(%) | 21.7% | 53.6% | 60.4% | 70.4% | 73.3% | 78.2 | |
| 전차선 가선연장 | 1,778.8 | 5,354.1 | 6,549.0 | 8,320.6 | 9,202.4 | 9,738.06 | 고속 : 10개 노선<br>일반 : 97개 노선 |

## 1.4 전기철도의 효과

### (1) 수송능력 증강

열차의 견인력은 동륜점착계수($U$)에 비례

$$U \propto \frac{F}{W}$$

여기서, $W$ : 동력차의 중량[t], $F$ : 견인력[N]

일반적으로 디젤기관차의 점착계수는 약 0.25~0.28이며 전기기관차의 점착계수는 약 0.32~0.34이므로 전기기관차가 약 30[%]의 견인력이 증가

### (2) 에너지(energy) 이용효율 증대

철도 운전 수단별 에너지이용 효율을 비교하여 보면 디젤기관차(DL : Diesel Locomotive)와 전기기관차(EL : Electric Locomotive)간의 에너지 소비율 차이는 약 25[%] 정도 전기기관차가 에너지절약 효과를 얻을 수 있다.

표 1.3 철도 운전 수단별 에너지이용 효율 비교

| EL 운전 ||| DL 운전 || 증기 운전 ||
|---|---|---|---|---|---|---|
| | 직류 | 교류 | | | | |
| 화력발전소<br>(송전단) | 37<br>(87) | 37<br>(87) | 기관<br>열효율 | 30 | 보일러<br>열효율 | 60 |
| 송전선 | 90 | 90 | 기관차 | 85 | 증기 효율 | 11 |
| 전철용 변전소 | 95 | 98 | | | | |
| 전차선 | 90 | 95 | 전달 효율 | 80 | 기관 효율 | 80 |
| 기관차 | 85 | 80 | | | | |

|           | EL 운전    |           | DL 운전 | 증기 운전 |
|-----------|-----------|-----------|--------|----------|
| 견인에 유효하게 이용되는 에너지 | 24 (57) | 25 (58) | 20 | 5 |

( )는 수력 발전의 경우 [단위:%]

### (3) 수송원가 절감
디젤기관차(DL)에 비해 전기기관차(EL)는 내연기관 등 설비가 적어 유지보수 비용이 40 [%] 정도 감소되고, 차량의 내구연한도 2배가 길며 차량 중량도 줄어 궤도 보수비용 절감

### (4) 환경개선
전기철도는 무엇보다도 매연이 없고 소음이 적어 환경 친화적(親和的) 설비

표 1.4 수송 수단별 대기오염 비교(단위 수송량 당)    [단위 : 배]

| 전기 철도 | 승용차 | 화물차 | 해 운 | 기 타 |
|---------|-------|-------|------|------|
| 1 | 8.3 | 30 | 3.3 |  |

### (5) 지역균형 발전
전기철도는 인구 및 경제활동의 분산, 도심 도로 혼잡도 완화, 지역 주민의 교통편의 제공 등 도심에 집중된 도시기능을 외곽지역으로 적절히 분산 배치하여 도시 전체의 균형적 발전에 기여

## 1.5 전기철도 방식의 선정

### (1) 수송조건
수송하고자 하는 수송 대상이 여객인지 화물인지 아니면 여객과 화물을 같이 수송하는 것인지 검토 후 수송거리가 장거리인지 단거리인지 또 수송량이 많은지 적은지 등 수송조건을 충분히 분석하여 방식을 선정

### (2) 선로의 조건
운행선로가 지상, 지하, 터널, 과선교, 기타 지장물 등에 따라 전차선로의 절연이격거리나 높이 등의 제한을 받아 가선조건이 다르게 되므로 선로조건에 적합한 방식을 선정

### (3) 인접구간의 전기방식
기존의 전기방식이 직류방식, 교류방식 여부에 따라 직통운전을 할 경우 기술적인 측면이나 효율성에서 좋지 않기 때문에 가급적 같은 전기방식을 선정

### (4) 전력의 수급조건

공급받을 전력계통의 표준전압과 주파수 및 공급가능용량 및 전원망 등 수급조건을 고려

### (5) 장래 계획

전철화 하고자 하는 구간의 주변에 전원의 개발이나 도시화, 공업 단지화에 따른 교통수요를 예측하여 장래에 전기철도 확장 가능성 고려

### (6) 경제성

초기 투자비와 투자효과 등의 경제성 검토

## 2. 전기철도의 분류

### 2.1 전기방식에 의한 분류

표 1.5 전기방식의 분류

| 전 기 방 식 | 전 압 종 별 |
|---|---|
| 직 류 식 | 600[V], 750[V], 1500[V], 3000[V] |
| 단상 교류식 | 16 2/3[Hz]: 11[kV], 15[kV]<br>25[Hz]: 6.6[kV], 11[kV]<br>50[Hz]: 6.6[kV], 16[kV], 20[kV], 25[kV]<br>60[Hz]: 25[kV] |
| 3상 교류식 | 16 2/3[Hz]: 3.7[kV], 6[kV]<br>25[Hz]: 6[kV] |

#### 2.1.1 직류 전기철도

(1) **직류방식은 전압으로만 분류**

(예 : 직류 600[V], 750[V], 1,500[V], 3,000[V])

☞ 우리나라는 DC 1,500[V](도시철도), DC 750[V](경량전철) 사용

(2) **직류방식의 특징**

1) 전압이 낮아 절연계급을 낮출 수 있다.
2) 통신유도장해가 없다.
3) 경량 단거리 수송에 유리
4) 운전전류가 커서 누설전류에 의한 전식(電蝕) 대책 필요

## 2.1.2 교류 전기철도

### (1) 교류방식은 상별, 주파수별, 전압별로 분류
☞ 우리나라는 AC 단상 60[Hz] 25,000[V] 공칭전압 사용

### (2) 교류 급전방식의 특징
1) 대용량 중·장거리 수송에 유리
2) 에너지 이용률이 높고
3) 사고시 선택차단 용이
4) 전식(電蝕)의 우려가 없으나 통신유도장해 대책 필요

## 2.2 운전속도에 의한 분류

### (1) 저속전철
1) 일반적으로 운전속도가 200[km/h] 미만인 경우
2) 대표적인 것은 도시전철, 수도권전철, 광역전철, 도시간전철 등

### (2) 고속전철
고속전철은 속도가 200[km/h] 이상(철도건설법)

표 1.6 각국의 고속철도 시스템 비교

| 국가별<br>구 분 | 한 국<br>경부 고속 | 일 본<br>신간선 | 프랑스<br>TGV | 독 일<br>ICE | 스페인<br>AVE |
|---|---|---|---|---|---|
| 최고속도 | 300[km/h] | 275[km/h] | 300[km/h] | 280[km/h] | 270[km/h] |
| 전기방식 | AC 25[kV] | AC 25[kV] | AC 25[kV] | AC 15[kV] | AC 25[kV] |
| 최소곡선반지름 | 7000[m] | 4000[m] | 6000[m] | 7000[m] | 4000[m] |
| 최급구배 | 25[‰] | 15[‰] | 25[‰] | 12.5[‰] | 12.5[‰] |
| 궤도중심간격 | 5[m] | 4.3[m] | 4.5[m] | 4.7[m] | 4.3[m] |
| 터널 단면적 | 107[$m^2$] | 60[$m^2$] | 100[$m^2$] | 82[$m^2$] | 74[$m^2$] |
| 수송방식 | 여객 전용 | 여객 전용 | 여객 전용 | 여객, 화물 혼용 | 여객 전용 |
| 동력방식 | 동력집중식 | 동력분산식 | 동력집중식 | 동력집중식 | 동력집중식 |
| 대차형식 | 관절형 | 일반형 | 관절형 | 일반형 | 관절형 |
| 축 중 | 17[t] | 16[t] | 17[t] | 19.5[t] | 17.2[t] |
| 제어형식 | ATC | ATC | ATC | ATC | ATC |
| 시공기면 구배 | 3[%] | 3[%] | 4[%] | 5[%] | 4[%] |

(3) 초고속전철

고속철도의 속도 한계를 넘는 운전속도로 주행할 수 있는 것(자기부상식)

## 2.3 수송목적에 의한 분류

(1) 시가지전철(Street electric railway)
(2) 도시선철(Rapid transit electric railway)
(3) 수도권전철(Capital region electric railway)
(4) 광역전철(Wide area electric railway)
(5) 도시간전철(Interurban electric railway)
(6) 산업선전철(Industrial line electric railway)

## 2.4 전기차 형태에 의한 분류

### 2.4.1 경량전철(輕量電鐵)

(1) 노면전차(SLRT)
(2) 모노레일 경량전철
(3) LIM형 경량전철
   차륜과 레일의 마찰력(점착력)에 의해 주행하는 것이 아니고 차량과 안내궤도(Guide way)간의 전자력을 이용한 선형유도전동기(LIM : Linear Induction Motor)에 의해 주행하는 시스템으로 동력전달장치가 불필요하므로 소음 및 진동 특성이 우수
(4) 안내궤도식철도(AGT)
(5) 도시형 자기부상열차

외형적 형태에 의한 분류

| 구 분 | | 적 용 시 스 템 | 비 고 |
|---|---|---|---|
| 차량 규모별 | 대형 | - 자기부상, AGT(VAL, APM), 모노레일<br>  노면전차, LIM(ART), 철차륜 경량전철 | |
| | 중형 | - 노웨이트, SYSTEM 21 | |
| | 소형 | - PRT 류 | |
| 차륜 형식별 | 철제바퀴 | - LIM(ART), 노웨이트, SYSTEM 21<br>  철차륜 경량전철, 노면전차 | |
| | 고무바퀴 | - AGT(VAL, APM), 모노레일, PRT | |
| | 자기부상 | - 자기부상 | |
| 동력발생 방식별 | 원형모타식 | - AGT(VAL, APM), 모노레일, PRT<br>  SYSTEM 21, 노면전차, 철차륜 경량전철 | |
| | 선형모타방식 | - LIM 자기부상, 노웨이트 | |
| | 압축공기방식 | - Aeromovel | |
| | 케이블견인식 | - Cable Liner | |
| 지지 방식별 | 하부지지 | - AGT(VAL, APM), PRT, 노면전차, 철차륜<br>  경량전철, LIM, 자기부상, 노웨이트, 과좌식 모노레일 | |
| | 상부지지 | - 도시형 삭도, 현수식 모노레일 | |
| | 측면지지 | - SYSTEM 21 | |
| 전력공급 방식별 | 가공선방식 | - 철차륜 경량전철, LIM, 노면전차 | |
| | 제3궤조식 | - 철차륜 경량전철, LIM | |
| | 강체복선식 | - AGT(VAL, APM), 모노레일, PRT, 자기부상, LIM | |

## 2.4.2 중전철(重電鐵)

### (1) 전동차(도시전철용)

1) 대형 전동차

승차정원 150명 규모 이상의 차량 6~10량을 1개 편성으로 연결하여 시간당 방향당 40,000명 이상 규모의 수송능력을 담당할 수 있는 대규모의 도시전철

2) 중형 전동차

승차정원 120명 규모의 차량 4~8량을 1개 편성으로 연결하여 시간당 방향당 25,000~40,000명 규모의 수송능력을 담당할 수 있는 도시전철

### (2) 전기기관차

전기기관차(EL)는 동력차의 동력원을 집중 배치하는 방식(동력집중방식)으로 전차선

로를 통하여 급전된 전기를 직접 견인전동기로 구동하므로 설비가 간단하고 에너지 효율이 높으며 고속도, 고출력의 견인전동기를 사용할 수 있는 장점

# 3. 전기철도 관련 시스템

## 3.1 철도선로(線路)

철도선로란 열차 또는 차량을 운행하기 위한 수송로로서 궤도와 궤도를 지지하는 노반 및 각종 선로 구조물을 총칭

### 3.1.1 선로의 구성

선로의 궤도는 레일, 침목, 도상과 그 부속품으로 구성

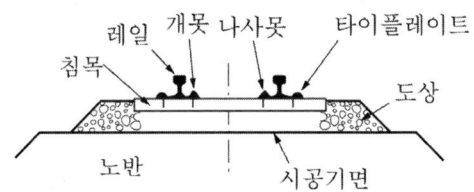

그림 1.13 선로의 구성

### (1) 설계속도

표 1.8 설계속도별 곡선반경

| 설계속도 $V$(킬로미터/시간) | 최소 곡선반경(미터) | |
| --- | --- | --- |
| | 자갈도상 궤도 | 콘크리트도상 궤도 |
| 400 | —[1] | 6,100 |
| 350 | 6,100 | 4,700 |
| 300 | 4,500 | 3,500 |
| 250 | 3,100 | 2,400 |
| 200 | 1,900 | 1,600 |
| 150 | 1,100 | 900 |
| 120 | 700 | 600 |
| ≤70 | 400 | 400 |

[1] 설계속도 $350 < V \leq 400$ 킬로미터/시간 구간에서는 콘크리트도상 궤도를 적용하는 것을 원칙으로 하고, 자갈도상 궤도 적용 시에는 별도로 검토하여 정한다.

### (2) 궤간

양 레일의 두부에서 14[mm] 내려간 지점에서 내측사이의 최단거리를 궤간(gage)이라 한다. 궤간의 종류에는 광궤간(Broad gage), 표준궤간(Standard gage), 협궤간(Narrow gage)이 있으며, 표준궤간은 영국에서 1825년 개통된 철도가 1,435[mm]로 채용하여 1845년 영국의회에서 철도의 궤간을 1,435[mm]로 정하였고, 1887년 국제철도회의에서 세계의 표준궤간으로 정함.

### 3.1.2 궤도

궤도는 레일과 그 부속품, 침목 및 도상으로 구분

궤도를 구성하는 3요소는

1) 차량을 지지하고 차량의 운행을 유도하는 레일
2) 레일의 위치를 고정시켜 주고 차량으로부터 하중을 받아 도상에 전달하는 침목
3) 침목의 위치를 일정한 장소에 고정시키고 침목으로부터 받은 하중을 다방면으로 광범위하고 균형있게 분산시켜 노반에 전달하며 주행 중인 열차로부터의 충격력을 완화시키는 도상

### 3.1.3 노반

궤도하부에서 궤도를 지지하는 흙 구조물로서 상층부의 궤도와 함께 높은 속도로 운행되는 중량물인 열차의 하중을 끊임없이 받고 있는 부분이어서 열차하중(정하중, 동하중, 충격하중)에 의해 침하되거나 변형되지 않을 만큼 충분한 강도와 탄성이 필요

### 3.1.4 곡선(曲線, curve)

#### (1) 곡선의 종류

곡선의 종류는 평면곡선에서 단곡선(單曲線, simple curve), 복심곡선(復心曲線, compound curve), 반향곡선(反向曲線, reverse curve), 완화곡선(緩和曲線, transition curve)

#### (2) 최소 곡선반경(Minimum radius of curve)

궤간, 열차속도, 차량의 고정거리 등에 따라 결정

곡선(曲線)의 정도를 반지름의 크기([m])로 나타낸 것

#### (3) 캔트(cant)

곡선에서는 열차 통과시 원심력에 의해 외측레일에 과대한 하중이 걸리며 차량이 외측

방향으로 전도하는 것을 방지하기 위해 외측레일을 내측레일보다 높게 부설하여 원심력과 중력을 도모하는 고저차를 캔트(cant)라 한다.

1) 캔트의 이론 공식

궤간이 $G[\text{mm}]$이고 반지름이 $R[\text{mm}]$인 곡선 궤도를 $V[\text{km/h}]$로 주행시 켄트 $C$

$$C = \frac{GV^2}{127R}[\text{mm}]$$

2) 설정캔트

$$C = 11.8\frac{V^2}{R} - C_d$$

3) 초과캔트

$$C_c = C - 11.8\frac{V^2}{R}$$

### (4) 슬랙(slack, widenning of gauge)

차량에는 고정된 차축(車軸) 간격이 있어서 모든 차축을 곡선의 중심으로 향하게 하는 것은 불가능하므로 곡선개소에서는 궤간을 약간 넓게하여 원활하게 주행하도록 한다. 이때 궤간의 폭이 넓은 곳을 슬랙이라 한다.

곡선반지름 $R[\text{m}]$, 고정 차축거리 $l[\text{m}]$일 때 궤도의 확도(slack)를 구하는 식

$$S = \frac{l^2}{8R}$$

## 3.1.5 구배(句配, grade, gradient)

선로에는 지형 등으로 인해 구배가 생기는 것이 부득이 하다. 선로의 구배는 1,000분율(‰), 즉 수평거리 1,000[m]당 고도차(高度差)로 나타낸다.

### (1) 구배(勾配)의 종류

1) 최급(最急)구배(maximum grade)
   선로 운전구간 중 가장 경사가 급한 구배
2) 제한(制限)구배(ruling grade)
   운전 구간의 견인 중량을 제한하는 구배, 즉 그 구간에서 열차의 운전에 대해 가장 큰 저항을 주는 상(上)구배
3) 타력(惰力)구배(momentum grade)

열차의 타력을 이용하여 구배를 통과할 수 있는 구배

4) 표준(標準)구배(standard grade)

역간에서 1[km]를 이격한 2지점을 연결하는 많은 직선 구배 중 가장 급한 구배

5) 가상(假想)구배(virtual grade)

구배를 운전하는 열차의 속도의 변화를 구배로 환산하여 실제의 구배에 대수적으로 가상한 것을 말하며 열차운전 시분에 적용

6) 선로의 기울기가 변화하는 개소의 기울기 차이가 설계속도에 따라 다음 표의 값 이상인 경우에는 종곡선을 설치

| 설계속도 V (킬로미터/시간) | 기울기 차 (천분율) |
|---|---|
| $200 > V \leq 400$ | 1 |
| $70 > V \leq 200$ | 4 |
| $V \leq 70$ | 5 |

7) 최소 종곡선 반경

| 설계속도 V (킬로미터/시간) | 최소 종곡선 반경 (미터) |
|---|---|
| $335 \leq V$ | 40,000 |
| 300 | 32,000 |
| 250 | 22,000 |
| 200 | 14,000 |
| 150 | 8,000 |
| 120 | 5,000 |
| $V \leq 70$ | 1,800 |

## 3.2 전기차(電氣車)

### 3.2.1 전기차의 분류

**(1) 전기방식에 의한 분류**

1) 직류 전기차
2) 교류 전기차
3) 교·직 양용 전기차

**(2) 성능에 의한 분류**

1) 전기기관차
2) 전동차

3) 제어차
4) 부수차

(3) 대차에 의한 분류
1) 4륜차
2) 보기차
3) 연접차

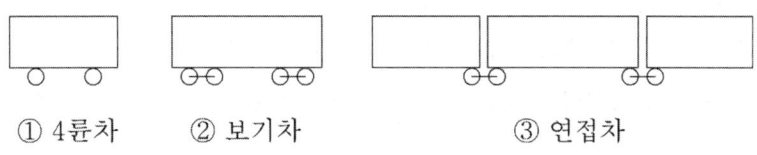

① 4륜차    ② 보기차    ③ 연접차

그림 1.21 대차구조에 의한 차량의 분류

(4) 동력방식에 의한 분류
1) 동력집중방식
동력차의 동력원을 집중 배치하여 전기기관차 1대 또는 2대로 객차를 견인하는 방식으로
① 구동전동기 수가 작기 때문에 고장 발생률이 비교적 적다.
② 객차에 구동전동기가 없어 진동, 소음이 적고 승차감 양호
③ 여객과 화물 수송을 병행 운용이 가능하여 동력차(전기기관차)의 운용 효율 향상
④ 기존 사용되고 있는 객차의 사용이 가능하기 때문에 전철화시 차량투자비 절감
⑤ 차량 보수비 면에서 동력집중방식이 유리
⑥ 장거리 여객열차나 화물수송 전용열차에 사용

2) 동력분산방식
구동 전동기를 분산 배치하여 탑재한 방식
① 속도 급상승, 급제동이 용이
② 축중이 가볍고, 선로의 제한 속도를 높일 수 있다.
③ 편성의 양단에 운전실이 있어 운전이 용이
④ 편성수를 가감하여도 성능을 동일하게 할 수 있다.
⑤ 초기 투자비가 많이 드는 단점이 있다.
⑥ 동력분산방식은 성능을 고려할 때 유리하고 경제적인 면에서는 불리
⑦ 정차, 출발이 반복되는 여객수송 전용의 도시 전동열차에 사용

## 3.2.2 전기차의 설비

### (1) 집전장치

차량의 외부로부터 전기차 내부로 전력을 인입하는 장치

1) 가공전차선의 경우 일반적으로 팬터그래프(pantagraph) 사용
2) 노면전차에서는 트로리 볼(trolley ball), 뷰겔(bugel) 사용
3) 경량전철은 제3궤조방식의 경우 집전슈(current collector shoe) 사용

### (2) 집전장치 구비조건

1) 집전판과 전차선의 접촉점에서 적은 유효질량을 가질 것
2) 작용위치 범위 내에서 충분하고 일정한 접촉력을 갖고 작용부품간 상호작용이 적을 것
3) 공기저항을 적게 하고 소음이 적을 것
4) 이선율이 적을 것
5) 열차당 팬터그래프 수를 최소화하고 충분한 거리를 유지할 것
6) 집전판은 충분한 집전용량(최고속도의 120[%]에서 집전상 문제가 없는)과 마모율이 작을 것

### (3) 집전속도

1) 집전체의 고유진동수

$$f = \frac{1}{2\pi}\sqrt{\frac{k+K}{m}}$$

여기서, $k$ : 스프링 상수
$K$ : 복원 스프링 상수
$m$ : 집전체 질량

2) 이선을 시작하는 속도

$$V_r = \frac{V_c}{\sqrt{1+\epsilon}}$$

3) 팬터그래프가 공진하는 속도

부등률 $\epsilon$, 가선과 팬터그래프가 공진하는 속도 $V_c$라 할 때

$$V_c = \frac{S}{2\pi}\sqrt{\frac{k'}{M+m}}$$

여기서, 스프링 상수의 평균 : $k'$, 지지물 간격 : $S$, 집전체 질량 : $m$, 프레임 조립체 질량 : $M$

### 4) 이선율

$$이선율 = \frac{이선시간의\ 합}{전체\ 주행시간}$$

### (4) 파동전파속도

$$C = \sqrt{\frac{T}{\rho}}$$

여기서, 전차선 장력 $T$, 단위길이 질량 $\rho$

### (5) 변환장치

1) 위상제어(Phase control)방식
2) 펄스폭 변조(PWM : Pulse Width Modulation)방식

### (6) 구동장치(驅動裝置)

1) 전류형 인버터와 동기전동기를 조합한 방식
2) 전압형 인버터에 유도전동기를 조합한 방식
3) GTO(Gate Turn Off) 사이리스터
   ① 장점 : 고전압, 대전류 특성을 가지고 있으므로 주회로 구성이 간단
   ② 단점 : 대전류를 오프하기 위해서는 Gate 구동전류가 커야 하고, 오프시간 지연으로 인한 발생 손실이 커서 냉각장치의 용량이 증가하고 낮은 스위칭 속도로 인한 인버터 출력전류에 많은 고조파를 함유하게 되고, 또한 소음 및 토크 맥동이 발생

### (7) 제어장치

1) VVVF 제어방식
2) PWM 제어방식

## 3.3 전기차 운전(電氣車 運轉)

### 3.3.1 운전속도(運轉速度)

(1) 평균속도 = $\dfrac{운전거리}{순주행시간}$

(2) 표정속도 = $\dfrac{운전거리}{순주행시간 + 정차시간}$

(3) 최고속도

운전 중의 열차가 선로상태 또는 차량의 성능에 의해 얻어진 속도의 최고치

### 3.3.2 가속도 · 감속도(제동도)

(1) 열차의 운전속도가 증가하는 경우에는 그 증가 비율을 가속도
(2) 단위는 [km/h/s], [m/s$^2$]의 단위
(3) 열차의 속도가 감소하는 경우에는 그 감소 비율을 감속도(단위는 [km/h/s], [m/s$^2$])
(4) 제동을 걸어 감속되는 경우의 감속도를 제동도라 한다.

가속도와 제동도의 개략 값

| 전기차종별 | | 가속도[km/h/s] | 제동도[km/h/s] |
|---|---|---|---|
| 전기기관차 | 여객 | 1.0~1.5 | 0.7~1.5 |
| | 화물 | 0.5~0.8 | 0.5~1.0 |
| 노면전차 | | 2.0~3.0 | 2.2~3.0 |
| 시내 고속전차 | | 2.4~3.3 | 3.0~4.5 |
| 교외철도 고속전차 | | 1.5~4.0 | 2.5~4.0 |
| 간선철도 고속전차 | | 1.5~2.5 | 2.5~4.0 |

### 3.3.3 열차저항

열차가 주행 중 또는 출발할 때에 이것에 대항하여 열차의 진행을 방해하도록 하는 힘의 총칭

**(1) 출발저항**

정지 중에 열차가 출발할 때 발생하는 저항

**(2) 주행저항**

열차가 평탄한 직선로 위를 운전할 때 발생하는 저항

**(3) 타행(무동력운전)저항**

열차가 타행(무동력운전)하고 있을 때 주행저항

**(4) 구배저항**

열차가 구배를 올라갈 때 중력에 의해 발생하는 저항

**(5) 곡선저항**

열차가 곡선로를 통과할 때 차륜과 레일간의 마찰에 의해 발생하는 저항

### (6) 가속도저항

열차가 주행 중 가속할 때에 발생하는 저항으로 열차를 가속하기 위해서 필요한 견인력과 같다.

## 3.3.3 견인력(牽引力)

차량의 주전동기에 전력을 공급하여 그 전기자에서 발생하는 토크가 동륜에 전달되면 동륜답면 또는 연결기에 나타나는 힘

### (1) 지시견인력(주전동기 견인력)

전기자에 발생된 토크가 동륜에 전달되기까지의 치차, 축수 등 동력전달장치의 손실이 없다고 가정한 경우 동륜에 나타나는 견인력

### (2) 동륜주견인력(動輪周牽引力)

주전동기의 토크가 동력전달장치를 거쳐 동륜의 주변에 나타나는 견인력

### (3) 인장봉견인력(引張棒牽引力)

전기차 연결기에 미치는 견인력

### (4) 정격견인력(定格牽引力)

주전동기의 정격전압, 정격전류에 대한 지시견인력

### (5) 유효견인력

1) 특성견인력

주전동기의 운전특성에 의해 제한되는 견인력
주전동기의 특성, 치차 및 공급전압에 의해 결정

2) 기동견인력

열차를 기동시킬 때 주전동기의 기동 평균전류에 의해 제한되는 견인력

3) 점착견인력

동륜 답면과 레일간의 마찰력에 의해 제한되는 견인력으로 동륜이 공전을 시작하기 직전의 최대 견인력

### (6) 균형속도

견인력과 열차저항이 균형을 이루어 가속도·감속도가 발생하지 않는 속도

### 3.3.4 견인력의 계산

**(1) 토크로 견인력을 구하는 방식**

1) 주전동기 1대당의 견인력

$$F = \frac{T}{R_S} \times \frac{R_G}{R_P}[\text{kg}]$$

2) 전기차 견인력

$$F' = T\gamma \frac{2}{D} N[\text{kg}]$$

$$F'' = T\gamma\mu \frac{2}{D} N[\text{kg}]$$

$$F''' = F'' - \text{동력차의 저항}[\text{kg}]$$

여기서, $T$ : 주전동기 토크[kg·m]
 $\gamma$ : 치차비
 $D$ : 동륜 지름[m]
 $N$ : 주전동기수
 $F'$ : 동력전달효율을 무시한 표시견인력[kg]
 $F''$ : 동륜주견인력[kg]
 $F'''$ : 인장봉견인력[kg]

**(2) 속도와 입력으로 견인력을 구하는 방식**

1) $N$ 대의 전동기 출력

$$P = \frac{E_t I}{1000} \eta N[\text{kW}]$$

여기서, $E_t$ : 주전동기 단자전압[V]
 $I$ : 전전류[A]
 $\eta$ : 주전동기 효율

2) 전기적 출력

전력을 일로 환산하면 1[kW] = 102[kg·m/s]가 된다.

$$P = \frac{E_t I}{1000} \times 102 \times \eta N[\text{kg·m/s}]$$

3) 동력에 주어지는 출력

$$P = \frac{E_t I}{1000} \times 102 \times \eta \mu N [\text{kg} \cdot \text{m/s}]$$

여기서, $\mu$ : 동력전달효율

4) 동력차의 견인력

$$W = F \times V \times \frac{1000}{3600} [\text{kg} \cdot \text{m/s}]$$

여기서, $W$ : 동력차가 1초간에 하는 일[kg · m/s]

$F$ : 견인력[kg]

$V$ : 속도[km/h]

$$F \times V \times \frac{1000}{3600} = \frac{E_t I}{1000} \times 102 \times \eta \mu N$$

$$\therefore F = 0.367 \frac{E_t I N}{V} \eta \mu$$

여기서, $E_t$ : 주전동기 단자전압[V]

$I$ : 주전동기 전류[A]

$N$ : 주전동기 개수

$\eta$ : 주전동기 효율

$\mu$ : 동력전달효율

(3) 동륜상의 중량과 점착계수로 견인력을 구하는 방식

$$F = 1000 \mu Wa$$

여기서, $\mu$ : 점착계수

$Wa$ : 동륜상의 중량 [kg]

**예제 1** 동륜상의 중량이 50[t]이고 열차자중이 75[t]인 기관차의 최대 견인력은 몇 [kg]인가? (단, 궤도의 점착계수는 0.34로 한다.)

**풀이** $F = 1000 \mu Wa = 1000 \times 0.34 \times 50 = 17,000 [\text{kg}]$

**예제 2** 40[t]인 전기기관차가 10[‰]의 구배를 운전하는 데 필요한 견인력[kg]은? (단, 1차저항은 무시한다.)

풀이　$F = \eta W = \dfrac{10}{1000} \times 40 \times 10^3 = 400 [\text{kg}]$

### 3.3.5 주전동기의 토크와 출력

**(1) 주전동기의 토크**

1) 주전동기의 전기자를 $n$회전 할 때의 일 $W$는

$$W = 2\pi R_A \times f_A \times n [\text{kg} \cdot \text{m}]$$

여기서, $R_A$ : 전기자 반지름[m]
　　　　$f_A$ : 전기자 주변에 발생하는 힘[kg]
　　　　$n$ : 매분 회전수[rpm]

$f_A \times R_A$ = 토크 $T[\text{kg} \cdot \text{m}]$이므로　$W = 2\pi T n [\text{kg} \cdot \text{m}]$

2) 주전동기의 출력을 전력식으로 표시하면

$$P = \dfrac{E_t I}{1000} \eta [\text{kW}]$$

3) 전기적 일을 기계적 출력으로 환산하면 1[kW] = 102[kg · m/s]로 되므로

$$\dfrac{E_t I}{1000} \eta = 2\pi \dfrac{T}{102} \times \dfrac{n}{60} [\text{kW}]$$

$$\therefore T = 0.976 \times \dfrac{E_t I}{n} \eta [\text{kg} \cdot \text{m}]$$

여기서, $E_t$ : 주전동기 단자전압[V]
　　　　$I$ : 주전동기 전류[A]
　　　　$\eta$ : 주전동기 효율

**(2) 주전동기의 출력**

1) 동력차 주전동기의 출력 $P$

$$P = F \times V \times \dfrac{1000}{3600} [\text{kg} \cdot \text{m/s}]$$

여기서, $F$ : 열차의 견인력[kg]
　　　　$V$ : 운전속도[km/h]

1[HP] = 75[kg · m/s] 이므로 $P$를 [HP]로 환산하면

$$P = F \times V \times \frac{1000}{3600} \times \frac{1}{75} = \frac{FV}{270} [\text{HP}]$$

1[HP] = 0.735[kW] 이므로 $P$[kW]로 환산하면

$$P = \frac{FV}{367} [\text{kW}]$$

2) 1대당 출력 $P_o$와 입력 $P_i$

$$\text{출력} \quad P_o = \frac{FV}{367} \times \frac{1}{N\mu} [\text{kW}]$$

$$\text{입력} \quad P_i = \frac{FV}{367} \times \frac{1}{N\mu\eta} [\text{kW}]$$

여기서, $N$ : 주전동기수
 $\eta$ : 전동기효율
 $\mu$ : 동력전달효율

### 예제 3
주전동기의 단자전압이 1100[V]이고, 전류가 200[A]라 하고 주전동기의 효율이 0.90이면 전동기 수가 3대인 경우 전기차의 출력[kW]은 약 얼마인가?

**풀이**
$$P = \frac{E_t I}{1000} \eta N [\text{kW}] = \frac{1100 \times 200}{1000} \times 0.90 \times 3 ≒ 594 [\text{kW}]$$

### 예제 4
전기차가 견인력 1000[kg], 속도 120[km/h]로 운전하고 있을 때 주전동기의 출력은 약 몇 [kW]인가?

**풀이** 주전동기의 출력 $P$
$$P = \frac{FV}{367} = \frac{1000 \times 120}{367} ≒ 327 [\text{kW}]$$

### 예제 5
견인력 950[kg], 속도 100[km/h]로 운전하고 있는 동력차 주전동기의 출력 $P$는 몇 [kW]인가?

**풀이**
$$P = \frac{FV}{367} = \frac{950 \times 100}{367} ≒ 258 [\text{kW}]$$

### 3.3.6 전기차의 특성곡선

**(1) 주전동기 회전수에서 전기차 속도**

$$V = \frac{60\pi D}{10^3} \frac{n}{\gamma}$$

여기서, $V$ : 속도 [km/h]
$D$ : 동륜 지름 [m]
$\gamma$ : 치차비
$n$ : 주전동기 매분 회전수 [rpm]

**(2) 직류 직권전동기의 회전수**

$$n = \frac{E - I \cdot r}{K\Phi}$$

여기서, $E$ : 전차선 전압(주전동기 단자전압)
$I$ : 주전동기 전류
$r$ : 내부저항
$\Phi$ : 자속

**(3) 전차선 전압이 $E_1$에서 $E_2$로 변화된 경우 주전동기 회전수 $n_1$, $n_2$ 전기차 속도 $V_1$, $V_2$ 의 관계**

$$\frac{V_1}{V_2} = \frac{n_1}{n_2} = \frac{E_1 - I \cdot r}{E_2 - I \cdot r}$$

### 3.3.7 운전선도(運轉線圖)

열차운전 중의 속도, 시간, 주행거리, 전류, 전력량 등의 상호관계를 도표로 표시한 것을 운전선도 또는 운전곡선이라 한다.

**(1) 시간기준**

   1) 속도시간 · 거리 시간곡선
   2) 전류 시간곡선
   3) 전력 시간곡선
   4) 전력량 시간곡선

### (2) 거리기준

  1) 속도거리 · 시간 거리곡선
  2) 전류 거리곡선
  3) 전력 거리곡선
  4) 전력량 거리곡선

### 3.3.8 전력소비량의 계산

(1) 전력소비량 = $\dfrac{\text{곡선전면적}}{\text{단위면적}} \times$ 단위면적 표시전력량

  1) 전력량 = $\dfrac{E \cdot I}{1000} \times \dfrac{t}{3600}$ [kWh]

  여기서, $E$ : 전차선 전압[V]

  $t$ : 소요 시분 = $t_2 - t_1$

  $I$ : 속도 $V_1$에서 $V_2$ 사이의 평균전류 $\dfrac{1}{2}(I_1 + I_2)$[A]

  $I_1$ : 속도 $V_1$일 때의 전류

  $I_2$ : 속도 $V_2$일 때의 전류

  $t_1$ : 기동 후 속도 $V_1$일 때의 시분

  $t_2$ : 기동 후 속도 $V_2$일 때의 시분

  2) 평균전류 $I_m = \dfrac{\text{전류시간 곡선의 면적}}{\text{역간전주행 시분}}$ [A]

  3) 평균전력 $P_m = \dfrac{I_m \times E}{1000}$ [kW]

  4) 소비전력량 = $P_m \times$ 역간전주행 시분 [kWh]

(2) 직선 가속부분의 가속도 $A$ [km/h/s]

$$A = \dfrac{F - (R_r \pm R_g + R_c)W}{28.35(1+x)W}$$

  1) 속도가 $V_1$에서 $V_2$까지 상승시키는 데 필요한 운전 시분

$$t = \dfrac{V_2 - V_1}{A}$$

2) 속도가 $V_1$에서 $V_2$까지 상승 또는 하강할 수 있는 주행거리

$$S = \frac{V_1 + V_2}{7.2} t \text{[m]}$$

여기서, $V_1$ : 최초의 속도[km/h]

$V_2$ : 구하는 점의 속도[km/h]

$t$ : $V_1$에서 $V_2$까지 속도가 변화하는 사이의 시분[s]

### 3.3.9 전력소비량과 열차운전

#### (1) 운전조건과 전력소비량

1) 가속도를 크게 하면 전력소비량은 적게 된다.
2) 제동도를 크게 하면 전력소비량은 적게 된다.
3) 속도를 작게 하면 전력소비량은 적게 된다.

#### (2) 차량조건과 전력소비량

1) 차량중량을 가볍게 하면 적어진다.
2) 역간거리가 짧은 경우에는 치차비가 큰 만큼, 역간거리가 긴 경우에는 치차비가 적은 만큼 전력소비량은 유리하게 된다.
3) 회생제동에 의해 전력소비량을 적게 할 수 있다.
4) 정차장의 위치를 높게 하여 기동 가속력 및 제동력을 적게 하면 전력을 절약할 수 있다.
5) 저항제어는 전력소비량을 크게 한다.
6) 자동제어를 하게 되면 운전기술의 숙련도에 좌우되는 것이 아니므로 전력소비량은 적게 된다.

#### (3) 선로조건과 전력소비량

1) 구배구간이나 곡선구간에서는 열차저항이 크게 되어 전력소비량도 크게 된다.
2) 하(下)구배에서 가속을 주는 경우는 구배저항이 가속력으로 작용하여 역행 시분도 단축되어 전력소비량도 적게 된다.
3) 역간거리가 짧을 때는 가속 및 제동시간이 많고 타행(무동력운전) 시간이 적게 된다.

# 4. 급전방식

## 4.1 직접 급전방식

(1) 가장 간단한 급전 회로로 직류 전기방식에서 사용
(2) 전차선로 구성은 전차선과 레일만으로 된 것과 레일과 병렬로 별도의 귀선을 설치한 2가지 방식이 있다.
(3) 방식의 특징
  1) 장점
   회로 구성이 간단하기 때문에 유지보수가 용이하고 경제적
  2) 단점
   전기차 귀선전류가 레일에 흐르므로 레일에서 대지 누설전류에 의한 통신유도장해가 크고 레일전위가 다른 방식에 비해 크다.

## 4.2 흡상변압기(BT) 급전방식

(1) 교류 전기방식에서 사용
(2) 설치목적
  대지에 누설되는 전기차 귀전류를 BT를 통하여 강제적으로 부급전선에 흡상시켜 통신선로의 유도장해를 경감
(3) 흡상변압기(BT, Booster-Transformer)
  1) 권선비 : 1 : 1
  2) 설치간격 : 약 4[km]마다 설치
  3) 설치방법
   1차측은 전차선에, 2차측은 부급전선에 각각 직렬로 결선
  4) 회로구성
   차량을 중심으로 크기는 같고 방향이 반대인 전류가 흐르도록 구성

### 4.3 단권변압기(AT) 급전방식

**(1) 교류 전기방식에서 사용**

**(2) 설치목적**

레일에 흐르는 전류를 차량을 중심으로 각각 반대 방향의 AT쪽으로 흐르게 하여 근접 통신선에 대한 유도장해를 경감하고 전압변동 및 전압불평형을 억제

**(3) 단권변압기(AT, Auto-Transformer)**

1) 권선비 : 1 : 1
2) 설치간격 : 약 10[km]마다 설치
3) 설치방법
   변전소에서 급전선(feeder)을 선로를 따라 가선하여 이 급전선과 전차선 사이에 AT를 병렬로 설치 접속하여 변압기 권선의 중성점을 레일에 접속
4) 회로구성
   차량을 중심으로 크기는 같고 방향이 반대인 전류가 흐르도록 구성

## 5. 급전계통의 구성 및 특성

### 5.1 급전계통의 구성

#### 5.1.1 급전계통의 구성 시 고려할 요소

(1) 전압강하
(2) 사고시의 구분
(3) 보호계전기의 보호범위
(4) 가선 범위

#### 5.1.2 급전계통의 구성(AT방식)

(1) 변전소간에는 급전구분소(SP)를 설치하고, 급전은 변전소~급전구분소 간으로 한다.
(2) 급전회로에 이상이 발생했을 때에는 연장급전이 가능하도록 하고, 방면별 상은 인접변전소와 동상이 되도록 한다.
(3) 변전소와 급전구분소 중간에는 계통의 한정 구분, 전압보상 등을 위하여 보조급전구분

소(SSP) 또는 병렬급전소(PP) 설치
(4) 단권변압기(AT)의 표준 설치간격은 10[km]로 하되 최소간격은 6[km]
(5) 변전소와 급전구분소에는 급전구분 및 급전전환을 위하여 전환개폐장치를 설치
(6) 상·하선 타이(Tie) 급전을 위하여 급전구분소에는 상·하선을 결합할 수 있는 단로기 (DS), 차단기(CB)를 설치
(7) 변전소의 수전설비, 급전변압기 및 급전계통은 2중화로 구성
(8) 변전소에는 필요에 따라 식별콘덴서, 자동전압보상장치, 역률개선 및 고조파 여과장치를 시설

## 5.2 급전계통의 특성

(1) 전기철도는 동력원인 전기가 정전되면 열차운행이 정지되므로 고신뢰도, 고안정도의 전원설비가 요구된다.
(2) 전기철도 부하는 차량의 특성상 기동, 정지가 빈번하게 반복되고 그 위치가 이동하기 때문에 부하의 크기 및 시간적 변동이 극히 심하다.
(3) 차량에 대한 전력공급은 전차선과 집전장치(pantograph)의 접촉에 의존하는데 고속운전시에도 양호한 접촉을 유지하여 안정적으로 전력을 공급하여야 한다.
(4) 전기철도에서는 레일을 귀선로로 사용하므로 1선 접지상태의 회로가 된다.
(5) 교류방식에서는 통신선에 대한 유도장해, 직류방식에서는 지중매설 금속체에 전식 문제를 발생시키므로 이에 대한 대책이 필요하다.
(6) 전차선의 지락시에는 선간 단락의 상태가 되므로 사고전류가 크게 된다.
(7) 교류방식에서는 부하가 단상이고 부하의 변동이 심하기 때문에 전압변동, 전압 불평형 등의 문제가 발생한다.

# 6. 급전계통의 운전 및 분리

## 6.1 급전계통의 운전조건

(1) 전차선 전압이 차량의 운전에 영향을 주지 않는 일정한 범위 유지
(2) 전류용량이 차량부하에 충분히 견딜 수 있도록 하여야 한다.
(3) 변전소, 전차선로, 차량간의 절연협조가 충분히 검토되어 요구되는 절연강도, 절연이격

거리 확보

(4) 보수작업 및 사고 발생시 신속하게 사고개소를 구분하고 필요한 조치를 취할 수 있도록 하여 열차에 주는 영향을 최소화

### 6.2 급전계통의 분리

**(1) 급전별 분리**

1) 급전별 분리는 인접 변전소와 상호 계통운전을 원칙
2) 각 변전소별로 전압 위상별, 방면별, 상·하선별로 구분하여 급전
3) 사고 시에 열차운전에 영향을 최소화하기 위하여 해당 운전계통이나 상·하선별 등으로 분리하여 사고가 발생되지 않은 다른 계통이나 선로에 정상급전하거나 인접 변전소로부터 연장급전을 받을 수 있도록 하기 위한 것

**(2) 본선간의 분리**

본선 간의 분리는 동일 계통 급전구간에 사고 발생 시 해당 구간을 분리하고 급전할 수 있도록 급전구분소(SP) 및 보조급전구분소(SSP)를 두어 구분하는 것

**(3) 본선과 측선의 분리**

주요 역구내에서는 사고시 사고구간의 단선운전 또는 타절운전 등을 할 필요가 있기 때문에 주요 역구내의 전차선을 분리하여 상·하선별 다른 급전계통으로부터 상호 급전 가능하도록 하거나 측선에서 사고발생시 본선과 분리하여 열차운행을 할 수 있도록 하는 것

**(4) 차량기지와 본선과의 분리**

전동차 및 전기기관차 기지는 수많은 열차가 대기 및 정비를 하고 있기 때문에 차량의 장애에 의한 전차선로의 차단 등이 많아 본선 운행 중인 열차에 지장을 주거나 본선계통의 사고에 의한 구내의 검수 등에 영향을 받기 때문에 본선으로부터 분리하여 별도로 급전

### 6.3 전기방식별 급전계통

**(1) 직류 급전계통**

1) 변전소(SS : Sub Station) 및 급전구분소(SP : Sectioning Post)간을 1구간으로 하여 방면별, 상·하선별로 급전하는 것을 표준
2) 상·하 방면별 외에 큰 역구내, 차량기지 등은 별도의 단독급전회로 구성

3) 정상 급전 시에는 전압강하의 경감, 구분장치에서의 아크방지 때문에 급전선과 변전소 및 급전구분소 모선을 전기적으로 연결하여, 인접 변전소와 병렬급전방식으로 운용

### (2) 교류 급전계통

교류 급전계통은 일반적으로 병렬급전이 어렵고, 각각의 변전소로부터 급전을 행하는 단독급전방식을 채택하고 있다. 급전구분은 변전소 간의 중앙에 설치된 급전구분소에 의하여 이루어지고 또 한쪽의 변전소가 단전될 경우 이 급전구분소로부터 단전된 변전소까지 연장하여 급전

급전계통 구성의 형태에 따라 분류하면

1) **변전소를 중심으로 좌·우의 급전회로에 급전하는 방면별 급전방식**
   ① 방면별로 나누어 공급하는 전력의 위상이 동상의 경우 방면별 동상급전
   ② 다른 경우를 방면별 이상급전

2) **상·하선별로 급전하는 상·하선별 급전방식(상·하선 분리)**
   복선 이상의 선로에 있어서 공급전력을 상·하선별로 나누어 공급하는 방식
   ① 상·하선별로 공급하는 전력의 위상이 동상의 경우를 상·하선별 동상급전
   ② 다른 경우를 상·하선별 이상급전
   ③ 상·하선 분리방식의 특징
      ㉠ 선로 임피던스가 크다.
      ㉡ 전압강하가 크다.
      ㉢ 상대적으로 고조파 공진주파수가 높고 확대율이 크다.
      ㉣ 회생전력 이용률이 낮다.
      ㉤ 급전구분소(SP)의 단권변압기(AT) 대수가 많다.(4대)
      ㉥ 급전구분소(SP)에 GIS설비가 적다.(GIS 4-Bay)
      ㉦ 보조급전구분소(SSP) 개소에 상·하선 Tie 차단설비가 필요없다.
      ㉧ 고장위치 파악이 쉬워 계통보호가 용이
      ㉨ 역간이 짧고 저속운행구간에 적합하다.

방면별, 상·하 선별 이상급전방식의 비교

| 항 목 | 방면별 이상급전방식 | 상·하선별 이상급전방식 |
|---|---|---|
| 변전소 앞 구분장치 | 이상 구분장치 | 동상 구분장치 |
| 상하 건넘선 구분장치 | 동상 구분장치 | 이상 구분장치 |
| 상하 타이급전방식의 채용 | 가 능 | 불 가 능 |

## 2) 상·하선을 연결하는 급전방식(Tie 급전, PP급전)

① Tie 급전

급전시스템 구성은 상·하선 분리방식과 동일하나, 급전구분소에서 상선과 하선을 상시 Tie로 연결하여 운용하는 방식

② Tie 급진의 특징
  ㉠ 선로 임피던스가 작다.
  ㉡ 전압강하가 작다.
  ㉢ 상대적으로 고조파 공진주파수가 낮고 확대율이 작다.
  ㉣ 회생전력 이용률이 높다.
  ㉤ 급전구분소(SP)의 단권변압기(AT) 대수가 많다.(4대)
  ㉥ 급전구분소(SP)에 GIS설비가 적다.(GIS 4-Bay)
  ㉦ 보조급전구분소(SSP) 개소에 상·하선 Tie 차단설비가 필요없다.
  ㉧ 고장위치 파악이 쉬워 계통보호가 용이
  ㉨ 역간이 짧고 저속운행구간에 적합하다.

③ PP(Parallel Post) 급전

상선과 하선을 각 PP 개소 및 SP 개소에서 전기적으로 연결하고 선로장애 발생 시 상·하선을 구분하여 정상상태인 선로만 운용하는 방식으로 경부고속철도에 운용

④ PP(Parallel Post)급전의 특징
  ㉠ 선로 임피던스가 가장 작다.
  ㉡ 전압강하가 작다.
  ㉢ 상대적으로 고조파 공진주파수가 낮고 확대율이 작다.
  ㉣ 회생전력 이용률이 높다.
  ㉤ 급전구분소(SP)의 단권변압기(AT) 대수를 줄일 수 있다.(2대)
  ㉥ 급전구분소(SP)에 GIS설비가 많다.(GIS 5-Bay)
  ㉦ 병렬구분소(PP)에 상·하선 Tie 차단설비 필요
  ㉧ 역간이 길고 고속운행구간에 적합

# 7. 급전시스템의 해석

## 7.1 전원 및 주변압기의 등가임피던스

### (1) 3상 전원의 단락용량

$$Z_0 = \frac{V^2}{P_s}[\Omega]$$

여기서, $Z_0$ : 3상 임피던스[$\Omega$]
   $V$ : 기준전압(급전전압을 사용)[kV]
   $P_s$ : 단락용량[MVA]

1) 전원의 임피던스가 %임피던스로 주어지는 경우

$$Z_0 = \%Z_0\frac{10 \cdot V^2}{P}[\Omega]$$

여기서, $Z_0$ : 3상 임피던스[$\Omega$]
   $\%Z_0$ : 3상측 %임피던스[%]
   $V$ : 기준전압(급전전압을 사용)[kV]
   $P$ : 기준용량(일반적으로 10,000[kVA])

### (2) 급전용 스코트변압기

1) M상 또는 T상의 임피던스 $Z_{TR}$

$$Z_{TR} = \%Z_{TR}\frac{10 \cdot V^2}{P_{TR}/2}[\Omega]$$

여기서, $Z_{TR}$ : 스코트 변압기의 M상 또는 T상 임피던스[$\Omega$]
   $\%Z_{TR}$ : 스코트 변압기의 %임피던스[%]
   $V$ : 기준전압(급전전압)[kV]
   $P_{TR}$ : 스코트 변압기의 3상 용량[kVA]

2) M상측 및 T상측으로 환산한 등가부하

① M상 부하

$$Z = 2Z_0 + Z_M$$

② T상 부하
$$V_T = \left[\left(Z_0 + \frac{Z_T}{2}\right)\frac{2\,I_T}{\sqrt{3}} + \left(Z_0 + \frac{Z_T}{2}\right)\frac{I_T}{\sqrt{3}}\right] \cdot \frac{2}{\sqrt{3}}$$

③ T상 등가부하
$$Z = \frac{V_T}{I_T} = 2\,Z_0 + Z_T$$

## 7.2 급전선로의 등가임피던스

### 7.2.1 AT 급전선로

**(1) 양쪽 AT의 흡상전류비 $H$**

$$H = \frac{I_2}{I_1} = \frac{2Z_{r\,2} - 2Z_{cr\,2}}{2Z_{r3} + Z_{cr\,2} - Z_{rf2} - Z_{cr3} - Z_{rf3}}$$

**(2) 테브난 등가임피던스**

$$Z_{TH} = \frac{V_{oo'}}{I_1\,(1+H)/2}$$

### 7.2.2 BT 급전선로

**(1) 등가 자기임피던스**

$$Z_T = Z_{TT} + Z_{NR} - Z_{TN} - Z_{TR}$$
$$Z_N = Z_{NN} + Z_{TR} - Z_{TN} - Z_{NR}$$
$$Z_R = Z_{RR} + Z_{TN} - Z_{TR} - Z_{NR}$$

**(2) BT 급전선로의 임피던스**

$$Z_{TH} = Z_T + Z_N = Z_{TT} + Z_{NN} - 2\,Z_{TN}\,[\Omega/\mathrm{km}]$$

## 7.2.3 고장회로 해석

### (1) 고장전류

$$I_s = \frac{V}{2Z_0 + Z_{TR} + Z_L + r_g}$$

여기서, $I_s$ : 고장전류[kA]

$V$ : 급전전압[kV]

$Z_0$ : 전원임피던스[Ω]

$Z_{TR}$ : 변압기임피던스[Ω]

$Z_L$ : 선로임피던스[Ω]

$r_g$ : 고장점저항[Ω]

### (2) M·T 혼촉 고장전류

위상이 90° 다른 M상과 T상이 혼촉한 경우의 고장전류

$$I_{MT} = \frac{V_{MT}}{4Z_0 + Z_M + Z_T + 2Z_{AT}}$$

여기서, $I_{MT}$ : MT 혼촉전류

$Z_{AT}$ : AT 누설임피던스

이 경우 변압기의 1차전류는 $V_{MT} = \sqrt{2}\, V_{UV}$ 이므로

$$I_U = \left(1 + \frac{1}{\sqrt{3}}\right) I_{MT}$$

$$I_V = \frac{2I_{MT}}{\sqrt{3}}$$

$$I_W = \left(1 - \frac{1}{\sqrt{3}}\right) I_{MT}$$

가 되며 $I_U$, $I_V$, $I_W$ 순으로 전류는 작아진다.

# 핵심예상문제 필기

**01** ★
철도를 동력방식으로 분류한 것이 아닌 것은?

① 증기철도  ② 내연기철도
③ 전기철도  ④ 도시철도

**해설**
철도를 기술상의 동력방식에 의하여 분류하면 증기철도(steam railway), 전기철도(electric railway), 내연기철도(internal combustion railway)로 분류한다.

**02** ★★
다음 중 전기철도의 구성 요소가 아닌 것은?

① 전철 변전설비
② 전철 유도설비
③ 전철 급전설비
④ 전철 부하설비

**해설**
전기철도의 구성은 변전설비, 급전설비(전차선로), 부하설비(전기차)로 구성되어 있다.

**03** ★★
전기철도에서 레일은 무엇으로 취급하는가?

① 귀선로
② 전원 공급설비
③ 접지설비
④ 누설전류 흡수설비

**해설**
전기철도에서 레일은 1선 접지회로의 귀선로로 사용한다.

**04** ★★
다음 중 전기철도의 직접적인 효과로 볼 수 없는 것은?

① 수송능력 증강  ② 에너지사용 증대
③ 수송원가 절감  ④ 환경개선

**해설**
전기철도의 효과로는 수송능력 증강, 에너지(energy) 이용효율 증대, 수송원가 절감, 환경개선, 지역균형 발전 등이 있다.

**05** ★★
동력차의 동륜 점착계수($U$)를 나타낸 식으로 맞는 것은? (단, $W$를 동력차의 중량[kg]이라 하고 $F$를 견인력이라 한다.)

① $U = \sqrt{\dfrac{F}{W}}$  ② $U \propto \dfrac{W}{F}$
③ $U = \sqrt{\dfrac{W}{F}}$  ④ $U \propto \dfrac{F}{W}$

**해설**
열차의 견인력은 동륜 점착계수($U$)에 비례한다.
$U \propto \dfrac{F}{W}$

**06** ★★
열차 자중이 100[t]이고, 동륜상 중량이 75[t]인 기관차의 최대 견인력[N]은? (단, 점착계수는 0.25이다.)

① 20000  ② 22500
③ 19600  ④ 18750

**해설**
$F = U \times W = 0.25 \times 75 \times 10^3 = 18750 \text{[N]}$

**정답** 01. ④ 02. ② 03. ① 04. ② 05. ④ 06. ④

## 07 ★★
열차의 차체 중량이 75[t]이고, 동륜상의 점착 중량이 50[t]인 기관차가 열차를 견인할 수 있는 점착 견인력은 몇 $[N]$ 인가? (단, 궤도의 점착계수는 0.3으로 한다.)

① 5000  ② 10000
③ 15000  ④ 20000

$F = U \times W = 0.3 \times 50 \times 10^3 = 15000[N]$

## 08 ★★
최대 인장력이 15000[kg]이고 동륜상의 중량이 100[t]인 기관차의 궤도 점착계수는 얼마인가?

① 0.10  ② 0.15
③ 0.20  ④ 0.25

최대 인장력 = 동륜상의 중력 × 점착계수
∴ 점착계수 = $\dfrac{15000}{100 \times 10^3} = 0.15$

## 09 ★★
전기철도방식을 선정할 때에 고려하지 않아도 되는 사항은?

① 수송조건
② 선로조건
③ 전기방식
④ 기상조건

해설
전기철도방식의 선정 시 고려할 사항은 수송조건, 선로의 조건, 인접구간의 전기방식, 전력의 수급조건, 장래 계획, 경제성 등이다.

## 10 ★★
전기철도의 전기방식별 전압의 종류와 거리가 먼 것은?

① 직류 750[V]
② 교류 단상 25000[V]
③ 직류 1500[V]
④ 교류 단상 50000[V]

### 전기방식의 분류

| 전기방식 | 전압종별 |
|---|---|
| 직류식 | 600[V], 750[V], 1500[V], 3000[V] |
| 단상 교류식 | 16 2/3[Hz] : 11[kV], 15[kV]<br>25[Hz] : 6.6[kV], 11[kV]<br>50[Hz] : 6.6[kV], 16[kV], 20[kV], 25[kV]<br>60[Hz] : 25[kV] |
| 3상 교류식 | 16 2/3[Hz] : 3.7[kV], 6[kV]<br>25[Hz] : 6[kV] |

## 11 ★
직류 전기철도방식의 장점에 해당되는 것은?

① 누설전류에 의한 전식이 없다.
② 변전소 간격이 길다.
③ 전압강하가 작다.
④ 통신선로에 대한 유도장해가 작다.

직류방식의 장점은 전기차의 구동용 전동기로 견인 특성이 우수한 직류 직권전동기를 그대로 이용할 수 있어 전기차의 설비가 간단하다. 또한, 전압이 낮기 때문에 전차선로나 기기의 절연이 쉽고, 터널이나 교량 등에서 절연거리도 짧게 할 수 있으며 활선 작업을 하기가 쉬워지는 장점이 있다. 그리고 통신선로에 유도장해가 작고 신호궤도 회로에도 교류방식을 사용할 수 있다.

정답  07. ③  08. ②  09. ④  10. ④  11. ④

## 12 ★
직류 전기철도방식의 단점에 해당되는 것은?

① 누설전류에 의한 전식대책이 필요하다.
② 전차선로나 기기의 절연이 어렵다.
③ 전압강하가 작다.
④ 통신선로에 유도장해가 크다.

**해설**
교류방식과 비교하여 전차선 전류가 크기 때문에 전압강하가 크게 되어 변전소 간격이 짧아지고, 누설전류에 의한 전식대책이 필요하며 전류가 크기 때문에 전류용량이 큰 전선을 사용할 필요가 있다.

## 13 ★★
교류 전기철도방식의 장점에 해당되는 것은?

① 전기차의 설비가 간단하다.
② 전차선로나 기기의 절연이 쉽다.
③ 전압강하가 작다.
④ 통신선로에 유도장해가 작다.

**해설**
교류 전기철도방식의 장점은 전차선 전압을 비교적 높게 할 수 있기 때문에, 전차선 전류가 작게 되어 전압강하가 작게 되고 변전소 간격이 크게 되어 변전소의 수가 적다.

## 14 ★
교류 전기철도방식의 단점에 해당되는 것은?

① 전압강하가 크다.
② 전차선로나 기기의 절연이 쉽다.
③ 전기차의 설비가 간단하다.
④ 통신선로에 유도장해가 크다.

**해설**
교류 전기철도방식의 단점은 상용주파수의 높은 전압을 사용하기 때문에 근접한 통신선로에 대하여 통신유도장해를 주게 되므로 이것을 경감하는 대책이 필요하다.

## 15 ★
철도건설법에서 고속철도는 속도가 몇 [km/h] 이상인 철도를 말하는가?

① 100     ② 150
③ 200     ④ 300

**해설**
고속철도는 속도가 200[km/h] 이상인 철도를 말한다.(철도건설법)

## 16 ★
선로의 궤도를 구성하는 주요 3요소가 아닌 것은?

① 레일     ② 도상
③ 침목     ④ 전철기

**해설**
궤도를 구성하는 3요소는 레일, 침목, 도상이다.

## 17 ★
다음은 철도선로에 관한 내용이다. 맞지 않는 것은?

① 궤도를 구성하는 3요소는 레일, 침목, 도상이다.
② 노반은 궤도를 직접 지지하기 위한 토목 구조물이다.
③ 실제의 궤간은 1435[mm] + 슬랙 ± 공차 이내가 되도록 하고 있다.
④ 우리나라 철도에서의 완화곡선은 나선 곡선방식을 채택하고 있다.

**해설**
우리나라의 철도에서의 완화곡선은 3차 포물선방식을 사용하고 있다.

정답  12. ①  13. ③  14. ④  15. ③  16. ④  17. ④

## 18 ★★★★

곡선인 경우 열차가 통과할 때의 원심력에 의해 차량이 선로 외측으로 넘어지는 것을 방지하기 위하여 외측 레일을 내측 레일보다 높게 부설하여 원심력과 중력의 균형을 도모하는데, 이 고저차는?

① 캔트　　　② 슬랙
③ 구배　　　④ 확장

**해설**
열차가 곡선 궤도를 운행할 때 바깥쪽 레일은 원심력의 작용으로 지나친 하중이 걸려 탈선하기 쉬우므로 안쪽 레일보다 높게 해야 하는데 이 고저차를 캔트(Cant)라 한다.
$$C = \frac{GV^2}{127R}[\text{mm}]$$

## 19 ★

곡선구간의 선로에서 외측의 궤도를 내측의 궤도보다 높이는 것을 무엇이라 하는가?

① 제3레일　　　② 캔트
③ 슬랙　　　　④ 고저차

## 20 ★★

궤간이 $G$[mm]이고 반지름이 $R$[m]인 곡선 궤도를 $V$[km/h]로 주행하는데 적당한 캔트 $C$[mm]를 구하는 식은?

① $C = \dfrac{GV}{127R}$　　② $C = \dfrac{GV^2}{127R}$

③ $C = \dfrac{GR}{127V}$　　④ $C = \dfrac{GR^2}{127V}$

**해설**
캔트 $C = \dfrac{GV^2}{127R}$ 로 계산한다.

## 21 ★★

궤간이 1435[mm]이고 반지름이 1270[m]인 곡선 궤도를 64[km/h]로 주행하는 데 적당한 캔트(cant)는 얼마[mm] 인가?

① 18.4　　　② 25.4
③ 30.4　　　④ 36.4

**해설**
$$C = \frac{GV^2}{127R} = \frac{1.435 \times (64)^2 \times 10^3}{127 \times 1270} \fallingdotseq 36.4[\text{mm}]$$

## 22 ★★

곡선반경이 3000[m]이고 캔트가 6[mm]인 곡선 선로를 열차가 주행할 때 낼 수 있는 최대속도는 약 [km/h]인가? (단, 궤간은 1435[mm]로 한다.)

① 20　　　② 30
③ 40　　　④ 50

**해설**
$$V = \sqrt{\frac{C \cdot 127R}{G}} = \frac{\sqrt{6 \times 10^{-3} \times 127 \times 3000}}{1435}$$
$$= 39.9 \fallingdotseq 40$$

## 23 ★★

다음 중 설정캔트를 구하는 계산식으로 맞는 것은? (단, $C$ : 설정캔트[mm], $V$ : 열차 최고속도[km/h], $R$ : 곡선반경[m], $C_d$ : 부족캔트[mm] 이다.)

① $C = 11.8 \times \dfrac{\sqrt{V}}{R \times C_d}$

② $C = 11 \times \dfrac{V^2}{R} \times C_d$

③ $C = 11.8 \times \dfrac{V^2}{R} - C_d$

④ $C = 16.8 \times \dfrac{V^2}{R} + C_d$

**정답** 18. ①　19. ②　20. ②　21. ④　22. ③　23. ③

**해설**

설정캔트는 $C = 11.8 \times \dfrac{V^2}{R} - C_d$ 이다.

## 24 ★★

캔트가 10[mm]이고 반지름이 1000[m]인 곡선 선로를 열차가 주행할 때 낼 수 있는 최대속도는 약 몇 [km/h]인가? (단, 궤간은 1435[mm]로 한다.)

① 30　② 40　③ 50　④ 60

**해설**

$C = \dfrac{GV^2}{127R}$ 에서

$V = \sqrt{\dfrac{127RC}{G}} = \sqrt{\dfrac{127 \times 1000 \times 10}{1435}} \fallingdotseq 30[\text{km/h}]$

## 25 ★

선로에서 궤도의 확도(slack)를 바르게 나타낸 것은? (단, 곡선 반지름 $R$[m], 고정 차축 거리 $l$[mm] 이다.)

① $\dfrac{l^2}{5R}$　② $\dfrac{l^2}{R}$　③ $\dfrac{l^2}{8R}$　④ $\dfrac{l^2}{2.5R}$

**해설**

확도란 궤간을 넓히는 정도(곡선을 통과하는 차량 중앙부가 궤도중심의 안쪽으로 편기하는 양)를 말하며 $S = \dfrac{l^2}{8R}$[mm] 이다.

## 26 ★

전기차의 동력집중방식의 장점에 해당되는 것은?

① 초기 투자비가 적게 든다.
② 편성의 양단에 운전실이 있어 운전이 용이하다.
③ 편성량 수를 가감하여도 성능을 동일하게 할 수 있다.
④ 속도 급상승, 급제동이 용이하고 축중이 가볍다.

**해설**

동력집중방식은 기존 사용되고 있는 객차의 사용이 가능하기 때문에 전철화시 차량 투자비를 절감할 수 있으며, 일시적으로 디젤기관차 등과 병행 운용을 할 수 있기 때문에 초기 투자자본이 집중되는 것을 피할 수 있다.

## 27 ★

전기차의 동력분산방식의 장점으로 맞는 것은?

① 구동 전동기의 대수가 작기 때문에 고장 발생률이 비교적 적다.
② 속도의 급상승이나 급제동이 용이하고 축중이 가벼우며, 선로의 제한속도를 높일 수 있다.
③ 여객과 화물수송의 병행운용이 가능하여 전기차의 운용 효율이 향상된다.
④ 객차에 구동 전동기가 없기 때문에 진동 및 소음이 적고 승차감이 양호하다.

**해설**

동력분산방식은 동력이 분산되어 있으므로 속도의 급상승이나 급제동이 용이하고, 축중이 가벼워 선로의 제한속도를 높일 수 있다.

## 28 ★★

집전용 팬터그래프의 구비 조건으로 옳은 것은?

① 집전판과 전차선의 접촉점에서 큰 질량을 가질 것
② 공기저항이 크도록 할 것
③ 이선율이 적고, 집전판은 충분한 집전용량을 가질 것
④ 열차당 팬터그래프 수를 최대화하고 충분한 거리를 유지할 것

**정답** 24. ①　25. ③　26. ①　27. ②　28. ③

**해설**

집전용 팬터그래프의 구비 조건은
1) 집전판과 전차선의 접촉점에서 적은 유효질량을 가질 것
2) 작용 위치 범위 내에서 충분하고 일정한 접촉력을 갖고 작용 부품간 상호 작용이 적을 것
3) 공기저항을 적게 하고 소음이 적을 것
4) 이선율이 적을 것
5) 열차당 팬터그래프 수를 최소화하고 충분한 거리를 유지할 것
6) 집전판은 충분한 집전용량(최고 속도의 120[%]에서 집전상 문제가 없는)과 마모율이 작아야 한다.

## 29 ★
전기차량의 집전장치에 요구되는 조건으로 맞지 않은 것은?

① 집전율이 우수할 것
② 전류용량이 클 것
③ 내열성이 우수할 것
④ 내부식성이 적을 것

## 30 ★
팬터그래프가 이선을 시작하는 속도 $V_r$을 나타내는 식은? (단, 부등률을 $\epsilon$, 가선과 팬터그래프가 공진하는 속도를 $V_c$라 한다.)

① $V_r = V_c(1+\epsilon)$
② $V_r = V_c(\sqrt{1+\epsilon})$
③ $V_r = \dfrac{\sqrt{1+\epsilon}}{V_c}$
④ $V_r = \dfrac{V_c}{\sqrt{1+\epsilon}}$

**해설**

팬터그래프가 이선을 시작하는 속도
$V_r = \dfrac{V_c}{\sqrt{1+\epsilon}}$ 이다.

## 31 ★
가선과 팬터그래프가 공진하는 속도 $V_c$를 나타내는 식은? (단, 스프링 상수의 평균을 $k'$, 지지물 간격을 $S$, 집전체 질량 $m$, 프레임 조립체 질량 $M$이라 한다.)

① $V_c = \dfrac{S}{2\pi}\sqrt{\dfrac{k'}{M+m}}$
② $V_c = \dfrac{S}{4\pi}\sqrt{\dfrac{k'}{M+m}}$
③ $V_c = \dfrac{S}{4\pi}\sqrt{\dfrac{M+m}{k'}}$
④ $V_c = \dfrac{S}{2\pi}\sqrt{\dfrac{M+m}{k'}}$

**해설**

가선과 팬터그래프가 공진하는 속도
$V_c = \dfrac{S}{2\pi}\sqrt{\dfrac{k'}{M+m}}$ 이다.

## 32 ★
팬터그래프의 집전체 고유진동수 $f$는?
(단 $k$ : 스프링 상수, $K$ : 복원 스프링 상수, $m$ : 집전체 질량이다.)

① $f = \dfrac{1}{2\pi}\sqrt{\dfrac{m}{k+K}}$
② $f = \dfrac{1}{2\pi}\sqrt{\dfrac{k+K}{m}}$
③ $f = 2\pi\sqrt{\dfrac{k+K}{m}}$
④ $f = 2\pi\sqrt{\dfrac{m}{k+K}}$

**해설**

팬터그래프의 집전체 고유진동수는
$f = \dfrac{1}{2\pi}\sqrt{\dfrac{k+K}{m}}$ 이다.

**정답** 29. ④ 30. ④ 31. ① 32. ②

## 33 ★★
파동전파속도를 나타내는 식은? (단, 전차선 장력 $T$, 단위길이 질량 $\rho$라 한다.)

① $C = \dfrac{\sqrt{T}}{\rho}$    ② $C = \sqrt{\dfrac{\rho}{T}}$

③ $C = \sqrt{\dfrac{T}{\rho}}$    ④ $C = \dfrac{\sqrt{\rho}}{T}$

**해설**
파동전파속도 $C = \sqrt{\dfrac{T}{\rho}}$ 이다.

## 34 ★★★
전기차의 VVVF 제어방식이란?

① 주파수와 전류를 제어하는 방식
② 주파수와 전압을 제어하는 방식
③ 주파수와 저항을 제어하는 방식
④ 주파수와 리액턴스를 제어하는 방식

**해설**
VVVF(Variable Voltage Variable Frequency)
☞ 가변전압 가변주파수

## 35 ★★
경량전철에서 궤도와 차륜의 점착력 대신 리액션 플레이트(reaction plate) 사이의 전자력을 추진력으로 사용하는 방식은?

① 철제차륜방식
② 고무차륜방식
③ 모노레일방식
④ LIM방식

**해설**
경량전철에서 리액션 플레이트(reaction plate) 사이의 전자력을 추진력으로 사용하는 방식은 LIM(선형유도전동기)방식이다.

## 36 ★
열차의 평균속도를 맞게 설명한 것은?

① 주행한 거리를 도중 정차시간을 제외한 순주행시간으로 나눈 속도
② 주행한 거리를 도중 정차시간을 포함한 전체의 운전시간으로 나눈 속도
③ 운전 중의 열차가 선로상태나 차량의 성능에 의해 얻어진 속도의 최고값
④ 곡선이나 구배에서 운전속도가 제한되는 속도

**해설**
평균속도 $= \dfrac{\text{운전거리}}{\text{순주행시간}}$

## 37 ★★★
열차의 표정속도에 대한 설명으로 맞는 것은?

① 곡선이나 구배에서 운전속도가 제한되는 속도
② 주행한 운전구간의 거리를 도중 정차시간을 포함한 전운전시간으로 나눈 속도
③ 운전 중의 열차가 선로상태 또는 차량의 성능에 의해 얻어진 속도의 최고값
④ 주행한 운전구간의 거리를 도중 정차시간을 제외한 순주행시간으로 나눈 속도

**해설**
표정속도 $= \dfrac{\text{운전거리}}{\text{순주행시간} + \text{정차시간}}$

## 38 ★★
전기차 운전속도에서 표정속도 $V$를 구하는 식으로 옳은 것은? (단, $V$: 표정속도[km/h], $T_1$: 순주행시간[h], $T_2$: 정차시간[h], $V$: 운전거리[km] 이다)

① $V = \dfrac{L}{T_1 \times T_2}$    ② $V = \dfrac{L}{T_1 - T_2}$

**정답**  33. ③  34. ②  35. ④  36. ①  37. ②  38. ③

③ $V = \dfrac{L}{T_1 + T_2}$  ④ $V = \dfrac{L}{T_2}$

**해설**

표정속도 $= \dfrac{운전거리}{순주행시간 + 정차시간}$

$= \dfrac{L}{T_1 + T_2}$

## 39 ★
열차의 표정속도를 올바르게 나타낸 것은? (단, $L$ : 정거장 간격, $t$ : 정차 시간, $n$ : 정거장 수, $T$ : 전주행 시간이다.)

① $\dfrac{L}{(t+T)}$  ② $\dfrac{nL}{(nt+T)}$

③ $\dfrac{(n-1)L}{(nt+T)}$  ④ $\dfrac{(n-1)L}{(n-2)t+T}$

**해설**

표정속도 $= \dfrac{운행거리}{주행시간 + 정차시간}$

$= \dfrac{(n-1)L}{(n-2)t+T}$

## 40 ★★
열차저항의 종류로 볼 수 없는 것은?

① 정지저항  ② 곡선저항
③ 출발저항  ④ 주행저항

**해설**

열차저항의 종류에는 출발저항, 주행저항, 구배저항, 곡선저항, 가속도저항이 있다.

## 41 ★★
열차의 진행을 방해하는 열차저항이 아닌 것은?

① 주행저항  ② 감속저항
③ 곡선저항  ④ 구배저항

**해설**

열차저항의 종류에는 출발저항, 주행저항, 구배저항, 곡선저항, 가속도저항이 있다.

## 42 ★
40[t]의 전기기관차가 20[‰]의 구배를 올라가는 데 필요한 견인력[kg]은 얼마인가? (단, 열차 저항은 무시한다.)

① 500  ② 600  ③ 800  ④ 1000

**해설**

$F = W \cdot \eta = 40 \times 10^3 \times \dfrac{20}{1000} = 800[\text{kg}]$

## 43 ★★
주전동기의 단자전압이 1100[V]이고, 전류가 200[A], 주전동기의 효율이 0.91, 전동기 대수가 3대인 경우 전기차의 출력[kW]은 약 얼마인가?

① 500  ② 600  ③ 700  ④ 800

**해설**

$P = \dfrac{E_t I}{1000} \eta N = \dfrac{1100 \times 200}{1000} \times 0.91 \times 3$

$≒ 600[\text{kW}]$

## 44 ★★
전기차가 견인력 800[kg], 속도 150[km/h]로 운전하고 있을 때 주전동기의 출력은 약 몇 [kW]인가?

① 127  ② 284
③ 327  ④ 425

**해설**

주전동기의 출력 $P$

$P = \dfrac{F \times V}{367} = \dfrac{800 \times 150}{367} = 326.97 ≒ 327[\text{kW}]$

**정답** 39. ④  40. ①  41. ②  42. ③  43. ②  44. ③

## 45 ★★★★
주전동기의 단자전압이 1200[V], 전류가 300[A]인 경우, 전기차의 출력[kW]은? (단, 주전동기의 효율은 0.9, 전동기의 대수는 3대이다.)

① 648　② 772　③ 810　④ 972

**해설**
$$P = \frac{E_t \times I}{1000}\eta N = \frac{1200 \times 300}{1000} \times 0.9 \times 3 = 972[kW]$$

## 46 ★★★
열차운전 중의 속도, 시간, 주행거리, 전류, 전력량 등의 상호관계를 도표로 표시하는 것은?

① 운전선도　② 열차속도
③ 열차거리　④ 평균속도

**해설**
운전선도는 열차운전 중의 속도, 시간, 주행거리, 전류, 전력량 등의 상호관계를 도표로 표시한 것이다.

## 47 ★★
차량이 안전하게 운행될 수 있도록 궤도상에 설정한 일정 공간은?

① 차량한계　② 건축한계
③ 열차한계　④ 접촉한계

**해설**
건축한계는 차량이 안전하게 운행될 수 있도록 궤도상에 설정한 일정 공간이다.

## 48 ★
전기차의 운전선도를 시간을 기준으로 하여 나타내는 것은?

① 속도-거리곡선　② 전류-거리곡선
③ 전력-거리곡선　④ 전력량-시간곡선

## 49
동일한 운전조건에서 전력소비량에 영향을 주지 않는 것은?

① 팬터그래프　② 치차비
③ 제어방법　④ 차량중량

**해설**
동일 운전조건에서도 차량중량, 치차비, 제어방법 등에 따라 전력소비량이 변화한다. 팬터그래프는 전력을 공급받는 집전장치이므로 전력소비량에는 영향을 주지 않는다.

## 50
열차를 운전할 때 전력소비량과 직접적인 관련이 없는 것은?

① 선로조건　② 기후조건
③ 차량조건　④ 운전조건

**해설**
기후조건은 열차의 운전 전력소비량과 직접적인 관련이 없다.

## 51 ★
다음 중 직류 급전방식의 특징과 거리가 먼 것은?

① 사용 전압으로는 600[V], 750[V], 1500[V], 3000[V] 등이 있다.
② 전철변전소 간격은 전압강하 등을 고려하여 대략 4~10[km]마다 설치 운용하고 있다.
③ 대용량 중·장거리 수송에 유리하다.
④ 운전전류가 커서 누설전류에 의한 전식(電蝕) 대책이 필요하다.

**해설**
직류급전방식은 경량 단거리 수송에 유리한 방식이다.

## 52 ★
다음 중 교류 급전방식의 특징과 거리가 먼 것은?

① 대용량 중·장거리 수송에 유리하다.
② 전압이 높아 사고시 선택 차단이 불리하다.
③ 에너지 이용률이 높다.
④ 전식(電蝕)의 우려가 없으나 통신유도장해 내책이 필요하다.

**해설**
교류급전방식은 대용량 중·장거리 수송에 유리한 방식으로 에너지 이용률이 높고, 사고시 선택 차단이 용이하다.

## 53 ★★
교류 급전방식의 특징이 아닌 것은?

① 대용량 중·장거리 수송에 유리하다.
② 에너지 이용률이 높다.
③ 누설전류에 의한 전식(電蝕) 대책이 필요하다.
④ 사고시 선택 차단이 용이하다.

**해설**
전식(電蝕)의 우려가 없으나 통신유도장해 대책이 필요하다.

## 54 ★
다음은 BT 급전방식에 대한 설명이다. 맞지 않는 것은?

① BT의 1, 2차측을 전차선과 부급전선(NF)에 각각 병렬로 접속한다.
② BT와 BT 사이는 중간점에서 레일과 부급전선을 흡상선으로 접속한다.
③ 권선비 1 : 1의 흡상변압기를 약 4[km]마다 설치한다.
④ 통신선의 유도장해를 경감하는 방식이다.

**해설**
BT의 1, 2차측을 전차선과 부급전선(NF)에 각각 직렬로 접속한다.

## 55 ★★
다음 중 흡상변압기의 주요 역할에 대한 설명으로 옳은 것은?

① 전압강하를 보상한다.
② 역률을 개선시킨다.
③ 전차선의 절연을 향상시킨다.
④ 통신유도장해를 경감한다.

**해설**
흡상변압기를 설치하는 목적은 통신유도장해를 경감하기 위함이다.

## 56 ★★
교류 급전방식에서 단권변압기(AT)의 설치방법으로 옳은 것은?

① 급전선과 전차선 사이에 직렬로 설치
② 급전선과 전차선 사이에 병렬로 설치
③ 급전선과 보호선 사이에 직렬로 설치
④ 급전선과 보호선 사이에 병렬로 설치

**해설**
단권변압기(AT)는 급전선과 전차선 사이에 병렬로 설치한다.

## 57 ★★
교류 전기철도의 AT급전방식에서 단권변압기의 주요 설치 목적은?

① 전압강하 방지
② 이상전압 방지
③ 고조파 발생 억제
④ 통신유도장해 경감

**정답** 52. ② 53. ③ 54. ① 55. ④ 56. ② 57. ④

**해설**
AT 급전방식에서 단권변압기는 통신유도장해 경감을 위해 설치한다.

## 58 ★★
다음 중 AT 급전방식에 대한 설명으로 맞는 것은?

① 전압강하가 크므로 변전소 이격거리가 짧다.
② 급전전압이 낮으므로 고장전류가 적어 보호가 어렵다.
③ 고속 대용량 집전에 적합하다.
④ 부스터 섹션에서 전기차 통과시 아크가 발생한다.

## 59 ★★
다음은 AT 급전방식에 대한 설명이다. 맞지 않는 것은?

① 급전전압은 차량전압의 1/2배이나 중성점이 접지되어 실제 절연레벨은 2배이다.
② 부하전류는 인접한 양쪽의 AT로 흡상되므로 통신유도장해를 경감한다.
③ 전압강하가 적으므로 변전소 이격거리가 길다.
④ 차량을 중심으로 크기는 같고, 방향이 반대인 전류가 흐르도록 되어 있다.

**해설**
급전전압은 차량전압의 2배이나 중성점이 접지되어 실제 절연레벨은 1/2이다.

## 60 ★★★
AT 급전방식에서 전차선과 급전선간의 공칭전압[kV]은?

① 25  ② 50  ③ 60  ④ 75

**해설**
AT 급전방식에서 전차선과 급전선간의 공칭전압은 50[kV] 이다.

## 61 ★★
전기철도 급전계통을 구성하는 데 있어서 고려하여야 할 사항이 아닌 것은?

① 부하전류   ② 급전거리
③ 전압강하   ④ 사고시의 구분

**해설**
변전소로부터 급전거리, 전압강하, 사고시의 구분, 보수 등을 고려하여 전차선로를 적당한 구간으로 나누어 급전, 정전이 가능하도록 구성하여야 한다.

## 62 ★★
다음은 전기철도 급전계통의 특성에 대한 설명이다. 틀린 것은?

① 레일을 귀선로로 사용하는 1선 접지회로가 된다.
② 부하의 크기 및 시간적 변동이 극히 심하다.
③ 직류방식에서는 전압변동, 전압 불평형 등의 문제가 발생한다.
④ 전기철도 급전계통은 신뢰도와 안정도가 높은 전원설비가 요구된다.

**해설**
교류방식에서는 부하가 단상이고, 부하의 변동이 심하기 때문에 전압변동, 전압 불평형 등의 문제가 발생한다.

## 63 ★★
다음은 전기철도 급전계통의 운전조건에 대한 설명이다. 맞지 않는 것은?

① 변전소, 전차선로, 차량간의 절연 협조가 충분히 검토되어 절연강도, 절연 이격거리

**정답** 58. ③  59. ①  60. ②  61. ①  62. ③  63. ③

등이 확보되어야 한다.
② 사고발생 시 신속하게 사고개소를 구분하고 필요한 조치를 취할 수 있어야 한다.
③ 전차선로에 지락, 단락사고 발생시 전구간 또는 장구간에 급전 정지가 되도록 한다.
④ 전차선 전압이 차량의 운전에 영향을 주지 않는 일정한 범위를 유지하여야 한다.

**해설**
전차선로의 어느 일부에 지락, 단락 등의 사고가 발생한 경우 또는 작업상 전차선로의 일부분을 정전한 경우 전구간 또는 장구간에 걸쳐 급전이 정지되고 전기운전을 중지하여야 하는 급전회로는 바람직하지 못하다.

## 64 ★★
급전계통의 분리 기준으로 거리가 먼 것은?

① 급전별 분리
② 본선간의 분리
③ 본선과 측선의 분리
④ 기기와 차량간의 분리

**해설**
급전계통의 분리 기준으로는 급전별 분리, 본선간의 분리, 본선과 측선의 분리, 차량기지와 본선과의 분리 등이 있다.

## 65 ★★
다음은 전기철도 급전계통의 분리에 대한 설명이다. 맞지 않는 것은?

① 본선에서 사고발생시 측선과 분리하여 측선의 열차운행을 할 수 있도록 한다.
② 차량기지는 본선으로부터 분리하여 별도의 급전을 할 필요가 있다.
③ 동일 계통 급전구간에 사고 발생 시 해당 구간을 분리하고 급전할 수 있도록 급전구분소 (SP) 및 보조급전구분소 (SSP)를 두어 구분한다.
④ 인접 변전소와 상호 계통운전을 원칙으로 한다.

**해설**
측선에서 사고발생시 본선과 분리하여 본선을 운행하는 열차에 지장을 주지 않도록 본선과 측선은 분리할 필요가 있다.

## 66 ★★
교류 25[kV] 급전방식에서 작업시 또는 사고시에 정전구간의 단축을 주목적으로 설치하는 것은?

① 변전소
② 타이포스트
③ 보조급전구분소
④ 정류포스트

**해설**
보조급전구분소(SSP)는 작업시 또는 사고시에 정전구간의 단축을 주목적으로 설치한다.

## 67 ★
인접 변전소와 상호계통 운전을 위하여 급전별 분리를 할 때 관계가 없는 것은?

① 방면별
② 주파수별
③ 상·하선별
④ 위상별

**해설**
인접 변전소와 상호계통 운전을 위하여 방면별, 상·하선별, 위상별로 급전별 분리를 하여야 한다.

## 68 ★★
본선과 측선의 급전계통을 분리하는 목적은?

① 사고가 발생하지 않은 다른 계통이나 선로에 정상급전을 하기 위함이다.
② 인접 변전소로부터 연장급전을 받기 위함이다.
③ 보수작업 및 사고발생 시 신속하게 사고개소를 분리하기 위함이다.

**정답** 64. ④  65. ①  66. ③  67. ②  68. ④

④ 측선에서 사고발생시 본선과 분리하여 본선을 운행하는 열차에 지장을 주지 않기 위함이다.

**해설**
본선과 측선의 급전계통을 분리하는 목적은 측선에서 사고발생시 본선과 분리하여 본선을 운행하는 열차에 지장을 주지 않기 위함이다.

## 69 ★★★
하나의 급전구간에 2개 이상의 급전점을 가진 급전방식은?

① 연장급전　　　② 직렬급전
③ 병렬급전　　　④ 직·병렬급전

**해설**
직류급전구간에는 변전소(SS : Sub Station) 및 급전구분소(SP : Sectioning Post)간을 1구간으로 하여 방면별, 상·하선별로 급전하는 병렬급전방식을 표준으로 하고 있다.

## 70
직류 급전계통은 인접 변전소와 어떤 급전방식으로 운용하는가?

① 단독급전방식　　② 직렬급전방식
③ 병렬급전방식　　④ 직·병렬급전방식

**해설**
직류급전계통은 인접 변전소와 병렬급전방식으로 운용하고 있다.

## 71
교류구간 급전계통의 대표적인 급전방식은?

① 연장급전방식　　② 단독급전방식
③ 병렬급전방식　　④ 이상급전방식

**해설**
교류구간의 대표적인 급전방식은 각각의 변전소로부터 급전을 행하는 단독급전방식이다.

## 72
전기철도의 급전방식에서 상선과 하선을 각 PP 개소 및 SP 개소에서 전기적으로 연결하고 선로장애 발생 시 상·하선을 구분하여 정상상태인 선로만 운용하는 방식은?

① PP급전방식　　② AT급전방식
③ BT급전방식　　④ 이상급전방식

**해설**
경부고속철도에 적용하고 있는 PP급전방식이다.

## 73 ★★
다음 중 PP급전방식에 대한 설명중 틀린 것은?

① 선로임피던스가 가장 작다.
② 급전구분소(SP)의 단권변압기(AT) 대수는 4대이다.
③ 역간이 길고 고속운행구간에 적합하다.
④ 상·하선 Tie 차단기가 필요하다.

**해설**
급전구분소(SP)의 단권변압기(AT) 대수를 줄일 수 있다.(4대 → 2대)

## 74 ★★
교류 급전회로의 3상 전원의 단락용량을 3상 임피던스 $Z_0[\Omega]$로 환산한 식은? (단, $V$ : 기준전압[kV], $P_s$ : 단락용량[MVA] 이다.)

① $Z_0 = \dfrac{V^2}{P_s}$　　② $Z_0 = \dfrac{V}{P_s}$

③ $Z_0 = \dfrac{V}{P_s^2}$　　④ $Z_0 = \dfrac{V^2}{P_s^2}$

**해설**
3상 전원의 단락용량을 3상 임피던스 $Z_0[\Omega]$로 환산하면 $Z_0 = \dfrac{V^2}{P_s}$ 이다.

## 75 ★★★

전원의 임피던스가 $\%Z_0$로 주어질 때 3상 임피던스[Ω] 계산식으로 옳은 것은? (단, $Z_0$ : 3상 임피던스[Ω], $\%Z_0$ : 3상측 %임피던스[%], $V$ : 기준전압(급전전압을 사용)[kV], $P$ : 기준용량(일반적으로 10000[kVA] 이다.)

① $Z_0 = \%Z_0 \dfrac{10 \cdot V}{P}$

② $Z_0 = \dfrac{10 \cdot V}{\%Z_0 P}$

③ $Z_0 = \%Z_0 \dfrac{10 \cdot V^2}{P}$

④ $Z_0 = \dfrac{10 \cdot V^2}{\%Z_0 P}$

**해설**
전원의 임피던스가 $\%Z_0$로 주어질 때 3상 임피던스는 $Z_0 = \%Z_0 \dfrac{10 \cdot V^2}{P}$ 이다.

## 76 ★★★★

교류 급전측 단상 단락사고 시 고장전류($I_s$)를 계산하는 식은? (단, $I_s$ : 고장전류[kA], $V$ : 급전전압[kV], $Z_0$ : 전원임피던스[Ω], $Z_{tr}$ : 변압기임피던스[Ω], $Z_l$ : 선로임피던스[Ω], $r_g$ : 고장점저항[Ω] 이다.)

① $I_s = \dfrac{V^2}{2Z_0 + Z_{tr} + Z_l + r_g}$

② $I_s = \dfrac{V^2}{Z_0 + Z_{tr} + Z_l + r_g}$

③ $I_s = \dfrac{2V^2}{Z_0 + Z_{tr} + Z_l + r_g}$

④ $I_s = \dfrac{V}{2Z_0 + Z_{tr} + Z_l + r_g}$

**해설**
교류 급전측 단상 단락사고 시 고장전류($I_s$)는 $I_s = \dfrac{V}{2Z_0 + Z_{tr} + Z_l + r_g}$ 이다.

## 77 ★★

단상 100[kVA] 2차전압 210[V], 임피던스 2.8[%]일 때 단락전류의 크기는 약 몇 [A]인가?

① 3300  ② 6370
③ 17000  ④ 25480

**해설**
정격전류에 의한 단락전류의 배수
$= \dfrac{100}{\%\text{임피던스 전압}} = \dfrac{100}{2.8} = 35.7$

정격전류 $= \text{kVA} \times \dfrac{1000}{\text{정격 2차전압}}$

$= 100 \times \dfrac{1000}{210} = 476.19[A]$

단락전류 $= 476.19 \times 35.7 ≒ 17000[A]$

## 78 ★★★★

교류급전방식에서 위상이 90° 다른 M상과 T상이 혼촉한 경우의 고장전류식은?
(단, $V_{MT}$ : MT 혼촉전압, $I_{MT}$ : MT 혼촉전류, $Z_{AT}$ : AT 누설임피던스, $Z_0$ : 전원 임피던스, $Z_M$, $Z_T$ : 변압기 임피던스이다.)

① $I_{MT} = \dfrac{V_{MT}}{4Z_0 - 2Z_M + Z_T + 2Z_{AT}}$

② $I_{MT} = \dfrac{V_{MT}}{4Z_0 + Z_M + Z_T + 2Z_{AT}}$

③ $I_{MT} = \dfrac{4Z_0 + Z_M + Z_T + 2Z_{AT}}{V_{MT}}$

④ $I_{MT} = \dfrac{4Z_0 + 2Z_M - Z_T + 2Z_{AT}}{V_{MT}}$

**해설**
M상과 T상이 혼촉한 경우의 고장전류식은
$I_{MT} = \dfrac{V_{MT}}{4Z_0 + Z_M + Z_T + 2Z_{AT}}$ 이다.

**정답** 75. ③  76. ④  77. ③  78. ②

## 79 ★★

직류 1500[V] 병렬급전계통에서 그림과 같은 단위로 차량 부하가 $I_1$ 1200[A], $I_2$ 1800[A]로 분포하고 있을 때, B 변전소에서 공급되는 전류 $I_B$[A]는? (단, 급전선로의 단위 길이 당 저항은 같다.)

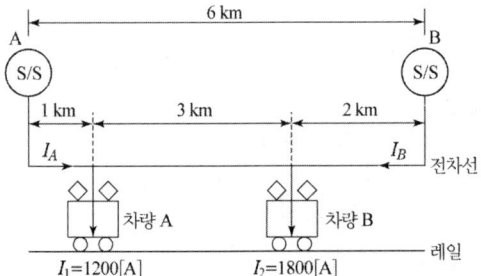

① 1400
② 1600
③ 1800
④ 2000

**해설**

부하전류 $I_1$, $I_2$는 해당 변전소로부터 부하점까지 급전거리에 반비례하여 분담된다.

1) $I_1 = 1200$[A]에 대한 변전소 분담 전류를 $I_{A1}$, $I_{B1}$ 이라 하면,

$$I_{A1} = \frac{(6-1)}{6} \cdot I_1 = \frac{5}{6} \cdot 1200 = 1000[A]$$

$$I_{B1} = \frac{(6-5)}{6} \cdot I_1 = \frac{1}{6} \cdot 1200 = 200[A]$$

2) $I_2 = 1800$[A]에 대한 변전소 분담 전류를 $I_{A2}$, $I_{B2}$ 이라 하면,

$$I_{A2} = \frac{(6-4)}{6} \cdot I_2 = \frac{2}{6} \cdot 1800 = 600[A]$$

$$I_{B2} = \frac{(6-2)}{6} \cdot I_2 = \frac{4}{6} \cdot 1800 = 1200[A]$$

따라서 B변전소에서 공급하는 전류 $I_B$[A]는

$$I_B = I_{B1} + I_{B2} = 200 + 1200 = 1400[A]$$

## 80 ★★

직류 1500[V] 병렬급전계통에서 그림과 같은 단위로 차량 부하가 $I_1$ 1200[A], $I_2$ 1800[A]로 분포하고 있을 때, B변전소에서 공급되는 전류 $I_B$[A]는? (단, 급전선로의 단위 길이 당 저항은 같다.)

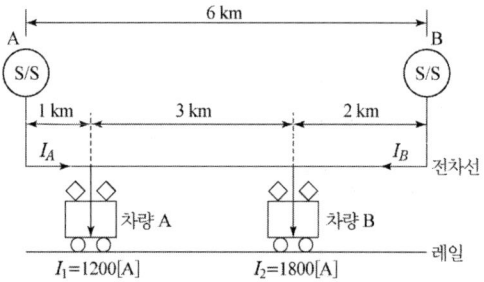

① 1400
② 1600
③ 1800
④ 2000

**해설**

부하전류 $I_1$, $I_2$는 해당 변전소로부터 부하점까지 급전거리에 반비례하여 분담된다.

1) $I_1 = 1200$[A]에 대한 변전소 분담 전류를 $I_{A1}$, $I_{B1}$ 이라 하면,

$$I_{A1} = \frac{(6-1)}{6} \cdot I_1 = \frac{5}{6} \cdot 1200 = 1000[A]$$

$$I_{B1} = \frac{(6-5)}{6} \cdot I_1 = \frac{1}{6} \cdot 1200 = 200[A]$$

2) $I_2 = 1800$[A]에 대한 변전소 분담 전류를 $I_{A2}$, $I_{B2}$ 이라 하면,

$$I_{A2} = \frac{(6-4)}{6} \cdot I_2 = \frac{2}{6} \cdot 1800 = 600[A]$$

$$I_{B2} = \frac{(6-2)}{6} \cdot I_2 = \frac{4}{6} \cdot 1800 = 1200[a]$$

따라서 A변전소에서 공급하는 전류 $I_A$[A]는

$$I_A = I_{A1} + I_{A2} = 1000 + 600 = 1600[A]$$

## Chapt. 1 전기철도 일반 — 핵심예상문제 필답형 실기

**01** 전기철도의 구성설비를 크게 3가지로 분류하시오.

풀이)
전기철도의 설비는 변전설비(변전소), 급전설비(전차선로), 부하설비(전기차)로 구성되어 있다.

★★★

**02** 전기철도의 효과에 대하여 3가지 이상 쓰시오.

풀이)
전기철도의 효과로는 수송능력증강, 에너지 이용효율 증대, 수송원가절감, 환경개선, 지역균형발전 등이 있다.

★★★

**03** 전기철도방식 선정시 고려하여 할 요소 3가지만 서술하시오.

풀이)
전기철도방식 선정시 고려하여 할 제반요소는 수송조건, 선로조건, 인접구간 전기방식, 전력수급조건, 장래계획, 경제성 등을 검토할 필요가 있다.

★

**04** 직류 전기철도방식의 장점에 대하여 아는 바를 쓰시오.

풀이)
직류 전기철도방식의 장점은
1) 전기차의 설비가 간단하다.
2) 전압이 낮아 전차선로나 기기의 절연이 쉽다.
3) 통신선로에 유도장해가 작다.
4) 신호궤도 회로에도 교류방식을 사용할 수 있다.

★

**05** 직류 전기철도방식의 단점에 대하여 아는바를 쓰시오.

풀이)
1) 전압강하가 크게 되어 변전소 간격이 짧아진다.
2) 누설전류에 의한 전식대책이 필요하다.
3) 전류가 크기 때문에 전류용량이 큰 전선을 사용할 필요가 있다.

**06** 교류 전기철도방식의 장점에 대하여 아는바를 쓰시오.

**풀이**

교류 전기철도방식의 장점은 전차선 전압을 비교적 높게 할 수 있기 때문에, 전차선 전류가 작게 되어 전압강하가 작게 되고 변전소 간격이 크게 되어 변전소의 수가 적다.

**07** 교류 전기철도방식의 단점에 대하여 아는바를 쓰시오.

**풀이**

교류 전기철도방식의 단점은 상용주파수의 높은 전압을 사용하기 때문에 근접한 통신선로에 대하여 통신유도장해를 주게 되므로 이것을 경감하는 대책이 필요하다.

**08** 전기철도는 레일을 귀선로로 이용하기 때문에 누설전류가 발생한다. 괄호 안에 알맞은 내용을 쓰시오.

> 누설전류 발생으로 인한 피해로는 직류방식에서는 (    ), 교류방식에서는 (    )를(을) 일으키므로 이에 대한 대책을 수립하여야 한다.

**풀이**

누설전류의 피해사항으로 직류방식에서 전식, 교류방식에서는 통신유도장해를 일으키므로 이에 대한 대책을 수립하여야 한다.

**09** 다음은 고속철도의 속도[km/h]에 대한 설명이다. 괄호 안에 알맞은 수치를 쓰시오.

> 철도건설법에서 고속철도라 함은 속도가 (    )[km/h] 이상인 철도를 말한다.

**풀이**

고속철도라 함은 속도가 200[km/h] 이상인 철도를 말한다.(철도건설법)

**10** 주행용 레일 이외에 궤도의 측면에 급전용 레일을 설치한 전차선로의 가선형태는 어떤 방식인가?

**풀이**

주행용 레일 이외에 궤도의 측면에 급전용 레일을 설치한 전차선로의 가선형태는 제3궤조방식이다.

**11** 선로의 궤도를 구성하는 3요소는 어떠한 것이 있는가?

> **풀이**
> 궤도의 3요소는 레일, 침목, 도상이다.

**12** 캔트(Cant)에 대하여 아는바를 쓰시오.

> **풀이**
> 열차가 곡선 궤도를 운행할 때 바깥쪽 레일은 원심력의 작용으로 지나친 하중이 걸려 탈선하기 쉬우므로 안쪽 레일보다 높게 해야 하는데 이 고저차를 캔트라 하며, $C = \dfrac{GV^2}{127R}$ [mm]로 계산한다.

**13** 궤간이 $G$[mm]이고, 반지름이 $R$[m]인 곡선궤도를 $V$[km/h]로 주행하는데 적당한 캔트 $C$[mm]를 구하는 공식을 쓰시오.

> **풀이**
> 캔트 $C$를 구하는 공식은 $C = \dfrac{GV^2}{127R}$[mm]이다.

**14** 궤간이 1435[mm]이고 반지름이 1000[m]인 곡선 궤도를 60[km/h]로 주행하는 데 적당한 캔트(cant)는 얼마[mm]인지 계산하시오.

> **풀이**
> $C = \dfrac{GV^2}{127R} = \dfrac{1.435 \times (60)^2 \times 10^3}{127 \times 1000} ≒ 40.7[\text{mm}]$

**15** 곡선반경이 2000[m]이고 캔트가 5[mm]인 곡선 선로를 열차가 주행할 때 낼 수 있는 최대속도는 약 [km/h]인지 계산하시오. (단, 궤간은 1435[mm]로 한다.)

> **풀이**
> $V = \sqrt{\dfrac{C \cdot 127R}{G}} = \sqrt{\dfrac{5 \cdot 127 \cdot 2000}{1435}} ≒ 30$

### 16 슬랙(Slack)에 대하여 간단히 설명하시오.

**풀이**

곡선로 부분에서 궤간을 직선부보다 약간 넓게 하는 것을 슬랙(slack)이라 한다.

### 17 속도의 급상승과 급제동에 유리하도록 전기차와 객차가 1개의 편성으로 구성되어 있는 동력방식은?

**풀이**

동력분산방식은 견인전동기를 분산 배치하여 탑재한 방식으로 속도의 급상승과 급제동에 유리하도록 전기차와 객차가 1개의 편성으로 구성되어 있는 동력방식이다.

### 18 집전용 팬터그래프의 구비조건을 3가지만 쓰시오.

**풀이**

1) 집전판과 전차선의 접촉점에서 유효질량이 적을 것
2) 이선율이 적고 집전율이 우수할 것
3) 집전전류용량이 충분할 것
4) 공기저항이 적고 소음이 적을 것
5) 작용위치 범위내에서 충분하고 일정한 접촉력을 갖고 작용 부품간 상호작용이 적을 것
6) 열차당 팬터그래프의 수를 최소화 하고 충분한 거리를 유지

### 19 집전장치의 이선이 발생할 때 나타나는 현상은 어떠한 것들이 있는지 쓰시오.

**풀이**

1) 동력장치는 동력을 잃게되어 속도를 향상시킬 수 없다.
2) 전차선과 집전판에 아크방전에 의하여 전기적 마모가 발생한다.
3) 아크방전시 발생하는 전자파에 의하여 유도장해가 발생한다.

### 20 부등률을 $\epsilon$, 가선과 팬터그래프가 공진하는 속도를 $V_c$라 할 때 팬터그래프가 이선을 시작하는 속도 $V_r$을 나타내는 식을 쓰시오.

> **풀이**
> 
> 팬터그래프가 이선을 시작하는 속도 $V_r = \dfrac{V_c}{\sqrt{1+\epsilon}}$ 이다.

**21** ★ 스프링 상수 $k$, 복원 스프링 상수 $K$, 집전체 질량 $m$ 이라 할 때 팬터그래프의 집전체 고유진동수 $f$ 를 구하는 식을 쓰시오.

> **풀이**
> 
> 팬터그래프의 집전체 고유진동수는 $f = \dfrac{1}{2\pi}\sqrt{\dfrac{k+K}{m}}$ 이다.

**22** ★ 스프링 상수의 평균을 $k'$, 지지물 간격을 $S$, 집전체 질량 $m$, 프래임 조립체 질량 $M$이라 할 때 가선과 팬터그래프가 공진하는 속도 $V_c$를 나타내는 식을 쓰시오.

> **풀이**
> 
> 가선과 팬터그래프가 공진하는 속도 $V_c = \dfrac{S}{2\pi}\sqrt{\dfrac{k'}{M+m}}$ 이다.

**23** ★★★ 아래 문제의 괄호 안에 알맞은 내용을 쓰시오.

> 전차선의 파동전파속도를 높이기 위해서는 (　　)을(를) 크게 하고, (　　)을(를) 작게 하여야 한다.

> **풀이**
> 
> $C = \sqrt{\dfrac{T}{\rho}}$ 으로 파동전파속도를 높이기 위해서는 (장력 $T$)를 크게 하고, (단위길이 질량 $\rho$)를 작게 하여야 한다.

**24** ★★★★ 전차선 Cu 110[mm²]의 장력 $T=9800$[N], 전차선 단위길이당 질량 $\rho=0.987$[kg/m]일 때 파동전파속도 $C$[km/h]를 계산하시오.

> **풀이**
> 
> $C = \sqrt{\dfrac{T}{\rho}} = \sqrt{\dfrac{9800}{0.987}} = 99.64 \times \dfrac{3600}{1[\text{h}]} \times \dfrac{1[\text{km}]}{1000[\text{m}]} = 358.7[\text{km/h}]$

### 25. 아래 문제의 괄호 안에 알맞은 내용을 쓰시오.

> 전기차의 VVVF방식이란 (    )과(와) (    )을(를) 제어하는 방식을 말한다.

**풀이**

전기차의 VVVF방식이란 <u>전압</u>과 <u>주파수</u>를 제어하는 방식이다.

### 26. 직류 전기차의 속도제어방식 2가지만 쓰시오.

**풀이**

직류 전기차의 속도제어방식에는 저항제어방식, 직병렬제어방식, 초퍼제어방식, 계자제어방식, VVVF제어방식 등이 있다.

### 27. 교류 전기차의 속도제어방식 2가지 이상 쓰시오.

**풀이**

교류 전기차의 속도제어방식으로는 탭제어방식, 위상제어방식, 위상제어+VVVF제어방식, PWM제어+VVVF제어방식 등이 있다.

### 28. 전동차의 발전제동에 대하여 아는바를 쓰시오.

**풀이**

발전제동은 전동기를 발전기로 작용하게 할 때 전동기의 운동에너지를 전기에너지로 변환하여 전동기의 속도를 저감하는 제동방식으로 변환된 전기에너지는 제동용 저항에서 소모된다.

### 29. 아래 문제의 괄호 안에 알맞은 내용을 쓰시오.

> 열차의 운전속도는 여러 가지가 있다. 주행한 운전구간의 거리를 도중정차시간을 제외한 순 주행시간으로 나눈 속도를 (    )라 하고, 도중정차시간을 포함한 전 운전시간으로 나눈 속도를 (    )라 한다.

**풀이**

주행한 운전구간의 거리를 도중정차시간을 제외한 순 주행시간으로 나눈 속도를 <u>평균속도</u>, 도중정차시간을 포함한 전 운전시간으로 나눈 속도를 <u>표정속도</u>라 한다.

**30** 열차의 운전속도 중 표정속도에 대하여 간단히 설명하시오.

풀이
$$\text{표정속도} = \frac{\text{운전거리}}{\text{순주행시간} + \text{정차시간}}$$
주행한 운전구간의 거리를 도중 정차시간을 포함한 전 운전시간으로 나눈 속도이다.

**31** $L$ 정거장 간격, $t$ 정차시간, $n$ 정거장 수, $T$ 전주행 시간인 열차의 표정속도를 구하는 식을 쓰시오. ★★★

풀이
$$\text{표정속도} = \frac{\text{운행거리}}{\text{주행시간} + \text{정차시간}} = \frac{(n-1)L}{(n-2)t + T}$$

**32** 열차의 진행을 방해하는 열차저항의 종류에는 어떠한 것이 있는가?

풀이
열차저항의 종류에는 출발저항, 주행저항, 구배저항, 곡선저항, 가속도저항 등이 있다.

**33** 50[t]의 전기기관차가 20[‰]의 구배를 올라가는 데 필요한 견인력[kg]은 얼마인지 계산하시오. (단, 열차저항은 무시한다.)

풀이
$$F = W \cdot \eta = 50 \times 10^3 \times \frac{20}{1000} = 1000[\text{kg}]$$

**34** 열차 자중이 100[t]이고, 동륜상 중량이 75[t]인 기관차의 점착계수가 0.25일 때 최대 견인력[t]을 계산하시오.

풀이
최대 견인력 $F_0 = 1000\mu\, W_d = 1000 \times 0.25 \times 75 = 18.75[\text{t}]$

**35** 전기차가 견인력 900[kg], 속도 100[km/h]로 운전하고 있을 때 주 전동기의 출력은 몇 [kW]인지 계산하시오.

**풀이**

$$P = \frac{FV}{367} = \frac{900 \times 100}{367} = 245[\text{kW}]$$

★★

**36** 전기차가 견인력 800[kg], 속도 120[km/h]로 운전하고 있을 때 주전동기의 출력은 약 몇 [kW]인지 계산하시오.

**풀이**

주전동기의 출력 $P$

$$P = \frac{F \times V}{367} = \frac{800 \times 120}{367} = 261.5 \fallingdotseq 262[\text{kW}]$$

★★★★

**37** 주전동기의 단자전압이 1200[V], 전류가 200[A], 주전동기의 효율은 0.9, 전동기 대수는 3대일 때 전기차의 출력[kW]을 계산하시오.

**풀이**

$$P = \frac{E_t \times I}{1000} \eta N = \frac{1200 \times 200}{1000} \times 0.9 \times 3 = 648[\text{kW}]$$

★★

**38** 주전동기의 단자전압이 1100[V]이고, 전류가 300[A], 주전동기의 효율이 0.88, 전동기 대수가 3대인 경우 전기차의 출력[kW]은 얼마인지 계산하시오.

**풀이**

$$P = \frac{E_t I}{1000} \eta N = \frac{1100 \times 300}{1000} \times 0.88 \times 3 \fallingdotseq 870[\text{kW}]$$

★★

**39** 열차운전 중의 속도, 시간, 주행거리, 전류, 전력량 등의 상호관계를 도표로 표시하는 것을 무엇이라 하는가?

**풀이**

열차운전 중의 속도, 시간, 주행거리, 전류, 전력량 등의 상호관계를 도표로 표시하는 것을 운전선도라고 한다.

★

**40** 전동차의 중량이 45[t]일 때 4[km/h/s]의 가속도를 주는데 필요한 힘을 계산하시오. (단, 전동차의 관성계수는 0.1로 한다.)

**풀이**

차량 1[t] 당의 가속력
$$F_s = 28.35(1+X)WA$$
$$= 28.35 \times (1+0.1) \, 45 \times 4 = 5600 [\text{kg}]$$

★
**41** 건축한계의 정의에 대하여 간단하게 쓰시오.

**풀이**

건축한계는 건조물 설치 주변에 차량이 안전하게 운행될 수 있도록 궤도상에 설정한 일정 공간을 말한다.

★★
**42** $R=600[\text{m}]$인 곡선개소에서의 건축한계 확대치수[mm]를 계산하시오.

**풀이**

$$W = \frac{50000}{600} = 83.33 [\text{mm}]$$

★★
**43** 아래 문제의 괄호 안에 알맞은 내용을 쓰시오.

> 전기철도 급전방식에서 직류급전방식에서는 (　　　)급전방식을, 교류급전방식에서는 (　　　)급전방식을 표준으로 하고 있다.

**풀이**

직류급전방식에서는 <u>병렬급전방식</u>을, 교류급전방식에서는 <u>단독급전방식</u>을 표준으로 하고 있다.

★
**44** 우리나라 직류와 교류 급전방식에서 사용하는 전차선과 레일간 공칭전압[V]은?

**풀이**

1) 직류 : 1500[V]
2) 교류 : 25000[V]

★
**45** 교류 급전방식에 비하여 직류 급전방식의 특징을 아는 대로 쓰시오.

풀이
1) 절연계급이 낮다.
2) 통신유도장해가 거의 없다.
3) 경량 단거리 수송에 유리하다.
4) 전식대책이 필요하다.

## 46 교류전철 흡상변압기 방식에서 흡상변압기를 설치하는 주목적은?

풀이
흡상변압기를 설치하는 주목적은 통신유도장해를 경감하기 위한 것이다.

## 47 교류 급전방식에서 단권변압기(AT)의 설치방법을 간단하게 쓰시오.

풀이
교류 급전방식에서 단권변압기(AT)는 급전선과 전차선 사이에 병렬로 설치한다.

## 48 교류 전기철도의 AT급전방식에서 단권변압기의 주요 설치 목적에 대하여 간단하게 쓰시오.

풀이
AT급전방식에서 단권변압기는 통신유도장해 경감을 위해 설치한다.

## 49 AT 급전방식의 특징을 쓰시오.

풀이
1) 급전전압이 차량에 공급되는 전압의 2배이므로 전압강하율이 적어
   ① 대전력 공급에 유리
   ② 변전소 설치간격(이격거리)이 길어 송전선 건설비가 절감된다.
2) 부하전류는 인접한 양측 AT측으로 흡상되므로 통신유도장해가 적으며
3) 급전전압은 차량전압의 2배이나 중성점이 접지(레일 임피던스본드접속)되어 실제 절연레벨은 급전전압의 1/2 이 된다.

## 50 고속철도 구간에서 운용중인 PP급전방식의 특징을 3가지만 서술하시오.

풀이

상선과 하선을 각 SSP 개소 및 SP 개소에서 전기적으로 연결하고, 선로장애 발생시 상·하선을 구분하여 건전선로만 운용하는 PP방식의 특징으로는
1) 선로임피던스가 가장 작다.(SSP기준 65%[선로중간], 50%[선로 말단])
2) 전압강하가 작다.($V_{SSP} \ll V_{Tie} \leq V_{PP}$)
3) 상대적으로 고조파 공진주파수가 낮고 확대율이 작다.
4) 회생전력 이용율이 높다.
5) 급전구분소(SP)의 단권변압기 대수를 줄일 수 있다.(2대)
6) 급전구분소(SP)의 GIS설비가 많다.(GIS 5-Bay)
7) PP에 상·하선 Tie 차단설비가 필요하다.
8) 역간이 길고 고속운행구간에 적합하다.
9) 장애 및 정전 작업시 변전소 급전구간 모두 정전이 필요하다.

## 51 직류 전철구간에서 전력공급점의 말단에 전압강하 보상을 위하여 상·하선을 균압하기 위해 설치하는 설비는 무엇인가?

풀이

말단에 전압강하 보상을 위하여 상·하선을 균압하기 위해 설치하는 설비는 급전 타이 포스트(Tie-Post)이다.

## 52 전기철도 급전계통을 구성하는 데 있어서 고려하여야 할 사항에 대하여 아는 대로 쓰시오.

풀이

전기철도 급전계통을 구성하는 데 있어서 고려하여야 할 사항으로는 변전소로부터 급전거리, 전압강하, 사고시의 구분, 보수 등을 고려하여 전차선로를 적당한 구간으로 나누어 급전, 정전이 가능하도록 구성하여야 한다.

## 53 전기철도 급전계통의 특징에 대하여 3가지 정도 쓰시오.

풀이

1) 레일을 귀선로로 사용하는 1선 접지회로이다.
2) 전기철도 부하는 크기 및 시간적 변동이 극히 심하다.
3) 직류방식에서는 전식으로 인한 지중금속체의 피해가 우려된다.
4) 교류방식에서는 부하가 단상이고, 부하의 변동이 심하기 때문에 전압변동, 전압 불평형 등의 문제가 발생한다.
5) 전기철도 급전계통은 신뢰도와 안정도가 높은 전원설비가 요구된다.

## 54 전기철도 급전계통의 운전조건에 대하여 간단하게 2가지만 쓰시오.

**풀이**

1) 변전소, 전차선로, 차량간의 절연 협조가 충분히 검토되어 절연강도, 절연 이격거리 등이 확보되어야 한다.
2) 사고발생 시 신속하게 사고개소를 구분하고 필요한 조치를 취할 수 있어야 한다.
3) 전차선 전압이 차량의 운전에 영향을 주지 않는 일정한 범위를 유지하여야 한다.
4) 전차선로의 일부에 지락, 단락 등의 사고가 발생한 경우 또는 작업상 전차선로의 일부분을 정전한 경우 전구간 또는 장구간에 걸쳐 급전이 정지되고, 전기운전을 중지하여야 하는 급전회로는 바람직하지 못하다.

## 55 급전계통을 분리하는 기준 4가지를 쓰시오.

**풀이**

급전계통의 분리 기준으로는
1) 급전별 분리
2) 본선간의 분리
3) 본선과 측선의 분리
4) 차량기지와 본선과의 분리 등이 있다.

## 56 교류 25[kV] 급전방식에서 작업시 또는 사고시에 정전구간의 단축을 주목적으로 하는 설비는 무엇인가?

**풀이**

보조급전구분소(SSP)는 작업시 또는 사고시에 정전구간의 단축을 주목적으로 설치한다.

## 57 인접 변전소와 상호계통 운전을 위하여 급전별 분리를 할 때 적용하는 기준은?

**풀이**

급전별 분리를 할 때에는 방면별, 상·하선별, 위상별로 분리하는 것을 원칙으로 한다.

## 58 교류 급전계통을 구분하고 필요시 연장급전을 하기 위하여 변전소와 변전소의 중간위치에 설치하는 것은?

(풀이)
교류급전계통에서 변전소와 변전소의 중간위치에 설치하는 것은 급전구분소(SP)이다.

**59** 급전계통에서 본선과 측선을 구분하는 이유는?

(풀이)
측선에서 사고·장애 발생시 본선에 영향을 주지 않기 위하여 본선과 분리한다.

**60** 급전계통을 전기적으로 구분하는 목적에 대하여 간단히 쓰시오.

(풀이)
1) 변전소에서 발생하는 이상 전력을 구분
2) 사고발생시 정전구간 축소(사고파급 범위 축소)
3) 유지보수작업 등 정전작업 필요시 정전구간을 확보

**61** 직류 급전계통은 인접 변전소와 어떤 급전방식으로 운용하는가?

(풀이)
직류 급전계통은 인접 변전소와 병렬급전방식으로 운용한다.

**62** 교류구간 급전계통의 대표적인 급전방식은?

(풀이)
교류구간의 대표적인 급전방식은 각각의 변전소로부터 급전을 행하는 단독급전방식이다.

**63** 교류 급전회로의 기준전압 $V$[kV], 단락용량 $P_s$[MVA]일 때 3상 전원의 단락용량을 3상 임피던스 $Z_0$[Ω]로 환산하면 $Z_0$를 구하는 식을 쓰시오.

(풀이)
3상 전원의 단락용량을 3상 임피던스 $Z_0$[Ω]로 환산하면 $Z_0 = \dfrac{V^2}{P_s}$ 이다.

**64** 전원의 임피던스가 $\%Z_0$로 주어질 때 3상 임피던스[Ω]를 계산하는 식을 쓰시오.
(단, $Z_0$ : 3상 임피던스[Ω], $\%Z_0$ : 3상측 %임피던스[%], $V$ : 기준전압(급전전압을 사용)[kV], $P$ : 기준용량(일반적으로 10000[kVA] 이다.)

**풀이**

전원의 임피던스가 $\%Z_0$로 주어질 때 3상 임피던스는

$$Z_0 = \%Z_0 \frac{10 \cdot V^2}{P}$$ 이다.

**65** 교류 급전측 단상 단락사고 고장전류($I_s$) 계산식을 쓰시오. (단, $I_s$ : 고장전류[kA], $V$ : 급전전압[kV], $Z_0$ : 전원임피던스[Ω], $Z_{tr}$ : 변압기임피던스[Ω], $Z_l$ : 선로임피던스[Ω], $r_g$ : 고장점저항[Ω] 이다.)

**풀이**

교류 급전측 단상 단락사고 고장전류($I_s$)는 $I_s = \dfrac{V}{2Z_0 + Z_{tr} + Z_l + r_g}$ 이다.

**66** 단상 100[kVA], 2차전압 220[V], 임피던스 2.5[%]일 때 단락전류는 약 몇 [A]인지 계산하시오.

**풀이**

정격전류에 의한 단락전류의 배수 $= \dfrac{100}{\%\text{임피던스전압}} = \dfrac{100}{2.5} = 40$

정격전류 $= kVA \times \dfrac{1000}{\text{정격 2차전압}} = 100 \times \dfrac{1000}{220} = 454.54[A]$

단락전류 $= 454.54 \times 40 ≒ 18181[A]$

**67** 교류급전방식에서 서로 위상이 다른 M상과 T상이 혼촉한 경우의 고장전류를 구하는 식을 쓰시오. (단, $V_{MT}$ : MT 혼촉전압, $I_{MT}$ : MT 혼촉전류, $Z_{AT}$ : AT 누설임피던스, $Z_0$ : 전원 임피던스, $Z_M$, $Z_T$ : 변압기 임피던스이다.)

**풀이**

M상과 T상이 혼촉한 경우의 고장전류를 구하는 식은

$$I_{MT} = \dfrac{V_{MT}}{4Z_0 + Z_M + Z_T + 2Z_{AT}}$$ 이다.

**68** 직류 1500[V] 병렬급전계통에서 그림과 같은 단위로 차량 부하가 $I_1$ 1400[A], $I_2$ 1600[A]로 분포하고 있을 때, B 변전소에서 공급되는 전류 $I_B$[A]를 계산하시오. (단, 급전선로의 단위 길이 당 저항은 같다.)

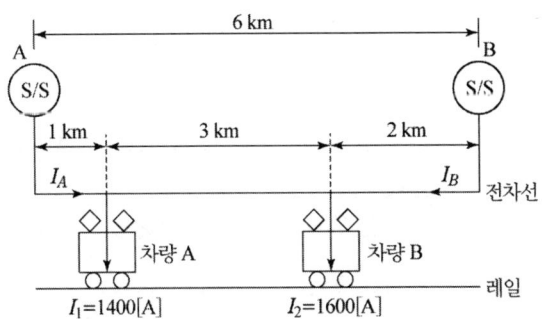

**풀이**

부하전류 $I_1$, $I_2$는 해당 변전소로부터 부하점까지 급전거리에 반비례하여 분담된다.

1) $I_1$ =1400[A]에 대한 변전소 분담 전류를 $I_{A1}$, $I_{B1}$ 이라 하면,

$$I_{A1} = \frac{(6-1)}{6} \cdot I_1 = \frac{5}{6} \cdot 1400 ≒ 1167[A]$$

$$I_{B1} = \frac{(6-5)}{6} \cdot I_1 = \frac{1}{6} \cdot 1400 ≒ 233[A]$$

2) $I_2$ =1600[A]에 대한 변전소 분담 전류를 $I_{A2}$, $I_{B2}$ 이라 하면,

$$I_{A2} = \frac{(6-4)}{6} \cdot I_2 = \frac{2}{6} \cdot 1600 ≒ 533[A]$$

$$I_{B2} = \frac{(6-2)}{6} \cdot I_2 = \frac{4}{6} \cdot 1600 = 1067[A]$$

따라서 B변전소에서 공급하는 전류 $I_B$[A]는

$$I_B = I_{B1} + I_{B2} = 233 + 1067 = 1300[A]$$

**69** 직류 1500[V] 병렬급전계통에서 그림과 같은 단위로 차량 부하가 $I_1$ 1400[A], $I_2$ 1600[A]로 분포하고 있을 때, A변전소에서 공급되는 전류 $I_A$[A]를 계산하시오. (단, 급전선로의 단위 길이 당 저항은 같다.)

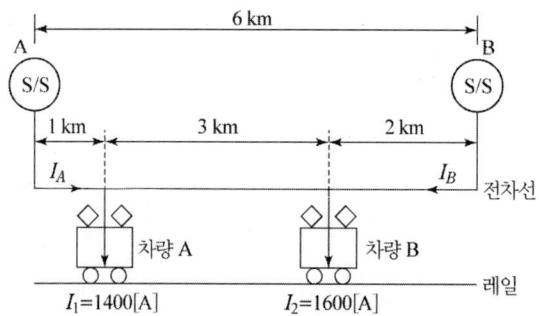

**풀이**

부하전류 $I_1$, $I_2$는 해당 변전소로부터 부하점까지 급전거리에 반비례하여 분담된다.

1) $I_1$ =1400[A]에 대한 변전소 분담 전류를 $I_{A1}$, $I_{B1}$이라 하면,

$$I_{A1} = \frac{(6-1)}{6} \cdot I_1 = \frac{5}{6} \cdot 1400 ≒ 1167[A]$$

$$I_{B1} = \frac{(6-5)}{6} \cdot I_1 = \frac{1}{6} \cdot 1400 ≒ 233[A]$$

2) $I_2$ =1600[A]에 대한 변전소 분담 전류를 $I_{A2}$, $I_{B2}$이라 하면,

$$I_{A2} = \frac{(6-4)}{6} \cdot I_2 = \frac{2}{6} \cdot 1600 ≒ 533[A]$$

$$I_{B2} = \frac{(6-2)}{6} \cdot I_2 = \frac{4}{6} \cdot 1600 = 1067[A]$$

따라서 A변전소에서 공급하는 전류 $I_A$[A]는

$$I_A = I_{A1} + I_{A2} = 1167 + 533 = 1700[A]$$

# Chapter 2 전철 변전설비

## 1. 변전설비 일반

전철 변전설비는 전기차의 부하공급을 주된 목적으로 하고 있으며, 직류 전기방식에서는 교류를 직류로 변환하여 공급하여야 하고, 교류 전기방식에서는 3상을 단상으로 변환하여 공급하여야 하는 특수 목적의 변전설비

### 1.1 전철 변전설비의 구성

전철 변전설비의 구성은 전기차에 운전용 전력을 공급하기 위한 변전소(SS)와 급전된 전력을 구분, 분리하거나 전압강하의 보상 및 유도장해 등을 방지하기 위한 급전구분소(SP), 보조급전구분소(SSP), 병렬급전구분소(PP), 포스트(급전 타이포스트, 정류포스트) 등과 이것을 감시, 제어, 운용하는 SCADA설비 등으로 구성

#### 1.1.1 직류 변전설비의 구성

직류 전철구간에는 복수의 변전소가 병렬로 접속되는 병렬급전방식이 표준이며, 변전설비의 구성에는 변전소(SS : Sub-Station), 구분소(SP : Sectioning Post), 급전 타이포스트(TP : Tie-Post), 정류포스트(RP : Rectifying Post) 등으로 구성

### (1) 변전소(SS)만으로 구성하는 경우

정류기의 정극(正極)을 급전선에 접속하고 부극(負極)을 레일에 접속

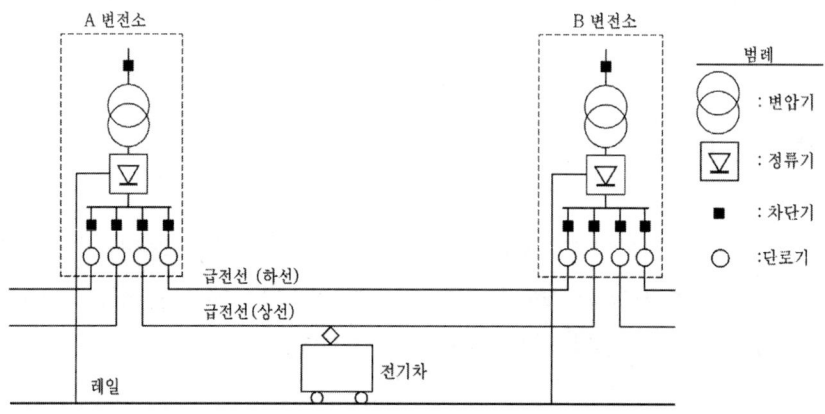

그림 2.1 변전소만으로 구성하는 경우

### (2) 급전구분소(SP)가 있는 경우

변전소와 변전소 간에 상하의 급전선을 고속도차단기로 모선에 구분하거나 접속하는 급전구분소가 있는 경우에는 변전소와 급전구분소간의 상·하 급전선이 병렬로 접속되어 급전선의 합성저항은 1/2로 되고 전압강하 경감

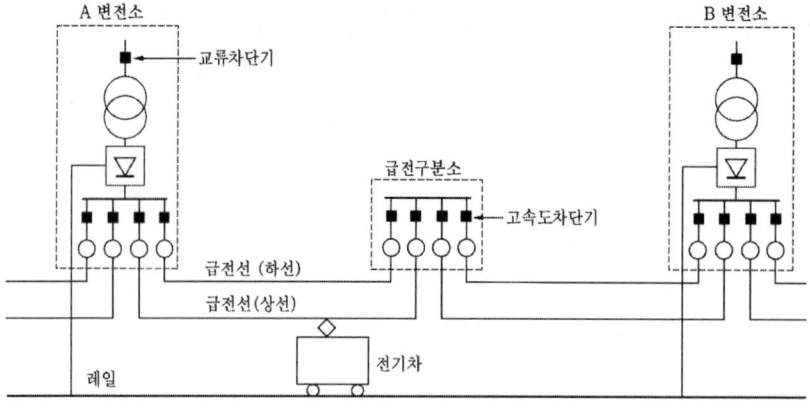

그림 2.2 급전구분소가 있는 경우

### (3) 급전 타이-포스트가 있는 경우

급전 타이-포스트는 급전구분소와 같이 전차선의 전압강하를 경감하기 위하여 설치하는 것으로 변전소와 변전소간에 상하의 급전선을 1대의 고속도차단기를 개방하거나 접속

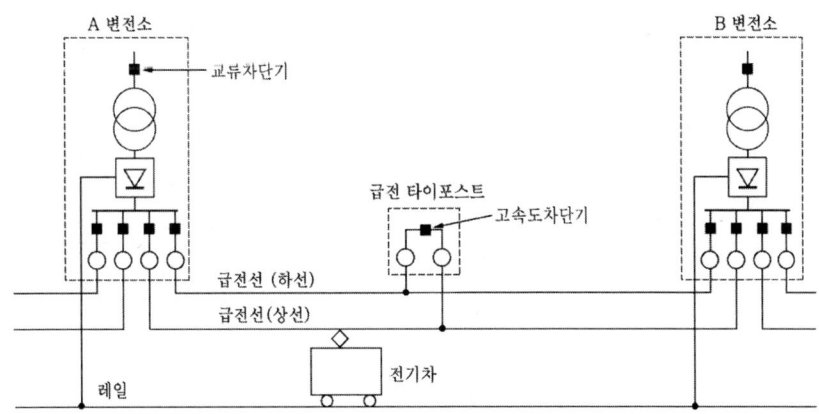

그림 2.4 급전 타이-포스트가 있는 경우

### (4) 정류포스트가 있는 경우

정류포스트는 직류구간에서 레일과 대지간의 누설전류를 경감하기 위한 것

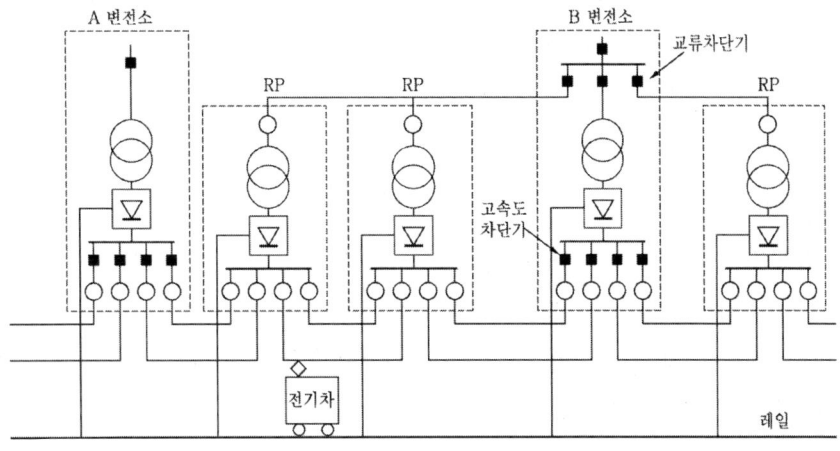

그림 2.5 정류포스트가 있는 경우

### (5) DCVR(직류전압조정장치)가 있는 경우

DCVR은 전차선의 전압강하를 경감하기 위하여 직류전압조정장치(사이리스터형)을 주정류기와 조합시킨 것으로 주정류기와 직렬로 접속

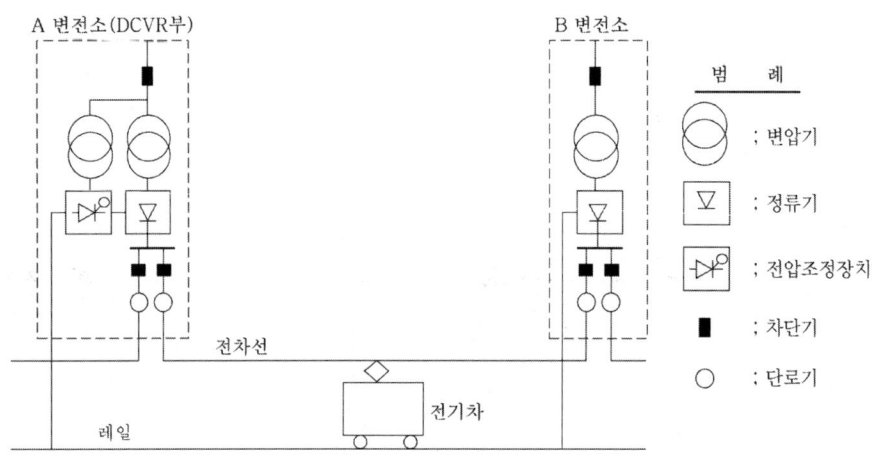

그림 2.7 DCVR가 있는 경우

## 1.1.2 직류 수전설비

변전계통은 한국전력에서 154[kV] 또는 22.9[kV]를 수전하여 전차선로에 공급하는 DC 1,500[V]와 역사 부대설비에 공급하는 AC 6.6[kV]로 전력을 변환하여 전차선로에 공급하는 DC 1,500[V]의 전력변환설비는 실리콘정류기를 변전소별로 4대를 설치하여 변전소 간에 병렬급전하고, 급전설비는 내·외선으로 분리한 4개의 급전설비와 1개의 예비 급전설비로 구성

### (1) 수전설비

수전설비는 송전선로에서 특별고압의 전력을 수전하기 위한 설비로서 교류차단기(52R), 단로기(89R), 계기용변류기(Current Transformer, 이하 CT), 계기용변압기(Potential Transformer, 이하 PT), 계기용변성기(Metering Out Fit, MOF), 수전모선(Bus), 보호계전기 등으로 구성

### (2) 변성설비

직류 변성설비는 교류 수전모선에 분기로부터 교류차단기, 정류기용변압기, 정류기와 정류기 2차측 직류고속도차단기를 경유하여 직류 정극(正極) 모선(DC 1,500[V] BUS)에 들어가기 까지의 설비, 정류방식은 정상적인 전류를 얻을 수 있도록 이중 3상전파(全

波)브리지방식의 12펄스방식을 사용하고 정류기 2차측에는 직류 고속도차단기(54)가 설치되어 있다.

정류기용변압기 용량은 4,520[kVA]이고 1차전압은 AC 22.9[kV]와 2차전압은 AC 1,200[V] 이다.

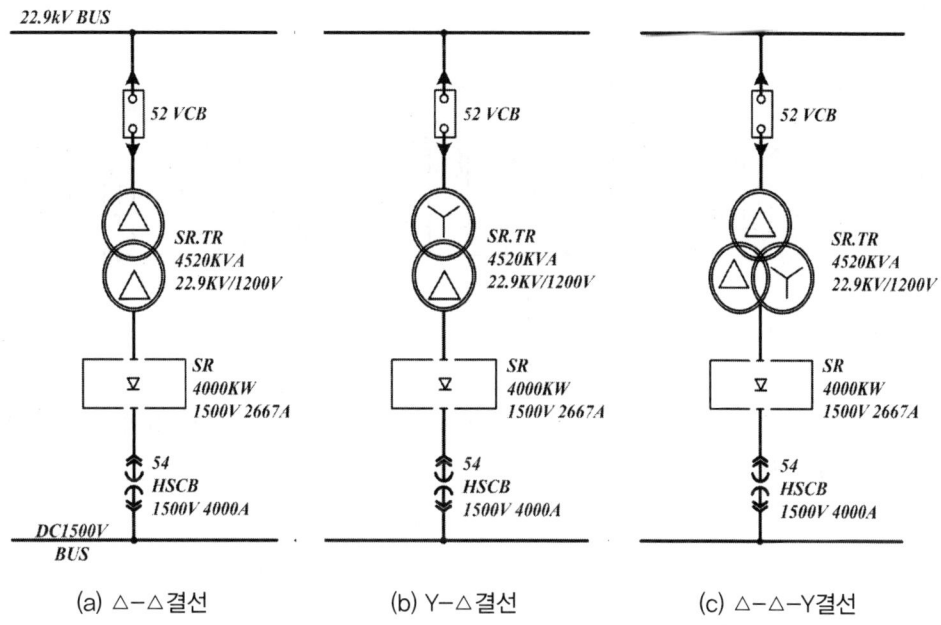

(a) △-△결선　　　(b) Y-△결선　　　(c) △-△-Y결선

## 1.1.3 교류 변전설비의 구성

교류 변전설비는 BT방식(Booster Transformer)과 AT방식(Auto Transformer)이 있다. AT, BT는 통신유도장해를 방지하기 위하여 설치하는 방식으로서 AT방식은 전차선로의 전압강하의 저감 효과도 있다.

### (1) BT방식의 구성

BT란 권수비 1:1의 흡상변압기를 설치하여 급전하는 방식

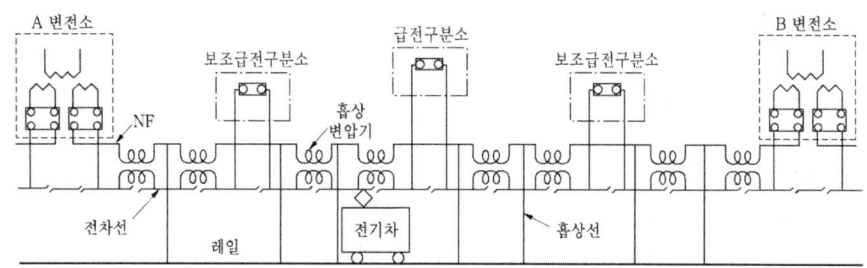

전차선과 부급전선에는 크기가 같고 방향이 반대인 전류가 흐르게 되어 유도작용이 소멸되어 통신유도장해 경감

### (2) AT방식의 구성

AT란 권수비 1 : 1의 단권변압기를 설치하여 급전하는 방식

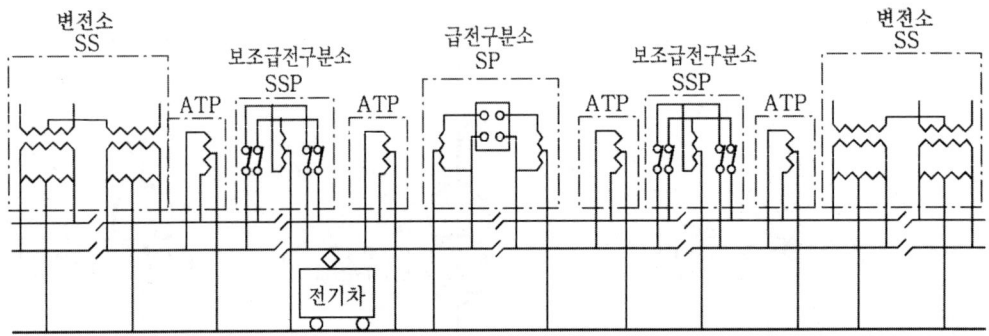

전차선과 급전선에는 크기가 같고 방향이 반대인 전류가 흐르게 되어 유도 작용이 소멸되어 통신유도장해 경감

## 2. 부하의 측정 및 관리

### 2.1 부하의 측정

#### (1) 순시 최대전류(Z)

변전소의 부하전류는 시시각각 그 값이 변동하고 있으므로 1일 중 최대값을 순시 최대전류라고 하고 이것에 대응하는 전력을 순시 최대전력[kW]

#### (2) 1시간 최대전력(Y)

변전소 부하를 1시간마다 나누어 1시간 내에 사용된 전력량의 최대값

#### (3) 평균전력

$$평균전력 = \frac{1일\ 공급전력}{24(시간)}$$

#### (4) 부하율

$$부하율 = \frac{1일\ 평균전력}{1일의\ 1시간\ 최대전력} \times 100[\%]$$

### (5) 부담률

$$부담률 = \frac{순시\ 최대출력}{설비용량} \times 100[\%]$$

## 2.2 부하의 계산

### (1) 사용전력량을 구하는 방법

1) 전류 커브면적 계산법
2) 평균속도에 의한 방법
3) 운동에너지 환산법
4) 전력소비율법

$$전력소비율[kWh]/1000[t \cdot km] = \frac{상 \cdot 하선\ 전력량 \times 1000}{2 \times 열차주행[km] \times 견인력[t]\ 수}$$

### (2) 순시 최대출력

$$Z = Y + C\sqrt{Y}$$

여기서, $Y$ : 1시간 최대출력[kW]
$Z$ : 순시 최대출력[kW]
$C$ : 정수

### (3) 최대출력

1시간 최대출력에 변전소내의 변성손실을 더하고 수전측에 환산하여 배전용의 부하를 더하면 필요한 최대전력이 된다.

# 3. 직류 변전설비

## 3.1 전철 변전소(SS)

한국전력공사 또는 인접 변전소에서 수전한 교류 3상 22.9[kV] 등의 전원을 전기차에 공급전원에 적합한 형태로 변환시켜 공급하여 주는 역할

직류변전소는 수전설비, 변성설비, 급전설비, 고압 배전설비, 소내 전원설비 등의 설비로 구성

### 3.1.1 수전설비

송전선로에서 특별고압의 전원을 수전하기 위한 설비로서 교류차단기(52R), 단로기(89R), 계기용변류기(CT), 계기용변압기(PT), MOF (Metering Out Fit), 수전모선(Bus), 보호계전기 등으로 구성

### 3.1.2 변성설비

수전모선의 분기로부터 교류차단기, 정류기용변압기, 정류기와 정류기 2차측 직류고속도차단기를 경유하여 직류 정극모선(DC 1,500[V] BUS BAR)에 들어가기 까지의 설비

**(1) 교류 과전류계전기(51)**

과부하 또는 단락사고 시 동작

**(2) 온도계전기(26)**

정류기용 변압기 또는 정류기의 과열 시 동작

**(3) 역류계전기(32)**

실리콘정류기의 내부 단락사고 시 동작

**(4) 접지계전기(64)**

정류기함 접지 또는 내부접촉 시 동작

**(5) 직류 과전류계전기(76T)**

정류기 정극 측에 설치하여 직류 과전류를 검출

### 3.1.3 급전설비

급전설비는 직류 정극모선으로부터 각 방면별 급전 개폐장치를 통하여 급전선에 접속
(1) 전차선에 급전하면서 급전회로에 단락·접지·과부하 등의 사고가 발생하였을 때 이 사고를 검출하여 사고전류를 차단하여 사고시간 최소화
(2) 급전설비는 변성기에서 변성된 직류(1500[$V$])를 전기차에 공급하기 위한 설비
(3) 직류 고속차단기(54F), 단로기(89F), 직류변류기(DCCT), 분류기(SHUNT), 직류모선, Z모선, 피뢰기(LA), 보호계전기 등으로 구성
(4) 대표적인 보호계전기의 역할
   1) 직류 부족전압계전기(80F, 80A)
      전차선의 단락 사고시 발생하는 전압강하를 감지하여 전차선 전압이 900[V] 이하가 되면 동작

2) 직류 고압지락계전기(64P)

　급전구간 내 직류고압의 지락 사고시 동작

3) 직류 과전류계전기(76F, 176F)

　급전회로의 과전류(순시, 한시)시 동작

### 3.1.4 고압 배전설비

(1) 고압배전설비는 수전 모선으로부터 변성설비와 병렬로 분기되는 곳으로부터 고압배전선로와 접속되는 부분
(2) 주요기기는 교류차단기, 단로기, 고배용변압기 등과 이에 부속되는 보호장치 등으로 구성
(3) 보호계전기로는 과전류·접지·부족전압계전기 등

### 3.1.5 소내 전원설비

소내 전원설비는 고압배전설비의 고배 단로기 2차측에서 분기된 소내 전원공급 설비로서 주요기기는 소내변압기 1·2호, 자동절체스위치(ATS), 충전기, 축전지 등으로 구성

### 3.1.6 직류 전절변전소의 전기차 부하분담

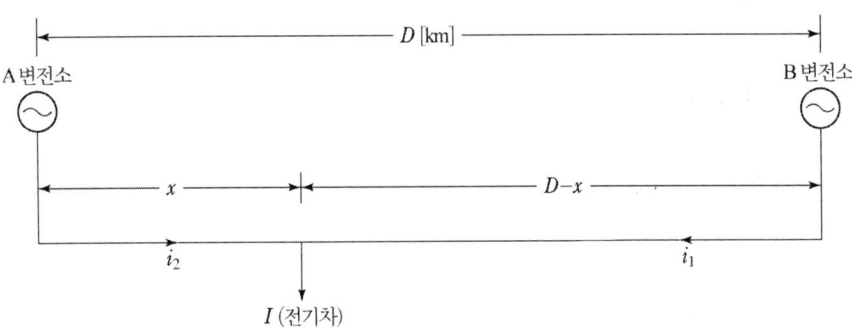

(1) A 변전소의 분담전류 $I_A = \dfrac{I(D-x)}{D}$ [A]

(2) B 변전소의 분담전류 $I_B = \dfrac{I \cdot x}{D}$ [A]

## 3.2 구분소 (SP : Section Post)

본선과 지선이 분기되는 곳에 설치하는 설비로서 전차선로의 전압강하를 경감시키고 고장검출을 용이하게 하며, 사고구간을 한정 구분하고 사고시나 작업시에는 정전구간을 단축하는 역할

## 3.3 급전 타이포스트 (TP : Tie Post)

(1) 복선구간에서 전차선을 병렬 급전할 수 없는 단말부분의 상선과 하선을 차단기를 통하여 접속할 수 있도록 한 설비
(2) 고속도차단기는 평상시 본선과 분기선의 전압강하를 방지하기 위해 투입되어 있다가 본선 또는 분기선의 어느 쪽의 방향에 정정값 이상의 과대전류가 흐르면 자동 차단할 수 있는 양방향성 특성

## 3.4 정류포스트 (RP)

(1) 급전구간의 레일과 대지간의 누설전류를 경감을 목적으로 설치
(2) 누설전류를 경감하기 위하여 변전소를 설치하는 대신에 변전소에서 고속도차단기를 생략하여 건설비를 절감시킨 것

## 3.5 고속도차단기

### 3.5.1 직류 고속도차단기(HSCB)

(1) 개요

차단기 자체에 사고전류 검지능력을 갖추도록 하여 자체적인 힘으로 접점을 개방하는 기구와 사고전류가 커지기 전에 신속하게 전류를 차단하여 회로나 기기의 손상을 방지하는 성능을 갖추고 있는 차단기

(2) 종류

1) 정방향 고속도차단기

정상상태일 때 흐르는 전류의 방향으로 눈금조정수치 이상의 과전류가 흐를 때 자동 차단하는 기능을 갖춘 고속도차단기

2) 역방향 고속도차단기

정상상태일 때 흐르는 전류의 방향과 반대방향으로 눈금조정수치 이상의 전류가 흘

렀을 경우에 자동차단하는 기능을 갖춘 고속도차단기

3) 양방향 고속도차단기

전류의 방향에 관계없이 눈금조정수치 이상인 전류가 흘렀을 때 자동차단하는 기능을 갖춘 고속도차단기

| 정방향 고속도 차단기 | P →)(← N → | (범례) |
|---|---|---|
| 역방향 고속도 차단기 | P →)(← N ◄---- | → 정상 전류의 방향<br>⇒ 자동 잡아빼기가 되는 정방향 과전류<br>◄---- 자동 잡아빼기가 되는 역전류<br>◄······ 자동 잡아빼기가 되는 역방향 과전류 |
| 양방향 고속도 차단기 | P →)(← N ⇒◄---- | |

### (3) 고속도차단기에 요구되는 성능

1) 부하전류를 확실하게 개폐하는 능력이 있을 것
2) 동작이 안정되어 부하전류 개방, 투입에 잘못이 없을 것
3) 예상되는 부하전류에 대하여 전기적, 기계적으로 안전할 것
4) 사고가 발생한 경우 자기 차단 또는 외부로부터의 차단 지시에 따라 확실하게 사고전류를 차단할 수 있을 것
5) 가능한 점검하기가 쉬울 것

### (4) 급전용 고속도차단기에 요구되는 성능

1) 시시각각 변화하는 운전전류(부하전류)에 의해 자동 개방하는 등의 잘못된 동작이 없을 것
2) 급전회로 작업 등으로 정전된 경우(개방상태인 경우) 작업원에게 안전하도록 충분한 전기적 절연을 확보할 수 있을 것
3) 통전상태, 개방상태에서도 변전소 및 급전회로의 이상전압에 대하여 충분한 절연내력이 있을 것

## 3.5.2 고속도차단기의 차단시간

급전회로에 고장발생의 순간부터 차단기가 동작하여 전류가 감소하는 시간까지의 시간은 보통 $\frac{8}{1000} \sim \frac{10}{1000}$[s] 정도이며, 차단이 완료되기까지의 시간은 $\frac{18}{1000}$[s]

### 3.5.3 고속도차단기의 정격

#### (1) 정격차단용량
정격전압 및 규정회로 조건에서 규정된 표준동작책무와 동작상태에 따라서 차단하는 차단용량의 한도(추정 단락전류 최대치로 표시)

#### (2) 정격차단전류
정격전압 및 규정회로 조건에서 규정된 표준동작책무와 동작상태에 따라서 차단하는 경우의 차단전류 최대치로 표시

#### (3) 고속도차단기의 정격

| 정격 차단용량 [kA] | 규정 회로조건 | | 최대 차단전류 [A] |
|---|---|---|---|
| | 추정 최대단락전류[kA] | 돌입률[A/sec] | |
| 15 | 15 이상 | $5 \times 10^5$ 이상 | 10 |
| 50 | 50 이상 | $3 \times 10^6$ 이상 | 25 |

### 3.5.4 고속도차단기의 특성

#### (1) 선택특성
급전용 고속도차단기는 트립코일과 병렬로 인덕턴스분이 큰 유도분로를 설치하고, 사고전류와 같이 급변하는 전류에 대해서는 트립코일 측에 흐르는 비율이 크게 되어 조정값보다 적은 전류로 차단시키는 특성

#### (2) 트립자유
회로에 고장이 계속되는 경우 또는 폐로되는 순간에 고장이 발생하여 과전류가 흐르는 경우에도 즉시 차단하도록 되어 있는 기구

#### (3) 불요동작
정상전류가 급감하는 경우에 역방향 고속도차단기가 트립 동작하는 것

## 3.6 실리콘정류기(整流器)

### 3.6.1 원리

반도체 정류기의 일종으로 정류작용을 이용한 기기
(1) 실리콘정류기의 소자는 P형 반도체와 N형 반도체로 결합
(2) P형 반도체는 구멍이 압도적으로 많고 자유전자가 적은 반도체

(3) N형 반도체는 자유전자 수가 구멍수보다 압도적으로 많은 반도체
(4) 구멍과 자유전자를 총칭하여 캐리어(Carrier)라고 한다.
(5) 역방향 전압을 인가하면 구멍은 좌측에 자유전자는 우축으로 당겨져 장벽전압 공핍층 모두가 커지고 캐리어 양소자간의 이동이 곤란해지는 경우 순방향 전압을 인가하면 캐리어는 상대의 경계를 넘어 자유로운 이동이 가능한 원리를 이용

### 3.6.2 실리콘정류기의 특성

(1) 구조, 취급이 간단하며 보수나 운전이 용이
(2) 냉각을 충분히 하면 수은정류기와 같은 온도제어나 진공유지 불필요
(3) 효율이 높고, 소형 경량으로 설치면적도 작고 가격도 저렴
(4) 순방향의 전압강하가 작고(0.8~1.5[V]), 역내전압이 높으며 역전류는 작다.
(5) 허용온도가 높다.
(6) 단시간 과부하 및 과전압 내량이 작다.
(7) 내수성이 풍부하다.

### 3.6.3 실리콘정류기의 구비조건

(1) 단시간 과부하 내량을 가질 것
(2) 고신뢰도를 요구
(3) 취급이 간단할 것
(4) 반복 피크부하에 견딜 수 있을 것
(5) 역전압 분담을 평형시킬 수 있을 것
(6) 이상전압에 대응 가능할 것
(7) 과부하에 협조할 수 있을 것

### 3.6.4 실리콘정류기의 정격

#### (1) D종 정격
정격전류에서 연속 사용하고 그 후 정격전류의 150[%]에서 2시간, 300[%]에서 1분간 이상없이 사용 가능할 것

#### (2) E종 정격
정격전류에서 연속 사용하고 그 후 정격전류의 120[%]에서 2시간, 300[%]에서 1분간 이상없이 사용 가능할 것

### 3.6.5 실리콘정류기의 결선

#### (1) 브릿지(Bridge)결선
3상 브릿지결선으로 6펄스 정류기와 3상 브릿지 정류회로 2조를 병렬 또는 직렬로 조합하여 6상 12펄스 정류기를 사용

1) 3상 브릿지결선의 특징
① 역전압이 2중성형의 $\frac{1}{2}$
② 정류소자의 직렬 수량이 적게 된다.
③ 고전압에 유리하여 1500[V]계에 사용
④ 전류는 2배가 되어 병렬 수량이 많아진다.

#### (2) 상간 리액터부 2중 성형결선
브릿지결선의 2배의 직렬소자 수가 필요하나 병렬수량은 적게 되어 600[V], 750[V]에 사용

### 3.6.5 실리콘정류기 용량
실리콘정류기 용량은 1500[kW], 2000[kW], 3000[kW], 4000[kW]

### 3.6.6 실리콘정류기의 직류전압

#### (1) 3상 전파정류방식
1) 전압파형
   120°의 차를 가진 교번전압의 정류파형
2) 맥동전압
   수 개의 나란한 반파모양의 전압
3) 맥동전압의 평균값 $E$

$$E = \frac{3}{\pi} V_m = \frac{3\sqrt{2}}{\pi} V = 1.35 \times V$$

4) 실리콘 정류기의 직류측 단자전압을 DC 1,500[V]로 하여 계산하면 정류기용 변압기의 직류권선의 전압은

$$교류전압 = \frac{1,500}{1.35} = 1,110[V]$$

5) 정격전류의 부하가 걸릴 때 DC 1,500[V]의 전압이 나오도록 직류권선의 전압을 1,200[V]로 하므로 무부하시 발생하는 직류전압은 1,620[V]

$$E = 1.35 \times V = 1.35 \times 1,200 = 1,620[V]$$

### (2) 2중 3상(6상) 정류기 연결방식

6상 직렬 연결 정류기용 변압기는 22.9[kV]/590[V]

따라서 6상 직렬 연결 정류기의 2차측 무부하 전압은

$2 \times 1.35 \times 590[V] = 1,593[V]$

## 3.6.7 실리콘정류기의 보호

### (1) 소자를 규정온도(약 150[℃]) 이상 상승시키지 않는 것

### (2) 과전류 보호

단락, 지락 등에 대하여 54P(직류 고속도차단기)의 자동차단 및 과전류계전기, 단락계전기에 의한 차단기의 개방으로 보호

### (3) 직류 역류보호

정류기의 주회로에는 역류계전기를 두고 정류기 내에서 정모선 지락이 생겼을 때 즉시 검출하여 교류차단기나 직류 고속도차단기를 개방하여 사고 확대 방지

### (4) 이상전압의 보호

1) 외뢰 서지(SURGE)

교류측의 외뢰 서지(Surge)에 대해서는 수전측에 피뢰기를 설치하고 서지전압을 피뢰기의 제한전압 이하로 억제하여 정류기를 보호직류측에서는 피뢰기 및 정극 – 부극 간에 접속한 서지 압서버에 의해 보호

2) 캐리어 축적효과에 의한 이상전압

각 주파수마다 캐리어 축적효과에 의한 이상전압에 대하여는 실리콘 정류소자에 병렬로 접속하는 소용량 콘덴서와 저항에 의해 흡수

# 4. 교류 변전설비

## 4.1 BT 전철변전소(SS)

흡상변압기(BT) 급전방식 변전소는 한전에서 교류 3상 66[kV]를 수전하여 차단기와 단로기를 통해 주변압기(급전용 변압기)를 가압하면 2차에 M상과 T상의 단상 25[kV] 2조의 전압으로 변성되고 방면별로 급전하며 한 상의 한 극(PF)은 1P 차단기를 통하여 전차선에

접속되고 다른 한 극(NF)은 차단기를 통하지 않고 부급전선에 접속되어 전기차에 전원을 공급

BT방식 변전소는 수전설비, 주변압기(급전용 변압기), 콘덴서설비, 급전설비, 고압배전설비, 소내 전원설비 등으로 구성

### 4.2 AT 전철변전소(SS)

단권변압기(AT) 급전방식 변전소는 한전에서 교류 3상 154[kV]를 수전하여 차단기와 단로기를 통해 주변압기(급전용 변압기)가 가압되면 2차의 M상과 T상에 각각 단상 50[kV] 2조의 전압으로 변성하여 각 방면별로 급전하며 차단기, 단로기와 단권변압기(AT)를 거쳐 급전선(AF), 전차선(TF) 및 보호선(PW)에 접속하여 전기차에 전원을 공급한다. AT방식 변전소는 수전설비, 주변압기(급전변압기), 콘덴서설비, 급전설비, 고압 배전설비, 소내 전원설비 등으로 구성

#### 4.2.1 수전설비

전철변전소는 3상 154[kV]를 가공선로 또는 지중선로를 이용하여 동일 한전변전소에 상용, 예비 2회선을 수전 받거나 서로 다른 한전변전소에서 1회선씩 수전 받아 무정전을 확보

#### 4.2.2 급전용변압기(주변압기)

급전용 변압기(주변압기)는 수전전압인 154[kV] 3상 교류전압을 단상 50[kV] 교류전압으로 변압하기 위하여 사용하며 BT 방식의 급전용변압기와 같이 단상 부하에 따라 3상 전원에 대한 불평형을 경감하기 때문에 스코트결선 변압기를 사용

#### 4.2.3 콘덴서설비

(1) AT방식 전철변전소에서 양질의 전원을 공급하기 위하여 인덕턴스에 의한 전압강하를 보상하고 전기차 운행시 발생하는 분수조파 발생을 억제하기 위하여 주변압기 2차측 M상, T상 급전선(AF)에 직렬콘덴서(SC)설비를 설치
(2) 콘덴서, 보호장치, 한류리액터, 절연용 변압변류기, 분수조파 억제 리액터, 저항기, 계기용변류기, 절연가대 등으로 구성

### 4.2.4 급전설비

(1) 급전설비는 주변압기(스코트 결선) 2차 측의 급전용 모선으로부터 급전 인출설비까지를 말하며
(2) 개폐장치인 차단기, 단로기와 보호장치 및 단권변압기 등으로 구성
(3) 차단기 전단에는 계기용변류기, 후단에는 계기용변압기가 설치되어 있으며, 거리계전기(21F), 고장선택계전기(50F), 재폐로계전기(79F), 부족전압계전기(27F), 고장점표정장치(99F) 등의 보호계전기와 접속
(4) 거리계전기(21F)는 급전회로에서 애자 절연파괴, 단락사고 또는 지락사고 등이 발생할 경우 이를 검출하여 차단기를 자동 개방하기 위한 계전기로서 고장점까지의 거리(임피던스)에 따라 보호 범위를 정정하며, 부하전류에는 동작하지 않도록 함.
(5) 선로사고로 인하여 차단기가 자동 개방되면 재폐로계전기가 동작하여 0.4~0.5[sec] 후에 급전회로의 고장 소멸에 관계없이 1회에 한하여 자동적으로 차단기를 투입하며, 이때 사고가 자연 해소되었다면 정전 없이 급전을 계속하고, 사고가 해소되지 않고 지속되어 있으면 차단기가 자동 개방
(6) 고장선택계전기(50F)는 거리계전기로서 사고선택이 곤란할 때 후비 보호로 사용되며, 고저항의 접지사고 보호나 연장급전시 보호되지 않는 사고 보호 등에 사용
(7) 지락보호용 방전장치(Discharge Device for Ground Protection)는 중성선(NW : Neutral Wire)과 대지(earth)간에 설치하며 사용 목적은 전차선이나 급전선에 접지 사고가 발생할 때 변전소 대지전압의 상승을 방지하여, 단권변압기의 중성점 절연 파괴 소손을 방지하고 지락사고에 따라 보호계전기에 흐르는 전류를 크게 하여 동작하기 쉽게 한다.

### 4.2.5 고압 배전설비

AT방식의 변전소에서는 수전전압이 154[kV]이고 (특)고압배전용 주변압기는 단독으로 구성하여 열차운행을 위한 철도신호와 역사 조명 및 동력용 전원을 공급하기 위한 6.6[kV] 고압 배전선로를 사용하여 왔으나 최근에는 22.9[kV]로 승압하는 추세

### 4.2.6 소내 전원설비

소내 제어전원과 조명, 전열, 동력 등에 전원을 공급하기 위하여 변전소 내 고배전원인 OT 소내용 변압기와 다른 변전소에서 공급하는 고압 배전선로로부터 HT 소내용 변압기를 설치하여 ATS장치에 통하여 저압(220[V], 110[V]) 전원을 얻고 있다.

## 4.3 급전구분소(SP : Sectioning Post)

급전계통을 구분하고 연장급전 등을 하기 위하여 변전소와 변전소의 중간 위치 또는 이 종 전원을 구분하기 위한 위치에 차단기, 단로기의 개폐장치와 단권변압기 등을 설치한 곳

### 4.3.1 양측 변전소의 변압기 병렬 운전조건

(1) 양쪽 변전소 전원의 위상차가 3° 이하일 때
(2) 변압기 1, 2차의 정격전압 및 극성이 같을 때
(3) 두 변압기의 권선비가 같을 때
(4) 두 변압기의 백분율 임피던스가 같을 때
(5) 백분율 저항 및 리액턴스 전압강하비가 같을 때

## 4.4 보조급전구분소(SSP : Sub Sectioning Post)

교류 급전구간에서는 변전소 설치 간격이 멀기 때문에 중간 위치에 급전구분소를 설치하여도 변전소와 급전구분소 간격이 멀므로 전차선 작업이나 장애시에는 정전구간이 길게 된다. 따라서 정전구간 단축을 위하여 변전소와 급전구분소간의 전차선로에 구분장치를 설치한 곳

## 4.5 변압기 포스트(ATP : Auto Transformer Post)

전차선로에 있어서 전압강하 보상과 통신유도장해 경감을 위하여 말단에 단권변압기(AT)만 설치하고 개폐장치는 설치하지 않은 곳(단말보조급전구분소)

## 4.6 주변압기(Scott 결선변압기)

### 4.6.1 원리

3상 전원에서 용량이 큰 단상 부하에만 전원을 공급하게 되면 3상 전원은 부하불평형이 되며, 이를 해소하기 위해 단상변압기 2대를 사용해서 3상 전원을 2상으로 변환하여 3상 전원을 평형이 되도록 하는 스코트결선방식

이 결선방식은 2개의 단상변압기를 사용하는데 M 변압기는 1차권선 중심점에서 단자를 인출하고 이 단자와 T 변압기 1차 권선의 한쪽 단자와 연결하며, T 변압기의 1차 권선은 권

수의 $\frac{\sqrt{3}}{2} = 0.866$ 되는 지점에 단자를 만든다. 이렇게 해서 M과 T변압기의 1차 단자를 3상 전원의 R, S, T에 접속하고 가압하면 2차측 권선에는 M과 T변압기의 1차측 권선에 대응하는 $E_m$, $E_t$의 기전력이 유기된다.

이 경우 $E_m$, $E_t$는 공통점 NF에서 볼 때 90°의 위상차가 생긴다.

### 4.6.2 권수비

$$\text{M상의 권수비 } n_M = \frac{R-T\text{간 전압}}{m-NF\text{간 전압}}$$

$$\text{T상의 권수비 } n_T = \frac{S-O\text{간 전압}}{t-NF\text{간 전압}}$$

### 4.6.3 상전류

**(1) M상만의 1차전류**

$$154 \times I_1 = 55 \times I_2$$

$$I_1 = I_2 \times \frac{55}{154} = I_2 \times \frac{1}{n_M}$$

**(2) T상만의 1차전류**

$$154 \times \frac{\sqrt{3}}{2} \times I_1 = 55 \times I_2$$

$$I_1 = I_2 \times \frac{55}{154 \times \frac{\sqrt{3}}{2}} = I_2 \times \frac{1}{n_T}$$

### 4.6.4 벡터 해석

$$I_R = -\frac{I_t}{\sqrt{3}} - I_m$$

$$I_S = \frac{2}{\sqrt{3}} I_t$$

$$I_T = -\frac{I_t}{\sqrt{3}} + I_m$$

## 4.7 단권변압기(AT)

### 4.7.1 1차와 2차의 전압, 전류비와 권수와의 관계

$$\frac{E_1}{E_2} = \frac{n_1}{n_2}, \quad \frac{I_2}{I_1} = \frac{n_1}{n_2}$$

$$\therefore E_1 I_1 = E_2 I_2$$

### 4.7.2 자기용량과 부하용량의 관계

**(1) 자기용량**

직렬권선 또는 분로권선의 용량

**(2) 부하용량**

단권변압기를 통해서 공급하는 부하의 크기

$$\frac{\text{자기용량}}{\text{부하용량}} = \frac{(E_2 - E_1)\,I_2}{E_2\,I_2}$$

### 4.7.3 급전회로의 전류분포

**(1) AT가 2대인 경우의 전류분포(부하점이 중앙에 있는 경우)**

    1) 전기차는 2대의 AT 중앙에 위치

    2) 전기차에 흐르는 부하전류는 100[A]

    3) $AT_1$과 $AT_2$는 부하전류를 균등하게 분담

**(2) AT가 2대인 경우의 전류분포(부하점이 편중되어 있는 경우)**

    1) 전기차는 $AT_1$과 $AT_2$ 사이에 있고 $AT_1$에서 3 : 1 지점에 위치

    2) 전기차에 흐르는 부하전류는 100[A]

    3) $AT_1$과 $AT_2$에서 공급하는 전류값은 급전거리에 반비례

## 4.8 차단기(遮斷器 : CB)

### 4.8.1 유입차단기(OCB : Oil Circuit Breaker)

유입차단기는 전로의 차단이 절연유를 매질로 하여 동작하는 차단기

### (1) 탱크형
철제의 탱크 내부의 절연유 중에서 소호를 시키는 것

### (2) 소유량형
탱크 대신에 자기의 애관을 사용한 것

## 4.8.2 가스차단기(GCB : Gas Circuit Breaker)

가스차단기는 전로의 차단이 6불화유황($SF_6$ ; Sulfar Hexafluoride)과 같은 특수한 기체, 즉 불활성가스를 소호 매질로 하여 동작하는 차단기

## 4.8.3 진공차단기(VCB : Vacuum Circuit Breaker)

전로의 차단을 높은 진공 중에서 동작하는 차단기

### (1) 진공차단기의 특성
1) 소형으로 무게가 가볍고
2) 불연성, 무소음
3) 수명이 길다.
4) 고속도, 고빈도 개폐 기능과 차단 성능 우수

# 4.9 가스절연개폐장치(GIS : Gas Insulated Switchgear)

## 4.9.1 GIS에 사용되는 가스($SF_6$)의 특징

### (1) 물리적, 화학적 특성
1) 열전달성이 뛰어나다(공기의 약 1.6배)
2) 화학적으로 불활성이므로 매우 안정된 가스
3) 무색, 무취, 무해, 불연성의 가스
4) 열적 안정성이 뛰어나다(용매가 없는 상태에서 약 500[℃]까지 분해되지 않음)

### (2) 전기적 특성
1) 절연내력이 높다(평등전계의 1기압에서 공기의 2.5~3.5 배, 3기압에서 기름과 같은 절연내력을 가짐)
2) 소호 성능이 뛰어나다.
3) 아크가 안정되어 있다.
4) 절연회복이 빠르다.

### 4.9.2 GIS의 특징

(1) 설치면적의 축소화
(2) 높은 안정성
(3) 고도의 신뢰성
(4) 보수점검의 성력화(省力化)
(5) 설치 기간의 단축
(6) 저소음

## 4.10 R-C 뱅크

교류구간에서는 전원을 포함한 선로의 유도성리액턴스와 선간의 용량성리액턴스에 의해 공진특성을 갖고 있으며 이 공진주파수는 급전선로의 길이가 길어지면 공진한다.
R-C 뱅크는 급전선로의 길이가 긴 선로에서 선로의 공진현상을 억제하는 장치

## 4.11 AC 필터

전기차에서 발생한 고조파 전류는 계통의 각 회로 임피던스에 반비례하여 나뉘어 흐른다. 따라서 차량부하에 되도록 가까이 작은 임피던스를 구성하는 필터를 설치하여 고조파를 흡수하는 장치

# 5. 원격감시제어설비(SCADA 설비)

전기철도 구간의 각 변전소, 급전구분소, 보조급전구분소 등은 급전사령실(control center)에서 원격으로 감시, 제어 및 운용하기 위하여 SCADA(Supervisory Control And Data Acquisition) System을 사용
원격감시제어설비는 크게 나누어 제어를 하는 중앙제어소장치와 피제어되는 원격소장치로 구성

## 5.1 중앙제어소장치(Control Center Device)

중앙제어소(CC)는 각 변전소, 구분소, 전기실 등 피제어소의 각종 전기설비를 종합관리 할 수 있는 곳으로 중앙제어소장치는 급전계통 및 상태변화를 원격감시제어시스템을 통하

여 실시간 온라인으로 종합적으로 파악하기 위해 각종 기록업무 및 통계업무 처리를 수행하고 발생 상황에 신속하게 대처할 수 있도록 하는 장치

### 5.1.1 장치의 구성

중앙제어소장치는 주컴퓨터장치, 인간기계연락장치, 통신제어장치 및 각종 드라이버(driver) 등으로 구성

**(1) 주컴퓨터장치**

주컴퓨터장치는 시스템의 가장 중추적인 역할을 담당하는 시스템으로서

1) 고속의 데이터 연산처리가 가능한 중앙연산처리장치(CPU)와 OS 설치를 위한 CD-ROM 드라이브가 실장
2) 각종 시스템 프로그램 및 처리 데이터를 일시 또는 영구적으로 저장할 수 있게 하는 대용량기억장치인 HDD(Hard Disk Drive)와 백업장치인 디지털 오디오 테이프 드라이브 등이 연결되고 시스템 동작 상태를 확인하고 각종 시스템 프로그램 작동을 위한 모니터 및 프린터장치가 주컴퓨터 장치에 연결되어 시스템의 원활한 운영을 지원
3) 주요 구성기기
   ① 중앙처리장치(CPU : Central Processing Unit)
   ② 대용량기억장치(Hard Disk Driver)
   ③ 테이프 백업장치(Digital Audio Tape Drive)
   ④ CD-ROM 드라이버
   ⑤ 플로피 디스크 드라이버(Floppy Disk Driver)
   ⑥ 시스템 콘솔(System Consol)
   ⑦ 시스템 프린터(System Printer)

**(2) 인간기계연락장치**

인간기계연락장치는 급전계통의 정상 시, 비정상 시, 회복 시에 급전계통설비를 컴퓨터 시스템을 이용하여 최적으로 감시·제어할 수 있도록 구성

1) 주요 구성기기
   ① 사령자 콘솔
   ② 영상복사장치
   ③ 프린터장치
   ④ 시스템관리용 컴퓨터
   ⑤ 시스템관리용 프린터

⑥ 프린터 절체기

**(3) 통신제어장치**

컴퓨터장치와 원격소장치 간의 통신과 계통반을 제어하는 통신제어모듈, 변복조장치와 주변기기를 제어하는 입·출력제어장치, 원격소장치와 통신하기 위한 변복조장치로 구성

**(4) 시스템 이중화장치**

중앙장치와 같이 상태를 감시하여 이상이 발견되면 즉시 모든 프린터, 원격소장치, 통신 채널 등의 동작 중인 주변기기를 예비 컴퓨터로 무순간으로 절체시키며 주/예비 중앙장치는 전용 링크를 통해 고속으로 실시한 데이터와 주요 시스템 버퍼를 상호 백업하는 기능이 있다.

1) Port A 그룹 : 주컴퓨터 장치 A 접속
2) Port B 그룹 : 주컴퓨터 장치 B 접속
3) 상태 표시 : LED에 의한 현재 운용 중인 채널 표시
4) 수동 절환 기능 보유
5) 절체 명령 수행 : 마이크로프로세서에 의한 순시 절체
6) 주요 구성기기
   ① CPU BOARD
   ② DIO BOARD
   ③ RELAY BOARD
   ④ 조작 판넬

## 5.2 원격소장치(RTU)

원격소장치는 피제어소에 설치되어 변전설비로부터의 현장정보를 취득, 분석하여 제어소의 통신제어장치로 송신하고 통신제어장치로부터의 제어명령을 수신 처리할 수 있도록 설치된 장치

**(1) 장치의 구성**

각 기능 모듈로부터 정보를 종합 분석하여 처리하는 CPU 모듈부와 각 보드에 전원을 공급하는 전원부, 중앙장치와 정보통신을 행하는 변복조부 및 제어, 감시·누산, 아날로그(계측) 모듈로서 구성

1) CPU 모듈

　주요 구성기기
　① CPU 프로세서
　② 메모리
　③ 베터리 Back-up 기능
　④ HDLC 고속 데이터 전송 기능

2) 변복조 모듈

　제어소와 피제어소 간의 원거리 통신을 위하여 사용되는 장치로서 디지털 신호를 아날로그 신호 또는 아날로그 신호를 디지털 신호로 변환하는 장치이며, 데이터라인 접속부는 동일 통신회선에 여러 개의 원격소장치를 접속하여도 통신에 지장을 주지 않아야 한다.

3) 감시 · 적산 모듈(indication/accumulator module)

　감시 · 적산 모듈은 상태 감시, SOE 기능, 펄스 계수 및 적산기능을 가지고 있으며 전력설비의 차단기와 각종 계전기류의 개폐상태를 감시하거나 전력량을 판독하여 현장 제어 모듈로 전송

4) 아날로그 모듈(analog module)

　전력설비로부터 취득한 아날로그 신호를 디지털 신호로 변환하여 공통제어 모듈로 전송하는 역할을 하며 입력은 변환기장치에서 공급되며 아날로그 input를 처리한다. 또한, 기준 아날로그(sample analog) 신호를 발생하여 이를 디지털 신호로 변환하여 보드 내에서 이득(gain) 조정이 적합한가를 판별, 그 상태를 중앙장치로 전송

5) 제어모듈(control module)

　제어모듈은 제어 보호계전기 접점을 이용하여 binary output 신호를 출력하여 현장의 기기를 제어하는 역할을 하며 제어동작은 ARM과 오퍼레이션의 2단계 명령에 의해 수행되며 동작 전 점검(check before operate) 기능을 갖고 제어 보조계전기 접점과 외부 단자간 배선은 타 회로와 분리

6) 주전원부(RTU main power supply)

　원격소장치의 주전원부는 AC 전원으로부터 제어장치의 각 보드에 DC 전원을 공급하는 장치이며, 연속적인 운전을 유지하기 위하여 AC 전원이 고장일 때 배터리로 전환되는 기능을 갖추고 있어야 한다.

# Chapt. 2 전철 변전설비 — 핵심예상문제 필기

**01** ★
다음 중 전철 변전설비의 구성 요소와 거리가 먼 것은?

① 제어소   ② 변전소
③ 급전구분소   ④ 보조급전구분소

**해설**
전기차에 운전용 전력을 공급하기 위한 변전소와 급전된 전력을 구분, 분리하거나 전압강하의 보상 및 유도장애 등을 방지하기 위한 급전구분소, 보조급전구분소, 포스트 등과 이것을 감시, 제어, 운용하는 설비 등으로 구성되어 있다.

**02** ★★
2이상의 급전점에서 급전할 수 있는 급전구간을 1급전점에서 급전하는 방식을 무엇이라 하는가?

① 병렬급전   ② 연장급전
③ 단독급전   ④ 비상급전

**해설**
2이상의 급전점에서 급전할 수 있는 급전구간을 1급전점에서 급전하는 것을 연장급전이라 한다.

**03** ★
다음 중 직류 전철변전소가 갖추어야 할 조건과 거리가 먼 것은?

① 기기용량은 전기차 부하에 충분히 견디어야 한다.
② 운전지연 또는 전기기기에 유해한 온도상승이 없어야 한다.
③ 전차선로나 차량의 급전회로에 단락사고 발생시 신속하게 검출, 차단능력이 있어야 한다.
④ 전압강하와 열차운전은 무관하다.

**해설**
전압강하는 열차운전에 지장을 주어서는 안되며, 최대 전압강하에서도 전기차의 보조기기는 정상적으로 작동하여야 한다.

**04** ★
다음 중 직류 변전소의 구성 설비가 아닌 것은?

① 급전설비
② 전식방지설비
③ 소내용 전원설비
④ 변성설비

**해설**
직류 변전소의 구성 설비는 크게 수전설비, 급전설비, 변성설비, 고압배전설비, 소내용 전원설비로 구성되어 있다.

**05** ★★★
보통 22.9[kV]로 수전하는 직류 전철변전소의 구성 설비가 아닌 것은?

① 수전설비
② 고압배전 및 소내전원설비
③ 변성 및 급전설비
④ AT 급전설비

**해설**
직류 변전소의 구성 설비는 크게 수전설비, 급전설비, 변성설비, 고압배전설비, 소내용 전원설비로 구성되어 있다.

정답  01. ①  02. ②  03. ④  04. ②  05. ④

**06** ★
다음 중 직류 변전소의 수전설비의 구성 요소로 볼 수 없는 것은?
① MOF    ② 교류차단기
③ 보호계전기    ④ 실리콘정류기

**해설**
직류 변전소의 수전설비는 교류차단기, 단로기, 계기용변성기, MOF(Metering Out Fit), 수전모선, 보호계전기 등으로 구성되어 있다.

**07** ★
다음 중 직류 변전소의 변성설비의 구성 요소가 아닌 것은?
① 실리콘정류기    ② 교류차단기
③ Z모선    ④ 보호계전기

**해설**
직류 변전소의 변성설비는 정류기용변압기, 실리콘정류기, 교류차단기, 직류 고속도차단기, 변류기, 보호계전기 등으로 구성되어 있다.

**08** ★
다음 중 직류 변전소의 급전설비의 구성 요소가 아닌 것은?
① 교류차단기    ② 단로기
③ Z모선    ④ 직류변류기

**해설**
직류 변전소의 급전설비는 직류 고속도차단기, 단로기, 직류변류기, 분류기, Z모선, 직류모선, 보호계전기 등으로 구성되어 있다.

**09** ★
다음 중 직류 변전설비의 구성 요소와 거리가 먼 것은?
① 급전타이포스트    ② 병렬급전소
③ 구분소    ④ 정류포스트

**해설**
직류 변전설비는 변전소(SS:Sub-Station), 구분소(SP:Sectioning Post), 급전 타이포스트(TP:Tie-Post), 정류 포스트(RP:Rectifying Post) 등으로 구성되어 있다.

**10** ★★
직류 급전방식에서 구분소의 역할이 아닌 것은?
① 전차선로의 전압강하를 경감시킨다.
② 고장 검출을 용이하게 한다.
③ 사고 구간을 한정 구분한다.
④ 선로의 절연강도가 높아진다.

**11** ★
직류 변전설비의 급전타이포스트를 설치하는 목적은?
① 전식방지
② 통신유도장해 경감
③ 전압강하 경감
④ 누설전류 경감

**해설**
급전 타이포스트는 급전구분소와 같이 전차선의 전압강하를 경감하기 위하여 설치하는 것이다.

**12** ★★
직류 변전설비의 복선구간에서 전차선을 병렬급전할 수 없는 단말부분의 상선과 하선을 차단기를 통하여 접속할 수 있도록 한 설비는?
① 정류포스트
② 보조급전구분소
③ 변압기포스트
④ 급전 타이포스트

**정답** 06. ④ 07. ③ 08. ① 09. ② 10. ④ 11. ③ 12. ④

## 13 ★
직류 전철구간에서 상·하선을 균압하기 위한 설비는?

① 섹션포스트(Section Post)
② 타이포스트(Tie Post)
③ 에어섹션(Air Section)
④ 정류포스트(Rectifying Post)

## 14 ★
직류 변전설비의 정류포스트를 설치하는 목적은?

① 전식방지
② 전압강하 경감
③ 통신유도장해 경감
④ 누설전류 경감

**해설**
정류포스트는 직류 전철구간에서 레일과 대지간의 누설전류를 경감하기 위한 것이다.

## 15 ★
직류 변전설비의 DCVR(직류 전압조정장치)와 주정류기의 접속 방법은?

① 직렬로 접속한다.
② 병렬로 접속한다.
③ 직·병렬 접속한다.
④ 각각 분리 접속한다.

**해설**
DCVR은 전차선의 전압강하를 경감하기 위하여 주정류기와 직렬로 접속한다.

## 16 ★
교류 단권변압기방식에서 전차선과 급전선에 흐르는 전류는?

① 크기는 다르고 같은 방향의 전류가 흐른다.
② 크기가 같고 방향이 반대인 전류가 흐른다.
③ 크기는 다르고 반대 방향의 전류가 흐른다.
④ 크기는 같고 방향이 같은 전류가 흐른다.

**해설**
단권변압기방식에서 전차선과 급전선에는 크기가 같고 방향이 반대인 전류가 흐른다.

## 17 ★★★
아래와 같이 직류전철변전소에서 양측의 A, B 변전소로부터 병렬급전시 A변전소의 분담전류 $I_A$[A]를 구하시오.

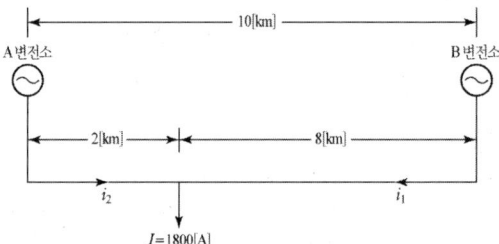

① 1340
② 1440
③ 1540
④ 1640

**해설**
A 변전소의 분담전류
$$I_A = \frac{I(D-x)}{D} = \frac{1800(10-2)}{10} = 1440[A]$$

## 18 ★★★
아래와 같이 직류전철변전소에서 양측의 A, B 변전소로부터 병렬급전시 B변전소의 분담전류 $I_B$[A]를 구하시오.

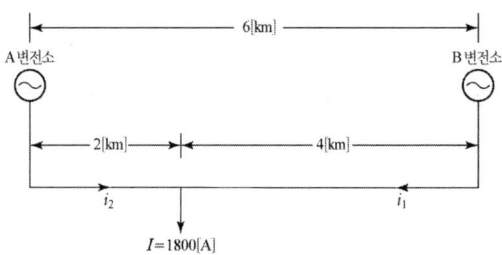

① 600   ② 900
③ 900   ④ 1200

**해설**
B 변전소의 분담전류
$I_B = \dfrac{I \cdot x}{D} = \dfrac{1800 \times 2}{6} = 600[A]$

## 19 ★★
다음 중 부하의 측정에 대한 설명으로 틀린 것은?

① 평균전력은 부하율의 산출에 이용된다.
② 부하율은 설비의 무효도를 표시하는 것이다.
③ 1일 중 부하전류의 최대값을 순시 최대전류라고 한다.
④ 부담률 = (순시 최대출력/설비용량)×100[%] 이다.

**해설**
부하율은 설비의 유효도를 표시하는 것이다.

## 20 ★
다음 중 부하율을 바르게 표시한 것은?

① 부하율 = $\dfrac{1일\ 공급전력}{24(시간)}$
② 부하율 = $\dfrac{1일\ 평균전력}{1일의\ 1시간\ 최대전력} \times 100[\%]$
③ 부하율 = $\dfrac{순시\ 최대출력}{설비용량} \times 100[\%]$
④ 부하율 = $\dfrac{1일\ 최대전력}{1일\ 공급전력}$

**해설**
부하율 = $\dfrac{1일\ 평균전력}{1일의\ 1시간\ 최대전력} \times 100[\%]$ 이다.

## 21 ★★
순시최대출력 $Z = Y + C\sqrt{Y}$ 에서 $Y$가 의미하는 것은?

① 1시간 최대출력[kW]
② 1일 평균전력[kW]
③ 1개 열차의 최대전류[A]
④ 전력소비율

**해설**
$Z = Y + C\sqrt{Y}$ 에서 $Y$는 1시간 최대출력[kW] 이다.

## 22 ★★★
정류기와 급전용 변압기의 부담률을 나타내는 식은?

① $\dfrac{순시\ 최대출력}{설비용량} \times 100\%$
② $\dfrac{일일\ 평균전력}{일일\ 최대전력} \times 100\%$
③ $\dfrac{설비용량}{순시\ 최대전력} \times 100\%$
④ $\dfrac{일일\ 평균전력}{일일\ 1시간\ 최대전력} \times 100\%$

**해설**
정류기와 급전용 변압기의 부담률은
$\dfrac{순시\ 최대출력}{설비용량} \times 100\%$ 이다.

## 23 ★★
다음 중 직류 전철변전소의 위치 선정시 고려해야 할 필수조건이 아닌 것은?

① 화학공장, 배기가스, 염해 등의 영향이 적은 곳일 것
② 급전구간 내의 부하의 말단에 가능한 근접할 것
③ 기기의 운반이 편리할 것

**정답**  19. ②  20. ②  21. ①  22. ①  23. ②

④ 지반이 견고하여 수해나 토사 유입 등의 우려가 없을 것

**해설**
급전구간 내의 부하의 중심에 가능한 근접하여야 한다.

## 24 ★
직류 전철변전소의 간격을 결정하는 요인으로 볼 수 없는 것은?

① 전식장해의 방지
② 급전회로의 고장검출과 보호
③ 뇌의 유효파장 범위
④ 열차운전에 필요한 전압의 확보

**해설**
직류 전철변전소의 간격을 결정하는 요인으로는 전식장해의 방지, 급전회로의 고장검출과 보호, 열차운전에 필요한 전압의 확보 요인에 용지확보의 조건을 고려하여 결정한다.

## 25 ★★★★
직류 전철구간에서 레일과 대지간의 누설전류를 경감하기 위하여 설치하는 것은?

① 변전소(SS)       ② 타이포스트(TP)
③ 구분소(SP)      ④ 정류포스트(RP)

**해설**
정류포스트(RP)는 직류 전철구간에서 레일과 대지간의 누설전류를 경감하기 위하여 설치하는 것이다.

## 26 ★
다음 중 직류 고속도차단기의 종류에 해당되지 않는 것은?

① 정방향 고속도차단기
② 단방향 고속도차단기
③ 역방향 고속도차단기
④ 양방향 고속도차단기

**해설**
직류 고속도차단기의 종류에는 정방향 고속도차단기, 역방향 고속도차단기, 양방향 고속도차단기 등이 있다.

## 27 ★★★
전류의 방향에 관계없이 눈금조정수치 이상인 전류가 흘렀을 때 자동차단하는 기능을 갖춘 고속도 차단기는?

① 정방향 고속도차단기
② 단방향 고속도차단기
③ 역방향 고속도차단기
④ 양방향 고속도차단기

**해설**
양방향 고속도차단기는 전류의 방향에 관계없이 눈금조정수치 이상인 전류가 흘렀을 때 자동차단하는 기능을 갖춘 고속도차단기이다.

## 28 ★★
직류 고속도차단기에 요구되는 성능과 거리가 먼 것은?

① 부하전류를 확실하게 개폐하는 능력이 있을 것
② 시시각각 변화하는 운전전류(부하전류)에 의해 자동 개방 동작이 있을 것
③ 사고가 발생시 확실하게 사고전류를 차단할 수 있을 것
④ 예상되는 부하전류에 대하여 전기적, 기계적으로 안전할 것

**해설**
시시각각 변화하는 운전전류(부하전류)에 의해 자동 개방하는 등의 잘못된 동작이 없어야 한다.

**정답** 24. ③  25. ④  26. ②  27. ④  28. ②

**29** ★★★
직류 고속도차단기중 양방향 고속도차단기의 역할은?

① 정상전류와 동일방향의 과전류에 대해 자동차단을 수행하는 고속도차단기이다.
② 정상전류와 역방향의 전류에 대해 자동차단을 수행하는 고속도차단기이다.
③ 정·역 방향의 전류에 대해 자동차단을 수행하는 고속도차단기이며 주로 급전타이포스트에 사용된다.
④ 정류기의 역점호시나 회전변류기 플래쉬오버 발생시 전류를 차단하기 위해 사용된다.

**해설**
전류의 방향에 관계없이 자동차단을 수행하는 고속도차단기이며 주로 급전타이포스트에 사용된다.

**30** ★★
직류 고속도차단기가 급전회로에 고장발생의 순간부터 차단이 완료되기까지 소요되는 시간은 대략 몇 초 정도인가?

① $\frac{8}{1000}$  ② $\frac{10}{1000}$
③ $\frac{15}{1000}$  ④ $\frac{18}{1000}$

**해설**
직류 고속도차단기가 급전회로에 고장발생의 순간부터 차단기가 동작하여 전류가 감소하기까지의 시간은 보통 $\frac{8}{1000} \sim \frac{10}{1000}$ 초 정도이며, 차단이 완료되기까지 소요되는 시간은 $\frac{18}{1000}$ 초 정도이다.

**31** ★★
정상전류가 급감하는 경우에 역방향 고속도차단기가 트립동작하는 것은?

① 선택특성     ② 트립자유
③ 자기특성     ④ 불요동작

**해설**
정상전류가 급감하는 경우에 역방향 고속도차단기가 트립동작하는 것을 불요동작이라 한다.

**32** ★★
고속도 차단기 특성에서 회로에 고장이 계속되거나, 폐로되는 순간에 고장이 발생하는 경우에 즉시 차단하도록 되어 있는 것은?

① 선택특성     ② 트립자유
③ 불요동작     ④ 자기유지

**해설**
회로에 고장이 계속 되거나, 폐로되는 순간에 고장이 발생하는 경우에 즉시 차단하도록 되어 있으며 이와 같은 기구를 트립자유(Trip free)라 한다.

**33** ★
전철 변전설비중 개폐설비의 조작 순서로 올바른 것은?

① 개로시에는 차단기, 단로기 순이다.
② 개로시에는 단로기, 차단기 순이다.
③ 폐로시에는 차단기, 단로기 순이다.
④ 정전차폐만하면 순서에 관계가 없다.

**해설**
개로(Open)시에는 차단기, 단로기 순이다.

**34** ★★
직류 전류의 차단에 대한 설명으로 옳은 것은?

① 교류처럼 변하지 않으므로 차단이 용이하다.
② 전위차가 커야 차단이 용이하다.
③ 전류가 커야 차단이 용이하다.
④ 0 이 되는 순간이 없어 차단하기가 어렵다.

정답  29. ③  30. ④  31. ④  32. ②  33. ①  34. ④

**해설**
직류 전류는 0이 되는 순간이 없어 차단하기가 어렵다.

## 35 ★★★★
다음 중 실리콘정류기의 특성과 거리가 먼 것은?

① 단시간 과부하 및 과전압 내량이 크다.
② 구조, 취급이 간단하다.
③ 효율이 높고, 소형경량으로 설치면적이 작다.
④ 허용온도가 높다.

**해설**
단시간 과부하 및 과전압 내량이 작다. 그 밖에 가격이 저렴하고, 내수성이 풍부하며, 순방향의 전압강하가 작은 것이 특징이다.

## 36 ★
직류 변전설비에서 실리콘정류기의 정류소자는?

① TR          ② 인버터
③ 다이오드    ④ SCRO

## 37 ★★★
다음 중 실리콘정류기의 구비조건과 거리가 먼 것은?

① 단시간 과부하 내량을 가지는 것이어야 한다.
② 온도제어나 진공유지가 필요하여야 한다.
③ 반복 피크부하에 견딜 수 있어야 한다.
④ 역전압 분담을 평형시킬 수 있어야 한다.

**해설**
냉각을 충분히 수행하면 수은정류기와 같은 온도제어나 진공유지가 필요가 없다.

## 38 ★★★
직류 급전방식에서 사용되고 있는 실리콘정류기의 정류방식은 주로 어떤 방식을 사용하고 있는가?

① 단상 반파정류방식
② 단상 전파정류방식
③ 3상 반파정류방식
④ 3상 전파정류방식

**해설**
실리콘정류기의 정류방식은 주로 3상 전파정류방식을 사용하고 있다.

## 39 ★★
실리콘정류기의 D종정격은 정격전류에서 연속사용 후 정격전류의 300[%]에서 이상없이 사용 가능하여야 하는 시간[분]은?

① 1          ② 2
③ 3          ④ 4

**해설**
실리콘정류기의 D종정격은 정격전류에서 연속사용 후 정격전류의 150[%]에서 2시간, 300[%]에서 1분간 이상없이 사용 가능하여야 한다.

## 40 ★★
실리콘정류기의 E종정격은 정격전류에서 연속사용 후 정격전류의 120[%]에서 이상없이 사용 가능하여야 하는 시간[H]은?

① 1          ② 2
③ 3          ④ 4

**해설**
실리콘정류기의 E종정격은 정격전류에서 연속사용 후 정격전류의 120[%]에서 2시간, 300[%]에서 1분간 이상없이 사용 가능하여야 한다.

**정답** 35. ① 36. ③ 37. ② 38. ④ 39. ① 40. ②

## 41 ★★★★
실리콘정류기의 출력전압을 1,500[V]로 하려면 정류기 1차측 교류전압을 약 몇 [V]로 하여야 하는가?(단, 교류와 직류의 전압비는 1.35이다.)

① 1010　　② 1110
③ 1500　　④ 2030

**해설**
직류측 전압 $E_d = 1.35 V$ 이므로
$$V = \frac{E_d}{1.35} = \frac{1500}{1.35} ≒ 1110$$

## 42 ★★★★
3상 전파브리지방식의 정류기용 변압기 2차권선 전압이 1200[V]일 때, 무부하시 정류기 2차 직류 발생전압[V]은?

① 1110　　② 1200
③ 1500　　④ 1620

**해설**
$E = 1.35 \times V = 1.35 \times 1,200 = 1,620[V]$

## 43 ★★
3상 전파정류방식을 사용하는 직류변전소에서 교류전압을 1180[V]로 하였을 때, 무부하시 발생하는 정류기 DC전압[V]은 약 얼마인가?

① 1450　　② 1500
③ 1590　　④ 1650

**해설**
교류전압 $= \frac{직류전압}{1.35} = 1,180$
$E = 1.35 \times V = 1.35 \times 1,180 = 1,593 ≒ 1,590$

## 44 ★★★★★
실리콘정류기의 내부 단락사고 검출 계전기는?

① 온도계전기　　② 역류계전기
③ 접지계전기　　④ 직류 과전류계전기

**해설**
실리콘정류기의 내부 단락사고를 검출하는 계전기는 역류계전기이다.

## 45 ★
회생제동에 적당한 변전소의 직류 변환장치는?

① 인버터　　② 사이리스터
③ 리액터　　④ 회전변류기

## 46 ★
다음 중 교류 전철변전소의 구성 설비가 아닌 것은?

① 급전설비　　② 콘덴서설비
③ 변압기설비　　④ 변성설비

**해설**
교류 전철변전소의 구성 설비는 수전설비, 변압기설비, 콘덴서설비, 급전설비, 고압배전설비, 소내전원설비 등으로 구성되어 있다.

## 47 ★★
다음 중 흡상변압기의 역할에 대한 설명으로 맞는 것은?

① 전압강하를 보상한다.
② 역률을 개선시킨다.
③ 전차선의 절연을 향상시킨다.
④ 통신유도장해를 경감한다.

**해설**
흡상변압기는 통신유도장해를 경감하기 위하여 설치한다.

## 48 ★
흡상변압기의 권선비는?

① 1 : $\sqrt{3}$
② 1 : $\frac{\sqrt{3}}{2}$
③ 1 : $\frac{1}{\sqrt{3}}$
④ 1 : 1

**해설**
흡상변압기의 권선비는 1 : 1 이다.

## 49 ★
교류 변전설비에서 BT방식에 대한 설명으로 옳은 것은?

① 권수비 1 : 1의 단권변압기를 설치하여 급전하는 방식
② 권수비 2 : 1의 단권변압기를 설치하여 급전하는 방식
③ 권수비 1 : 1의 흡상변압기를 설치하여 급전하는 방식
④ 권수비 2 : 1의 흡상변압기를 설치하여 급전하는 방식

**해설**
BT방식은 권수비 1 : 1 의 흡상변압기를 설치하여 급전하는 방식이다.

## 50 ★★
교류 전기철도 흡상변압기방식의 표준전압으로 옳은 것은?

① 전차선과 레일간 25[kV], 전차선과 부급전선간 25[kV]
② 전차선과 레일간 25[kV], 전차선과 부급전선간 50[kV]
③ 전차선과 레일간 50[kV], 전차선과 부급전선간 25[kV]
④ 전차선과 레일간 50[kV], 전차선과 부급전선간 50[kV]

**해설**
흡상변압기(BT)방식의 표준전압은 전차선과 레일간 25[kV], 전차선과 부급전선간 25[kV] 이다.

## 51 ★★★
AT 급전방식의 특징을 전력 공급측면에서 설명할 때 옳은 것은?

① 부하전류는 인접한 양쪽의 AT로 흡상되므로 통신유도장해가 많이 발생한다.
② 전압강하가 적으므로 변전소간의 간격을 길게 할 수 있다.
③ 급전전압은 차량전압과 같기 때문에 실제 절연레벨도 같게 된다.
④ 철도 변전소의 위치를 한국전력공사의 전력용 변전소 근처에 선정하는 것이 불가능하다.

## 52 ★★
AT방식 전철 변전소에서 인덕턴스에 의한 전압강하를 보상하고 분수조파 발생을 억제하기 위해 주변압기 2차측 M상, T상 급전선에 설치하는 것은?

① 직렬콘덴서
② 병렬콘덴서
③ 단권변압기
④ 흡상변압기

**해설**
직렬콘덴서는 인덕턴스에 의한 전압강하를 보상하고 분수조파 발생을 억제하기 위해 주변압기 2차측 M상, T상 급전선에 설치한다.

정답  48. ④  49. ③  50. ①  51. ②  52. ①

## 53 ★★★
AT방식 전철 변전소에서 무효전력을 경감하기 위하여 설치하는 것은?

① 직렬콘덴서  ② 병렬콘덴서
③ 단권변압기  ④ 흡상변압기

**해설**
무효전력을 경감하기 위하여 설치하는 것은 병렬콘덴서이다.

## 54 ★★★★★
교류변전설비의 급전구분소에서 선로조건이 나빠 급전용량을 증대할 필요가 있을 때 차단기를 투입하여 양측변전소의 변압기가 병렬운전하는 조건으로 거리가 먼 것은?

① 변압기 1, 2차의 정격전압 및 극성이 같을 때
② 두 변압기의 권선비가 같을 때
③ 두 변압기의 백분율 임피던스가 같을 때
④ 양쪽 변전소 전원의 위상차가 6° 이상일 때

**해설**
양쪽 변전소 전원의 위상차가 3° 이상일 때이다.

## 55 ★★
3상인 수전전력을 단상 전기철도 급전 전력으로 변환하며 3상인 전원에 대한 불평형을 경감하기 위해 사용하는 변압기는?

① 스코트변압기
② 3권선변압기
③ 단권변압기
④ 2권선변압기

**해설**
3상인 전원에 대한 불평형을 경감하기 위해 사용하는 변압기는 스코트변압기이다.

## 56 ★★
변압기의 결선방식 중 3상을 2상으로 변환하는 결선방식의 변압기는?

① Y-Y 결선 변압기
② Y-△ 결선 변압기
③ △-△ 결선 변압기
④ 스코트결선 변압기

**해설**
3상을 2상으로 변환하는 결선방식의 변압기는 스코트결선 변압기이다.

## 57 ★★★
교류전철변전소 주변압기(스코트결선)의 1차 전류가 3상 평형전류이면 3상전류의 벡터의 합은?

① 0  ② $\frac{\sqrt{3}}{3}$
③ $\frac{\sqrt{2}}{3}$  ④ $\sqrt{3}$

**해설**
스코트결선변압기의 1차 전류가 3상 평형전류이면 3상 전류의 벡터의 합은 0(zero)이다.

## 58 ★★
교류 변전설비인 주변압기(스코트결선)의 순시최대전력은 정격치에 대한 백분율[%]을 한쪽 상에 대하여 몇 [%]에서 2분간으로 하는가?

① 100  ② 200
③ 300  ④ 500

**해설**
스코트결선변압기의 순시최대전력은 정격치에 대한 백분율[%]은 한쪽 상에 대하여 300[%]에서 2분간으로 한다.

정답 53. ② 54. ④ 55. ① 56. ④ 57. ① 58. ③

## 59 ★★
전기철도용 스코트결선 변압기에서 M상의 부하가 100[A]라면 T상에 걸리는 부하는 약 몇 [A]인가?

① 50　　　　　② 87
③ 100　　　　　④ 105

**해설**
T 변압기의 1차권선은 권수의 $\frac{\sqrt{3}}{2} = 0.866$ 되는 지점에 단자를 만든다.

## 60 ★★★★★
교류 전철변전소 주변압기의 M상과 T상간의 위상차는 몇 도인가?

① 30°　　　　　② 60°
③ 90°　　　　　④ 120°

**해설**
M상과 T상간의 위상차는 90° 이다.

## 61 ★
스코트결선 변압기의 전압불평률은 2시간 부하에 대하여 몇 [%] 이내로 억제하는가?

① 1　　② 2　　③ 3　　④ 5

**해설**
스코트결선 변압기의 전압불평률은 2시간 부하에 대하여 3[%] 이내로 억제한다.

## 62 ★
다음 중 교류 전철설비인 주변압기의 보호장치가 아닌 것은?

① 안전변　　　　② 콘서베이터
③ 유면계　　　　④ 습도계

**해설**
주변압기 보호장치는 유면계(Oil lever gauge), 온도계(Thermo meter), 공기호흡기, 트라포스코프(Trafoscope), 안전변(Safety valve), 콘서베이터(ConserVator) 등이 있다.

## 63 ★★★★
변압기의 내부고장을 검출하는 방법으로 쓰이는 것은?

① 비율차동계전기　② 과전류계전기
③ 콘서베이터　　　④ 브흐홀쓰계전기

**해설**
변압기의 내부고장을 검출하는 방법으로 비율차동계전기(87T)를 사용한다.

## 64 ★★
교류 급전방식에서 스코트결선 변압기의 1차측 전압은 3상 154[kV], 2차측의 M상과 T상에 각각 25[kV]의 전압이 발생한다. M상의 2차 전류를 $I_2$[A]라고 할 때, M상의 1차 전류 $I_1$[A]을 나타내는 식은?

① $I_1 = I_2 \times \frac{154}{25}$

② $I_1 = I_2 \times \frac{25}{154}$

③ $I_1 = I_2 \times \frac{25}{154 \times \frac{\sqrt{3}}{2}}$

④ $I_1 = I_2 \times \frac{154}{25 \times \frac{\sqrt{3}}{2}}$

**해설**
M상의 1차 전류 $I_1$ 은
$$I_1 = I_2 \times \frac{25}{154}$$

정답　59.②　60.③　61.③　62.④　63.①　64.②

**65** ★★
교류 급전방식에서 스코트변압기의 1차 전압을 154[kV], 2차 전압을 25[kV]라고 할 때 T상의 1차전류 $I_1$[A]은? (단, 1, 2차 전류를 $I_1$, $I_2$라 한다.)

① $I_1 = I_2 \times \dfrac{25}{154}$

② $I_1 = I_2 \times \dfrac{\sqrt{3}}{2} \times 25 \times 154$

③ $I_1 = I_2 \times \dfrac{25}{154 \times \dfrac{\sqrt{3}}{2}}$

④ $I_1 = I_2 \times \dfrac{154 \times \dfrac{\sqrt{3}}{2}}{25}$

**해설**
T상의 1차전류 $I_1$은
$I_1 = I_2 \times \dfrac{25}{154 \times \dfrac{\sqrt{3}}{2}}$

**66** ★
교류차단기의 차단시간은 대략 몇 사이클(Cycle) 정도인가?

① 3  ② 5  ③ 7  ④ 10

**해설**
교류차단기의 차단시간은 대략 5 사이클(Cycle) 정도이다.

**67** ★★
급전회로의 길이가 긴 선로에서 선로의 공진현상을 억제하는 장치는?

① R-C 뱅크
② 직렬콘덴서
③ 병렬콘덴서
④ AC필터

**해설**
R-C 뱅크는 급전회로의 길이가 긴 선로에서 선로의 공진현상을 억제하는 장치이다.

**68** ★
전기차에서 발생한 고조파 전류를 흡수하기 위하여 설치하는 것은?

① R-C 뱅크
② 직렬콘덴서
③ 병렬콘덴서
④ AC필터

**해설**
전기차에서 발생한 고조파 전류는 계통의 각 회로 임피던스에 반비례하여 나뉘어 흐른다.
따라서 차량부하에 되도록 가까이 작은 임피던스를 구성하는 AC필터를 설치하여 고조파를 흡수한다.

**69** ★★★
교류 급전회로에서 고장점표정장치의 방식 중 AT 급전회로에 사용하는 검출 방식으로 맞는 것은?

① 리액턴스 검출방식
② 흡상전류비 방식
③ 선로 임피던스 검출방식
④ 선로저항 검출방식

**해설**
AT 흡상전류비방식은 AT 급전회로에 적합한 방식이다.

**70** ★★
다음 중 가스절연개폐장치(GIS)의 내장기기가 아닌 것은?

① 차단기  ② 모선
③ 단로기  ④ 보안기

**정답**  65. ③  66. ②  67. ①  68. ④  69. ②  70. ④

**해설**
가스절연개폐장치(GIS)의 내장기기로는 차단기, 모선, 단로기, 접지개폐기, 피뢰기, 계기용변압기, 계기용변류기 등이 있다.

## 71 ★★
다음 중 가스절연개폐장치(GIS)의 특징이 아닌 것은?

① 조작 중 소음이 적다.
② 설치가 복잡하고 설치기간이 길다.
③ 설치면적을 축소화할 수 있다.
④ 신뢰성이 대단히 높다.

**해설**
설치가 간단하고 설치기간이 단축된다.

## 72 ★★★
전철변전설비 중 가스차단기의 소호매질로 사용되는 것은?

① 질소가스        ② 알곤가스
③ 육불화유황가스  ④ 수소가스

**해설**
가스차단기의 소호매질은 $SF_6$(육불화유황가스)이다.

## 73 ★
전철 변전소 등에 설치하는 계기용변압기의 정격 부담은 몇 [VA]인가?

① 40    ② 50
③ 80    ④ 100

**해설**
계기용변압기의 정격 부담은 100[VA] 이다.

## 74 ★
다음 중 SCADA 시스템의 주요 기능이 아닌 것은?

① 원격감시기능
② 원격제어기능
③ 경보발생기능
④ 상호연락기능

**해설**
SCADA 시스템의 주요 기능은 원격감시기능, 원격제어기능, 원격계측기능, 기록기능, 경보발생기능, 표시화면기능, 일괄제어기능, 자동고장구간 검색기능 등이 있다.

## 75 ★
SCADA 시스템의 중앙제어소장치의 구성요소가 아닌 것은?

① 시스템보안장치
② 주컴퓨터장치
③ 통신제어장치
④ 인간기계연락장치

**해설**
중앙제어소장치의 주요 구성은 주컴퓨터장치, 인간기계연락장치, 통신제어장치 및 각종 드라이버(driver) 등으로 구성되어 있다.

## 76 ★
SCADA 시스템의 주컴퓨터장치의 구성 기기가 아닌 것은?

① 중앙처리장치
② 입·출력제어장치
③ 대용량기억장치
④ CD-ROM 드라이버

**정답** 71. ② 72. ③ 73. ④ 74. ④ 75. ① 76. ②

**해설**
주컴퓨터장치의 구성 기기는 중앙처리장치(CPU : Central Processing Unit), 대용량기억장치(Hard Disk Driver), 테이프백업장치(Digital Audio Tape Drive), CD-ROM 드라이버, 플로피 디스크 드라이버(Floppy Disk Driver), 시스템 콘솔(System Consol), 시스템 프린터(System Printer) 등이 있다.

## 77 ★
SCADA 시스템의 통신제어장치에 해당되지 않는 것은?

① 변복조장치
② 입·출력제어장치
③ 시스템이중화장치
④ 통신제어모듈

**해설**
통신제어장치는 통신제어모듈(CPU), 입·출력제어장치, 변복조장치로 구성되어 있다.

## 78 ★
통신제어장치와 RTU간 또는 전화기의 통신선로에 발생할 수 있는 낙뢰, 서지 등으로부터 보호하기 위하여 설치한 기기는?

① 피뢰기
② 정류기
③ 보안기
④ 계전기

정답  77. ③  78. ③

## 전철 변전설비 Chapt. 2  핵심예상문제 필답형 실기

**01** ★★ 우리나라 직류와 교류급전방식에서 사용하고 있는 전차선과 레일간 각각의 공칭전압 [V]은?

풀이
1) 직류 : 1500[V]
2) 교류 : 25000[V]

**02** ★ 전철 변전설비의 구성은 어떻게 되어 있는지 자세하게 설명하시오.

풀이
1) 전기차에 운전용 전력을 공급하기 위한 변전소(SS)
2) 급전된 전력을 구분, 분리하거나 전압강하의 보상 및 유도장애 등을 방지하기 위한 급전구분소(SP)
3) 보조급전구분소(SP)
4) 포스트(Post)
5) 이것을 감시, 제어, 운용하는 원격감시제어설비(SCADA) 등으로 구성

**03** ★ 직류 전철변전소가 갖추어야 할 조건에 대하여 아는데로 쓰시오.

풀이
1) 기기용량은 전기차 부하에 충분히 견뎌야 한다.
2) 운전지연 또는 전기기기에 유해한 온도상승이 없어야 한다.
3) 전차선로나 차량의 급전회로에 단락사고 발생시 신속하게 검출, 차단능력이 있어야 한다.
4) 전압강하는 열차운전에 지장을 주어서는 안되며, 최대 전압강하에서도 전기차의 보조기기는 정상적으로 작동하여야 한다.

**04** ★★ 직류 급전구간의 레일과 대지간의 누설전류 경감을 목적으로 설치하는 것은?

풀이
정류포스트는 레일과 대지간의 누설전류 경감을 목적으로 설치한다.

05 직류 복선 구간에서 전차선의 전압강하를 경감하기 위하여 설치하는 것으로 변전소 중간에 설치하는 경우와 전차선을 병렬급전할 수 없는 말단부분의 상선과 하선을 차단기를 통하여 접속할 수 있도록 한 설비는 무엇인가?

**풀이**

직류 전기철도에서 전차선의 전압강하를 경감하기 위하여 상선과 하선을 차단기를 통하여 접속할 수 있도록 한 설비는 급전 타이포스트이다.

06 변압기의 병렬 운전조건을 3가지 이상 쓰시오.

**풀이**

1) 1,2 차 정격전압 및 극성이 같을 것
2) 권선비가 같을 것
3) 각 변압기 %임피던스가 같을 것
4) 저항과 누설리액턴스 비가 같을 것
5) 양 변전소 전원의 위상차가 3° 이하일 것
6) 두 변압기의 백분율 임피던스가 같을 것

07 부등률이란?

**풀이**

전력기기가 동시에 사용되는 정도를 말하며

$$부등률 = \frac{각\ 부하의\ 최대수요전력의\ 합}{합성최대전력}$$

08 10000[kVA] 역률 0.8에서 콘덴서 2000[kVA] 투입하여 역률 개선시 부하용량[kVA]을 구하라.

**풀이**

1) 역률개선 전
  유효전력 $10000 \times 0.8 = 8000[kW]$
  무효전력 $10000 \times 0.6 = 6000[kVA]$
2) 역률개선 후
  무효전력 $6000 - 2000 = 4000[kVA]$
3) 부하용량은
  $\sqrt{8000^2 + 4000^2} = 8944.27[kVA]$

## 09 Y-△(델타)변압기의 결선도를 알기 쉽게 작성하시오.

**풀이**

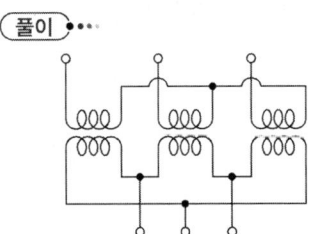

## 10 변전소에서 직렬콘덴서 설치 이유와 설치위치에 대하여 아는바를 쓰시오.

**풀이**
1) 설치이유 : 전압강하보상
2) 설치 위치 : 흡상변압기 2차측에서 부급전선에 직렬로 설치

## 11 다음은 실리콘정류기의 D종정격에 대한 설명이다. 괄호 안에 적당한 수치를 적으시오.

> 실리콘정류기의 D종정격은 정격전류에서 연속사용 후 정격전류의 150[%]에서 (  )시간, 300[%]에서 (  )분간 이상없이 사용 가능하여야 한다.

**풀이**
실리콘정류기의 D종정격은 정격전류에서 연속사용 후 정격전류의 150[%]에서 <u>2시간</u>, 300[%]에서 <u>1분</u>간 이상없이 사용 가능하여야 한다.

## 12 다음은 실리콘정류기의 E종정격에 대한 설명이다. 괄호 안에 적당한 수치를 적으시오.

> 실리콘정류기의 E종정격은 정격전류에서 연속사용 후 정격전류의 (  )[%]에서 2시간, (  )[%]에서 1분간 이상없이 사용 가능하여야 한다.

**풀이**
실리콘정류기의 E종정격은 정격전류에서 연속사용 후 정격전류의 <u>120[%]</u>에서 2시간, <u>300[%]</u>에서 1분간 이상없이 사용 가능하여야 한다.

★★
**13** 교류 급전계통을 구분하고 연장급전 등을 하기 위해서 변전소와 변전소 중간에 설치하는 구분 개소는 무엇인가?

(풀이)
급전계통을 구분하고 연장급전 등을 하기 위해서 변전소와 변전소 중간에 설치하는 구분 개소는 급전구분소(SP)이다.

★★★
**14** 교류 급전계통에서 급전구분소(SP)에 대하여 간단하게 설명하시오.

(풀이)
급전계통을 구분하고 연장 급전 등을 하기 위하여 변전소와 변전소의 중간위치 또는 이종전원을 구분하기 위하여 위치에 차단기, 단로기의 개폐장치와 단권변압기 등을 설치한 곳이다.

★★
**15** 다음 빈칸에 들어갈 단어를 넣으시오.

> 전차선로에 있어서 전압강하의 보상과 ( ① )의 경감을 목적으로 말단에 ( ② )만 설치하고 개폐장치는 설치하지 않는 곳을 ATP (변압기 포스트.단말보조급전구분소)라 한다.

(풀이)
① 통신유도장해
② 단권변압기

★
**16** 단권변압기의 1차 및 2차전압을 $E_1$, $E_2$로 하고, 1차 및 2차 전류를 $I_1$, $I_2$라 할 때 자기용량/부하용량을 식으로 나타내시오.

(풀이)
$$\frac{자기용량}{부하용량} = \frac{(E_2 - E_1) \cdot I_2}{E_2 \cdot I_2}$$

★
**17** 다음은 우리나라 교류전철용 변전소 주변압기에 대한 설명이다. 괄호 안에 알맞은 내용을 쓰시오.

> 우리나라 교류전철용 변전소 주변압기 권선의 결선은 (　　　)방식이다.

(풀이)
교류전철용 변전소 주변압기 권선은 스코트결선방식이다.

**18** 다음은 스코트결선 변압기에 대한 설명이다. 괄호 안에 알맞은 내용을 쓰시오.

> 교류전철용 변전소 주변압기인 스코트결선 변압기의 2차측 M상과 T상의 위상차는 (　　)°이다.

(풀이)
스코트결선 변압기의 2차측 M상과 T상의 위상차는 90° 이다.

**19** 교류전철 흡상변압기방식에서 흡상변압기를 설치하는 주목적은?

(풀이)
흡상변압기는 통신유도장해를 경감하기 위하여 설치한다.

**20** 다음 괄호 안에 맞는 내용을 넣으시오.

> 흡상변압기 방식에서 전기차가 운전될 때 전차선과 부급전선에 흐르는 전류는 크기는 (　　)고(하고), 방향이 (　　) 이므로 유도작용이 소멸되어 통신유도장해를 경감시키게 된다.

(풀이)
전차선과 부급전선에 흐르는 전류는 크기는 같고, 방향이 반대 이므로 유도작용이 소멸되어 통신유도장해를 경감시키게 된다.

**21** 변압기의 기계적 보호장치를 쓰시오.

(풀이)
변압기의 기계적 보호장치에는 브흐홀쯔계전기(96B), 충격압력계전기(96P), 방압변(96D), OLTC보호계전기(96T), 가스검출계전기(96G) 등이 있다.

## 22 차단기(CB) 용량의 단위는?

**풀이**

차단기(CB) 용량의 단위는 [MVA] 이다.

## 23 차단기 용량 구하는 식을 적으시오.

**풀이**

차단기 용량 $P_s = \dfrac{100}{\%Z} P_n$ 이다.

## 24 선로 전체 %임피던스가 0.4, 기준용량은 10000[kVA]라면 차단용량[MVA]은?

**풀이**

$P_s = \dfrac{100}{\%Z} P_n = \dfrac{100}{0.4} \times 10000 = 25000000 [\text{kVA}] = 2500 [\text{MVA}]$

## 25 합성 임피던스 0.4[%]인 곳에 설치하는 차단기 용량은 몇 [MVA]인가? (단, %임피던스는 12000[kVA] 기준이며, 용량의 여유는 없는 것으로 계산한다.)

**풀이**

$P_s = \dfrac{100}{\%Z} P_n = \dfrac{100}{0.4} \times 12000 = 30000000 [\text{kVA}] = 3000 [\text{MVA}]$

## 26 정격전압이 170[kV] 가스차단기(GIS)의 표준동작책무와 차단시간은?

**풀이**

170[kV] 차단기의 표준동작책무는 O - 0.3초 - CO - 3분 - CO, 정격 차단시간은 3사이클이다.

## 27 다음은 차단기에 대한 설명이다. 물음에 답하시오.

1) BIL 이란?
2) 차단시간이란 개극시간과 어떤 시간을 합한 시간인가?

**풀이**

1) BIL(Basic impulse insulation levels)은 기준충격절연강도로 지정된 전충격전압파의 내전압의 파고치로 표시되는 기준절연강도(공칭 $1.2 \times 50 \mu_s$의 파)를 말한다.
2) 차단시간은 개극시간과 소호시간을 합한 시간이다.

### 28 직렬콘덴서 사용목적은 무엇인가?

**풀이**

선로의 전압강하를 보상하고, 전기차 운행시 분수조파 발생을 억제하기 위하여 직렬콘덴서를 설치한다.

### 29 병렬콘덴서를 사용하는 목적은 무엇인가?

**풀이**

무효전력을 경감하기 위하여 병렬콘덴서를 설치하고 있다.

### 30 교류 급전회로에서 고장점표정장치 방식 중 AT 급전회로에 적합한 검출 방식은?

**풀이**

AT 급전회로에 적합한 방식은 AT 흡상전류비방식이다.

### 31 가스절연개폐장치(GIS)의 장점 3가지만 서술하시오.

**풀이**

1) 설치면적 최소화  2) 높은 안전성
3) 고도의 신뢰성  4) 설치기간의 단축
5) 보수점검의 성력화  6) 저소음

### 32 GIS 설비의 개념에 대하여 아는데로 쓰시오.

**풀이**

전력수요의 증가에 따라 최근의 변전소는 점차 고전압화 되고 대도시 주변이나 도심지에 위치하게 되므로 변전소의 용지 구입이 점차 곤란해지고 있다. 또한 염해, 먼지 등에 의한 절연물의 오손, 소음공해, 유지보수자의 충전부와의 안전성 등의 문제로 충전부를 접지된 탱크 내에 내장하고 절연내력이 우수한 $SF_6$ 가스를 이용하여 절연이격거리를 대폭 축소시킨 개폐장치이다.

## 33 GIS 설비에 내장되는 기기에 대하여 아는데로 쓰시오.

**풀이**

GIS설비에 내장되는 기기는 차단기, 모선, 단로기, 접지개폐기, 피뢰기, 계기용변압기, 계기용변류기 등이다.

## 34 지락보호용 방전장치(GP)의 역할에 대하여 아는바를 쓰시오.

**풀이**

전차선이나 급전선에 접지사고가 발생시 대지전압의 상승을 방지하여 중성점 절연파괴 소손을 방지하고, 지락사고에 따라 보호계전기에 흐르는 전류를 크게하여 동작하기 쉽게 한다.

## 35 SCADA 시스템의 주요장치 3가지를 쓰시오.

**풀이**

SCADA 시스템의 주요장치는 중앙제어소장치, 소규모제어장치, 원격소장치, 통신장치로 구성되어 있다.

## 36 SCADA 시스템의 효과에 대하여 4가지 이상 간단하게 쓰시오.

**풀이**

1) 컴퓨터로 처리된 정보를 운용자가 오판없이 조작, 운용할 수 있다.
2) 정보의 정확도가 증진된다.
3) 전기설비계통의 합리적 운용이 가능하다.
4) 사고발생의 조기감지 및 신속한 조치가 가능하다.
5) 전기설비의 감시, 제어, 기록의 자동화가 이루어진다.
6) 전력공급의 신뢰도가 향상된다.
7) 안정된 전력공급으로 사용자의 편의를 도모한다.
8) 전원의 무정전 확보로 열차안전운행에 기여한다.

## 37 SCADA 시스템의 주요 기능에 대하여 설명하시오.

**풀이**

SCADA 시스템의 주요 기능은 원격감시기능, 원격제어기능, 원격계측기능, 기록기능, 경보발생기능, 표시화면기능, 일괄제어기능, 자동고장구간 검색기능 등이 있다.

### 38 SCADA 시스템의 중앙제어소장치의 구성 요소에 대하여 아는바를 쓰시오.

**풀이**

중앙제어소장치의 주요 구성은 주컴퓨터장치, 인간기계연락장치, 통신제어장치 및 각종 드라이버(driver) 등으로 구성되어 있다.

### 39 SCADA 시스템의 주컴퓨터장치의 구성 기기에 대하여 아는바를 쓰시오.

**풀이**

주컴퓨터장치의 구성 기기는 중앙처리장치(CPU : Central Processing Unit), 대용량 기억장치(Hard Disk Driver), 테이프 백업장치(Digital Audio Tape Drive), CD-ROM 드라이버, 플로피 디스크 드라이버(Floppy Disk Driver), 시스템 콘솔(System Consol), 시스템 프린터(System Printer) 등이 있다.

### 40 SCADA 시스템의 통신제어장치의 구성에 대하여 아는바를 쓰시오.

**풀이**

통신제어장치는 통신제어모듈(CPU), 입·출력제어장치, 변복조장치로 구성되어 있다.

### 41 원격감시제어장치의 통신선로 보안기에 대하여 간단하게 설명하시오.

**풀이**

통신제어장치와 RTU간 또는 전화기의 통신선로에 발생할 수 있는 낙뢰, 서지 등으로부터 보호하기 위하여 설치한 기기이다.

### 42 변전소내 지락사고 시 영상전류 검출방법 2가지만 쓰시오.

**풀이**

1) ZCT(영상변류기)방식
   비접지계통에서는 영상전류가 매우 작아서 영상변류기(ZCT)를 사용하여 영상전류를 검출, 3상을 일괄하여 ZCT에 관통시켜 결선한다.
2) CT 잔류회로방식
   CT 3대를 Y결선하고 잔류회로에 OCGR을 연결해서 영상전류를 검출하는 방식으로 주로 300/5 이하의 CT를 사용하는 소규모 설비에 사용한다.

3) 변압기 중성점 접지선 CT방식
   변압기 2차측 중성점을 접지하고 접지선에 CT를 연결하여 검출하는 방식으로 접지선에는 지락전류 제한을 위해 NGR을 설치하기도 함.
4) 3차 권선부 CT를 이용한 검출
   300/5 이상의 CT를 사용하는 고저항접지 계통에서는 충분한 영상전류를 얻기 어려워서 3차권선 CT를 사용 (3차측 CT는 100/5 정도의 낮은 변류비를 갖는 CT를 사용하여 3차 영상분로의 영상전류 검출)

# MEMO

# Chapter 3. 전차선로 일반

## 1. 전차선로의 개요

### 1.1 전차선로의 정의

전기차의 집전장치와 접촉하여 전력을 공급하기 위한 전차선 등의 가선설비와 이에 부속하는 설비를 총칭

### 1.2 전차선로의 구성

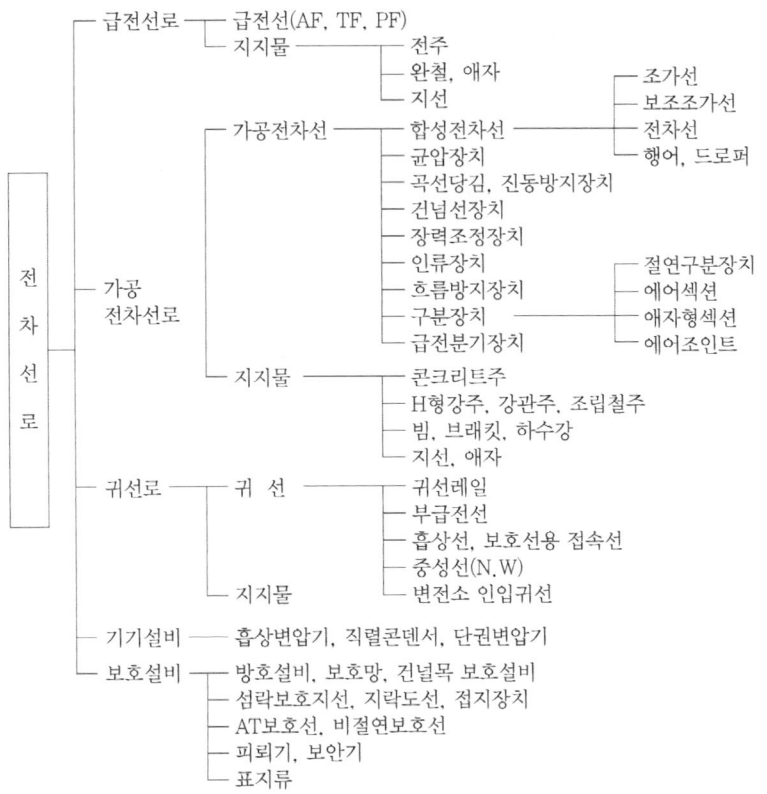

전기차에 전력을 직접적으로 공급하는 전차선 등의 가선설비와 이것을 전기적, 기계적으로 구분하거나 보호, 조정하는 전차선장치 및 구조물 등으로 구성

## 1.3 전차선로의 설치 목적

전기차에 양질의 전력을 공급하고 전기차 집전장치에 전력공급이 원활히 되기 위한 집전성능을 갖도록 하는 것

## 1.4 전차선로의 특성

(1) 전기차의 운전에 의해 부하점이 이동하며, 그 부하는 급격한 변동을 수반
(2) 전기차의 펜터그래프와 전차선은 전기적으로 불완전한 접촉상태
(3) 철도선로 구조물(터널, 교량, 역사 등)에 의하여 설비상 제약을 받음
(4) 레일을 귀선로로 사용하는 1선 접지회로
(5) 예비선로를 갖기 힘들다.

## 1.5 전차선로의 구비조건

(1) 전기차의 운전속도, 수송량, 시간간격, 편성 등 운전조건에 적합
(2) 충분한 전류용량에 견디며, 전압강하나 누설전류에 대하여 전기적 강도를 가질 것
(3) 예상되는 천재지변의 외력에 대하여 충분한 기계적 강도를 가질 것
(4) 설비가 체계화되어 기능적이고 경제적으로 작용하도록 각 부재의 수명협조, 강도협조, 절연협조가 이루어질 것
(5) 사고가 다른 구간에 파급되지 않고 유지보수가 용이하도록 모든 설비가 합리화 되어 있을 것
(6) 여객, 공중에게 피해를 주지 않도록 할 것
(7) 열차로부터 전방투시에 지장이 되지 않는 설비구조일 것
(8) 집전의 원활을 기하기 위하여 등고성, 등장성, 등요성과 적정한 압상량을 갖도록 할 것
(9) 전기차의 진동과 강풍시에도 지장이 없도록 충분한 기계적 이격을 유지하고 동시에 진동과 동요가 작아야 한다.
10) 가선 금구류는 진동, 부식, 열 등에 대하여 충분한 신뢰도를 갖고 전차선로의 각 구성요소와 수명, 신뢰도의 협조 요구

## 2. 전차선로의 가선방식

### 2.1 가공식(Over head system)

#### 2.1.1 단선식(Single trolley system)
궤도 상부에 설치된 전차선(contact wire)으로부터 공급을 받은 전기차의 전류를 주행 레일을 통하여 변전소에 돌려 보내는 가장 대표적인 방식

#### 2.1.2 복선식(Double trolley system)
상호 절연된 정·부 2조의 가공 전차선을 가설하고, 한쪽의 전차선으로부터 전기차에 전기를 공급하고, 다른 쪽의 전차선을 통하여 변전소로 돌려보내는(귀전류를 레일, 대지에 흘리지 않는) 방식

### 2.2 강체식(Rigid System)

#### 2.2.1 강체 단선식
전차선로의 강체방식에 있어 지하구간에 적합하도록 개발되어진 가선 방식으로 도시 지하철 구간의 대표적인 방식

#### 2.2.2 강체 복선식
모노레일 등에 사용되고 있는 것으로 주행 궤도 구조물에 강체구조로 한 급전용 및 귀선용의 정·부 도전 레일을 설비한 방식

### 2.3 제3궤조식 (Third rail system)

주행용 레일 외에 궤도 측면에 설치된 급전용 레일(제 3 레일)로부터 전기차에 전기를 공급하여 귀선으로 주행 레일을 사용하는 방식(Chapter 8에서 별도로 다룸)

# 3. 전차선로의 조가방식

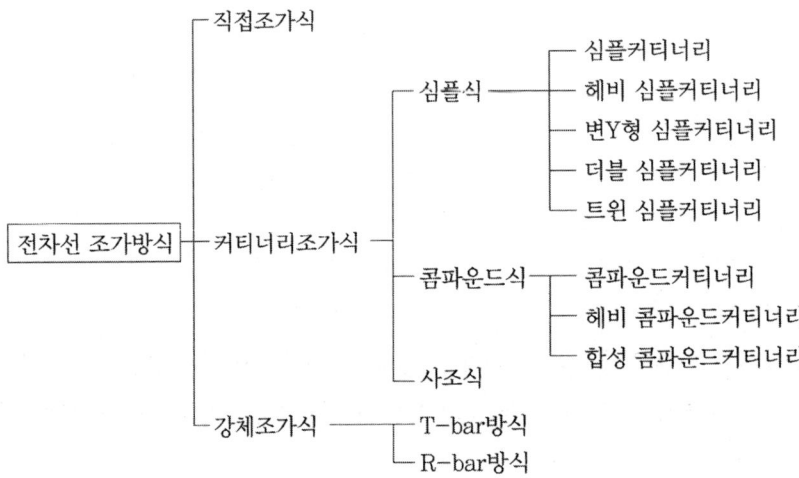

## 3.1 직접조가방식

가장 단순한 구조의 방식으로 전차선만 1조로 구성되며 전차선을 스팬선 또는 빔 등의 지지점에 직접 고정하는 구조와 전차선의 지지점에 짧은 로드나 와이어로 3각형(역 Y선)을 구성하는 구조의 2종류가 있다.

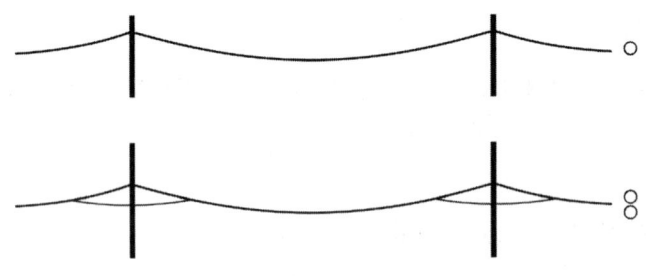

그림 3.1 직접조가방식

## 3.2 커티너리 조가방식

전기차의 속도 향상을 위하여 전차선의 이도에 의한 이선율을 작게 하고 동시에 지지 경간을 크게 하기 위하여 조가선을 전차선 위에 기계적으로 가선하고 일정한 간격으로 행거나 드로퍼로 매달아 전차선(trolly wire)을 두 지지점 사이에서 궤도면에 대하여 일정한 높이를 유지하도록 하는 방식

### 3.2.1 심플 커티너리(simple catenary) 조가방식

조가선과 전차선의 2조로 구성되고 조가선으로 전차선을 궤도면에 대하여 평행이 되도록 한 방식

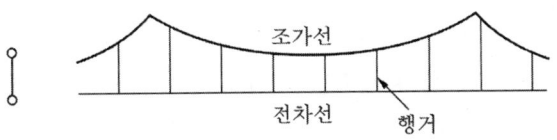

그림 3.2 심플 커티너리 조가방식

### 3.2.2 변Y형 심플커티너리 조가방식

심플 커티너리 가선방식의 지지점 부근에 조가선과 병행하여 15[m] 정도의 전선(Y선)을 가설하여 이것에서 전차선을 조가한 구조를 하고 있다. 이것은 Y선으로 지지점 부근의 압상량을 크게 하여 양 지지점 아래의 팬터그래프 통과에 대한 경점(hard spot)을 경감시키고, 경간 중앙부와 압상량의 차이를 적게 하여 이선(contact loss) 및 아크를 작게 함으로써 속도성능 향상을 도모한 방식

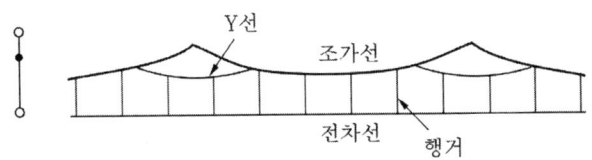

그림 3.3 변Y형 심플커티너리 조가방식

### 3.2.3 트윈 심플커티너리(twin-simple catenary) 조가방식

기존의 심플 커티너리 구간의 가고(wire height)를 변경하지 않고 고속도, 집전 성능을 높여 줄 수 있도록 개발된 방식으로, 전차선과 조가선 2조를 일정한 간격(표준 100[mm])으로 병행하여 가설한 방식

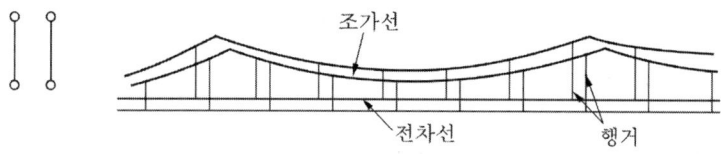

▶그림 3.4◀  트윈-심플커티너리 조가방식

### 3.2.4 헤비 심플커티너리(heavy simple catenary) 조가방식

심플 커티너리식 가선에서 전선의 장력을 크게 한 것으로 장력이 크기 때문에 경간 중앙부근의 전차선의 압상(押上)량을 적게 하여 동적 이동 상태에서 등고(等高)성을 향상시켜 집전 성능의 향상을 도모함과 동시, 풍압에 따른 편위(deviation)의 증가를 억제함으로써 가선 진동 및 동요를 적게 하여 안전도 및 집전 성능의 향상을 도모한 방식

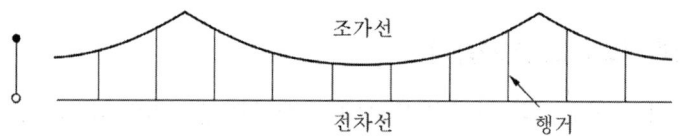

그림 3.5  헤비 심플커티너리 조가방식

### 3.2.5 콤파운드 커티너리(compound catenary) 조가방식

심플 커티너리식의 조가선과 전차선에 보조조가선을 가설하여 조가선으로부터 드로퍼로 보조조가선을 조가하고, 행거로 보조조가선에 전차선을 조가하는 방식

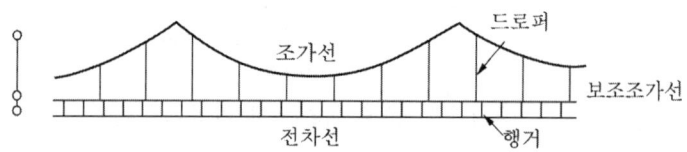

그림 3.6  콤파운드 커티너리 조가방식

### 3.2.6 합성 콤파운드 커티너리 조가방식

콤파운드 커티너리식의 드로퍼에 스프링과 공기댐퍼를 조합한 합성소자를 사용한 방식으로, 합성소자에 의하여 지지점 부근의 경점(hard spot)을 경감시켜 전차선의 압상특성을 균일하게 하여 이선(離線)과 아크의 발생을 방지하여 속도성능을 높인 방식

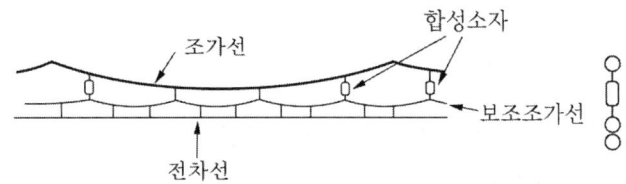

그림 3.7 합성 콤파운드 커티너리 조가방식

### 3.2.7 헤비 콤파운드 커티너리 조가방식

콤파운드 커티너리식의 각 전선의 굵기 및 장력을 크게 중가선화(重架線化)한 것이다. 합성 콤파운드식과 비교하여 속도성능 및 안전도가 향상되어 합성소자가 불필요하기 때문에 간소화된 방식

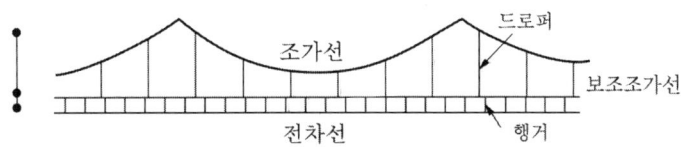

그림 3.8 헤비 콤파운드 커티너리 조가방식

### 3.2.8 사조식

일반의 커티너리는 조가선과 전차선이 수평면에 대하여 수직으로 배열되어 있지만, 이 방식은 조가선과 전차선이 수평면에 대하여 경사를 갖고 있는 방식이다. 이 방식은 특수한 행거로 전차선을 조가선으로부터 경사지게 조가하고 있는 것으로 반사조식, 연사조식, 경사조식의 3종류가 있다.

## 3.3 강체조가식

### 3.3.1 강체단선식(Single rigid system)

전차선로의 가선방식에 있어 지하구간에 적합하도록 개발되어진 가선방식으로 도시 지하철 구간의 대표적인 방식

### 3.3.2 강체복선식(Double rigid system)

모노레일 등에 사용되고 있는 것으로 주행 궤도 구조물에 강체 구조로 한 급전용 및 귀선

용의 정·부 도전 레일을 설비한 방식

### (1) T-Bar방식

직류구간에서 사용하는 방식으로 전압이 낮아서 절연거리가 짧기 때문에 250[mm]의 지지애자에 T자형의 알루미늄 합금제 리지드 바로 조가하는 방식

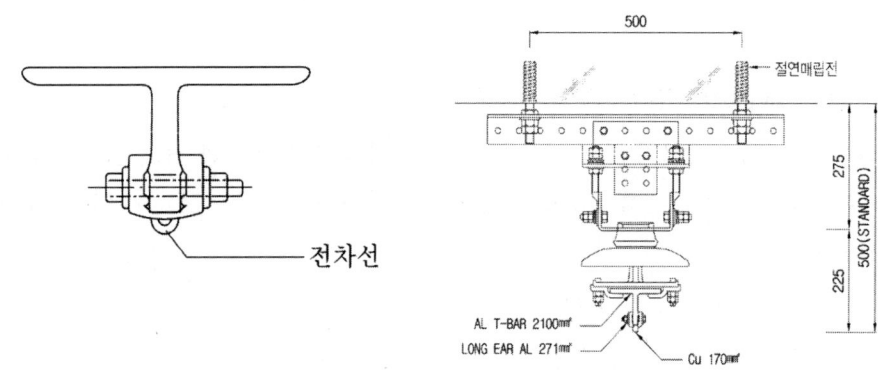

### (2) R-Bar방식

교류구간에서 사용하는 방식으로 전압이 높아서 절연거리가 길기 때문에 강체의 직상부 좌·우에 직선형 가동브래킷을 설치하여 리지드 바로 지지하는 방식

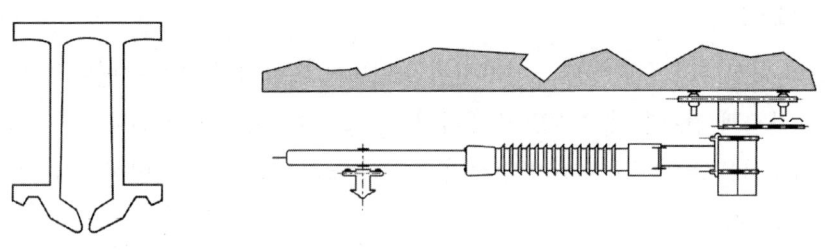

## 4. 전차선로의 전기적·기계적 특성

### 4.1 전기적 특성

#### 4.1.1 부하의 특성

1) 큰 견인력으로 주행해야 하므로 대용량의 부하전력 요구

2) 기동·정지가 빈번하게 반복되므로 그 크기는 시·공간적으로 급변
3) 전차선로는 주로 3상 전력계통으로부터 단상의 전력으로 변환하여 급전하고 있으므로 전압의 불평형을 초래할 수 있다.
4) 구동시스템에는 컨버터와 인버터가 포함되어 있으며 이러한 것은 위상제어 및 펄스폭 변조방식에 의하여 제어되기 때문에 고조파를 발생시킨다.

### 4.1.2 전압의 변동 범위

#### (1) 전기차 구동용 전동기의 특성

1) 같은 인장력에 대한 속도는 전압에 비례하기 때문에 전차선 전압이 저하하면 속도가 떨어지고 표정속도를 유지하기 위한 역행(동력운전) 시간이 길어지게 되므로 규정의 운전시간을 유지할 수 없게 된다.
2) 전차선 전압이 어느 정도 저하하여도 출력에는 크게 지장을 주지 않으나 전기차의 주제어기나 주회로 개폐기 등을 조작하는 제어전압은 어느 한도를 넘으면 급격히 출력이 저하하여 운전불능이 된다.

#### (2) 최대의 선로 전압강하가 발생하는 조건

1) 변전소 부하가 최대일 때
2) 직류구간에는 병렬급전방식을 표준으로 하고 변전소 중간부분에서 전기차가 기동 최대전류를 발생시킨 때
3) 교류구간에서는 단독급전방식을 표준으로 하고 있기 때문에 급전 최말단에서 전기차가 기동 최대전류를 발생시킨 때

#### (3) 전압의 변동 범위

전차선 전압의 변동 범위

| 표준전압 | 전차선 전압 | | | | 기사 |
|---|---|---|---|---|---|
| | 최고 | 표준 | 최저 | | |
| 직류 1500[V] | 1800[V] | 1500[V] | 900[V] | −40[%] | |
| 교류 25[kV] | 27.5[kV] | 25[kV] | 20[kV] | −20[%] | 전차선~레일간 |
| 교류 25[kV] | 30[kV] | 25[kV] | 22.5[kV] | −10[%] | 고속철도 |

⟨KR Code 2012⟩에는 전차선 전압을 5단계로 분류하였으니 참고하기 바람.
AC 25000[V] 교류 전차선로의 전압은 KR Code 2012(국가철도공단 전철전력설계편람)에는 아래와 같이 전압의 변동 범위가 표기되어 있다.(KR E 03030)

1) 전차선로의 공칭전압은 단상 교류 25[kV](급전선과 레일사이 및 전차선과 레일사이의 전압은 25[kV]가 되고, 전차선과 급전선 사이는 50[kV]가 급전되는 시스템)을 표준으로 하며 최고, 최저전압은 다음 표에 의한다.

| 구 분 | 전 압 [kV] |
|---|---|
| 비지속성 최고전압($V_{max2}$) | 29 |
| 지속성 최고전압($V_{max1}$) | 27.5 |
| 공칭전압($V_n$) | 25 |
| 지속성 최저전압($V_{min1}$) | 19 |
| 비지속성 최저전압($V_{min2}$) | 17.5 |

2) 용어정의
   ① 공칭전압 $V_n$ : 시스템 설계값
   ② 지속성 최고전압 $V_{max1}$ : 무한정 지속될 것으로 예상되는 전압의 최고값
   ③ 비지속성 최고전압 $V_{max2}$ : 지속시간이 5 min 이하로 예상되는 전압의 최고값
   ④ 지속성 최저전압 $V_{min1}$ : 무한정 지속될 것으로 예상되는 전압의 최저값
   ⑤ 비지속성 최저전압 $V_{min2}$ : 지속시간이 2 min 이하로 예상되는 전압의 최저값

## 4.2 기계적 특성

### 4.2.1 이선율(離線率)

팬터그래프와 전차선은 계속 접촉된 상태로 있어야 하나 팬터그래프의 이동에 따라 순간적으로 이탈이 발생하여 팬터그래프의 접촉력이 0 이 되는 것을 이선현상이라 함.

$$이선율 = \frac{일정구간 \ 주행시의 \ 이선시간의 \ 합}{일정구간 \ 주행시간} \times 100[\%]$$

$$= \frac{일정구간 \ 주행시 \ 이선하여 \ 주행한 \ 거리의 \ 합}{일정구간 \ 주행거리} \times 100[\%]$$

일반전철에서는 3[%] 이하, 고속전철에서는 1[%] 이하로 제한

### 4.2.2 탄성률(彈性率)

$$e = \frac{S}{K(F_f + F_t)} \ [\text{mm/N}]$$

여기서, $S$ : 전주 경간[m]
$F_f$ : 전차선의 장력[kN]
$F_t$ : 조가선의 장력[kN]
$K$ : 상수

탄성률은 경간이 짧을수록, 전차선과 조가선은 장력이 클수록 작아져 가선특성이 좋아짐.

### 4.2.3 비균일률

전차선로는 경간 중앙 및 지지점에서 각기 다른 탄성을 갖고 있으므로 이들 두 개소에서의 탄성을 가능한 일정하게 유지

$$비균일률(U) = \frac{E_{\max} - E_{\min}}{E_{\max} - E_{\min}} \,[\%]$$

여기서, $E_{\max}$ : 경간 중앙의 탄성
$E_{\min}$ : 지지점의 탄성

### 4.2.4 반사계수($r$)

$$r = \frac{\sqrt{(F_t \cdot m_t)}}{\sqrt{(F_t \cdot m_t)} + \sqrt{(F_f \cdot m_f)}}$$

여기서, $m_t$ : 조가선의 단위 길이당 질량[kg/m]
$m_f$ : 전차선의 단위 길이당 질량[kg/m]

### 4.2.5 도플러(doppler)계수($\alpha$)

운전속도에 따라 달라지는 전차선로의 동적작용은 도플러계수에 의해 접근

$$\alpha = \frac{C-V}{C+V}$$

여기서, $V$ : 운전속도[m/s]
$C$ : 파동전파속도[m/s]

### 4.2.6 증폭계수($\gamma$)

반사계수($r$)와 도플러계수($\alpha$)의 비

$$\gamma = \frac{r}{\alpha}$$

도플러계수가 0에 가까워지면 증폭계수는 무한대로 되게 되는데 이는 운전속도가 전차선의 파동전파속도에 접근하는 경우가 된다.

### 4.2.7 전차선의 인장

전차선로의 장력 증가는 전차선의 인장을 가져오는데 그 인장 $\Delta L$은

$$\Delta L = \frac{\Delta F_t}{\rho e} \cdot L \,[\text{m}]$$

여기서, $\rho$ : 전차선의 단면적[m$^2$]
   $e$ : 탄성률
   $L$ : 전차선의 유효길이[m]

## 5. 팬터그래프와 전차선의 상호작용

### 5.1 파동전파속도

팬터그래프는 움직이면서 전차선을 파동, 변형시켜 동요하게 하고 이로 인한 파동은 전차선로를 따라 전파되는 것을 파동전파속도라고 한다. 파동전파속도는 정상적인 집전이 일어날 수 있는 최대속도를 알 수 있게 한다.

$$C = \sqrt{\frac{T}{\rho}} = \sqrt{\frac{\delta F}{\delta f}} \,[\text{m/s}]$$

여기서, $T$ : 전차선의 장력[N]
   $\rho$ : 전차선의 단위질량[kg/m]
   $\delta F$ : 전차선의 응력[N/m$^2$]
   $\delta f$ : 전차선의 단위 길이당 단면질량[kg/m·m$^2$]

### 5.2 전차선의 압상량

#### 5.2.1 정적 압상량

정적 압상량은 팬터그래프의 접촉력과 탄성률의 평균값에 기초하여 계산될 수 있으며, 실제로 이는 저속으로 운전시 관찰할 수 있고 운행속도가 증가하면 동적 영향이 정적 압상에

보태어진다.

### (1) 경간 중앙에서의 전차선 압상량

$$y = \frac{\left(\dfrac{S}{T} - \dfrac{X}{T}\right) \cdot \dfrac{X}{T} \cdot P}{\dfrac{S}{T}} \ [\mathrm{m}]$$

여기서, $y$ : 하중점의 압상량[m]
　　　　$T$ : 현의 장력[kg]
　　　　$S$ : 경간[m]
　　　　$P$ : 압상력[kg]
　　　　$X$ : 지지점에서 하중점까지 거리[m]

### (2) 지지점에서의 전차선 압상량

$$y = \frac{P \times S}{T_t} \times \frac{1 + \dfrac{T_m}{T_t}}{2 \times \left(1 + 2n\dfrac{T_m}{T_t}\right)} \ [\mathrm{m}]$$

여기서, $n$ : 행거 개수
　　　　$L$ : 행거 간격[m]
　　　　$T_t$ : 전차선 장력[kg]
　　　　$T_m$ : 조가선 장력[kg]

### (3) 전차선 정상량의 비교

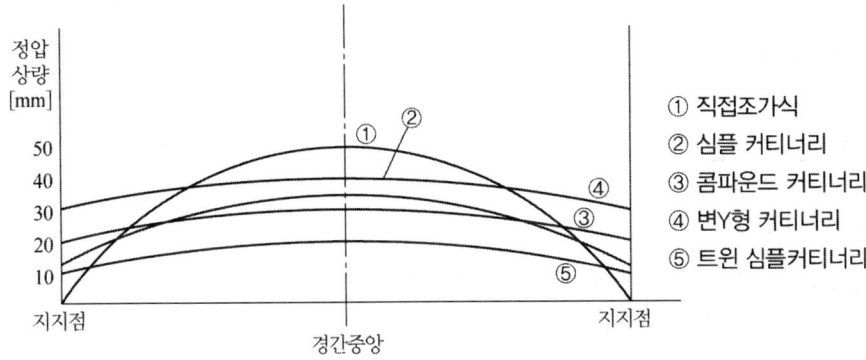

## 5.2.2 동적 압상량

### (1) 파동방정식

$$\frac{\sigma^2 \cdot y}{\sigma \cdot t^2} - C^2 \frac{\sigma^2 \cdot y}{\sigma \cdot t^2} = \frac{P}{\sigma} \cdot \sigma^2 \cdot (x - V_t)$$

여기서, $P$ : 압상력[kg]  $V$ : 주행속도[m/s]
$\sigma$ : 현의 선밀도  $T$ : 현의 장력[kg]
$S$ : 경간[m]  $C$ : 파동전파속도[m/s]

### (2) 동적 압상량은 정적 압상량의 3배 정도이다.

# 6. 전압강하

## 6.1 직류 전압강하

### 6.1.1 합성저항

$$전차선로의 저항 = \frac{1}{\frac{1}{R_F} + \frac{1}{R_M} + \frac{1}{R_T}} + R_R$$

여기서, $R_F$ : 급전선의 저항  $R_M$ : 조가선의 저항
$R_T$ : 전차선의 저항  $R_R$ : 레일의 저항

직류 전차선로의 전압강하 계산에 필요한 도체저항은 도체온도를 20[℃]로 하고 레일의 누설전류는 30[%]

### 6.1.2 전압강하 계산

#### (1) 단독급전방식

1) 변전소에서 임의의 거리에 있는 전기차($K$)까지의 전압강하

① 변전소 내부 전압강하  $e_s = R_o \Sigma_i = R_o I_o$

② 전차선로 전압강하  $e_k = r\left(\sum_{j=1}^{k} i_j l_j + l_k \sum_{j=k+1}^{n} i_j\right)$

③ K점의 전차선 전압  $E_k = E_o - (e_s + e_k) = E_o - I_o R_o - e_k$

여기서, $E_o$ : 변전소 무부하 전압[V]

$I_o$ : 변전소 전류[A]

$R_o$ : 변전소 내부저항($R$)

$r$ : 전차선로 저항[Ω/km]

$i$ : 각 지점의 부하전류[A]

$l$ : 변전소에서 각 부하점까지 거리[km]

### (2) 병렬급전방식(양변전소의 무부하 급전전압과 내부저항이 같을 때)

1) A변전소에서 임의의 거리에 있는 전기차($K$)까지의 전압강하

$$e_{AK} = r\left(\sum_{j=1}^{k-1} i_j l_j + i_k l_k\right)$$

여기서, $l_K = \dfrac{(R_o + rL)\sum i_j - R_o \sum i_j - r\sum i_j l_j}{R_{SL}}$

2) $K$점의 전차선 전압

$$E_K = E_A - (e_{As} + e_{Ak}) = E_o - e_{As} - e_{Ak}$$

여기서, $E_A$, $E_B$ : 변전소 무부하전압[V]

$I_A$, $I_B$ : 변전소 전류[A]

$R_A$, $R_B$ : 변전소 내부저항($R$)

$r$ : 전차선로 저항[Ω/km]

$L$ : 변전소 간격[km]

$l$ : 변전소에서 각 부하점까지 거리[km]

### (3) 연장(loop)급전방식

1) M점, N점까지의 전차선로 전압강하 : $e_m$, $e_n$

$$e_m = r\left(\sum_{j=1}^{m} i_{1j} l_{1j} + I_o r l_{1m}\right)$$

$$e_n = r\left(\sum_{j=1}^{n} i_{2j} i_{2j} - I_o r l_{2n}\right)$$

단, $E_M > E_N$

$$I_o = \dfrac{E_M - E_N}{2Lr} = \dfrac{1}{2L}\left(\sum_{j=1}^{n} i_{2j} l_{2j} - \sum_{j=1}^{m} i_{1j} l_{1j}\right)$$

2) M점, N점의 전차선 전압 : $E_M$, $E_N$

$$E_M = E_o - (e_s + e_m)$$
$$E_N = E_o - (e_s + e_n)$$

여기서, $E_o$ : 변전소 무부하전압[V]
$E_M$ : M점의 전차선 전압[V]
$E_N$ : N점의 전차선 전압[V]
$I$ : 전차선 전류[A]

## 6.2 교류 전압강하

### 6.2.1 선로정수

(1) 자기임피던스($Z$)

$$Z = Z_s + Z_i [\Omega/\text{km}]$$

(2) 외부임피던스($Z_s$)

$$Z_s = \left\{\omega\left(\frac{\pi}{2} - \frac{4x}{3\sqrt{2}}\right) + j\omega\left(4.605 \times \log_{10}\frac{4h}{rx} + \frac{4x}{3\sqrt{2}} - 0.1544\right)\right\} \times 10^{-4} [\Omega/\text{km}]$$

$$\omega = 2\pi f$$
$$x = 4\pi h \sqrt{2\sigma f}$$

여기서, $h$ : 지표에서 도체(전선)까지 평균높이[cm]
$r$ : 도체 반지름[cm]
$\sigma$ : 대지 도전율[emu]
$f$ : 주파수[Hz]

(3) 내부임피던스($Z_i$)

$$Z_i = R_i + j\omega L_i [\Omega/\text{km}]$$

$$L_i = \frac{\mu}{2} \times 10^{-4} [\text{H/km}]$$

여기서, $\mu$ : 전선의 비유전율(Cu, Al=1, St=140)
$R_i$ : 전선의 고유저항[$\Omega$]
$L_i$ : 전선 내부 유도계수[H]

### (4) 상호임피던스($Z_M$)

$$Z_M = \left[\omega\left\{\frac{\pi}{2} - \frac{4x'}{3\sqrt{2}}(h_1+h_2)\right\} + j\omega\left\{4.065 \times \log_{10}\frac{2}{x'\sqrt{b^2+(h_1-h_2)^2}}\right.\right.$$
$$\left.\left. - 0.1544 + \frac{4x'}{3\sqrt{2}}(h_1+h_2)\right\}\right] \times 10^{-4}\,[\Omega/\text{km}]$$

$$x' = 2\pi\sqrt{2\sigma f}$$

여기서, $h_1$ : 지표상에서 도체(1)까지 평균높이[cm]
$h_2$ : 지표상에서 도체(2)까지 평균높이[cm]
$b$ : 도체간 수평거리[cm]

### (5) 선로임피던스($Z_L$)

$$Z_L = Z_T + Z_N - 2Z_{TN} + Z_B\,[\Omega/\text{km}]$$

여기서, $Z_T$ : 전차선의 자기임피던스[$\Omega$/km]
$Z_N$ : 부급전선의 자기임피던스[$\Omega$/km]
$Z_{TN}$ : 전차선과 부급전선의 상호임피던스[$\Omega$/km]
$Z_B$ : 흡상변압기의 누설임피던스[$\Omega$/km]

## 6.3 단상 급전회로의 전압강하 계산

### 6.3.1 송전단 전압

$$V_s = V_r + I(R\cos\phi + X\sin\phi)\,[\text{V}]$$

여기서, $V_s$ : 송전단 전압[V]    $I$ : 부하전류[A]
$V_r$ : 수전단 전압[V]    $\cos\phi$ : 전기차 부하역률
$R, X$ : 저항, 리액턴스

### 6.3.2 선로 전압강하

$$V_L = V_s - V_r = I(R\cos\phi + X\sin\phi)\,[\text{V}]$$

### 6.3.3 전차선로의 전압강하

$$V_L = Z_L\sum_{j=1}^{n}I_j \cdot L_j\,[\text{V}]$$

여기서, $Z_L = R\cos\phi + X\sin\phi$

$I_j \cdot L_j$ : 변전소에서 $1 \sim n$ 개 열차까지 (부하전류)×(거리)의 누계

$\cos\phi$ : 전기차 부하역률

전기차 부하역률은 정류기식의 경우 실측 결과 정격값의 $0.75 \sim 0.85$ 정도이며, 전압강하의 계산에는 보통 $0.8$로 계산

## 6.4 BT(흡상변압기) 급전방식의 전압강하 계산

### 6.4.1 단독급전인 경우

**(1) 임의의 전기차 부하($K$)일 때 전차선로 전압강하($e_k$)**

$$e_k = Z\{i_1 l_1 + i_2 l_2 + \cdots\cdots + i_k l_k + l_k(i_{k+1} + \cdots\cdots i_n)\}$$

$$= Z\left(\sum_{j=1}^{k} i_j l_j + l_k \sum + j = k + l^n i_j\right) [V]$$

**(2) K점에 전차선 전압($E_k$)**

$$E_k = E_o - e_k [V]$$

여기서, $E_o$ : 변전소 무부하전압[V]

$Z$ : 전차선로 1[A-km]당 전압강하[V/A-km]

$I$ : 각 점의 부하전류[A]

$l$ : 변전소에서 각 부하점까지 거리[km]

**(3) 최말단 전기차 부하($N$)일 때 전차선로 전압강하($e_n$)**

$$e_n = Z(i_1 l_1 + i_2 l_2 + \cdots\cdots + i_k l_k + \cdots\cdots i_n l_n)$$

$$= Z\sum_{j=1}^{n} i_j l_j [V]$$

**(4) N점에 전차선 전압($E_n$)**

$$E_n = E_o - e_n [V]$$

### 6.4.2 연장급전인 경우

**(1) 변전소에서 M점, N점까지의 전차선로 전압강하($e_m, e_n$)**

$$e_m = Z\sum_{j=1}^{m} i_{1j} l_{1j} + I_0 Z l_{1m} [V]$$

$$e_n = Z\sum_{j=1}^{n} i_{1j}l_{1j} + I_0 Z l_{1n} [\text{V}]$$

단, $E_M > E_N$

$$I_0 = \frac{E_M - E_N}{2LZ} = \frac{1}{2L}\left(\sum_{j=1}^{n} i_{2j}l_{2j} - \sum_{j=1}^{m} i_{1j}i_{1j}\right)[\text{A}]$$

(2) M, N점의 전차선 전압($E_M$, $E_N$)

$$E_M = E_o - e_m [\text{V}]$$
$$E_N = E_o - e_n [\text{V}]$$

여기서, $I_o$ : M점에서 N점에 흐른 순환전류[A]
      $E_o$ : 변전소 무부하전압[V]
      $Z$ : 전차선로 1[A-km]당의 전압강하[V/A-km]
      $i$ : 각 점의 부하전류[A]
      $l$ : 변전소에서 각 부하까지 거리[km]

## 6.5 AT(단권변압기) 급전방식의 전압강하 계산

### 6.5.1 임의의 전기차 부하($K$)의 경우

(1) 전차선로 전압강하($e_k$)

$$e_k = Z_L\left(\sum_{j=1}^{k} i_j l_j + l_k \sum_{j=k+1}^{n} i_j\right) + Z_L'\left(1 - \frac{x_k}{D_k}\right) x_k i_k [\text{V}]$$

(2) K점에 있어서 전차선 전압($E_k$)

$$E_k = E_o - e_k [\text{V}]$$

여기서, $E_k$ : 변전소 무부하전압(전차선 전압 25[kV]측 환산)[V]
      $i$ : 각 점의 전기차 부하전류[A]
      $l$ : 변전소에서 각 부하까지 거리[km]
      $D$ : AT 설치간격[km]
      $Z_L$ : 전차선로 1[A-km]당의 전압강하[V/A-km]
      $Z_L'$ : 전압강하 계산에 필요한 정수[V/A-km]

### 6.5.2 최말단 전기차 부하($N$)의 경우

**(1) 전차선로 전압강하 : $e_n$**

$$e_n = Z_L \sum_{j=1}^{n} i_j l_j + Z_L' \left(1 - \frac{x_n}{D_n}\right) x_n i_n [\text{V}]$$

**(2) N점에 있어서 전차선 전압($E_n$)**

$$E_n = E_o - e_n [\text{V}]$$

## 6.6 고속철도 전차선로의 선로정수 계산

### 6.6.1 전차선로의 임피던스

대지 귀로 자기임피던스($Z_s$)는 칼슨-폴라잭(Carson-Pallacjeck)의 외부임피던스 산출 공식에 의해 다음과 같이 표시

$$Z_s = \left\{\omega\left(\frac{\pi}{2} - \frac{4x}{3\sqrt{2}}\right) + j\omega\left(2\log_e \frac{4h}{rx} + \frac{4x}{3\sqrt{2}} - 0.1544\right)\right\} \times 10^{-4}$$
$$= R_s + jx_s [\Omega/\text{km}]$$

**(1) 전선의 내부임피던스($Z_i$)**

$$Z_i = R_i + jwL_i [\Omega/\text{km}]$$

**(2) 가공전선의 대지 귀로임피던스($Z$)**

$$Z = Z_s + Z_i [\Omega/\text{km}]$$

**(3) 전선간의 상호임피던스($Z_m$)**

지표상의 높이 $h_1$, $h_2$의 두 수평거리 b로 가설된 두 도체 간의 상호임피던스는 칼슨-폴라잭(Carson-Pallacjeck)의 상호임피던스 산출공식

$$Z_m = \left[ w\left\{\frac{\pi}{2} - \frac{4X'}{3\sqrt{2}}(h_1 - h_2)\right\} + jw\left\{2\log e \frac{2}{X'\sqrt{b^2 + (h_1 - h_2)^2}} \right.\right.$$
$$\left.\left. - 0.1544 + \frac{4X'}{3\sqrt{2}}(h_1 + h_2)\right\}\right] \times 10^{-4}$$
$$= R_M + jX_M [\Omega/\text{km}]$$

## 6.6.2 합성 전차선의 선로정수 계산

전차선의 대지 귀로 자기임피던스(Self Impedance)($Z_{sc}$)

### (1) 전차선의 내부임피던스($Z_{ic}$)

$$R = 0.1040[\Omega/km]$$

$$wLi = 2\pi \times 60 \times 1/2 \times 10^{-4} = 0.01885$$

$$\therefore Z_{ic} = 0.1040 + j0.01885[\Omega/km]$$

### (2) 전차선의 외부임피던스($Z_{sc}$)

$$h = 603, \ r = 0.7745$$

$$X = 4\pi h \sqrt{2\sigma f} = 4\pi \times 603 \sqrt{2 \times 10^{-13} \times 60} = 0.02625$$

$$\frac{4X}{3\sqrt{2}} = \frac{0.105}{4.2426} = 0.02475$$

$$\frac{4h}{rx} = \frac{4 \times 603}{0.7745 \times 0.02625} = 118638.75$$

$$\therefore Z_{sc} = \{377(\frac{\pi}{2} - 0.02475) + j377(2\log e 118638.75 + 0.2475 - 0.1544)\} \times 10^{-4}$$

$$= 0.0583 + j0.8761[\Omega/km]$$

### (3) 전차선의 대지 귀로임피던스

$$Z_{sc} = Z_{ic} + Z_{sc} = 0.1623 + j0.0895$$

조가선의 대지 귀로 자기임피던스에는 내부임피던스와 외부임피던스가 있다.

### (4) 조가선의 내부임피던스($Z_{im}$)

$$Z_{im} = 0.276 + j0.1885[\Omega/km]$$

### (5) 조가선의 외부임피던스($Z_{sm}$)

등가 높이 $hm = 743 - \frac{2}{3}\frac{0.7103 \times 50^2}{8 \times 1428} \times 100 = 742.90(cm)$

$r = 0.575(cm)$

$$X = 4\pi \times 742.9 \sqrt{2 \times 10^{-13} \times 60} = 0.03234$$

$$\frac{4X}{3\sqrt{2}} = 0.0305$$

$$\frac{4h}{rx} = 159802.1$$

$$\therefore Z_{sm} = 377(1.571 - 0.0305) + j377(2\log e159802.1 + 0.0305 - 0.1544) \times 10^{-4}$$
$$= 0.0581 + j0.8987 [\Omega/\text{km}]$$

**(6) 조가선의 대지 귀로임피던스**

$$Z_{SM} = Z_{im} + Z_{sm} = 0.3341 + j0.9176 [\Omega/\text{km}]$$

**(7) 전차선과 조가선의 상호임피던스**

전차선의 높이 $h_2 = 603$, 조가선의 높이 $h_1 = 743$

$$x' = 2\pi\sqrt{2\sigma f} = 2.1766 \times 10^{-5}$$

$$\frac{4x'}{3\sqrt{2}} = 2.0521 \times 10^{-5}$$

$$Z_{MCM} = [\{377(1.571 - 2.052 \times 10^{-5} \times 1346)$$
$$+ j377(2\log e\frac{2}{2.1766 \times 10^{-5}\sqrt{1402}}$$
$$- 0.1544 + 2.052 \times 10^{-5} \times 1346\}] \times 10^{-4}$$
$$= 0.0582 + j0.4843 [\Omega/\text{km}]$$

**(8) 등가 전차선의 대지 귀로 자기임피던스**

등가 임피던스 $Z_{SC} = \dfrac{Z_{SC} \cdot Z_{SM} - Z^2_{MCM}}{Z_{SC} + Z_{SM} - 2Z_{MCM}}$

$$Z_{SCM} = \frac{(0.1623 + j0.895)(0.3341 + j0.9176) - (0.0582 + j0.4843)^2}{(0.1623 + j0.895) + (0.3341 + j0.9176) - 2(0.0582 + j0.4843)}$$
$$= \frac{0.12683 + j0.6011}{0.85674} = 0.1480 + j0.7016$$

### 6.6.3 레일과 가공보호선의 대지 귀로 자기임피던스

**(1) 레일의 대지 귀로 자기임피던스**

레일의 등가저항 $R = 0.0126 [\Omega/\text{km}]$ 단, 궤도종별 60N(누설전류 10%)

레일의 비중 : 7.86

단면적 $100X \times 7.86 = 60,000$

$$\therefore A = 76.34 [\text{cm}^2]$$
$$h = 60 [\text{cm}]$$
$$r = \sqrt{76.34/\pi} = 4.93 [\text{cm}]$$
$$X = 4\pi 60\sqrt{12} \times 10^{-6} = 0.00261$$

$$\frac{4x}{3\sqrt{2}} = 0.00246$$

1) 레일의 내부임피던스($Z_{ir}$)

   $Z_{ir} = 0.0126 + j1.885 (\Omega/\text{km})$

2) 레일의 외부임피던스($Z_{sr}$)

   $Z_{sr} = \{377(1.571 - 0.00246) + j377(2\log e\, 18651.93 + 0.00246 - 0.1544)\} \times 10^{-4}$
   $= 0.0591 + j0.7357 [\Omega/\text{km}]$

3) 레일의 대지 귀로임피던스($Z_{SR}$)

   $Z_{SR} = 0.0717 + j2.6207 [\Omega/\text{km}]$

### (2) 가공 보호선의 대지 귀로 자기임피던스($Z_{SP}$)

1) 내부임피던스($Z_{ir}$)

   ACSR 93.3[$\text{mm}^2$]의 전기저항 $r = 0.452 [\Omega/\text{km}]$

   $Z_{ir} = 0.452 + j0.01885 [\Omega/\text{km}]$

2) 외부임피던스($Z_{sr}$)

   높이 $h_0 = 645 [\text{cm}]$, $W = 0.437 [\text{rg/m}]$

   등가높이 $h = 645 - \frac{2}{3} \frac{0.437 \times 50^2}{8 \times 740} \times 100 = 632.7 [\text{cm}]$

   $X = 4\pi \times 632.7 \sqrt{2\sigma f} = 2.177 \times 10^{-5}$

   $\frac{4x}{3\sqrt{2}} = 0.02597$

   $Z_{sr} = \{377(1.571 - 0.02597) + j377(2\log e\, 203308.46 + 0.02597 - 0.1544)\} \times 10^{-4}$
   $= 0.0582 + j0.9167 [\Omega/\text{km}]$

3) 가공 보호선의 대지 귀로 자기임피던스($Z_{sp}$)

   $Z_{sp} = 0.5102 + j0.9356 [\Omega/\text{km}]$

### (3) 레일과 가공 보호선과의 상호임피던스($Z_{HRP}$)

$h_1 + h_2 = 632.7 + 60 = 692.7$

$h_1 - h_2 = 572.7$

수평거리 $b = 342$

$Z_{HRP} = [377\{1.571 - 2.0525 \times 10^{-5} \times 692.7\}$
$+ j377\{2\log e \frac{2}{2.177 \times 10^{-5} \sqrt{342^2 + 572.7^2}}$

$$-0.1455 + 2.052 \times 10^{-5} \times 692.7] \times 10^{-4}$$
$$= 0.0587 + j0.3661 (\Omega/\text{km})$$

### (4) 레일과 가공 보호선의 합성 대지 귀로 자기임피던스

1) 등가 합성임피던스($Z_{SRP}$)

$$Z_{SRP} = \frac{Z_{SR} \cdot Z_{SP} - Z_{SRP}^2}{Z_{SR} + Z_{SP} + 2Z_{MRP}}$$

$$= \frac{(0.0717 + j2.6207)(0.5102 + j0.9356) - (0.0587 + j0.3661)^2}{(0.0717 + j2.6207) + (0.5102 + j0.9356) - 2(0.0587 + j0.3661)}$$

$$= \frac{2.78437 + j7.0747}{8.19074} = 0.3399 + j0.8637 [\Omega/\text{km}]$$

### (5) 급전선의 대지 귀로임피던스

1) 급전선의 자기임피던스

① 내부임피던스($Z_{kf}$)

전기저항 $R = 0.12[\Omega/\text{km}]$

$jWLi = 0.01885$

$\therefore Z_{kf} = 0.12 + j0.01885[\Omega/\text{km}]$

② 외부임피던스($Z_{sf}$)

급전선의 등가높이 $h = 890 - \frac{2}{3} \frac{1.107 \times 50^2}{8 \times 1230} \times 100 = 871.3 [\text{cm}]$

전선의 반경 $r = 1.1025$

$x = 4\pi \times 871.3 \sqrt{12} \times 10^{-6} = 0.0379$

$\frac{4x}{3\sqrt{2}} = 0.03576$

$Z_{sf} = \{377(1.571 - 0.03576)$
$\quad\quad + j377(2\log e 83408.42 + 0.03576 - 0.1544)\} \times 10^{-4}$
$= 0.0579 + j0.8499[\Omega/\text{km}]$

③ 급전선의 대지 귀로 자기임피던스($Z_{MFR}$)

$h_1 + h_2 = 871.3 + 60 = 931.3[\text{cm}]$

$h_1 - h_2 = 811.3[\text{cm}]$

$x' = 2\pi\sqrt{2\sigma f} = 2.1766 \times 10^{-5}$

$$\frac{4x}{3\sqrt{2}} = 2.0521 \times 10^{-5}$$

$$Z_{MFR} = [377\{1.571 - 2.0521 \times 10^{-5} \times 931.3\}$$
$$+ j377\{2\log e \frac{2}{2.1766 \times 10^{-5}\sqrt{184^2 + 811.3^2}}$$
$$- 0.1544 + 2.0521 \times 10^{-5} \times 931.3\}] \times 10^{-4}$$
$$= 0.0585 + j0.3496 [\Omega/km]$$

### (6) 급전선과 합성 전차선과의 상호임피던스

조가선의 높이 : 743[cm]

전차선의 높이 : 603[cm]

전차선과 조가선의 평균거리 $S_e = 129.64$[cm]

$r = (0.7745 \times 0.575 \times 129.64^2)^{1/4} = 9.3$[cm]

$he = hc + (\frac{hm}{hc+hm})Se = 603 + (\frac{743}{603+743}) \times 129.64 = 674.56$

급전선의 등가높이 : 871.3[cm]

$\therefore h_1 + h_2 = 871.3 + 674.56 = 1545.86$[cm]

$h_1 - h_2 = 196.74$[cm]

$b = 204$[cm]

$x' = 2\pi\sqrt{2\sigma f} = 2.1766 \times 10^{-5}$

$\frac{4 \times 2.1766 \times 10^{-5}}{3\sqrt{2}} = 2.0521 \times 10^{-5}$

$$Z_{MFC} = [377\{1.571 - 2.0521 \times 10^{-5}\}$$
$$+ j377\{2\log e \frac{2}{1337.65 \times 10^{-5} \times \sqrt{204^2 + 196.74^2}}$$
$$- 0.1544 + 2.0521 \times 10^{-5} \times 1545.86\}] \times 10^{-4}$$
$$= 0.0580 + j0.4313 [\Omega/km]$$

### (7) 등가 전차선과 등가 레일의 상호임피던스

$h_1 + h_2 = 871.3 + 674.56 = 1545.86$[cm]

$h_1 - h_2 = 196.74$[cm]

$x' = 2\pi\sqrt{\sigma f} = 2.1766 \times 10^{-5}$

$\frac{4 \times 2.1766 \times 10^{-5}}{3\sqrt{2}} \times 734.56 = 0.0151$

$$Z_{MCR} = \left[ 377\{1.571 - 0.0151\} + j377 \left\{ 2\log e \frac{2}{1337.65 \times 10^{-5}} - 0.1544 \right. \right.$$
$$\left. \left. + 0.0151 \times 10^{-4} - 0.1544 + 0.0151 \right\} \right] \times 10^{-4}$$
$$= 0.0586 + j0.3723 [\Omega/\text{km}]$$

**(8) 급전회로의 선로정수**

1) 실회로와 임피던스

① 자기임피던스

전차선: $Z_{SMC} = Z_{aa} = 0.1480 + j0.7016$

레  일: $Z_{SRP} = Z_{bb} = 0.3399 + j0.8637$

급전선: $Z_{SF} = Z_{CC} = 0.1779 + j0.8687$

② 상호임피던스

전차선과 레일간: $Z_{MCR} = Z_{ab} = 0.0586 + j0.3723$

급전선과 전차선간: $Z_{MFC} = Z_{ca} = 0.0586 + j0.4313$

레일과 급전선간: $Z_{MFR} = Z_{bc} = 0.0585 + j0.3496$

2) 등가회로로 변환시킨 임피던스

① 자기임피던스

전차선: $Z_A = Z_{aa} = 0.1480 + j0.7016$

레  일: $Z_B = Z_{bb} = 0.3399 + j0.8637$

급전선: $Z_C = Zcc = 1/4(Z_{cc} + 2Z_{ca} + Z_{aa})$
$= 1/4(0.1779 + j0.8687 + 2(0.058 + j0.4313) + 0.1480 + j0.7016)$
$= 1/4(0.4419 + j2.4329) = 0.1105 + j0.6082$

② 상호임피던스

전차선과 레일간: $Z_{AB} = Z_{AB} = Z_{ab} = 0.0586 + j0.3723$

레일과 급전선간: $Z_{BC} = Z_{bc} = 1/2(Z_{ab} + Z_{bc})$
$= 1/2(0.0586 + j0.3723 + 0.0585 + j0.3496)$
$= 0.0586 + j0.3385$

급전선과 전차선간: $Z_{CA} = Z_{aa} = 1/2(Z_{ac} + Z_{aa})$
$= 1/2(0.058 + j0.4313 + 0.148 + j0.7016)$
$= 0.1030 + j0.5665$

$I_c = 2I_c$, 여기서 $Z_g$는 무시한다.

③ 상호임피던스를 소거한 임피던스

전차선 : $Z_1 = Z_A - Z_{AB} + Z_{CB} - Z_{AC}$
$= 0.148 + j0.7016 - 0.0586 - j0.3723 + 0.0586$
$\qquad + j0.3385 - 0.103 - j0.5665$
$= 0.045 + j0.1013$

레일 : $Z_2 = Z_B - Z_{AB} - Z_{CB} + Z_{AC}$
$= 0.1105 + j0.6082 + 0.0586 + j0.3723 - 0.0586$
$\qquad - j0.3385 - 0.103 - j0.5665$
$= 0.0075 + j0.0755$

④ 선로임피던스 $Z_L$ 및 $Z_L'$의 계산

$$Z_L = \frac{Z_2 Z_3}{Z_2 + Z_3}$$

$= 0.045 + j0.1013 \dfrac{(0.3257 + j0.7194)(0.0075 + j0.0755)}{0.3257 + j0.7194 + 0.0075 + j0.0755}$

$= 0.045 + j0.1013 \dfrac{0.0024 + j0.0246 + j0.0054 + 0.0543}{0.3332 + j0.7949}$

$= 0.045 + j0.1013 \dfrac{0.0066 + j0.0513}{0.7429}$

$= 0.045 + j0.1013 + 0.0089 + j0.0691$

$= 0.0539 + j0.1704 = 0.1787 \angle 72°26'$

$$Z_L = \frac{Z_2{}^2}{Z_2 + Z_3}$$

$= \dfrac{0.1061 + j0.4686 - 0.5175}{0.3332 + j0.7949}$

$= \dfrac{-0.1371 + j0.1561 + j0.3270 + 0.3275}{0.1110 + 0.6319}$

$= \dfrac{0.2354 + j0.4831}{0.7429}$

$= 0.3169 + j0.6503 = 0.7234 \angle 64°1'$

## 7. 전류용량과 온도상승

### 7.1 연속 허용전류

허용전류는 전선표면의 열평형을 고려 『전선의 저항손에 의한 발생 열량과 일사에 의하여 흡수된 열량의 합이 복사 및 대류에 의하여 공기 중에 방산되는 열량과 같다』

$$W_i + W_s = W_r + W_c$$

여기서, $W_i$ : 전선의 저항손에 의한 발생열량 [W/cm]

$W_s$ : 일사에 의한 흡수열량 [W/cm]

$W_r$ : 복사에 의한 방산열량 [W/cm]

$W_c$ : 대류에 의한 방산열량 [W/cm]

$$I = \sqrt{\frac{\left[h_w + \left\{h_r - \frac{P_s}{\pi(\theta - T)}\right\}\eta\right]\pi d\ (\theta - T)}{R_o}} \quad [A]$$

여기서, $I$ : 허용전류[A]

$R_o$ : $\theta[℃]$에서의 전선의 저항[$\Omega$/km]

$P_s$ : 일사량[W/cm]

$d$ : 전선의 바깥지름[cm]

$\eta$ : 완전 흑체의 복사계수에 대한 전선의 복사계수의 비

$\theta$ : 사용온도[℃]

$T$ : 주위온도[℃]

$h_r$ : 복사에 의한 열방산계수[W/℃ · cm$^2$]

$h_w$ : 바람이 있는 경우의 대류에 의한 열방산계수[W/℃ · cm$^2$]

일반적으로 나전선은 아래와 같은 조건으로 허용전류(전류용량)를 계산한다.

> 1) 주위온도 $T = 40\,[℃]$
> 2) 일사량 $P_s = 0.1[W/cm^2]$
> 3) 전선의 복사 계수비 $\eta = 0.9$(흑체를 1.0으로 한다)
> 4) 풍손 $V = 0.5[m/s]$

## (1) 연선의 전기저항

$$R_t = \frac{R_{20}\{1+\alpha(t-20)\}}{N} \times \left(1+\frac{k}{100}\right)$$

여기서, $R_t$ : $t$ [℃]에 있어서 연선의 저항[Ω/km]

$R_{20}$ : 20 [℃]에 있어서 소선의 저항[Ω/km]

$t$ : 진신온도[℃]

$\alpha$ : 저항온도계수

$N$ : 소선 개수(개)

### 1) 저항온도계수

① 소선이 동선인 경우

$$\alpha = 0.00393 \times (\lambda/100)$$

여기서, $\lambda$ : 동선의 % 도전율

일반적으로 소선이 경동선인 경우는 $0.00381(\lambda=97[\%])$을 사용한다.

동선의 도전율과 저항온도계수 (at 20[℃])

| 도전율[%] | 100 | 99 | 98 | 97 | 96 |
|---|---|---|---|---|---|
| 저항온도계수 | 0.00393 | 0.00389 | 0.00385 | 0.00381 | 0.00377 |

② 소선이 알루미늄인 경우

경알루미늄선

$\alpha = 0.0040$

각종 전선의 저항온도계수 (at 20[℃])

| 선 종 | 저항온도계수 | 선 종 | 저항온도계수 |
|---|---|---|---|
| 경동연선 | 0.00381 | 경동 전차선 | 0.00383 |
| 경알루미늄연선 | 0.0040 | 합금 전차선 | 0.00381 |
| 강심알루미늄연선 | 0.0040 | 주석 함유 전차선 | 0.0031 |
| 동복강심경동연선 | 0.00381 | 아연도강연선 | 0.005 |
| 카드뮴동연선 | 0.00334 | | |

### 2) 연입률

연입률이란 연선의 실제 길이에 대한 소선의 실제 길이 증가 비율

HCu, HAl의 연입률

| 연선개수[개] | 연입률[%] | |
|---|---|---|
| | 경동연선 | 경알미늄연선 |
| 7 | 1.2 | 1.2 |
| 19 | 1.2 | 1.5 |
| 37 | 1.7 | 2.1 |
| 61 | 2.0 | 2.3 |
| 91 | 2.3 | 2.8 |

### (2) 전기저항의 온도에 대한 계산

$$R_t = R_{20}\{1 + \alpha(t-20)\}$$

여기서, $R_t$ : 온도 $t[℃]$에서의 저항[$\Omega$/km]

$R_{20}$ : 온도 20 [℃]에서의 저항[$\Omega$/km]

$\alpha$ : 저항 온도계수

## 7.2 순시 전류용량

주위온도를 40[℃]로 하였을 때의 순시 전류용량은

(1) 경동선의 경우    $I = 152.1 \times \dfrac{S}{\sqrt{t}}$ [A]

(2) 경알루미늄선의 경우    $I = 93.26 \times \dfrac{S}{\sqrt{t}}$ [A]

(3) 아연도강연선의 경우    $I = 49 \times \dfrac{S}{\sqrt{t}}$ [A]

## 7.3 온도상승

### 7.3.1 온도상승의 제한

(1) 전차선의 허용온도 : 90[℃]
(2) 급전선 등의 나전선의 허용온도 : 100[℃]

### 7.3.2 온도상승 요인

(1) 전기차 주행시에 주전동기 전류에 의한 것
(2) 정차시의 냉·난방 콤프레셔 등의 보조기기 전류에 의한 것

### 7.3.3 직류 급전방식의 온도상승 개소

(1) 변전소 급전 인출구의 급전선
(2) 급전분기선
(3) 급전분기점 근방의 전차선

### 7.3.4 교류 급전방식의 온도상승 개소

교류 급전방식에서는 전압이 높고 전류가 작기 때문에 온도상승은 거의 문제가 되지 않는다. 그러나 전기차 용량의 증대에 따라 급전분기 개소의 금구 등의 접촉불량에서 오는 온도상승에 충분한 주의가 필요

### 7.3.5 고속철도 전차선로의 전류용량

#### (1) 전선의 열 특성

전선에 전류가 흐르면 그 저항손(주울열)에 의해서 전선의 온도가 상승한다. 온도가 너무 높게 되면 전선이 연화되어 기계적 강도가 저하되므로 일반의 나전선에서는 연속 사용온도를 90[℃] 이하로 정해 이것을 만족하는 전류용량(연속 허용전류)을 정하고 있다.

허용전류는 전선 표면의 열평형을 고려하여 계산한다. 특히, 전선의 저항손에 의한 발열량과 일사에 의해 흡수되는 열량과의 합이 복사 및 대류에 의해 공기중으로 방산되는 열량과 같다.

1) 전선의 열방산계수

전선의 표면으로부터 열방산은 방사에 의하는 것과 전선주위의 공기층으로의 전도와 대류에 의하는 것의 2가지가 있다.

방사에 의한 열방산의 값은 열방산율 및 절대온도의 4승의 차에 의해 정해지는 스테판-볼쯔만(Stefan-Botzmann's)의 법칙에 의하면 복사열에 의한 열방산계수 $hr$ [W/℃·cm$^2$]는

$$hr = 0.000567 \frac{(\frac{273+T+\theta}{100})^4}{\theta} \ [\text{W/℃·cm}^2]$$

2) 전도 또는 대류에 의한 열방산

바람이 있는 경우는 라이스(Rice)의 실험식에서 대류에 의한 열방산계수 $hw$ [W/deg·cm$^2$]는

$$hw = \frac{0.00572}{(273 + T + \frac{\theta}{2})^{0.123}} \sqrt{\frac{V}{d}}$$

무풍의 경우 아담스(M. Adamce)의 실험식에서

$$hc = 0.00035 \sqrt[4]{\frac{\theta}{d}}$$

### 3) 총 열방산계수

① 바람이 있는 경우

총 열방산계수 $K$는 방사에 의한 것인 $hr\eta$와 전도와 대류에 의한 것의 $hw$의 합 이므로 $K' = hr\eta + hw$ 또한 햇빛이 비치는 경우는 일사량을 [WsW/cm²]로 하면 태양광선의 직각으로 놓인 것이 1[cm], 직경 $d$[cm]인 둥근 전선이 흡수하는 열량을 $Wsd\eta$로 표시할 수 있다. 허용전류 $I$를 $R$인 저항의 전선에 흘릴 경우 일사에 의한 열과 통전에 의한 주울열의 합은 전선의 허용온도 범위에서는 방산되는 총 열량과 같다. 즉,

$$Wsd\eta + I^2R = (hr\eta + hw)\pi d\theta$$

$$I = \sqrt{\frac{\left[hw + \left(hr - \frac{Ws}{\pi\theta}\right)\eta\right]\pi d\theta}{R}}$$

이 식에서 일사가 있는 경우의 총 열방산계수 $K$는

$$K = \left(hr - \frac{W_s}{\pi\theta}\right)\eta + hw$$

② 바람이 없는 경우

햇빛이 없는 경우 : $K' = hr\eta + hc$

햇빛이 있는 경우 : $k' = \left(hr - \frac{W_s}{\pi\theta}\right)\eta + hc$

## (2) 급전선의 온도상승과 허용전류 계산 (온도상승 50[℃]일 때)

고속철도 전차선로에 사용하는 급전선(ACSR 288.3[mm²])의 온도상승과 허용전류를 계산하면 다음과 같다.

계산조건은 급전선 선종 ACSR 288.3[mm²](Al 233.8[mm²]), 주위온도 $T = 40$[℃], 온도 상승분 $\theta = 50$[℃], 일사량 $Ws = 0.1$[W/℃·cm²], 풍속 $V = 0.5$[m/s], 전선의 표면방산율 $\eta = 0.9$ (완전흑체를 1.0으로 함)

1) 대류에 의한 열방산계수

$$hw = \frac{0.00572}{\left(273 + T + \dfrac{\theta}{2}\right)^{0.123}} \sqrt{\frac{V}{d}}$$

$$= \frac{0.00572}{\left(273 + 40 + \dfrac{50}{2}\right)^{0.123}} \times \left(\frac{0.5}{2.205}\right)^{\frac{1}{2}} = \frac{0.00272381}{2.0467121}$$

$$= 1.33082 \times 10^{-3} = 13.3082 \times 10^{-4}\,[\text{W/℃} \cdot \text{cm}^2]$$

① 전선의 열방산계수 $hr$

$$hr = 0.000567 \frac{\left(\dfrac{273+T+\theta}{100}\right)^4 - \left(\dfrac{273+T}{100}\right)^4}{\theta}$$

$$= 0.000567 \frac{\left(\dfrac{273+40+50}{100}\right)^4 - \left(\dfrac{273+40}{100}\right)^4}{50}$$

$$= 0.000567 \frac{173.631 - 95.9793}{50}$$

$$= 8.8057 \times 10^{-4}\,[\text{W/℃} \cdot \text{cm}^2]$$

② 전기저항 $Rt$의 계산

$$Rt = R_{20}\{1 + \alpha(t-20)\} = 0.129\{1 + 0.004 \times 70\}$$

$$R_{90} = 0.15475\,[\Omega/\text{km}] = 0.1547 \times 10^{-5}\,[\Omega/\text{cm}]$$

일사가 있는 경우의 총 열방산계수 $K$는 위의 결과치를 대입하면

$$K = hw + \left(hr - \frac{W_s}{\pi\theta}\right)\eta$$

$$= 13.3082 \times 10^{-4} + \left(8.8057 \times 10^{-4} - \frac{0.1}{\pi \times 50}\right) \times 0.9$$

$$= 13.3082 \times 10^{-4} + 2.19555 \times 10^{-4}$$

$$= 15.50375 \times 10^{-4}\,[\text{W/℃} \cdot \text{cm}^2]$$

2) 급전선(ACSR 288[mm$^2$])의 연속허용전류 $I$

$$I = (K\pi dL\theta/R_t)^{1/2}$$

$$= (15.5 \times 10^{-4} \times \pi \times 2.205 \times 50 / 0.15475 \times 10^{-5})^{1/2}$$

$$= 588.999 ≒ 589[A]$$

3) 급전선의 순시전류용량

통전시간을 2~3초로 하면

$$I = 93.26\frac{233.97}{\sqrt{3}} = 12597.9[A]$$

### (3) 급전선의 온도상승과 허용전류 계산 (온도상승 60[℃]일 때)

고속철도 전차선로에 사용하는 급전선(ACSR 288.3[mm$^2$])의 온도상승과 허용전류를 계산하여 보면

계산조건은 급전선 선종 ACSR 288.3[mm$^2$], 주위온도 $T=40[℃]$, 온도 상승분 $\theta = 60[℃]$, 일사량 $Ws = 0.1[W/℃ \cdot cm^2]$, 풍속 $V=0.5[m/s]$, 전선의 표면방산률 $\eta = 0.9$ (완전 흑체를 1.0으로 함)

1) 대류에 의한 열방산계수

$$hw = \frac{0.00572}{(273+T+\frac{\theta}{2})^{0.123}}\sqrt{\frac{V}{d}}$$

$$= \frac{0.00572}{(273+40+\frac{60}{2})^{0.123}} \times (\frac{0.5}{2.205})^{1/2}$$

$$= 2.7897 \times 10^{-3} \times 0.4722 = 13.2842 \times 10^{-4}[W/℃ \cdot cm^2]$$

① 전선의 열방산계수 $hr$

$$hr = 0.000567\frac{(\frac{273+T+\theta}{100})^4 - (\frac{273+T}{100})^4}{\theta}$$

$$= 0.000567\frac{(\frac{273+40+60}{100})^4 - (\frac{273+40}{100})^4}{60}$$

$$= 0.000567\frac{193.569 - 95.9793}{60}$$

$$= 9.2222 \times 10^{-4}[W/℃ \cdot cm^2]$$

② 전기저항 $Rt$의 계산

$$Rt = R_{20}\{1+\alpha(t-20)\} = 0.129\{1+0.004 \times 80\}$$

$$R_{90} = 0.17028[\Omega/km] = 0.1703 \times 10^{-5}[\Omega/cm]$$

일사가 있는 경우의 총 열방산계수 $K$는 위의 결과치를 대입하면

$$K = hw + (hr - \frac{W_s}{\pi\theta})\eta$$

$$= 13.2842 \times 10^{-4} + (9.2222 \times 10^{-4} - \frac{0.1}{\pi \times 60}) \times 0.9$$

$$= 13.2842 \times 10^{-4} + 3.5253 \times 10^{-4}$$

$$= 16.8095 \times 10^{-4} [\text{W}/\text{℃} \cdot \text{cm}^2]$$

2) 급전선(ACSR 288[mm²])의 연속허용전류 $I$

$$I = (K\pi dL\theta/R_t)^{1/2}$$

$$= (16.8 \times 10^{-4} \times \pi \times 2.205 \times 60/0.1703 \times 10^{-5})^{1/2}$$

$$= 640.51 ≒ 641 [\text{A}]$$

### (4) 가공보호선의 온도상승과 허용전류 계산 (온도 상승 50[℃]일 때)

고속철도 전차선로에 사용하는 가공보호선(ACSR 93.3[mm²])의 온도상승과 허용전류를 계산하여 보면 다음과 같다.

계산조건은 선종 ACSR 93.3[mm²], 주위온도 $T = 40[℃]$, 온도 상승분 $\theta = 50[℃]$, 일사량 $Ws = 0.1[\text{W}/\text{℃} \cdot \text{cm}^2]$, 풍속 $V = 0.5[\text{m/s}]$, 전선의 표면방산률 $\eta = 0.9$(완전 흑체를 1.0으로 함)

1) 대류에 의한 열방산계수 (바람이 있는 경우)

$$hw = \frac{0.00572}{(273 + T + \frac{\theta}{2})^{0.123}}\sqrt{\frac{V}{d}}$$

$$= \frac{0.00572}{(273 + 40 + \frac{50}{2})^{0.123}} \times (\frac{0.5}{1.25})^{1/2}$$

$$= 1.76754 \times 10^{-3} = 17.6754 \times 10^{-4} [\text{W}/\text{℃} \cdot \text{cm}^2]$$

① 복사에 의한 열방산계수 $hr$

$$hr = 0.000567 \frac{(\frac{273 + T + \theta}{100})^4 - (\frac{273 + T}{100})^4}{\theta}$$

$$= 0.000567 \frac{(\frac{273 + 40 + 50}{100})^4 - (\frac{273 + 40}{100})^4}{50}$$

$$= 0.000567 \frac{173.631 - 95.9793}{50}$$

$$= 8.8057 \times 10^{-4} [\text{W}/\text{℃} \cdot \text{cm}^2]$$

② 전기저항 $Rt$의 계산

$$Rt = R_{20}\{1 + \alpha(t-20)\} = 0.4799\{1 + 0.004 \times 70\}$$

$$R_{90} = 0.6143[\Omega/\text{km}] = 0.6143 \times 10^{-5}[\Omega/\text{cm}]$$

일사가 있는 경우의 총 열방산계수 $K$는 위의 결과치를 대입하면

$$K = hw + (hr - \frac{W_s}{\pi\theta})\eta$$

$$= 17.6754 \times 10^{-4} + (8.8057 \times 10^{-4} - \frac{0.1}{\pi \times 50}) \times 0.9$$

$$= 17.6754 \times 10^{-4} + 2.19555 \times 10^{-4}$$

$$= 19.871 \times 10^{-4} [\text{W}/\text{℃} \cdot \text{cm}^2]$$

2) 가공보호선 (ACSR 93.3[mm²])의 연속허용전류 $I$

$$I = (K\pi dL\theta/R_t)^{1/2}$$

$$= (19.871 \times 10^{-4} \times \pi \times 1.25 \times 50/0.6143 \times 10^{-5})^{1/2}$$

$$= 252[\text{A}]$$

3) 가공보호선 ACSR 93.3[mm²](Al 53.9[mm²])의 순시전류용량

통전시간 $t = 3$초로 하면

$$I = 93.26 \frac{53.9}{\sqrt{3}} = 2902.17[\text{A}]$$

### (5) 가공보호선의 온도상승과 허용전류 계산 (온도상승 60[℃]일 때)

고속철도 전차선로에 사용하는 가공보호선(ACSR 93.3[mm²])의 온도상승과 허용전류를 계산하여 보면

계산조건은 선종 ACSR 93.3[mm²], 주위온도 $T = 40[℃]$, 온도 상승분 $\theta = 60[℃]$, 일사량 $W_s = 0.1[\text{W}/℃ \cdot \text{cm}^2]$, 풍속 $V = 0.5[\text{m/sec}]$, 전선의 표면방산률 $\eta = 0.9$ (완전 흑체를 1.0으로 함)

1) 대류에 의한 열방산계수 (바람이 있는 경우)

$$hw = \frac{0.00572}{(273 + T + \frac{\theta}{2})^{0.123}} \sqrt{\frac{V}{d}}$$

$$= \frac{0.00572}{(273+40+\frac{60}{2})^{0.123}} \times (\frac{0.5}{1.25})^{1/2}$$

$$= 2.7897 \times 10^{-3} \times 0.6324 = 1.76435 \times 10^{-3}$$

$$= 17.6435 \times 10^{-4} [\text{W}/\text{℃} \cdot \text{cm}^2]$$

① 복사에 의한 열방산계수 $hr$

$$hr = 0.000567 \frac{(\frac{273+T+\theta}{100})^4 - (\frac{273+T}{100})^4}{\theta}$$

$$= 0.000567 \frac{(\frac{273+40+60}{100})^4 - (\frac{273+40}{100})^4}{60}$$

$$= 0.000567 \frac{173.631 - 95.9793}{60}$$

$$= 9.222 \times 10^{-4} [\text{W}/\text{℃} \cdot \text{cm}^2]$$

② 전기저항 $Rt$의 계산

$$Rt = R_{20}\{1 + \alpha(t-20)\}$$

$$= 0.4799\{1 + 0.004 \times 80\}$$

$$= 0.6334 [\Omega/\text{km}] = 0.6334 \times 10^{-5} [\Omega/\text{km}]$$

일사가 있는 경우의 총 열방산계수 $K$는 위의 결과치를 대입하면

$$K = hw + (hr - \frac{W_s}{\pi\theta})\eta$$

$$= 17.6435 \times 10^{-4} + (9.222 \times 10^{-4} - \frac{0.1}{\pi \times 60}) \times 0.9$$

$$= 17.6435 \times 10^{-4} + 3.5253 \times 10^{-4}$$

$$= 31.1688 \times 10^{-4} [\text{W}/\text{℃} \cdot \text{cm}^2]$$

2) 가공보호선(ACSR 93.3[mm$^2$])의 연속허용전류 $I$

$$I = (K\pi dL\theta/R_t)^{1/2}$$

$$= (31.1688 \times 10^{-4} \times \pi \times 1.25 \times 60 / 0.6334 \times 10^{-5})^{1/2}$$

$$= 280.62 \fallingdotseq 281 [\text{A}]$$

### (6) 조가선의 온도상승과 허용전류 계산 (온도 상승 50[℃]일 때)

고속철도 전차선로에 사용하는 조가선(Bz 65.45[mm$^2$])의 온도상승과 허용전류를 계산하여 보면

계산조건은 선종 Bz 65.45[mm$^2$], 주위온도 $T=40$[℃], 온도 상승분 $\theta=50$[℃], 일사량 $Ws=0.1$[W/℃·cm$^2$], 풍속 $V=0.5$[m/s], 전선의 표면방산률 $\eta=0.9$(완전흑체를 1.0으로 함)

1) 대류에 의한 열방산계수 (바람이 있는 경우)

$$hw = \frac{0.00572}{(273+T+\frac{\theta}{2})^{0.123}} \sqrt{\frac{V}{d}}$$

$$= \frac{0.00572}{(273+40+\frac{50}{2})^{0.123}} \times (\frac{0.5}{1.050})^{1/2}$$

$$= 1.92854 \times 10^{-3} = 19.2854 \times 10^{-4} [\text{W/℃·cm}^2]$$

① 복사에 의한 열방산계수 $hr$

$$hr = 0.000567 \frac{(\frac{273+T+\theta}{100})^4 - (\frac{273+T}{100})^4}{\theta}$$

$$= 0.000567 \frac{(\frac{273+40+50}{100})^4 - (\frac{273+40}{100})^4}{50}$$

$$= 0.000567 \frac{173.631 - 95.9793}{50}$$

$$= 8.8057 \times 10^{-4} [\text{W/℃·cm}^2]$$

일사가 있는 경우의 총 열방산계수 $K$는 위의 결과치를 대입하면

$$K = hw + (hr - \frac{W_s}{\pi\theta})\eta$$

$$= 19.2854 \times 10^{-4} + (8.80567 \times 10^{-4} - \frac{0.1}{\pi \times 50}) \times 0.9$$

$$= 19.2854 \times 10^{-4} + 2.19555 \times 10^{-4}$$

$$= 21.48095 \times 10^{-4} [\text{W/℃·cm}^2]$$

② 전기저항 $Rt$의 계산

$$Rt = R_{20}\{1+\alpha(t-20)\} \quad (\text{여기서, } \alpha = 0.00393 \times 60/100 = 0.002358)$$

$$= 0.4474\{1 + 0.002358 \times 70\}$$
$$= 0.5221[\Omega/\text{km}] = 0.5221 \times 10^{-5}[\Omega/\text{cm}]$$

2) 조가선 (Bz 65.45[mm$^2$])의 연속허용전류 $I$

$$I = (K\pi dL\theta/R_t)^{1/2}$$
$$= (21.48095 \times 10^{-4} \times \pi \times 1.05 \times 50/0.5194 \times 10^{-5})^{1/2}$$
$$= 261[\text{A}]$$

3) 조가선 (Bz 65.45[mm$^2$])의 순시전류용량

통전시간 $t = 3$초로 하면

$$I = 152.1\frac{65.45}{\sqrt{3}} = 5747.49 ≒ 5747.5[\text{A}]$$

## (7) 조가선의 온도상승과 허용전류 계산 (온도상승 50[℃] 일 때)

고속철도 전차선로에 사용하는 조가선(MgSnCu 70[mm$^2$])의 온도상승과 허용전류를 계산하여 보면

계산조건은 선종 MgSnCu 70[mm$^2$], 주위온도 $T = 40[℃]$, 온도 상승분 $\theta = 50[℃]$, 일사량 $Ws = 0.1[\text{W}/℃ \cdot \text{cm}^2]$, 풍속 $V = 0.5[\text{m/s}]$, 전선의 표면방산률 $\eta = 0.9$(완전 흑체를 1.0으로 함)

1) 대류에 의한 열방산계수(바람이 있는 경우)

$$hw = \frac{0.00572}{(273 + T + \frac{\theta}{2})^{0.123}}\sqrt{\frac{V}{d}}$$

$$= \frac{0.00572}{(273 + 40 + \frac{50}{2})^{0.123}} \times (\frac{0.5}{1.050})^{1/2}$$

$$= 1.92854 \times 10^{-3} = 19.2854 \times 10^{-4}[\text{W}/℃ \cdot \text{cm}^2]$$

① 복사에 의한 열방산계수 $hr$

$$hr = 0.000567\frac{(\frac{273 + T + \theta}{100})^4 - (\frac{273 + T}{100})^4}{\theta}$$

$$= 0.000567\frac{(\frac{273 + 40 + 50}{100})^4 - (\frac{273 + 40}{100})^4}{50}$$

$$= 0.000567 \times 1.5530 = 8.8057 \times 10^{-4}[\text{W}/℃ \cdot \text{cm}^2]$$

일사가 있는 경우의 총 열방산계수 $K$는 위의 결과치를 대입하면

$$K = hw + (hr - \frac{W_s}{\pi\theta})\eta$$

$$= 19.2854 \times 10^{-4} + (8.80567 \times 10^{-4} - \frac{0.1}{\pi \times 50}) \times 0.9$$

$$= 19.2854 \times 10^{-4} + 2.19555 \times 10^{-4}$$

$$= 21.48095 \times 10^{-4} [\text{W/℃} \cdot \text{cm}^2]$$

② 전기저항 $Rt$의 계산

$$Rt = R_{20}\{1 + \alpha(t - 20)\} \quad (여기서,\ \alpha = 0.00383 \times 65/100 = 0.002489)$$

$$= 0.408\{1 + 0.002489 \times 70\}$$

$$= 0.4791 [\Omega/\text{km}] = 0.4791 \times 10^{-5} [\Omega/\text{cm}]$$

2) 조가선 (MgSnCu 70[mm²])의 연속허용전류 $I$

$$I = (K\pi dL\theta/R_t)^{1/2}$$

$$= (21.48095 \times 10^{-4} \times \pi \times 1.05 \times 50/0.4791 \times 10^{-5})^{1/2}$$

$$= 271 [\text{A}]$$

3) 조가선 (MgSnCu 70[mm²])의 순시전류용량

통전시간 $t = 3$초로 하면

$$I = 152.1 \frac{65.45}{\sqrt{3}} = 5747.49 ≒ 5747.5 [\text{A}]$$

### (8) 전차선의 온도상승과 허용전류 계산(Cu 150[mm²] 신품일 때)

고속철도 전차선로에 사용하는 전차선(Cu 150[mm²])의 온도상승과 허용전류를 계산 계산 조건은 선종 Cu 150[mm²], 주위 온도 $T = 40[℃]$, 온도 상승분 $\theta = 50[℃]$, 일사량 $W_s = 0.1[\text{W/℃} \cdot \text{cm}^2]$, 풍속 $V = 0.5[\text{m/s}]$, 전선의 표면방산률 $\eta = 0.9$(완전흑체를 1.0으로 함)

1) 대류에 의한 열방산계수 (바람이 있는 경우)

$$hw = \frac{0.00572}{(273 + T + \frac{\theta}{2})^{0.123}} \sqrt{\frac{V}{d}}$$

$$= \frac{0.00572}{(273 + 40 + \frac{50}{2})^{0.123}} \times (\frac{0.5}{1.435})^{1/2}$$

$$= 1.64966 \times 10^{-3} = 16.4966 \times 10^{-4} [\text{W/℃} \cdot \text{cm}^2]$$

단, 전차선의 직경은 가로, 세로 크기의 평균치로 한다.

복사에 의한 열방산계수 $hr$

$$hr = 0.000567 \frac{(\frac{273+T+\theta}{100})^4 - (\frac{273+T}{100})^4}{\theta}$$

$$= 0.000567 \frac{(\frac{273+40+50}{100})^4 - (\frac{273+40}{100})^4}{50}$$

$$= 0.000567 \times 1.55303$$

$$= 8.8057 \times 10^{-4} [\text{W/℃} \cdot \text{cm}^2]$$

일사가 있는 경우의 총 열방산계수 $K$는 위의 결과치를 대입하면

$$K = hw + (hr - \frac{W_s}{\pi\theta})\eta$$

$$= 16.4966 \times 10^{-4} + (8.80567 \times 10^{-4} - \frac{0.1}{\pi \times 50}) \times 0.9$$

$$= 16.4966 \times 10^{-4} + 2.19555 \times 10^{-4}$$

$$= 18.692 \times 10^{-4} [\text{W/℃} \cdot \text{cm}^2]$$

① 전기저항 $Rt$의 계산

$$Rt = R_{20}\{1 + \alpha(t-20)\}$$

$$= 0.1173\{1 + 0.00383 \times 70\}$$

$$= 0.14875 [\Omega/\text{km}] = 0.14875 \times 10^{-5} [\Omega/\text{cm}]$$

2) 전차선 (Cu 150[mm$^2$])의 연속허용전류 $I$

$$I = (K\pi dL\theta/R_t)^{1/2}$$

$$= (18.692 \times 10^{-4} \times \pi \times 1.435 \times 50 / 0.14875 \times 10^{-5})^{1/2}$$

$$= 532 [\text{A}]$$

3) 전차선 (Cu 150[mm$^2$])의 순시전류용량

통전시간 $t = 3$초로 하면

$$I = 152.1 \frac{150}{\sqrt{3}} = 13172.25 [\text{A}]$$

### (9) 전차선 단면적이 마모 한도까지 마모시의 온도상승과 허용전류

고속철도 전차선로에 사용하는 전차선의 마모 한도(85%)인 Cu 127.5[mm$^2$] 마모시의 온도상승과 허용전류를 계산

계산조건은 선종 Cu 127.5[mm$^2$] , 주위온도 $T=40$[℃], 온도 상승분 $\theta=50$[℃], 일사량 $Ws=0.1$[W/℃·cm$^2$], 풍속 $V=0.5$[m/s], 전선의 표면방산률 $\eta=0.9$ (완전흑체를 1.0으로 함)

1) 대류에 의한 열방산계수 (바람이 있는 경우)

$$hw = \frac{0.00572}{(273+T+\frac{\theta}{2})^{0.123}}\sqrt{\frac{V}{d}}$$

$$= \frac{0.00572}{(273+40+\frac{50}{2})^{0.123}} \times (\frac{0.5}{1.274})^{1/2}$$

$$= 1.7508 \times 10^{-3} = 17.508 \times 10^{-4} [W/℃·cm^2]$$

① 복사에 의한 열방산계수 $hr$

$$hr = 0.000567 \frac{(\frac{273+T+\theta}{100})^4 - (\frac{273+T}{100})^4}{\theta}$$

$$= 0.000567 \frac{(\frac{273+40+50}{100})^4 - (\frac{273+40}{100})^4}{50}$$

$$= 0.000567 \times 1.55303$$

$$= 8.8057 \times 10^{-4} [W/℃·cm^2]$$

일사가 있는경우의 총 열방산계수 $K$는 위의 결과치를 대입하면

$$K = hw + (hr - \frac{W_s}{\pi\theta})\eta$$

$$= 17.508 \times 10^{-4} + (8.80567 \times 10^{-4} - \frac{0.1}{\pi \times 50}) \times 0.9$$

$$= 17.508 \times 10^{-4} + 2.19555 \times 10^{-4}$$

$$= 19.704 \times 10^{-4} [W/℃·cm^2]$$

② 전기저항 $Rt$의 계산

$$Rt = R_{20}\{1+\alpha(t-20)\}$$

$$= 0.150\{1+0.00383 \times 70\}$$

$$= 0.1912 [\Omega/km]$$

$$= 0.1912 \times 10^{-5} [\Omega/cm]$$

2) 전차선 (Cu 150[mm$^2$])의 연속허용전류 $I$

$$I = (K\pi dL\theta / R_t)^{1/2}$$
$$= (19.704 \times 10^{-4} \times \pi \times 1.274 \times 50 / 0.1917 \times 10^{-5})^{1/2}$$
$$\fallingdotseq 454[A]$$

3) 전차선 마모후 (Cu 127.5[mm$^2$])의 순시전류용량

통전 시간 $t = 3$초로 하면

$$I = 152.1 \frac{127.5}{\sqrt{3}} = 11196[A]$$

## (10) 전선의 허용전류 계산 결과

연속허용전류표

| 선 종 | 규 격 | 연속허용전류(A) | 순시전류용량(A) | 비 고 |
|---|---|---|---|---|
| 급전선 | ACSR 288[mm$^2$] | 589(641) | 12,597 | |
| 보호선 | ACSR 93.3[mm$^2$] | 252(281) | 2,902 | |
| 조가선 | Bz 65.45[mm$^2$] | 261 | 5,747 | |
| 조가선 | MgSnCu 70[mm$^2$] | 271 | 5,747 | |
| 전차선 | Cu 150[mm$^2$] | 532 | 13,172 | |
| 전차선 | Cu 127.5[mm$^2$] | 454 | 11,196 | 마모 후 |

단, ( )내는 허용 온도 100℃의 경우의 연속허용전류이다.

이상의 계산 의하면 가공 전차선의 연속허용전류는 다음과 같다.

합성 전차선의 허용전류

| 구 분 | 선 종 | 전차선 | Cu 150[mm$^2$] | Cu 150[mm$^2$] | 비 고 |
|---|---|---|---|---|---|
| | | 조가선 | Bz 65.45[mm$^2$] | MgSnCu 70[mm$^2$] | |
| 조 가 선 | | | 261[A] | 271[A] | |
| 전차선 | | 신 품 | 532[A] | 532[A] | |
| | | 마모한도 | 454[A] | 454[A] | 127.5[mm$^2$] |
| 합성 전차선 | | 신 품 | 793[A] | 803[A] | |
| | | 마모한도 | 715[A] | 725[A] | |

## 8. 순환전류의 발생, 영향 및 대책

### 8.1 순환전류

변전소로부터 송출된 전류가 급전선, 급전분기장치를 통하여 전기차에 집전시키기까지의 사이에 주회로(전차선) 이외의 전선, 가선금구 등에 흐르는 전류

실제 전차선로의 전류 회로는

(1) 급전선 → 급전분기장치 → 전차선 → M-T 균압선 → 조가선 → 행거 또는 M-T 균압선 → 전차선
(2) 급전선 → 급전분기장치 → 전차선

　　→ 　행거 → 조가선, 곡선당김 · 진동방지장치　 → 가압 빔

　　→ 　조가선→행거, 곡선당김 · 진동방지장치　 → 전차선

과 같은 복잡한 회로를 구성

### 8.2 순환전류 사고방지 대책

(1) 충분한 이격거리 유지
(2) 전기적으로 절연(절연방식)
(3) 저저항으로 완전하게 접속(균압방식)

### 8.3 전류분포

#### 8.3.1 직류구간

$$i_F = \frac{R_M R_T}{R_M R_T + R_T R_F + R_F R_M} \times i_o$$

$$i_M = \frac{R_T R_F}{R_M R_T + R_T R_F + R_F R_M} \times i_o$$

$$i_T = \frac{R_F R_M}{R_M R_T + R_T R_F + R_F R_M} \times i_o$$

여기서, $i_F$ : 급전선에 흐르는 전류[A]
       $i_M$ : 조가선에 흐르는 전류[A]
       $i_T$ : 전차선에 흐르는 전류[A]
       $i_o$ : 전부하전류[A]
       $R_F$ : 급전선의 저항[Ω/km]
       $R_M$ : 조가선의 저항[Ω/km]
       $R_T$ : 전차선의 저항[Ω/km]

### 8.3.2 교류구간

조가선(M)과 전차선(T)에 흐르는 부하 전류비의 실측값
조가선 : 10~20[%], 전차선 : 80~90[%]

## 9. 귀선로의 대지 누설전류와 레일전위

### 9.1 귀선용 레일로부터 누설되는 전류

(1) 레일과 대지와는 저저항 절연을 통하여 접촉하고 있기 때문에 저저항을 통하여 누설하는 전류(누설전류)가 되어 대지로 유출되고, 누설전류는 대지 및 지하 매설금속관을 통하여 흐르게 된다.
(2) 귀선로의 전기저항이 높고 대지로 누설되는 전류가 증가하면 직류 급전방식의 경우는 전식의 원인이고, 교류 급전방식의 경우는 통신선 등에 전자유도장해를 일으키는 원인이 된다. 이 때문에 귀선로의 전기저항을 극히 작게 할 필요가 있다.
(3) 레일은 부하점(전기차 위치)에서 +전위(대지전위보다 높은)가 되고 교류의 경우는 흡상점에서 직류의 경우는 변전소 부근에서 −전위(대지전위보다 낮은)가 된다.
(4) 부하점과 변전소의 중앙점 근처에서는 레일전위와 대지전위가 동등하게 되는데 이 점을 중성점이라고 한다.
(5) 중성점으로부터 부하측에는 레일로부터 대지로 누설되는 전류가 유출되고 반대로 변전소측에는 대지로부터 유입된다.

### 9.2 귀선용 레일의 전위

(1) 부하전류가 큰 만큼 높게 된다.
(2) 레일의 고유저항이 큰(레일의 단면적이 작은)만큼 높게 된다.
(3) 레일의 대지 절연저항이 큰(레일의 누설 어드미턴스가 작은)만큼 높게 된다.
(4) 부하점과 변전소 또는 흡상선과의 거리가 큰(레일 통전거리가 긴)만큼 높게 된다.

### 9.3 귀선로에 요구되는 성능

(1) 대지 누설전류가 작도록 시설하고 전식·통신유도장해·레일전위의 상승 등을 경감시킬 수 있을 것
(2) 귀선로용 전선은 전기차 전류에 대응한 전류용량·필요한 기계적 강도 및 내식성을 가질 것
(3) 임피던스본드 등에 단자취부 및 가공전선의 지지는 탈락, 손상이 없도록 할 것
(4) 교·직류방식의 접속점에는 귀선전류의 흐름에 따른 궤도회로지장·자기교란현상이 발생하지 않도록 시설할 것

## 10. 전식 및 전식방지

### 10.1 전식과 원인

직류 전차선로의 레일에 근접하고 있는 지중 매설금속체에 누설전류가 흘러 전류 유출부분이 부식되는 것으로 주로 귀선의 부절연 부분으로부터 대지에 유출하는 누설 전류가 원인

### 10.2 전식의 방지

(1) 대지에 누설전류를 작게 하는 방법
(2) 금속체에 유입하는 전류를 작게 하는 방법
(3) 지중매설 금속체와 레일을 전기적으로 접속하는 방법

# 11. 전자유도 및 유도방지

## 11.1 유도장해

(1) 기본파(상용주파수)의 유도전압에 의하여 인체에 위험을 주는 장해
(2) 통신기기의 소손을 발생하는 장해
(3) 잡음전압에 따라 발생하는 통신장해

## 11.2 유도장해의 원인

교류 전차선로에 평행하고 있는 통신선에는 전차선에 흐르는 전류와 부급전선에 흐르는 전류의 불평형 때문에 유도전압을 유기하여 통신지장의 원인

## 11.3 유도방지

(1) 유도전압의 제한
(2) 흡상변압기, 부급전선의 설치(교류 급전회로의 대책)
(3) 케이블화나 전차선 이격을 크게 하는 것(통신선측의 대책)
(4) 휠터를 설비하여 전차선의 고조파를 억제(전기차에 대해서)

## Chapt. 3 전차선로 일반 — 핵심예상문제 필기

**01 ★**
다음 중 전차선로의 구성 요소로 볼 수 없는 것은?

① 원격제어설비   ② 가선설비
③ 전차선장치   ④ 지지구조물

**해설**
전차선로의 구성은 전기차에 전력을 직접적으로 공급하는 전차선 등의 가선설비와 이것을 전기적, 기계적으로 구분하거나 보호, 조정하는 전차선 장치 및 지지구조물 등으로 구성되어 있다.

**02 ★**
전차선로의 가선방식과 거리가 먼 것은?

① 가공식   ② 직접조가식
③ 강체식   ④ 제3궤조식

**해설**
전차선로의 가선방식을 크게 나누면 가공식, 강체식, 제3궤조식이 있다.

**03 ★**
궤도 상부에 설치된 전차선(contact wire)으로부터 공급을 받은 전기차의 전류를 주행 레일을 통하여 변전소에 돌려 보내는 방식으로 가장 대표적인 전차선로 가선방식은?

① 제3궤조식   ② 강체단선식
③ 가공단선식   ④ 강체복선식

**해설**
전차선(contact wire)으로부터 공급을 받은 전기차의 전류를 주행 레일을 통하여 변전소에 돌려 보내는 방식으로 가장 대표적인 전차선로 가선방식은 가공단선식이다.

**04 ★★**
전차선로의 가선방식 중 상호 절연된 정·부 2조의 가공접촉전선을 가설하고 한 쪽의 전선으로부터 전기차에 전기를 공급하여 다른 쪽의 전선을 통하여 변전소로 돌려보내는 방식은?

① 가공단선식   ② 가공복선식
③ 강체식   ④ 제3궤조식

**해설**
상호 절연된 정·부 2조의 가공접촉전선을 가설하고 한 쪽의 전선으로부터 전기차에 전기를 공급하여 다른 쪽의 전선을 통하여 변전소로 돌려보내는 방식은 가공복선식이다.

**05 ★**
지하 구간에 적합하도록 개발되어진 가선 방식으로 도시 지하철 구간의 대표적인 전차선로 가선방식은?

① 제3궤조식   ② 가공복선식
③ 가공단선식   ④ 강체단선식

**해설**
지하 구간에 적합하도록 개발되어진 가선 방식으로 도시 지하철 구간의 대표적인 전차선로 가선방식은 강체단선식이다.

**06 ★**
주행용 레일 외에 궤도 측면에 설치된 급전용 레일로부터 전기차에 전기를 공급하여 귀선으로 주행 레일을 사용하는 전차선로 가선방식은?

① 제3궤조식   ② 강체복선식
③ 가공단선식   ④ 강체단선식

**정답** 01. ①   02. ②   03. ③   04. ②   05. ④   06. ①

해설
주행용 레일 외에 궤도 측면에 설치된 급전용레일로부터 전기차에 전기를 공급하여 귀선으로 주행레일을 사용하는 전차선로 가선방식은 제3궤조식이다.

## 07 ★★
조가선과 전차선의 2조로 구성되고, 조가선으로 전차선을 궤도면에 대하여 평행이 되도록 하는 조가방식은?

① 반사조식
② 심플 커티너리조가방식
③ 연사조식
④ 사조식

해설
심플 커티너리조가방식은 커티너리 가선방식 중 가장 대표적인 것으로 현재 광범위하게 사용하고 있다.

## 08 ★★
그림과 같은 전차선의 조가방식은?

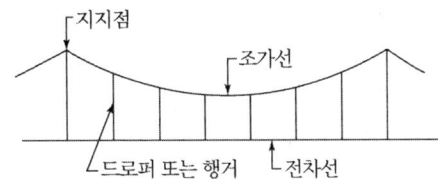

① 직접조가식
② 콤파운드 커티너리식
③ 심플 커티너리식
④ 변Y형 심플 커티너리식

## 09 ★
심플커티너리 가선방식의 지지점 부근에 조가선과 병행하여 15[m] 정도의 전선을 가설하여 이것에서 전차선을 조가한 구조의 커티너리 조가방식은?

① 콤파운드커티너리
② 심플커티너리
③ 변Y형 심플커티너리
④ 사조식

해설
변Y형 심플커티너리 조가방식은 Y선으로 지지점 부근의 압상량을 크게 하여 양 지지점 이래에서의 팬터그래프 통과에 대한 경점(hard spot)를 경감시키고, 경간 중앙부와 압상량의 차이를 적게하여 이선(contact loss) 및 아크를 작게 함으로써 속도 성능향상을 도모한 것이다.

## 10 ★★
가공 전차선로에서 지지점의 경도를 완화시켜 경간 중앙의 가선 탄성을 균등화하여 집전특성을 좋게 할 목적으로 사용되는 전선은?

① A선
② C선
③ Z선
④ Y선

해설
변Y형 심플커티너리 조가방식에서 Y선에 대한 내용이다.

## 11 ★
변Y형 심플커티너리 조가방식에서 Y선의 길이[m]로 적당한 것은?

① 10   ② 15   ③ 20   ④ 30

해설
변Y형 심플커티너리 조가방식에서 Y선의 길이는 15[m] 정도이다.

## 12 ★★
팬터그래프 압상력을 억제하기 위해 지하 및 지상구간의 연결되는 이행구간에 사용하는 조가방식은?

정답  07. ②  08. ③  09. ③  10. ④  11. ②  12. ②

① 심플커티너리 방식
② 트윈 심플커티너리방식
③ 콤파운드커티너리 방식
④ 합성 콤파운드커티너리방식

**해설**
트윈 심플커티너리 방식은 지하 및 지상구간의 연결되는 이행구간, 고속 운전구간, 중부하 운전구간에 사용하는 조가방식이다.

## 13 ★★
다음 그림과 같은 커티너리 조가방식은?

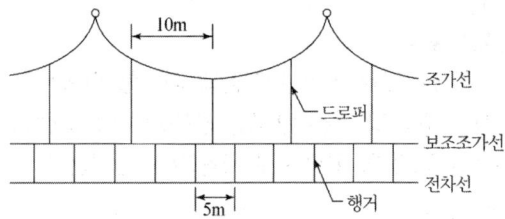

① 콤파운드커티너리
② 심플커티너리
③ 변Y형 심플커티너리
④ 사조식

**해설**
콤파운드커티너리 조가방식은 심플 커티너리식의 조가선과 전차선에 보조조가선을 가설하여 조가선으로부터 드로퍼로 보조조가선을 조가하고, 행거로 보조조가선에 전차선을 조가하는 방식이다.

## 14 ★★★★
조가선과 전차선을 경간 중앙에서 교차되도록 각 지지점에서 각기 다른 편위를 갖도록 하는 전차선로의 조가방식은?

① 연 사조식      ② 경 사조식
③ 반 사조식      ④ 강체 조가식

**해설**
연사조식은 직선개소에 사용하는 것으로 조가선과 전차선을 경간 중앙에서 교차되도록 각 지지점에서 각기 다른 편위를 갖도록 하는 전차선로의 조가방식이다.

## 15 ★
직류구간에서 사용하는 강체조가식으로 전압이 낮아서 절연거리가 짧기 때문에 250[mm]의 지지애자에 T자형의 알루미늄합금제(rigid bar)로 조가하는 방식은?

① R-Bar 방식      ② T-Bar 방식
③ 반 사조식        ④ 제3궤조방식

**해설**
직류구간에서 사용하는 강체조가식은 T-bar방식이다.

## 16 ★★
T-Bar의 표준길이[m]는?

① 5    ② 10    ③ 15    ④ 20

**해설**
T-Bar의 표준길이는 10[m] 이다.

## 17 ★★
T-Bar 강체조가방식에서 전차선을 지지하는 역할을 하는 것은?

① 더블이어        ② 쐐기형크램프
③ 현수크램프      ④ 롱이어

**해설**
T-Bar의 아랫면에 롱이어(Long ear)에 의해 전차선을 볼트로 지지한다.

## 18 ★
T-Bar 강체조가방식에서 지지금구 설치 간격[m]은?

① 3    ② 5    ③ 7    ④ 10

정답  13. ①  14. ①  15. ②  16. ②  17. ④  18. ②

해설
5[m] 간격으로 지지금구에 의해 고정되어 있다.

### 19 ★
교류 구간에서 사용하는 강체조가식으로 전압이 높아서 절연 거리가 길기 때문에 강체의 직상부 좌·우에 직선형 가동브래킷을 설치하여 rigid bar로 지지하는 방식은?

① R-Bar 방식
② T-Bar 방식
③ 반 사조식
④ 제3궤조방식

해설
교류 구간에서 사용하는 강체조가식은 R-Bar 방식이다.

### 20 ★
R-Bar의 지지 간격[m]은?

① 3  ② 5  ③ 7  ④ 10

해설
R-Bar의 지지 간격은 브래킷에 의해 10[m] 간격으로 고정되어 있다.

### 21 ★
전철설비 부하의 특성과 거리가 먼 것은?

① 3상의 전력으로 변환하여 전압의 불평형이 초래된다.
② 부하의 크기는 시·공간적으로 급변한다.
③ 대용량의 부하전력이 요구된다.
④ 전기회로에 고조파를 발생시킨다.

해설
3상 전력계통으로부터 단상의 전력으로 변환하여 전압의 불평형이 초래된다.

### 22 ★
DC 1500[V] 직류 전차선로의 최고전압[V]은?

① 1500  ② 1600
③ 1700  ④ 1800

해설
DC 1500[V] 직류 전차선로의 최고전압은 1800[V]이다.

전차선 전압의 변동 범위

| 전압 방식 | 전차선 전압 최고 | 표준 | 최저 | | 기 사 |
|---|---|---|---|---|---|
| 직류 1500[V] | 1800[V] | 1500[V] | 900[V] | -40[%] | |
| 교류 25[kV] | 27.5[kV] | 25[kV] | 20[kV] | -20[%] | 전차선~레일간 |
| 교류 25[kV] | 30[kV] | 25[kV] | 22.5[kV] | -10[%] | 고속철도 |

### 23 ★
DC 1500[V] 직류 전차선로의 최저전압[V]은?

① 800  ② 900
③ 1000  ④ 1200

해설
DC 1500[V] 직류 전차선로의 최저전압은 900[V]이다.

### 24 ★
AC 25000[V] 교류 전차선로의 전차선~레일간 최저전압[V]은?

① 17500  ② 19000
③ 20000  ④ 25000

해설
AC 25[kV] 교류 전차선로의 전차선~레일간의 최저전압은 20000[V] 이다.

정답  19. ①  20. ④  21. ①  22. ④  23. ②  24. ③

## 25 ★
AC 25[kV] 교류 전차선로의 전차선~레일간의 최고전압[V]은?

① 19000  ② 25000
③ 27500  ④ 29000

**해설**
AC 25[kV] 교류 전차선로의 전차선~레일간 최고전압은 27500[V] 이다.

☞ AC 25000[V] 교류 전차선로의 전압은 KR Code 2012(국가철도공단 전철전력설계편람)에는 아래와 같이 전압의 변동 범위를 표기되어 있으니 참고하기 바람.(KR E 03030)
1) 전차선로의 공칭전압은 단상 교류 25[kV](급전선과 레일사이 및 전차선과 레일사이의 전압은 25[kV]가 되고, 전차선과 급전선사이는 50[kV]가 급전되는 시스템)을 표준으로 하며 최고, 최저전압은 다음 표에 의한다.

| 구 분 | 전 압[kV] |
|---|---|
| 비지속성 최고전압($V_{max2}$) | 29 |
| 지속성 최고전압($V_{max1}$) | 27.5 |
| 공칭전압($V_n$) | 25 |
| 지속성 최저전압($V_{min1}$) | 19 |
| 비지속성 최저전압($V_{min2}$) | 17.5 |

2) 용어정의
 (1) 공칭전압 $V_n$ : 시스템 설계값
 (2) 지속성 최고전압 $V_{max1}$ : 무한정 지속될 것으로 예상되는 전압의 최고값
 (3) 비지속성 최고전압 $V_{max2}$ : 지속시간이 5 min 이하로 예상되는 전압의 최고값
 (4) 지속성 최저전압 $V_{min1}$ : 무한정 지속될 것으로 예상되는 전압의 최저값
 (5) 비지속성 최저전압 $V_{min2}$ : 지속시간이 2 min 이하로 예상되는 전압의 최저값

## 26 ★★★
다음 중 전차선로의 이선율을 올바르게 나타낸 것은?

① $\dfrac{\text{일정구간의 주행시 이선하여 주행한 거리의 합}}{\text{일정구간의 전체 주행시간}} \times 100[\%]$

② $\dfrac{\text{일정구간의 전체 주행시간}}{\text{일정구간의 주행시 이선하여 주행한 거리의 합}} \times 100[\%]$

③ $\dfrac{\text{일정구간의 이선시간의 합}}{\text{일정구간의 전체 주행시간}} \times 100[\%]$

④ $\dfrac{\text{일정구간의 전체 주행시간}}{\text{일정구간의 이선시간의 합}} \times 100[\%]$

**해설**
이선율은 $\dfrac{\text{일정구간의 이선시간의 합}}{\text{일정구간의 전체 주행시간}} \times 100[\%]$ 또는

$\dfrac{\text{일정구간의 주행시 이선하여 주행한 거리의 합}}{\text{일정구간의 주행거리}} \times 100[\%]$

## 27 ★
고속전철 구간에서 이선율은 몇 [%] 이하로 하는가?

① 0  ② 1  ③ 2  ④ 3

**해설**
이선율은 일반 전철구간에서 3[%] 이하, 고속전철에서는 1[%] 이하로 제한하고 있다.

## 28 ★
다음은 전차선로의 기계적인 특성인 탄성율($e$)에 대한 설명이다. 맞지 않는 것은?

① 경간이 짧을수록 가선특성이 좋아진다.
② 전차선, 조가선의 장력이 클수록 탄성율($e$)은 작아진다.
③ 경간 중앙 및 지지점에서 같은 탄성을 갖고 있다.
④ 고속운전을 위해서는 탄성을 가능한 낮추어야 한다.

**해설**
경간 중앙 및 지지점에서 각기 다른 탄성을 갖고 있다.

**정답** 25. ③  26. ③  27. ②  28. ③

## 29 ★★★
전차선로의 탄성률에 대한 설명이 옳은 것은?
① 경간이 짧을수록 커지며, 전차선 및 조가선의 장력이 작을수록 커진다.
② 경간이 클수록 작아지며, 전차선 및 조가선의 장력이 작을수록 작아진다.
③ 경간이 짧을수록 작아지며, 전차선 및 조가선의 장력이 클수록 작아진다.
④ 경간과 전차선의 장력이 클수록 커지며, 조가선의 장력이 클수록 작아진다.

**해설**
경간이 짧을수록 가선특성이 좋아지고, 전차선, 조가선의 장력이 클수록 탄성율($e$)은 작아진다.

## 30 ★
전차선로의 기계적인 특성인 탄성률($e$)을 나타내는 식은?(단, $S$ : 전주 경간[m], $T_t$ : 전차선의 장력[kN], $T_m$ : 조가선의 장력[kN], $K$ : 상수 이다.)

① $e = \dfrac{S}{K(T_t - T_m)}$

② $e = \dfrac{K(T_t - T_m)}{S}$

③ $e = \dfrac{K(T_t + T_m)}{S}$

④ $e = \dfrac{S}{K(T_t + T_m)}$

**해설**
전차선로의 탄성률은 $e = \dfrac{S}{K(T_t + T_m)}$ 이다.

## 31 ★
전차선로의 기계적인 특성인 비균일율($U$)을 나타내는 식은?(단, $E_{max}$ : 경간 중앙의 탄성, $E_{min}$ : 지지점의 탄성이다.)

① $U = \dfrac{E_{max} + E_{min}}{E_{max} - E_{min}} [\%]$

② $U = \sqrt{\dfrac{E_{max} + E_{min}}{E_{max} - E_{min}}} [\%]$

③ $U = \dfrac{E_{max} - E_{min}}{E_{max} + E_{min}} [\%]$

④ $U = \sqrt{\dfrac{E_{max} - E_{min}}{E_{max} + E_{min}}} [\%]$

**해설**
비균일율($U$)은 $U = \dfrac{E_{max} - E_{min}}{E_{max} + E_{min}} [\%]$ 이다.

## 32 ★★★
운전속도 $V$[m/s], 파동전파속도 $C$[m/s]일 때 도플러계수($\alpha$)는?

① $\alpha = \sqrt{\dfrac{C+V}{C-V}}$   ② $\alpha = \dfrac{C-V}{C+V}$

③ $\alpha = \dfrac{C+V}{C-V}$   ④ $\alpha = \sqrt{\dfrac{C-V}{C+V}}$

**해설**
도플러계수는 $\alpha = \dfrac{C-V}{C+V}$ 이다.

## 33 ★
열차의 속도에 대한 전차선의 적합성을 나타내는 도플러계수($\alpha$)는?

① $\alpha = \dfrac{\sqrt{C \times V}}{C-V}$

② $\alpha = \dfrac{(C+V)^2}{C \times V}$

③ $\alpha = \dfrac{C-V}{C+V}$

④ $\alpha = C-V$

**해설**
도플러계수는 $\alpha = \dfrac{C-V}{C+V}$ 이다.

**정답** 29. ③  30. ④  31. ③  32. ②  33. ③

## 34 ★★★★
가공전차선로에서 운전속도가 90[km/h]이고 파동전파속도가 110[km/h]일 때 전차선로의 동적작용을 알 수 있는 도플러계수($\alpha$)는 얼마인가?

① 0.05   ② 0.1   ③ 0.2   ④ 0.5

**해설**
$$\alpha = \frac{C-V}{C+V} = \frac{110-90}{110+90} = 0.1$$

## 35 ★★★★
파동전파속도 $C$[m/s]를 나타내는 식으로 맞는 것은? (단, $T$: 전차선의 장력[N], $\rho$: 단위 길이당 질량[kg/m]이다.)

① $C = \sqrt{\frac{\rho}{T}}$   ② $C = \sqrt{\frac{T}{\rho}}$

③ $C = T \times \rho$   ④ $C = \frac{T}{\rho}$

**해설**
파동전파속도 $C = \sqrt{\frac{T}{\rho}}$ 이다.

## 36 ★★★★★
전차선의 장력을 $T$, 단위길이당의 질량을 $\rho$라 할 때 파동전파속도 $C$를 나타내는 식은?

① $C = \sqrt{\frac{T}{\rho}}$   ② $C = \sqrt{\frac{\rho}{T}}$

③ $C = \frac{\sqrt{T}}{\rho}$   ④ $C = \frac{\sqrt{\rho}}{T}$

## 37 ★
전차선의 동적 압상량은 100[km/h] 미만의 구간에서는 전차선 정적 압상량의 몇 배 이상으로 계산하는가?

① 1   ② 2   ③ 3   ④ 5

**해설**
전차선의 동적 압상량은 100[km/h] 미만의 구간에서는 전차선 정적 압상량의 3배 이상으로 계산한다.

## 38 ★★★
부등률을 $\epsilon$, 가선과 팬터그래프가 공진하는 속도를 $V_c$라 할 때 이선을 시작하는 속도 $V_r$을 나타내는 식은?

① $V_r = V_c\sqrt{1+\epsilon}$   ② $V_r = V_c(1+\epsilon)$

③ $V_r = \frac{\sqrt{1+\epsilon}}{V_c}$   ④ $V_r = \frac{V_c}{\sqrt{1+\epsilon}}$

**해설**
이선 속도는 $V_r = \frac{V_c}{\sqrt{1+\epsilon}}$ 이다.

## 39 ★★
팬터그래프의 이선 속도는 약 몇 [km/h]인가? (단, 심플 커티너리방식, 공진속도 137[km/h], 스프링계수 부등률 0.4이다.)

① 82   ② 116   ③ 137   ④ 170

**해설**
$$V_r = \frac{V_c}{\sqrt{1+\epsilon}} = \frac{137}{\sqrt{1+0.4}} \approx 116$$

## 40 ★★
심플커티너리 가선방식에서 팬터그래프의 공진속도는 약 몇 [km/h]인가? (단, 경간($S$): 60[m], 스프링계수($K$): 2000[N/m], 스프링계수 부등률($\epsilon$): 0.4, 등가질량($m$): 80[kg]이다.)

① 180   ② 155   ③ 165   ④ 175

**정답** 34. ②  35. ②  36. ①  37. ③  38. ④  39. ②  40. ③

**해설**

$$V_c = \frac{S}{2\pi}\sqrt{\frac{K}{m}\left(1-\frac{\epsilon^2}{2}\right)} = \frac{60}{2\pi}\sqrt{\frac{2000}{80}\left(1-\frac{0.4^2}{2}\right)}$$
$$= 45.8 [m/s]$$

[km/h]로 환산하면

$$V_c = 45.8 \times \frac{3600}{1000} ≒ 165 [km/h]$$

## 41 ★
전차선로의 전압강하를 정하는 요소로 작용하지 않는 것은?

① 열차 운전조건
② 급전방식
③ 전차선의 종류
④ 변전소의 간격

**해설**

전차선로의 전압강하는 열차 운전조건(열차단위, 열차시격, 구배, 정거장 간격 등), 급전계통(급전방식, 급전선의 종류) 및 변전소의 간격 등에 의해 정해진다.

## 42 ★★
직류급전방식의 전압강하 경감 대책으로 맞지 않는 것은?

① 급전선을 설치하여 선로저항을 경감한다.
② 전압강하가 크게 되는 구간에는 변전소 거리를 멀게 하여 전압강하를 경감 한다.
③ 복선구간에서는 급전타이포스트 등을 설치하고 상·하선의 급전선을 균압하여 병렬로 사용한다.
④ 승압기를 삽입하여 전압강하를 보상한다.

**해설**

전압강하가 크게 되는 구간에는 변전소를 증설하여 급전거리를 단축한다.

## 43 ★★
직류 급전방식에서 변전소 용량이 6000[kW], 부하출력이 4000[kW]일 때, 변전소 내부 전압강하의 개략값[V]은? (단, 표준정격전압 1500[V], 전압변동률 8[%] 이다.)

① 40
② 80
③ 120
④ 180

**해설**

변전소 내부 전압강하 $e_s$의 개략 값은

$$e_s = E \times \frac{W_t}{W_s} \times e_S = 1500 \times \frac{4000}{6000} \times 0.08 = 80[V]$$

## 44 ★
직류 급전방식에서 양쪽 변전소 내부저항과 무부하 급전전압이 같을 경우 전압변동률($\epsilon$) 8[%]라 하면 변전소 정격 출력전압($E$)은?

① $E = \frac{V+E}{\epsilon}$
② $E = \sqrt{\frac{V \times \epsilon}{V}}$
③ $E = \frac{V \times \epsilon}{V}$
④ $E = \frac{V-E}{\epsilon}$

**해설**

$$\epsilon = \frac{V-E}{E} \times 100[\%] \quad E = \frac{V-E}{\epsilon}$$

## 45 ★
직류 급전방식에서 양쪽 변전소 내부저항과 무부하 급전전압이 같을 경우 전압변동률($\epsilon$) 8[%]라 하면 정류기의 정격전류($I_n$)는?

① $I_n = \frac{정류기 용량(W_{rec})}{정격출력전압(E)}$

② $I_n = \frac{정격출력전압(E)}{정류기 용량(W_{rec})}$

③ $I_n = \sqrt{\frac{정격출력전압(E)}{정류기 용량(W_{rec})}}$

**정답** 41. ③  42. ②  43. ②  44. ④  45. ①

④ $I_n = \sqrt{\dfrac{정류기 용량(W_{rec})}{정격출력전압(E)}}$

**해설**
정류기의 정격 전류
$I_n = \dfrac{정류기 용량(W_{rec})}{정격출력전압(E)}$ 이다.

## 46 ★
교류급전방식의 전압강하를 계산할 때 고려해야 하는 선로정수에 해당되지 않는 것은?

① 선로임피던스($Z_L$)
② 상호임피던스($Z_M$)
③ 부하임피던스($Z_P$)
④ 자기임피던스($Z$)

**해설**
교류급전방식의 전압강하를 계산할 때 고려해야 하는 선로정수로는 자기임피던스($Z$), 외부임피던스($Z_s$), 내부임피던스($Z_i$), 상호임피던스($Z_M$), 선로임피던스($Z_L$) 등이 있다.

## 47 ★
교류급전방식의 전압강하 선로정수중 자기임피던스($Z$)를 구하는 식은?(단, 외부임피던스($Z_s$), 내부임피던스($Z_i$), 상호임피던스($Z_M$), 선로임피던스($Z_L$)이다.)

① $Z = Z_L + Z_M$
② $Z = Z_s + Z_i$
③ $Z = Z_s - Z_i$
④ $Z = Z_L - Z_M$

**해설**
자기임피던스($Z$) $Z = Z_s + Z_i$ 이다.

## 48 ★
교류급전방식의 전압강하 선로정수중 전선의 내부임피던스($Z_i$)를 구하는 식은?(단, $\mu$ : 전선의 비유전율, $R_i$ : 전선의 고유저항[Ω], $L_i$ : 전선 내부유도계수[H] 이다.)

① $Z_i = R_i + j\omega L_i$
② $Z_i = R_i - j\omega L_i$
③ $Z_i = R_i + j\omega \mu$
④ $Z_i = R_i - j\omega \mu$

**해설**
내부임피던스($Z_i$)는 $Z_i = R_i + j\omega L_i$ 이다.

## 49 ★★
교류급전방식의 전압강하 경감대책으로 맞지 않는 것은?

① 전기차의 역률을 개선한다.
② 병렬콘덴서를 사용하여 리액턴스분을 보상한다.
③ 단권변압기의 승압효과를 이용한다.
④ 동기조상기를 설치한다.

**해설**
직렬콘덴서를 사용하여 리액턴스분을 보상한다.

## 50 ★
전차선로에 일반적으로 사용하는 전선의 소선이 동선인 경우 저항온도계수($\alpha$)는?

① 0.00393
② 0.00389
③ 0.00385
④ 0.00381

**해설**
소선이 동선인 경우
$\alpha = 0.00393 \times \dfrac{\lambda}{100}$
일반적으로 소선이 경동선인 경우는 0.00381 ($\lambda$=97[%])을 사용한다.

**정답** 46. ③ 47. ② 48. ① 49. ② 50. ④

## 51 ★
전차선로에 일반적으로 사용하는 전선의 소선이 경알루미늄선인 경우 저항온도계수($\alpha$)는?

① 0.0038  ② 0.0040
③ 0.0042  ④ 0.0044

**해설**
소선이 경알루미늄선인 경우 저항온도계수($\alpha$)는 0.0040 이다.

## 52 ★
연선의 실제 길이에 대한 소선의 실제 길이 증가 비율은?

① 저항률  ② 이선율
③ 탄성률  ④ 연입률

**해설**
연입률이란 연선의 실제 길이에 대한 소선의 실제 길이 증가 비율을 말한다.

## 53 ★
전차선로에 사용하는 전선의 재질이 경동선인 경우 주위온도 40[℃]로 하였을 때 순시전류용량을 구하는 식은?

① $I = 152.1 \times \dfrac{S}{\sqrt{t}}$

② $I = 93.26 \times \dfrac{S}{\sqrt{t}}$

③ $I = 49 \times \dfrac{S}{\sqrt{t}}$

④ $I = 39 \times \dfrac{S}{\sqrt{t}}$

**해설**
전선의 재질이 경동선인 경우 주위온도 40[℃]로 하였을 때 순시전류용량은 $I = 152.1 \times \dfrac{S}{\sqrt{t}}$ 이다.

## 54 ★
전차선로에 사용하는 전선의 재질이 경동선 110[mm$^2$], 통전시간이 2[s]라고 하였을 때 순시전류용량[A]은?

① 10680  ② 11830
③ 12450  ④ 13500

**해설**
$I = 152.1 \times \dfrac{S}{\sqrt{t}} = 152.1 \times \dfrac{110}{\sqrt{2}} = 11830[A]$

## 55 ★
전차선로에 사용하는 전선의 재질이 경알루미늄선인 경우 주위온도 40[℃]로 하였을 때 순시전류용량을 구하는 식은?

① $I = 152.1 \times \dfrac{S}{\sqrt{t}}$

② $I = 93.26 \times \dfrac{S}{\sqrt{t}}$

③ $I = 49 \times \dfrac{S}{\sqrt{t}}$

④ $I = 39 \times \dfrac{S}{\sqrt{t}}$

**해설**
전선의 재질이 경알루미늄선인 경우 주위온도 40[℃]로 하였을 때 순시전류용량은 $I = 93.26 \times \dfrac{S}{\sqrt{t}}$ 이다.

## 56 ★
전차선로에 사용하는 전선의 재질이 경알루미늄선 240[mm$^2$], 통전시간이 3[s]라고 하였을 때 순시전류용량[A]은?

① 10680  ② 11830
③ 12922  ④ 13350

**해설**
$I = 93.26 \times \dfrac{S}{\sqrt{t}} = 93.26 \times \dfrac{240}{\sqrt{3}} = 12922[A]$

**정답** 51. ② 52. ④ 53. ① 54. ② 55. ② 56. ③

## 57 ★
전차선로에 사용하는 전선의 재질이 아연도강연선인 경우 주위온도 40[℃]로 하였을 때 순시전류용량을 구하는 식은?

① $I = 152.1 \times \dfrac{S}{\sqrt{t}}$

② $I = 93.26 \times \dfrac{S}{\sqrt{t}}$

③ $I = 49 \times \dfrac{S}{\sqrt{t}}$

④ $I = 39 \times \dfrac{S}{\sqrt{t}}$

**해설**
전선의 재질이 아연도강연선인 경우 주위온도 40[℃]로 하였을 때 순시전류용량
$I = 49 \times \dfrac{S}{\sqrt{t}}$ 이다.

## 58 ★
전차선의 허용온도[℃]는?

① 40  ② 50  ③ 80  ④ 90

**해설**
전차선의 허용온도는 90[℃]로 하고, 급전선 등의 나전선은 100[℃]로 한다.

## 59 ★★★
직류 급전방식에서 온도상승 개소가 아닌 것은?

① 급전 분기선
② 급전분기 개소의 금구
③ 급전 분기점 인근의 전차선
④ 변전소 급전 인출구의 급전선

**해설**
직류 급전방식에서 온도상승 개소는 변전소 급전 인출구의 급전선, 급전 분기점 인근의 전차선, 급전 분기선 등이다.

## 60 ★★
교류 AT급전방식에서 충분한 주의가 필요한 온도상승 개소는?

① 급전 분기선
② 급전분기 개소의 금구
③ 급전 분기점 인근의 전차선
④ 변전소 급전 인출구의 급전선

**해설**
급전분기 개소의 금구 등의 접촉불량에서 온도상승에 주의가 필요하다.

## 61 ★★
변전소로부터 송출된 전류가 급전선 등을 통하여 전기차에 집전되기까지의 사이에 주회로인 전차선 이외의 전선, 가선금구 등에 흐르는 전류를 순환전류라 한다. 다음 중 순환전류의 경로로 볼 수 없는 것은 어느 것인가?

① 급전분기장치  ② M - T 균압선
③ 보호선       ④ 조가선

**해설**
실제 전차선로의 전류 회로는
급전선 → 급전분기장치 → 전차선 → M-T 균압선 → 조가선 → 행거 또는 M-T 균압선 → 전차선

## 62 ★★★
순환전류에 대한 설명으로 거리가 먼 것은?

① 주회로(전차선) 이외의 전선, 가선금구 등에 흐르는 전류이다.
② 균압방식을 사용하여 순환전류에 따른 사고를 방지한다.
③ 가압빔, 진동방지장치 등 직접 전선과 연결되고 있는 가선금구는 완전접속 또는 절연한다.
④ 순환전류는 귀선로에서만 발생한다.

정답 57. ③ 58. ④ 59. ② 60. ② 61. ③ 62. ④

**해설**
순환전류는 주회로(전차선) 이외의 전선, 가선금구 등에 흐르는 전류이다.

## 63 ★★
다음은 순환전류에 대한 방지대책이다. 맞지 않는 것은?

① 에어조인트 개소에는 조가선 상호 및 전차선 상호간을 각각 접속한다
② 건넘선장치 개소에는 조가선 상호, 전차선 상호 및 조가선, 전차선을 접속한다.
③ 직류구간에서는 전선 상호간을 보호관으로 절연한다.
④ 가압빔, 진동방지장치 등 직접 전선과 연결되고 있는 가선금구는 완전접속 또는 절연한다.

**해설**
에어조인트 개소에는 조가선 상호 및 전차선과 조가선을 일괄 접속한다.

## 64 ★★★
에어조인트 개소에서 순환전류를 방지하기 위한 균압선의 접속 방법은?

① M-T          ② T-M-M-T
③ M-M          ④ T-T

**해설**
에어조인트 개소에는 조가선 상호 및 전차선과 조가선을 일괄(T-M-M-T) 접속한다.

## 65 ★
교류구간에서 M-T 균압선의 취부 간격[m]은?

① 150          ② 200
③ 250          ④ 300

**해설**
교류구간에서 M-T 균압선의 취부 간격은 250[m]이다.

## 66 ★
직류구간에서 M-T 균압선의 취부 간격[m]은?

① 100          ② 125
③ 150          ④ 200

**해설**
직류구간에서 M-T 균압선의 취부 간격은 125[m]이다.

## 67 ★
가공단선식 전차선로에서 전기차에 공급된 운전용 전력을 변전소로 되돌려 흘리는 도체를 무엇이라 하는가?

① 귀선          ② Y선
③ 균압선        ④ 급전선

**해설**
전기차에 공급된 운전용 전력을 변전소로 되돌려 흘리는 도체를 귀선이라 하고 이것을 지지 또는 보장하는 공작물을 포함한 설비를 귀선로라고 한다.

## 68 ★
직류 전철구간의 전기차 전류(귀선 전류)는 일반적으로 열차 주행용 레일과 어느 곳에 접속되어 변전소의 부극(-) 모선에 돌아가는 회로로 구성되어 있는가?

① 보안기의 방전간극
② 임피던스본드의 중성점
③ 매설접지 단자
④ 횡단접속선의 양단

**정답** 63. ①  64. ②  65. ③  66. ②  67. ①  68. ②

**해설**

직류 전철구간의 전기차 전류(귀선 전류)는 일반적으로 열차 주행용 레일과 대지 귀로(일부 대지에 누설하는)를 흘러 임피던스본드의 중성점에 접속된 인입 귀선을 통하여 변전소의 부극(-) 모선에 돌아가는 회로로 구성되어 있다.

## 69 ★★
전기차에 공급된 운전용 전력이 변전소로 되돌아가는데 사용하는 귀선로에 요구되는 기본적인 성능으로 거리가 먼 것은?

① 대지 누설전류가 작을 것
② 귀선로용 전선은 기계적 강도가 클 것
③ 레일 전위의 상승을 증가시킬 수 있을 것
④ 귀선로용 전선은 전기차 전류에 대응하는 전류용량을 가질 것

**해설**

1) 대지 누설전류가 작도록 시설하고 전식·통신유도장해·레일전위의 상승 등을 경감시킬 수 있을 것
2) 귀선로용 전선은 전기차 전류에 대응한 전류용량, 기계적강도 및 내식성을 가질 것
3) 임피던스본드 등에 단자취부 및 가공전선의 지지는 탈락, 손상이 없도록 시설할 것
4) 교·직류방식의 접속점에는 귀선전류의 흐름에 따른 궤도회로 지장·자기교란현상이 발생하지 않도록 시설할 것

## 70 ★★★
가공단선식 전차선로의 귀선용 레일 전위에 대한 설명으로 틀린 것은?

① 부하전류가 작을수록 높아진다.
② 레일의 고유저항이 클수록 높아진다.
③ 레일의 대지 절연저항이 클수록 높게 된다.
④ 부하점과 변전소간 거리가 멀수록 높아진다.

**해설**

귀선용 레일전위는 부하전류가 클수록 높아진다.

## 71 ★
귀선용 레일을 접속하는 경우에 귀선용 레일의 전기저항을 작게 하기 위하여 레일과 레일 사이에 전기적으로 접속하는 것을 무엇이라 하는가?

① 매설접지선        ② 임피던스본드
③ 레일본드          ④ 횡단접속선

**해설**

레일본드는 귀선용 레일의 전기저항을 작게 하기 위하여 레일과 레일 사이에 전기적으로 접속하는 것을 말한다.

## 72 ★
가공 단선식 전차선로에서 열차가 A변전소에서 B변전소로 운행하고 있을 때 레일에 대한 대지전위 분포가 가장 큰 곳은?

① A변전소 부근
② B변전소 부근
③ A변전소와 B변전소 중간지점
④ 열차 통과지점

**해설**

가공 단선식 전차선로에서 레일에 대한 대지전위 분포가 가장 큰 곳은 열차 통과지점이다.

## 73 ★
가공 단선식 전차선로에서 레일전위가 얼마 이상 상승하면 인체에 위험을 줄 우려가 있는가?

① 30[V]            ② 50[V]
③ 100[V]           ④ 220[V]

**정답** 69. ③  70. ①  71. ③  72. ④  73. ②

**해설**
레일전위가 50[V] 이상 상승하면 인체에 위험을 줄 우려가 있다.

## 74 ★★
직류 전차선로의 전식을 방지하기 위한 전철측의 방식 대책이 아닌 것은?

① 보조귀선을 설치
② 귀선저항을 작게
③ 누설저항을 크게
④ 누설전류를 크게

**해설**
전식(電蝕)을 방지하기 위하여 전철측에는 레일과 도상간의 절연을 좋게 하여 누설저항을 크게, 레일본드의 접속을 완전하게 하고 필요에 따라 보조귀선을 설치하여 귀선저항을 감소시키는 등으로 대지에 누설전류를 작게 하여야 한다.

## 75 ★★
레일로부터 누설전류에 의한 전식방지를 위한 목적으로 지중매설 금속체와 레일을 전기적으로 접속하는 방법이 아닌 것은?

① 직접배류방식   ② 선택배류방식
③ 자동배류방식   ④ 강제배류방식

**해설**
전식방지를 위한 목적으로 지중매설 금속체와 레일을 전기적으로 접속하는 방법에는 직접배류법, 선택배류법, 강제배류법이 있다.

## 76 ★★★
전식방지 대책을 위한 배류법에 해당하지 않는 것은?

① 직접배류법   ② 선택배류법
③ 순환배류법   ④ 강제배류법

**해설**
전식방지 대책을 위한 배류법에는 직접배류법, 선택배류법, 강제배류법이 있다.

## 77 ★★
누설전류에 의한 전식방지 방법에서 배류식이 아닌 것은?

① 직접배류식   ② 선택배류식
③ 강제배류식   ④ 유전배류식

## 78 ★★★
금속체가 레일에 대하여 높은 전위에 있는 경우에만 전류를 유출시키는 방식으로써 전식방지에 널리 사용하는 방식은?

① 직류배류방식   ② 선택배류방식
③ 강제배류방식   ④ 간접배류방식

**해설**
선택배류방식은 지중 매설 금속체와 레일을 연결하는 배류선에 선택배류기를 설치하여 금속체가 레일에 대하여 높은 전위에 있는 경우에만 전류를 유출시키는 방법으로서, 이 방법은 전력이나 접지가 필요하지 않고 경제적이기 때문에 전식 방지에 널리 이용되고 있고, 자연 부식의 일부에도 방지 효과가 있다.

## 79 ★★
레일을 접지 양극으로 하는 외부전원법으로 외부에서 직류전원을 레일과 지중매설 금속체 사이에 가하는 전식방지 방식은?

① 직류배류방식   ② 선택배류방식
③ 강제배류방식   ④ 간접배류방식

**해설**
강제배류방식은 레일을 접지 양극으로 하는 외부전원법으로 외부에서 직류전원을 레일과 지중매설 금속체 사이에 가하는 전식방지 방식이다.

**정답** 74. ④  75. ③  76. ③  77. ④  78. ②  79. ③

## 80 ★★
이종금속의 접촉으로 인한 부식 요인과 거리가 먼 것은?

① 분진의 부착
② 부식환경의 영향
③ 수분의 부착
④ 전선과 금구의 접촉불량

**해설**
이종금속의 접촉으로 인한 부식 요인으로는 수분의 부착, 온도의 영향, 부식환경의 영향, 온도조건, 분진의 부착 등이 있다.

## 81 ★★
이종금속의 접촉으로 인한 부식을 방지하기 위한 방법이 아닌 것은?

① 중간금속을 삽입한다.
② 이종 금속간을 절연한다.
③ 전위차가 상호 근접한 금속을 선정한다.
④ 고유저항이 작은 금속을 선정한다.

**해설**
이종금속의 접촉으로 인한 부식을 방지하기 위하여 중간금속을 삽입, 이종 금속간을 절연, 전위차가 상호 근접한 금속을 선정한다.

## 82 ★★★
금속의 전위를 $V_a$[V], b 금속의 전위를 $V_b$[V]로 하면 상대 전위차는?

① $V_d = \dfrac{2(V_a - V_b)}{V_a + V_b}$

② $V_d = \dfrac{2(V_a - V_b)}{V_a \times V_b}$

③ $V_d = \dfrac{2(V_a + V_b)}{V_a \times V_b}$

④ $V_d = \dfrac{2(V_a + V_b)}{V_a - V_b}$

**해설**
$$V_d = \dfrac{V_a - V_b}{\dfrac{V_a + V_b}{2}} = \dfrac{2(V_a - V_b)}{V_a + V_b}$$

## 83 ★★
두 금속의 상대 전위차로부터 알 수 있는 것은?

① 부하의 정도　② 부식의 정도
③ 전류의 정도　④ 저항의 정도

**해설**
두 금속의 상대 전위차로부터 부식층 금속의 부식 정도를 알 수 있다.

## 84 ★
부식층 금속의 부식정도로 볼 때 조합 사용이 불가능한 경우는 상대 전위차가 몇 [V] 이상일 때인가?

① 0 ~ 0.2　② 0.2 ~ 0.8
③ 0.8 ~ 1.2　④ 1.2 이상

**해설**

상대 전위차와 부식 정도

| 상대 전위차 | 부식층 금속의 부식정도 |
|---|---|
| 0~0.2 | 거의 부식되지 않는다. |
| 0.2~0.8 | 약간의 부식이 진행된다. |
| 0.8~1.2 | 심한 부식이 진행된다. |
| 1.2 이상 | 조합 사용이 불가능하다. |

## 85 ★
직류 전철구간의 유도장해를 경감하기 위하여 전차선에 평행하는 통신선의 이격거리로 적정한 것은?

① 2[m] 이상　② 3[m] 이상
③ 4[m] 이상　④ 7[m] 이상

**정답** 80. ④　81. ④　82. ①　83. ②　84. ④　85. ③

**해설**
직류 전철구간의 유도장해를 경감하기 위하여 전차선에 평행하는 통신선은 4[m] 이상 이격거리가 필요하며, 전구간에 걸쳐서 등가평균 이격거리는 가능한 7[m] 이상 되도록 통신선을 전차선에서 이격시키든지 아니면 케이블화 하고 있다.

## 86 ★
교류 전기철도에서 발생하는 유도장해의 발생 유형과 거리가 먼 것은?

① 기본파의 유도전압에 의하여 인체에 위험을 주는 장해
② 통신기기의 소손으로 발생하는 장해
③ 전차선의 이선으로 인한 섬락장해
④ 잡음전압에 따라 발생하는 통신장해

**해설**
교류 전기철도에서 발생하는 유도장해의 발생 유형으로는 기본파의 유도전압에 의하여 인체에 위험을 주는 장해, 통신기기의 소손으로 발생하는 장해, 잡음전압에 따라 발생하는 통신장해 등이 있다.

## 87 ★★
전차선의 대지전압을 $E$[V], 전차선의 대지정전용량을 $C_a$[F], 통신선의 대지정전용량을 $C_b$[F], 전차선과 통신선의 대지정전용량을 $C_{ab}$[F]라 하면 통신선에 유기되는 전압 $E_s$[V]은?

① $E_s = \dfrac{C_{ab}}{C_a + C_b} \cdot E$[V]

② $E_s = \dfrac{C_{ab}}{C_{ab} + C_b} \cdot E$[V]

③ $E_s = \dfrac{C_{ab}}{C_a - C_b} \cdot E$[V]

④ $E_s = \dfrac{C_{ab}}{C_{ab} - C_b} \cdot E$[V]

**해설**
통신선에 유기되는 전압
$E_s = \dfrac{C_{ab}}{C_{ab} + C_b} \cdot E$[V] 이다.

## 88 ★★
통신유도장해에 있어서 정전유도 방지 대책이 아닌 것은?

① 통신선을 케이블화 한다.
② 전차선과 통신선의 이격거리를 증대시킨다.
③ 통신선에 콘덴서를 설치한다.
④ 전차선과 통신선의 중간에 부급전선(차폐선)을 시설한다.

## 89 ★★
통신유도장해에 있어서 전자유도 방지 대책이 아닌 것은?

① 전기차에 필터를 설치하여 전차선으로의 고주파를 억제하여 유도경감을 한다.
② 상호 인덕턴스를 크게 한다.
③ 통신선에 절연변압기 또는 중계코일을 삽입하여 유도구간을 분할한다.
④ 전차선과 평행하게 부급전선을 설치하여 귀선저항을 줄인다.

**해설**
통신선을 가능한 멀리 이격하거나 차폐케이블을 사용하여 상호 인덕턴스를 작게 한다.

## 90 ★
교류 전기철도에서 위험전압으로 보는 정전유도전압의 허용값[V]는?

① 60
② 300
③ 430
④ 600

**정답** 86. ③  87. ②  88. ③  89. ②  90. ②

### 해설
교류 전기철도에서 위험전압으로 보는 정전유도전압의 허용값은 300[V] 이다.

**위험전압 · 잡음전압의 허용값**

| 위험전압 | | | 잡음전압 |
|---|---|---|---|
| 정전유도전압 | 전자유도전압 | | |
| | 평상시 | 이상시 | |
| 300[V] (유도전류 10[mA]) | 60[V] | 430[V] | 나통신선 2.5[mV] 케이블 통신선 1.0[mV] |

## 91 ★★
교류 전기철도에서 이상시 위험전압으로 보는 전자유도전압의 허용값[V]는?

① 60  ② 300
③ 430  ④ 600

### 해설
교류 전기철도에서 이상시 위험전압으로 보는 전자유도전압의 허용값은 430[V] 이다.

## 92 ★★
교류 전기철도에서 케이블 통신선의 경우 잡음전압의 허용값[mV]는?

① 1  ② 3  ③ 5  ④ 10

### 해설
교류 전기철도에서 케이블 통신선의 경우 잡음전압의 허용값은 1[mV] 이다.

# Chapt. 3 전차선로 일반 — 핵심예상문제 필답형 실기

**01** ★★ 커티너리 조가방식의 전차선이 양호한 가선이 되려면 구비해야 할 기본적인 3요소는?

[풀이]
전차선의 기본적인 3요소는 등고성, 등요성, 등장력이다.

**02** ★ AC 25000[V] 전차선로의 공칭전압[kV]은?

[풀이] 신규
공칭전압은 25[kV]이다.

☞ AC 25000[V] 교류 전차선로의 전압은 KR Code 2012(국가철도공단 전철전력설계편람)에는 아래와 같이 전압의 변동 범위를 표기되어 있으니 참고하기 바람.(KR E 03030)

1) 전차선로의 공칭전압은 단상 교류 25[kV](급전선과 레일사이 및 전차선과 레일사이의 전압은 25[kV]가 되고, 전차선과 급전선사이는 50[kV]가 급전되는 시스템)을 표준으로 하며 최고, 최저전압은 다음 표에 의한다.

| 구 분 | 전 압 [kV] |
|---|---|
| 비지속성 최고전압($V_{max2}$) | 29 |
| 지속성 최고전압($V_{max1}$) | 27.5 |
| 공칭전압($V_n$) | 25 |
| 지속성 최저전압($V_{min1}$) | 19 |
| 비지속성 최저전압($V_{min2}$) | 17.5 |

2) 용어정의
   (1) 공칭전압 $V_n$ : 시스템 설계값
   (2) 지속성 최고전압 $V_{max1}$ : 무한정 지속될 것으로 예상되는 전압의 최고값
   (3) 비지속성 최고전압 $V_{max2}$ : 지속시간이 5min 이하로 예상되는 전압의 최고값
   (4) 지속성 최저전압 $V_{min1}$ : 무한정 지속될 것으로 예상되는 전압의 최저값
   (5) 비지속성 최저전압 $V_{min2}$ : 지속시간이 2min 이하로 예상되는 전압의 최저값

**03** ★ AC 25000[V] 전차선로의 지속성 전압의 최고값[kV]은?

풀이 ··· 신규

지속성으로 유지되는 최고전압은 27.5[kV]이다.

★
04 AC 25000[V] 전차선로의 비지속성 최고전압[kV]에 대하여 설명하시오.

풀이 ··· 신규

비지속적으로 5분이내에 유지되는 최고전압으로 29[kV]이다.

★
05 전차선로에서 지속성 전압의 최저값[kV]은?

풀이 ··· 신규

지속성으로 유지되는 최저전압은 19[kV] 이다.

★
06 AC 25000[V] 전차선로의 비지속성 최저전압[kV]에 대하여 설명하시오.

풀이 ··· 신규

비지속적으로 2분 이내에 유지되는 최저전압으로 17.5[kV] 이다.

★★
07 커티너리 조가방식의 종류에 대하여 5가지 이상 작성하시오.

풀이 ···

① 심플 커티너리조가방식
② 헤비 심플커티너리조가방식
③ 변Y형 심플커티너리조가방식
④ 트윈(더블) 심플커티너리조가방식
⑤ 콤파운드커티너리조가방식
⑥ 헤비 콤파운드커티너리조가방식
⑦ 합성 콤파운드커티너리조가방식

★★
08 커티너리조가방식의 개요에 대하여 아는바를 쓰시오.

풀이 ···

전기차의 속도 향상을 위하여 전차선의 이도에 의한 이선율을 작게 하고 동시에 경간을 크게 하기 위하여 조가선을 전차선 위에 기계적으로 가선하고 일정한 간격으로 행거나 드로퍼로 매달아 전차선(trolly wire)을 두 지지점 사이에서 궤도면에 대하여 일정한 높이를 유지하도록 하는 방식을 커티너리조가방식이라 한다.

## 09 심플커티너리 조가방식의 구성 방법을 설명하시오.

**풀이**

조가선과 전차선의 2조로 구성되고 조가선으로 전차선을 궤도면에 대하여 평행이 되도록 한 조가방식을 말한다.

## 10 다음은 어떠한 조가방식에 대한 설명인지 쓰시오.

> 심플커티너리식의 지지점 부근에 약 15[m] 정도 Y선을 가선하여 전차선을 조가한 구조로 지지점에서 팬터그래프의 압상량과 경간중앙부의 압상량을 거의 균일화시켜 이선 및 아크를 작게 함으로써 속도성능을 향상시킨 방식이다.

**풀이**

변Y형 심플커티너리 조가방식에 대한 설명이다.

## 11 트윈 심플커티너리 조가방식의 구성 방법을 설명하시오.

**풀이**

전차선과 조가선 2조를 일정한 간격(표준 100[mm])으로 병행하여 가설한 구조로 전차선이 2조로 되어 있기 때문에 집전 전류용량이 커서 고속 운전구간이나 운전밀도가 높은 구간 및 대도시 통근수송의 중부하(heavy load) 구간에 많이 사용하는 조가방식이다.

## 12 다음은 어떠한 조가방식에 대한 설명인지 쓰시오.

> 심플커티너리식의 조가선과 전차선에 보조조가선을 가설하여 조가선으로부터 드로퍼로 보조조가선을 조가하고 행거로 보조조가선에 전차선을 조가하는 방식

**풀이**

콤파운드 커티너리조가방식에 대한 설명이다.

### 13 커티너리 조가방식 중 사조식에 대하여 아는바를 쓰시오.

**풀이**

사조식은 조가선과 전차선이 수평면에 대하여 경사를 갖는 방식이다. 특수한 행거로 전차선을 조가선으로부터 경사지게 조가하고 있는 방식으로 3종류가 있다.
1) 반사조식
2) 연사조식
3) 경사조식

### 14 전차선과 조가선이 수평면에 대하여 경사를 갖는 가선방식은?

**풀이**

사조식으로 반사조식, 연사조식, 경사조식 등의 3종류가 있다.

### 15 전철설비 부하의 특성에 대하여 아는대로 쓰시오.

**풀이**

1) 3상 전력계통으로부터 단상전력으로 변환하여 전압의 불평형이 초래된다.
2) 부하의 크기는 시공간적으로 급변한다.
3) 대용량의 부하전력이 요구된다.

### 16 DC 1500[V] 직류 전차선로의 최고전압[V]은?

**풀이**

DC 1500[V] 직류 전차선로의 최고전압은 1800[V] 이다.

### 17 DC 1500[V] 직류 전차선로의 최저전압[V]은?

**풀이**

DC 1500[V] 직류 전차선로의 최저전압은 900[V] 이다.

### 18 전차선로의 이선율을 표현하는 식을 쓰시오.

**풀이**

이선율은 $\dfrac{\text{일정구간의 이선시간의 합}}{\text{일정구간의 전체주행시간}} \times 100[\%]$ 또는

$\dfrac{\text{일정구간의 주행시 이선하여 주행한거리의 합}}{\text{일정구간의 주행거리}} \times 100[\%]$

**19** ★★ 열차가 10시에 출발하여 10시 40분에 역에 도착하였다. 이때 이선시간은 15초 라면 이선율을 계산하시오.

**풀이**

이선율 $= \dfrac{\text{일정구간 주행시 이선시간의 합}}{\text{일정구간 주행시간}} \times 100$

1) 주행시간 $40 \times 60 = 2400[s]$
2) 이선시간 $15[s]$

∴ 이선율 $= \dfrac{15}{2400} \times 100 ≒ 0.63[\%]$

**20** ★ 고속전철 구간에서 이선율은 몇 [%] 이하로 제한 하는가?

**풀이**

이선율은 일반 전철구간에서 3[%] 이하, 고속전철에서는 1[%] 이하로 제한하고 있다.

**21** ★ 전차선로의 기계적인 특성인 탄성률($e$)의 특징에 대하여 아는대로 설명하시오.

**풀이**

1) 경간이 짧을수록 가선특성이 좋아진다.
2) 전차선, 조가선의 장력이 클수록 탄성율($e$)은 작아진다.
3) 경간 중앙 및 지지점에서 각기 다른 탄성을 갖고 있다.
4) 고속운전을 위해서는 탄성을 가능한 낮추어야 한다.

**22** ★ 전차선로의 기계적인 특성인 탄성률($e$)을 나타내는 식을 쓰시오.(단, $S$ : 전주 경간[m], $T_t$ : 전차선의 장력[kN], $T_m$ : 조가선의 장력[kN], $K$ : 상수이다.)

**풀이**

전차선로의 탄성률은 $e = \dfrac{S}{K(T_t + T_m)}$ 이다.

**23** 전차선로의 기계적인 특성인 비균일율($U$)을 나타내는 식을 쓰시오.(단, $E_{max}$ : 경간 중앙의 탄성, $E_{min}$ : 지지점의 탄성이다.)

> 풀이
> 
> 비균일율($U$)은 $U = \dfrac{E_{max} - E_{min}}{E_{max} + E_{min}} [\%]$ 이다.

**24** 운전속도 $V$[m/s], 파동전파속도 $C$[m/s]일 때 도플러계수($\alpha$)는?

> 풀이
> 
> 도플러계수는 $\alpha = \dfrac{C - V}{C + V}$ 이다.

**25** 가공전차선로에서 운전속도가 80[km/h]이고 파동전파속도가 100[km/h]일 때 도플러계수($\alpha$)는 얼마인지 계산하시오.

> 풀이
> 
> $\alpha = \dfrac{C - V}{C + V} = \dfrac{100 - 80}{100 + 80} = 0.11$

**26** 전차선의 장력 $T$[N], 전차선의 단위길이당 질량 $\rho$[kg/m]일 때 파동전파속도 $C$[m/s]를 나타내는 식을 쓰시오.

> 풀이
> 
> 파동전파속도 $C = \sqrt{\dfrac{T}{\rho}}$ 이다.

**27** 전차선의 동적 압상량은 100[km/h] 미만의 구간에서는 전차선 정적 압상량의 몇 배 이상으로 계산하는가?

> 풀이
> 
> 전차선의 동적 압상량은 100[km/h] 미만의 구간에서는 전차선 정적 압상량의 3배 이상으로 계산한다.

## 28
★★★
부등률을 $\epsilon$, 가선과 팬터그래프가 공진하는 속도를 $V_c$라할 때 이선을 시작하는 속도 $V_r$을 나타내는 식을 쓰시오.

**풀이**

이선 속도는 $V_r = \dfrac{V_c}{\sqrt{1+\epsilon}}$ 이다.

## 29
★★
심플 커티너리방식에서 팬터그래프의 공진속도 157[km/h], 스프링계수 부등률 0.4일 때 팬터그래프의 이선속도는 약 몇 [km/h]인지 계산하시오.

**풀이**

$$V_r = \dfrac{V_c}{\sqrt{1+\epsilon}} = \dfrac{157}{\sqrt{1+0.4}} ≒ 133$$

## 30
★
심플커티너리 가선방식의 경간($S$) : 50[m], 스프링계수($K$) : 2000[N/m], 스프링계수 부등률($\epsilon$) : 0.3, 등가질량[m] : 80[kg]일 때 팬터그래프의 공진속도는 약 몇 [km/h]인지 계산하시오.

**풀이**

$$V_c = \dfrac{S}{2\pi}\sqrt{\dfrac{K}{m}\left(1-\dfrac{\epsilon^2}{2}\right)} = \dfrac{50}{2\pi}\sqrt{\dfrac{2000}{80}\left(1-\dfrac{0.3^2}{2}\right)} = 38.9[\text{m/s}]$$

[km/h]로 환산하면 $V_c = 38.9 \times \dfrac{3600}{1000} ≒ 140[\text{km/h}]$

## 31
★
전차선로의 전압강하를 정하는 요소에 대하여 아는대로 쓰시오.

**풀이**

전차선로의 전압강하는 열차 운전조건(열차단위, 열차시격, 구배, 정거장 간격 등), 급전계통(급전방식, 급전선의 종류) 및 변전소의 간격 등에 의해 정해진다.

## 32
★
직류 급전방식에서 변전소 용량이 10000[kW], 부하출력이 6000[kW]일 때, 변전소 내부 전압강하의 개략값[V]을 계산하시오. (단, 표준 정격전압 1500[V], 전압변동률 6[%]이다.)

풀이

$$\text{전압강하(개략계산)} = \text{정격전압} \times \text{전압변동률} \times \frac{\text{부하출력}}{\text{변전소 용량}}$$
$$= 1500 \times 0.06 \times \frac{6000}{10000} = 54[V]$$

★
**33** 직류 급전방식에서 양쪽 변전소 내부저항과 무부하 급전전압이 같을 경우 전압변동률($\epsilon$) 8[%]라 하면 변전소 정격 출력전압($E$)을 구하는 식을 쓰시오.

풀이

$$\epsilon = \frac{V-E}{E} \times 100[\%]$$

변전소 정격 출력전압($E$)는 $E = \frac{V-E}{\epsilon}$ 이다.

★
**34** 직류 급전방식에서 양쪽 변전소 내부저항과 무부하 급전전압이 같을 경우 전압변동률($\epsilon$) 8[%]라 하면 정류기의 정격전류($I_n$)을 구하는 식을 쓰시오.

풀이

정류기의 정격전류 $I_n = \frac{\text{정류기용량}(W_{rec})}{\text{정격출력전압}(E)}$ 이다.

★
**35** 교류급전방식의 전압강하를 계산할 때 고려해야 하는 선로정수는 어떤 것들이 있는지 아는대로 쓰시오.

풀이

교류급전방식의 전압강하를 계산할 때 고려해야 하는 선로정수로는 자기임피던스($Z$), 외부임피던스($Z_s$), 내부임피던스($Z_i$), 상호임피던스($Z_M$), 선로임피던스($Z_L$) 등이 있다.

★
**36** 교류급전방식의 전압강하 선로정수중 자기임피던스($Z$)를 구하는 식을 쓰시오.(단, 외부임피던스($Z_s$), 내부임피던스($Z_i$), 상호임피던스($Z_M$), 선로임피던스($Z_L$) 이다.)

풀이

자기임피던스($Z$)  $Z = Z_s + Z_i$ 이다.

**37** 교류급전방식의 전압강하 선로정수중 전선의 내부임피던스($Z_i$)를 구하는 식을 쓰시오?(단, $\mu$ : 전선의 비유전율, $R_i$ : 전선의 고유저항[Ω], $L_i$ : 전선 내부유도계수[H] 이다.)

> 풀이
> 
> 전선의 내부임피던스($Z_i$)  $Z_i = R_i + j\omega L_i$

**38** 직류방식에서 전압강하를 경감할 수 있는 대책에 대하여 2가지만 쓰시오.

> 풀이
> 
> 1) 급전선 즉, 보조권선을 설치하여 선로저항을 경감한다.
> 2) 전압강하가 크게 되는 구간에는 변전소를 증설하여 급전거리를 단축한다.
> 3) 복선구간에서는 급전구분소(SP) 또는 급전타이포스트(Tie Post)를 설치하고 상,하선의 급전선을 균압하여 병렬로 사용한다.
> 4) 승압기를 삽입하여 전압강하를 보상한다.

**39** 교류(AC)방식에서 전압강하를 경감할 수 있는 대책에 대하여 3가지만 쓰시오.

> 풀이
> 
> 1) 직렬콘데서를 사용하여 리액턴스분을 보상한다.
> 2) 단권변압기의 승압효과를 이용한다.
> 3) 자동전압보상장치를 사용하여 부하전류의 변화에 대응하여 전압을 조정한다.
> 4) 전기차의 역률을 개선한다.
> 5) 변전소에서 병렬콘덴서를 부하와 병렬로 접속하고 무효전력을 공급하여 부하의 역률을 개선한다.
> 6) 동기조상기를 설치한다.
> 7) 동축케이블을 급전선으로 사용한다.

**40** 연입률에 대하여 간단하게 설명하시오.

> 풀이
> 
> 연입률이란 연선의 실제 길이에 대한 소선의 실제 길이 증가 비율을 말한다.

**41** 전차선로에 사용하는 전선의 재질이 경동선인 경우 주위온도 40[℃]로 하였을 때 순시전류용량을 구하는 식을 쓰시오.

풀이

전선의 재질이 경동선인 경우 주위온도 40[℃]로 하였을 때 순시전류용량은
$I = 152.1 \times \dfrac{S}{\sqrt{t}}$ 이다.

**42** 전차선로에 사용하는 전차선의 재질이 경동선 170[mm²], 통전시간이 3[s]라고 하였을 때 순시전류용량($A$)을 계산하시오.

풀이

$I = 152.1 \times \dfrac{S}{\sqrt{t}} = 152.1 \times \dfrac{170}{\sqrt{3}} = 14928[\text{A}]$

**43** 전차선로에 사용하는 전선의 재질이 경알루미늄선인 경우 주위온도 40[℃]로 하였을 때 순시전류용량을 구하는 식을 쓰시오.

풀이

전선의 재질이 경알루미늄선인 경우 주위온도 40[℃]로 하였을 때 순시전류용량은
$I = 93.26 \times \dfrac{S}{\sqrt{t}}$ 이다.

**44** 전차선로에 사용하는 급전선의 재질이 강심알루미늄선 288[mm²], 통전시간이 3[s]라고 하였을 때 순시전류용량($A$)은?

풀이

$I = 93.26 \times \dfrac{S}{\sqrt{t}} = 93.26 \times \dfrac{288}{\sqrt{3}} = 15506[\text{A}]$

**45** 전차선로에 사용하는 전선의 재질이 아연도강연선인 경우 주위온도 40[℃]로 하였을 때 순시전류용량을 구하는 식을 쓰시오.

풀이

전선의 재질이 아연도강연선인 경우 주위온도 40[℃]로 하였을 때 순시전류용량
$I = 49 \times \dfrac{S}{\sqrt{t}}$ 이다.

**46** 전차선의 허용온도는 몇 [℃]인가?

풀이
전차선의 허용온도는 90[℃]로 하고, 급전선 등의 나전선은 100[℃]로 한다.

**47** 직류 급전방식에서 온도가 상승하는 개소를 적으시오.

풀이
직류 급전방식에서 온도가 상승하는 개소는 변전소 급전인출구의 급전선, 급전 분기선, 급전 분기점 인근의 전차선 등이다.

**48** 교류 AT급전방식에서 충분한 주의가 필요한 온도상승 개소는?

풀이
급전분기 개소의 금구 등 접촉불량에서 발생하는 온도상승에 주의하여야 한다.

**49** 고속철도 전차선로에 사용하는 급전선의 재질이 경알루미늄선 233.97[mm$^2$], 통전시간이 3[s]라고 하였을 때 순시전류용량($A$)을 구하시오.

풀이
$$I = 93.26 \times \frac{S}{\sqrt{t}} = 93.26 \times \frac{233.97}{\sqrt{3}} ≒ 12597[A]$$

**50** 고속철도 전차선로에 사용하는 조가선의 재질이 Bz 65.45[mm$^2$], 통전시간이 2[s]라고 하였을 때 순시전류용량($A$)을 구하시오.

풀이
$$I = 152.1 \times \frac{S}{\sqrt{t}} = 152.1 \times \frac{65.45}{\sqrt{2}} ≒ 7039[A]$$

**51** 순환전류에 대하여 간단하게 설명하시오.

풀이
변전소로부터 송출된 전류가 급전선, 급전분기장치 등을 통하여 전동차에 급전시키기까지 주회로(전차선) 이외의 전선, 가선금구 등에 흐르는 전류를 말한다.

**52** 다음은 실제 전차선로의 순환전류 회로도이다. 괄호 안에 알맞은 내용을 쓰시오.

> 급전선 → 급전분기장치 → 전차선 → (　　) → 조가선 → 행거 → (　　)

**풀이**

실제 전차선로의 순환전류 회로는 급전선 → 급전분기장치 → 전차선 → M-T균압선 → 조가선 → 행거 또는 M-T균압선 → 전차선과 같은 복잡한 회로로 구성되어 있다.

**53** 순환전류에 의한 이종금속간 사고방지 대책을 적으시오.

**풀이**

1) 충분한 이격거리 유지
2) 전기적으로 절연(절연방식)
3) 저저항으로 완전하게 접속(균압방식)

**54** 에어조인트 개소에서 순환전류를 방지하기 위한 균압선의 접속 방법에 대하여 간단하게 답하시오.

**풀이**

에어조인트 개소에는 조가선 상호 및 전차선과 조가선을 일괄(T-M-M-T) 접속한다.

**55** 다음은 교류구간에서 M-T 균압선에 대한 내용이다. 괄호 안에 들어가는 수치를 쓰시오.

> 교류구간에서 M-T 균압선의 취부간격은 (　　)[m] 이다.

**풀이**

교류구간에서 M-T 균압선의 취부 간격은 250[m] 이다.

**56** 다음은 직류구간에서 M-T 균압선에 대한 내용이다. 괄호 안에 들어가는 수치를 쓰시오.

> 직류구간에서 M-T 균압선의 취부간격은 ( )[m] 이다.

**풀이**

직류구간에서 M-T 균압선의 취부 간격은 125[m] 이다.

---

**57** 가공단선식 전차선로에서 귀선로에 대하여 간단하게 설명하시오.

**풀이**

전기차에 공급된 운전용 전력을 변전소로 되돌려 흘리는 도체를 귀선이라 하고 이것을 지지 또는 보장하는 공작물을 포함한 설비를 귀선로라고 한다.

---

**58** 다음은 직류 전철구간의 귀선로 회로 구성에 대한 설명이다. 괄호 안에 들어가는 내용을 쓰시오.

> 직류 전철구간의 귀선 전류는 일반적으로 열차 주행용 레일과 대지 귀로를 흘러 ( )에 접속된 인입 귀선을 통하여 변전소의 부극(-) 모선에 돌아가는 회로로 구성되어 있다.

**풀이**

직류 전철구간의 전기차 전류(귀선 전류)는 일반적으로 열차 주행용 레일과 대지 귀로를 흘러 임피던스본드의 중성점에 접속된 인입 귀선을 통하여 변전소의 부극(-) 모선에 돌아가는 회로로 구성되어 있다.

---

**59** 전기차에 공급된 운전용 전력이 변전소로 되돌아가는데 사용하는 귀선로에 요구되는 기본적인 요건에 대하여 2가지만 쓰시오.

**풀이**

1) 대지 누설전류가 작도록 시설하고 전식·통신유도장해·레일전위의 상승 등을 경감시킬 수 있을 것
2) 귀선로용 전선은 전기차 전류에 대응한 전류용량, 기계적강도 및 내식성을 가질 것
3) 임피던스본드 등에 단자취부 및 가공전선의 지지는 탈락, 손상이 없도록 시설할 것
4) 교·직류방식의 접속점에는 귀선전류의 흐름에 따른 궤도회로 지장·자기교란현상이 발생하지 않도록 시설할 것

## 60 가공단선식 전차선로의 귀선용 레일전위에 대하여 아는대로 3가지만 적으시오.

**풀이**

1) 부하전류가 클수록 높아진다.
2) 레일의 고유저항이 클수록 높아진다.
3) 레일의 대지 절연저항이 클수록 높게된다.
4) 부하점과 변전소간 거리가 멀수록 높아진다.
5) 교류구간에는 급전전압이 직류의 10배 이상 높기 때문에 귀선전류가 거의 1/10이 되지만 레일의 임피던스가 직류저항의 약 10배로 되어 직류구간과 거의 같은 정도의 레일전위가 발생한다.
6) 직류구간에서는 귀선전류의 전부가 레일전위 발생의 요소가 된다.

## 61 귀선용 레일을 접속하는 경우 레일본드에 대하여 간단하게 쓰시오.

**풀이**

레일본드는 귀선용 레일의 전기저항을 작게 하기 위하여 레일과 레일 사이에 전기적으로 접속하는 것을 말한다.

## 62 가공 단선식 전차선로에서 열차가 A변전소에서 B변전소로 운행하고 있을 때 레일에 대한 대지전위 분포가 가장 큰 곳은 어디인가?

**풀이**

가공 단선식 전차선로에서 레일에 대한 대지전위 분포가 가장 큰 곳은 열차 통과지점이다.

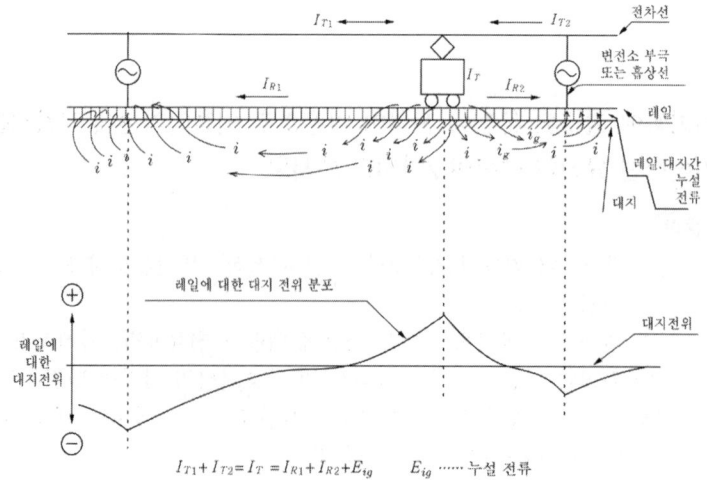

귀선 전류와 레일의 대지 전위 분포

## 63 부급전선(NF)에 대하여 아는대로 설명하시오.

**풀이**

통신유도장해를 경감하기 위해 흡상변압기 급전방식에서 레일에 흐르고 있는 귀선전류를 흡상변압기에 의해 흡상하여 강제적으로 변전소에 되돌려 보내기 위한 귀선과 레일에 병렬로 접속시킨 전선을 부급전선이라 한다.

## 64 이종금속 접촉에 의한 부식 요인에 대하여 간단히 쓰시오.

**풀이**

1) 수분의 부착, 온도의 영향
2) 부식환경의 영향
3) 온도조건
4) 분진의 부착

## 65 이종금속 접촉에 의한 부식방지 대책을 3가지 이상 쓰시오.

**풀이**

1) 이종금속 간에 물이 고이지 않도록 한다.
2) 이종금속간을 절연한다.
3) 중간금속을 삽입한다.
4) 전극전위가 상호 근접한 금속을 선정한다.
5) 접촉면적을 작게 한다.

## 66 귀선로의 기본적인 구비조건에 대하여 아는대로 쓰시오.

**풀이**

1) 대지 누설전류가 작도록 시설하고 전식, 통신유도장해, 레일전위 상승 등을 경감 시킬수 있을 것.
2) 귀선로용 전선은 전기차 전류에 대응한 전류용량, 필요한 기계적 강도 및 내식성을 가질 것
3) 임피던스본드 등에 단자취부 및 가공전선의 지지는 탈락, 손상이 없도록 시설할 것
4) 교·직류방식의 접속점에는 귀선전류의 흐름에 따른 궤도회로 지장·자기교란 현상이 발생하지 않도록 시설할 것

**67** 가공전차선로에서 직류측 귀선로의 전철측에서의 전식방지대책 3가지만 쓰시오.

> 풀이
> 1) 대지에 대한 레일의 절연저항을 크게 한다.
> 2) 귀선저항을 감소시킨다.
> 3) 변전소를 증가시키고 누설전류를 감소시킨다.
> 4) 레일 내의 전위경도를 감소시켜 누설전류를 작게 한다.
> 5) 귀선의 극성을 정기적으로 전환시켜 전기화학 반응을 중화시킨다.
> 6) 해수 중에 배류시키고 해수를 귀로로 이용한다

**68** 다음은 직류 귀선로의 전식 방지대책중 어떤 방식에 대한 설명인가?

> 지중 금속 매설체와 레일을 연결하는 배류선에 설치하여 금속체가 레일에 대하여 높은 전위에 있는 경우에만 전류를 유출시키는 방법으로서, 이 방법은 전력이나 접지가 필요하지 않고 경제적이기 때문에, 전식 방지에 널리 이용되고 있고, 자연 부식의 일부에도 방지 효과가 있다.

> 풀이
> 직류 귀선로의 전식 방지대책 중 선택배류방식에 대한 설명이다.

**69** 다음은 직류 귀선로의 전식 방지대책중 어떤 방식에 대한 설명인가?

> 지중 매설 금속체와 레일과의 직접 연결하는 방법으로 누설전류에 영향을 주는 전철 변전소가 부근에 한 개 뿐이고 레일측으로부터 전류가 역류할 우려가 없는 경우에만 사용되고 적용할 수 있는 경우가 적다.

> 풀이
> 직류 귀선로의 전식 방지대책 중 직접배류방식에 대한 설명이다.

**70** 다음은 직류 귀선로의 전식 방지대책 중 어떤 방식에 대한 설명인가?

> 레일을 접지 양극으로 하는 외부 전원법으로서 외부에서 직류전원을 레일과 지중매설 금속체 사이에 가하는 방법이다. 레일을 접지 양극으로 하고, 또 선택배류법의 특성도 갖추고 있기 때문에 방식 효과가 크다.

풀이 ●•••
직류 귀선로의 전식 방지대책 중 강제배류방식에 대한 설명이다.

**71** 교류 전기철도에서 발생하는 유도장해의 발생 유형에 대하여 2가지만 쓰시오.

풀이 ●•••
교류 전기철도에서 발생하는 유도장해의 발생 유형으로는
1) 기본파의 유도전압에 의하여 인체에 위험을 주는 장해
2) 통신기기의 소손으로 발생하는 장해
3) 잡음전압에 따라 발생하는 통신장해

**72** 흡상선은 지표상 몇 [m] 높이까지 절연관 등으로 보호하는가?

풀이 ●•••
흡상선은 교류전차선로의 통신유도장해를 경감하기 위해 변전소 바로 근처 및 인접 흡상기의 중간지점 부근에서 부급전선과 레일전선을 접속하는 선으로 지표상 2[m] 높이까지 절연관 등으로 보호한다.

**73** 통신선에 유기되는 전압 $E_s$[V]를 구하는 식을 쓰시오.(단, 전차선의 대지전압을 $E$[V], 전차선의 대지정전용량을 $C_a$[F], 통신선의 대지정전용량을 $C_b$[F], 전차선과 통신선의 대지정전용량을 $C_{ab}$[F] 이다.)

풀이 ●•••
통신선에 유기되는 전압 $E_s = \dfrac{C_{ab}}{C_{ab} + C_b} \cdot E$[V] 이다.

**74** 통신유도장해에 있어서 정전유도 방지 대책에 대하여 간단하게 쓰시오.

풀이 ●•••
정전유도 방지 대책으로는
1) 통신선을 전차선으로부터 가급적 멀리 이격한다.
2) 전차선과 통신선의 중간에 부급전선(차폐선)을 시설한다.
3) 통신선을 케이블화하면 완전하게 차폐할 수 있다.

## 75. 통신유도장해에 있어서 전자유도 방지 대책에 대하여 간단하게 쓰시오.

**풀이**

1) 전차선과 평행하게 부급전선을 설치하여 귀선저항을 줄인다.
2) 통신선을 가능한 멀리 이격하거나 차폐케이블을 사용하여 상호인덕턴스를 작게 한다.
3) 통신선에 절연변압기 또는 중계코일을 삽입하여 유도구간을 분할한다.
4) 전기차에 필터를 설치하여 전차선으로의 고주파를 억제하여 유도경감을 한다.

## 76. 직류 전철구간의 유도장해를 경감하기 위하여 전차선에 평행하는 통신선의 적정한 이격거리[m]는 얼마인가?

**풀이**

직류 전철구간의 유도장해를 경감하기 위하여 전차선에 평행하는 통신선은 4[m] 이상 이격거리가 필요하며, 전구간에 걸쳐서 등가평균 이격거리는 가능한 7[m] 이상 되도록 통신선을 전차선에서 이격시키든지 아니면 케이블화 하고 있다.

## 77. 다음은 교류 전기철도에서 위험전압으로 보는 정전유도전압의 허용값에 대한 설명이다. 괄호 안에 알맞은 수치를 쓰시오.

> 교류 전기철도에서 위험전압으로 보는 정전유도전압의 허용값은 (    )[V] 이다.

**풀이**

교류 전기철도에서 위험전압으로 보는 정전유도전압의 허용값은 300[V] 이다.

## 78. 다음은 교류 전기철도에서 이상시 위험전압으로 보는 전자유도전압의 허용값에 대한 설명이다. 괄호 안에 알맞은 수치를 쓰시오.

> 교류 전기철도에서 이상시 위험전압으로 보는 정전유도전압의 허용값은 (    )[V] 이다.

**풀이**

교류 전기철도에서 이상시 위험전압으로 보는 전자유도전압의 허용값은 430[V]이다.

79 교류 전기철도에서 케이블 통신선의 경우 잡음전압의 허용값[mV]는?

풀이
교류 전기철도에서 케이블 통신선의 경우 잡음전압의 허용값은 1[mV] 이다.

80 다음은 통신유도장해를 경감하기 위한 흡상(BT)변압기에 의한 방법에 대한 설명이다. 괄호 안에 들어가는 내용을 넣으시오.

> 흡상(BT)변압기는 권선비가 1 : 1인 변압기로 약 (   )[km]마다 배치하고, 1차측은 전차선에 접속하고, 2차측은 (   )에 접속한다.

풀이
흡상(BT)변압기는 권선비가 1 : 1인 변압기로 약 4[km]마다 배치하고, 1차측은 전차선에 접속하고, 2차측은 부급전선에 접속한다.

81 다음은 통신유도장해를 경감하기 위한 단권(AT)변압기에 의한 방법에 대한 설명이다. 괄호안에 들어가는 내용을 넣으시오.

> 단권(AT)변압기는 전자적인 밀결합으로 제작된 변압기로 약 (   )[km]마다 배치하고, 권선의 중성점은 레일에 접속하고, 양단자의 한편은 전차선에 급전하고, 다른 한편은 (   )에 접속한다.

풀이
단권(AT)변압기는 전자적인 밀결합으로 제작된 변압기로 약 10[km]마다 배치하고, 권선의 중성점은 레일에 접속하고, 양단자의 한편은 전차선에 급전하고, 다른 한편은 급전선에 접속한다.

# MEMO

# Chapter 4. 일반 전차선로

## 1. 급전선(feeder line)

### 1.1 급전선의 종류

#### 1.1.1 직류 급전선
전차선과 병렬로 설치하여 전차선로의 전류용량과 전압강하를 구제하는 전선

#### 1.1.2 BT 급전선
전철용 변전소와 급전 인출구 부근의 절연구간(Neutral section) 전후의 전차선 사이를 연결하여 전차선에 전력을 공급하기 위한 전선

#### 1.1.3 AT 급전선
전철 변전소에서 전차선로에 분산 설치되어 있는 단권변압기(AT)에 전력을 공급하기 위한 전선

### 1.2 급전선의 선종

#### 1.2.1 경알루미늄연선은 경동연선에 비하여
(1) 강도가 작고 선팽창계수가 크다.(단점)
(2) 가격이 저렴
(3) 중량이 가벼우므로 지지물을 경감할 수 있어 경제적

#### 1.2.2 급전선 단면적의 선정시 고려할 사항
(1) 변전소 간격
(2) 전기차 출력과 열차밀도
(3) 선로조건
(4) 전기차 수전점의 전압강하

(5) 급전선의 온도상승

## 1.3 급전선의 이격거리

### 1.3.1 전선의 수평선간 이격거리

$$C_k \geq 2(L_i + d)\sin\theta + \varepsilon$$

여기서, $C_k$ : 전선의 수평선간 이격거리[m]
$L_i$ : 애자의 연결길이(부속금구 포함)[m]
$d$ : 전선의 이도[m]
$\varepsilon$ : 최소 허용접근거리[m]
$v$ : 선간전압[kV]
$\theta$ : 바람의 영향에 따라 횡진하는 각도[°]

$$\theta = \tan^{-1}\frac{w'}{w}$$

여기서, $w$ : 전선의 단위중량[kg/m]
$w'$ : 바람 영향의 등가풍속에 따른 전선이 받는 풍압[N/m]
단, 바람의 영향에 의한 등가풍속은 13[m/s]로 한다.

### 1.3.2 전선과 지지물과의 절연 이격거리

$$C_h = L\sin\theta + D$$

여기서, $C_h$ : 전선과 지지물과의 이격거리[m]
$L$ : 애자련의 길이(부속금구 포함)[m]
$D$ : 최소 절연이격거리[m]
$\theta$ : 풍압과 횡장력에 의한 경사각[°]

## 1.4 급전선의 이도 · 장력

### 1.4.1 이도와 장력의 관계식

$$T = \frac{wS^2}{8D}, \quad T_0 = \frac{w_0 S^2}{8D_0}$$

여기서, $T$ : 전선의 온도가 $t$ 일 때의 장력[N]
$T_0$ : 전선의 온도가 $t_0$ 일 때의 표준장력[N]
$D$ : 전선의 장력 $T$ 일 때의 이도[m]
$D_0$ : 전선의 표준장력 $T_0$ 일 때의 이도[m]
$S$ : 경간[m]
$w$ : 전선의 단위중량[kg/m]
$w_0$ : 전선의 무풍시 단위중량[kg/m]

## 1.5 급전선의 표준장력(Standard tension)

### 1.5.1 표준장력의 상한

표준온도일 때 장력 $T$, 최저온도일 때 장력을 $T_0$ 라 하면

$$T = T_0 - \frac{8AE}{3S^2}(D_0^2 - D^2) - AE\alpha(t - t_0)$$

여기서, $T$ : 전선의 표준온도 $t$ 에서의 장력[N]
$T_0$ : 전선의 표준온도 $t_0$ 에서의 장력[N] ≤ 허용하중
$D$ : 전선의 표준장력 $T$ 에서의 이도[m]
$D_0$ : 전선의 표준장력 $T_0$ 에서의 이도[m]
$A$ : 전선의 단면적[mm$^2$]
$E$ : 전선의 탄성계수[N/mm$^2$]
$\alpha$ : 전선의 선팽창계수
$S$ : 경간[m]

$$D_0 = w_0 \frac{S^2}{8T_0}, \quad D = w\frac{S^2}{8T}$$

여기서, $w$ : 전선의 단위중량[kg/m]
$w_0$ : 풍압하중을 가한 전선의 단위중량[kg/m]

### 1.5.2 표준장력의 하한

지지물의 길이, 장주, 선간이격 등에 따라 한정되고 최대이도($D_{\max}$)와 전선의 최고온도의 조건에서 표준장력의 하한을 구한다.

## 2. 전차선(trolley wire)

### 2.1 전차선의 성능

(1) 가선 장력에 대하여 충분히 견딜 것
(2) 집전장치 통과와 집전에 지장이 없을 것
(3) 접속개소의 통전 상태가 양호할 것

### 2.2 전차선의 선종

#### 2.2.1 전차선의 굵기 결정조건

(1) 허용전류          (2) 전압강하
(3) 기계적 강도      (4) 작업성과 경제성

#### 2.2.2 전차선의 단면형상

(1) 원형            (2) 홈붙이 원형
(3) 홈붙이 제형     (4) 홈붙이 이형

#### 2.2.3 전차선의 재료

(1) 집전율이 높을 것
(2) 전류용량이 클 것
(3) 내열성이 우수할 것
(4) 내마모성이 우수할 것
(5) 내부식성이 우수할 것
(6) 피로강도에 충분히 견딜 것

### 2.3 전차선의 높이(height of contact wire)

전차선 높이는 레일면상에서 전기차가 직접 접촉하여 전기를 공급받는 전차선 하부까지를 말하며, 전기차 집전장치(pantograph) 등과의 관계를 고려해서 전차선 높이를 결정

## 2.4 전차선의 편위(deviation of contact wire)

### 2.4.1 전차선의 편위를 정하는 요소
(1) 전기차 동요에 따른 집전장치의 편위
(2) 풍압에 따른 전차선의 편위
(3) 곡선로에 의한 전차선의 편위
(4) 가동브래킷, 곡선당김금구(pull-off arm)의 이동에 따른 전차선의 편위
(5) 지지물의 변형에 따른 전차선의 편위

### 2.4.2 전차선의 높이, 편위의 측정
(1) 전차선의 표준 높이 · 편위는 정지상태를 기준으로 한 것
(2) 전차선의 높이 · 편위의 측정방법은 정적인 상태에서 궤도면상에서 가선측정기에 의한 방법과 동적인 상태에서 전철시험차 측정 방법
(3) 정적인 상태에서 가선측정기에 의한 곡선구간의 측정은 외측궤도를 기준으로 한다.

## 2.5 전차선의 구배(gradient of contact wire)

$$b = \frac{FH}{2mV^2} [‰]$$

여기서, $m$ : 팬터그래프의 질량(3.4[kg])
　　　　$b$ : 가공전차선의 구배[‰]
　　　　$V$ : 열차속도[km/h]
　　　　$F$ : 팬터그래프의 상승압력(5.5[kg/cm$^3$])
　　　　$H$ : 도약거리 (5[m])

## 2.6 전차선의 이선

### 2.6.1 이선의 종류
(1) 소이선(팬터그래프 진동에 따른 이선)
(2) 중이선(불연속점[경점]의 이선)
(3) 대이선(지지점 주기의 이선)

### 2.6.2 전차선에 미치는 이선의 영향

(1) 이선될 때에 발생하는 아크에 의하여 전차선의 마모를 촉진하는 원인이 된다.
(2) 이선하기 직전 또는 재착선시에 전차선과 팬터그래프간의 접촉력이 순간적으로 크기 때문에 그 부분의 전차선이 쉽게 마모된다.
(3) 팬터그래프가 항상 이선하여 통과하는 개소의 전차선은 표면이 변색한다든지 용손하지만 마모는 진행되지 않는다.

### 2.6.3 이선에 따른 장애

(1) 전차선의 아크방전에 따른 열화, 손상
(2) 팬터그래프의 아크방전에 따른 열화, 손상
(3) 무선잡음의 발생
(4) 아크방전에 의한 접지

### 2.6.4 이선 장애대책

(1) 이선 자체를 작게 한다.
(2) 아크방전의 발생을 작게 한다.
(3) 아크방전이 발생해도 미치는 장애를 작게 한다.

## 2.7 전차선의 마모(wear)

### 2.7.1 전기적 마모(용착 마모)

(1) 팬터그래프와 전차선의 불완전 접촉 또는 이선 등에 의하여 발생하는 아크의 전기적 원인에 따른 것
(2) 전차선의 구배 변화점, 경점개소, 장력 불균형 개소, 습동면의 요철이 문제

### 2.7.2 기계적 마모(절삭마모)

(1) 팬터그래프 집전판과 전차선간의 기계적 마찰 및 충격에 따라 발생
(2) 팬터그래프의 압상력이 크고 집전판 재질의 강도가 크면, 기계적 마모가 많으며 마찰계수에 비례하고 고속으로 될수록 적게 된다.
(3) 전류가 작은 교류구간에서는 전기적 마모보다 기계적 마모가 크고, 직류구간에서는 반대로 된다.

### 2.7.3 전차선 마모에 영향을 주는 요소

(1) 팬터그래프의 압상력
(2) 집전전류
(3) 운전속도
(4) 접촉력의 변동, 이선
(5) 팬터그래프의 구조와 개수
(6) 집전판의 재질
(7) 전차선의 온도
(8) 궤도조건, 차량동요

### 2.7.4 전차선 마모 관리상의 요주의 개소

(1) 에어섹션, 부스터섹션, 에어조인트 개소 등(특히 동력운전 개소)
(2) 역행(동력운전)개소의 급전분기 및 더블이어 등의 경점개소 부근
(3) 전차선 교차개소의 굴곡개소

### 2.7.5 전차선의 마모율

$$\text{마모율(mm/1만 Panto)} = \frac{\text{전차선의 마모량}}{\text{팬터그래프 통과회수 1만 회}}$$

## 2.8 전차선의 표준장력

### 2.8.1 표준장력 값의 근거

전차선의 마모한도는 전차선의 허용 장력의 한도와 밀접한 관계를 가지고 있다. 전차선의 허용장력 $T$는

$$T = \frac{\sigma_0 \cdot A}{S_t}$$

여기서, $\sigma_0$ : 전차선의 파괴강도[N/mm$^2$]
$A$ : 전차선의 잔존 단면적[mm$^2$]
$S_t$ : 전차선의 안전율

**예제 1** 전차선(110[mm²])의 잔존 단면적을 67.6[mm²](잔존 지름 7.5[mm²])으로 하고, 안전율은 2.2로 하면 전차선의 허용장력[N]을 구하시오.(단 전차선의 파괴강도는 38,220[N/mm²] 이다)

**풀이** $T = \dfrac{\dfrac{38220}{110} \times 67.6}{2.2} \fallingdotseq 10676[N]$

### 2.8.2 일괄(전체) 자동장력조정하는 경우

전차선 전체를 자동장력조정하는 경우는 일반적으로 가동브래킷 방식으로 하고 있기 때문에 가선의 이동에 대한 억제저항이 극히 적어서 전차선 장력의 변화를 표준장력의 5[%] 이내로 시설

$$T_0 = T(1 - 0.05)$$

**예제 2** 전차선 일괄(전체)를 자동장력조정하는 경우 전차선(110[mm²])의 허용장력 $T$를 10570[N]로하면 전차선의 표준장력 $T_0$[N]는?

**풀이** 전차선의 표준장력
$T_0 = T(1 - 0.05) = 10570 \times 0.95 \fallingdotseq 10042[N]$

### 2.8.3 전차선만 자동장력조정할 경우

전차선만 자동장력조정할 경우 억제저항이 있기 때문에 전차선 장력의 변화가 표준장력에 대하여 최대 15[%] 이내(표준 10[%])로 하고 그 조정구간을 선정해서 시설

$$T_0 = T(1 - 0.15)$$

**예제 3** 전차선만 자동장력조정할 경우 전차선(110[mm²])의 허용장력 $T$를 10570[N]로 하면 전차선의 표준장력 $T_0$[N]를 구하시오.

**풀이** 전차선의 표준장력
$T_0 = T(1 - 0.15) = 10570 \times 0.85 \fallingdotseq 8985[N]$

### 2.8.4 자동장력조정을 하지 않는 경우

$$T = \frac{A\{\sigma_0 - S_t \cdot \alpha(t_0 - t)\}}{S_t}$$

여기서, $\sigma_0$ : 전차선의 파괴강도[N/mm$^2$]
  $A$ : 전차선의 잔존 단면적[mm$^2$]
  $S_t$ : 전차선의 안전율
  $E$ : 전차선의 탄성계수
  $\alpha$ : 전차선의 팽창계수
  $t_0$ : 전차선의 표준가설 온도[℃]
  $t$ : 전차선의 최저가설 온도[℃]

**예제 4** 자동장력조정을 하지 않는 경우 전차선(110[mm$^2$])의 허용장력 $T$를 1075[N]로 하면 전차선의 허용장력 $T$[N]는?

**풀이** 전차선의 허용장력
$$T = \frac{A\{\sigma_0 - S_t \cdot \alpha(t_0 - t)\}}{S_t}$$
$$= \frac{67.6\{35 - 2.2 \times 1.2 \times 10^4 \times 1.7 \times 10^{-5} \times (15+10)\}}{2.2} = 731 \risingdotseq 800 = 7840[\text{N}]$$

## 2.9 전차선의 가고 · 경사

### 2.9.1 표준가고($H$)의 계산

$$H = D + h$$

여기서, $D$ : 조가선의 최대이도[m]

$$D = \frac{WS^2}{8T_0}$$

여기서, $h$ : 드로퍼의 최소길이 0.15[m]
  $S$ : 경간[m]
  $T_0$ : 표준장력[N]
  $W$ : 전차선로의 단위중량[kg/m]

$$W = W_m + W_t + W_n$$

여기서, $W_m$ : 조가선의 단위중량[kg/m]

$W_t$ : 전차선의 단위중량[kg/m]

$W_n$ : 드로퍼의 전차선 단위 길이당 환산중량[kg/m]

**예제 5** 커티너리시스템 전차선로의 고정빔구간(역구내)에서 조가선은 St 90[mm$^2$](0.697[kg/m]) 전차선을 Cu 110[mm$^2$](0.998 [kg/m])로 사용하고 경간을 50[m], 드로퍼의 전차선 단위 길이당 환산중량을 0.1[kg/m]라 하면 필요한 가고 $H$는?

**풀이**
$W = W_m + W_t + W_n = 0.697 + 0.998 + 0.1 = 1.785 [\text{kg/m}]$

$D = \dfrac{WS^2}{8T_0} = \dfrac{1.785 \times 50^2}{8 \times 1000} = 0.558 [\text{m}]$

$\therefore H = D + h = 0.558 + 0.15 = 0.708 [\text{m}]$ 이다.

따라서 이것에 약간의 여유를 두어 고정빔구간(역구내)의 표준가고를 710[mm]로 한다.

**예제 6** 바람의 영향이 없고 직선 및 곡선 반지름 1,600[m] 이상인 역간의 경우 조가선은 St 90[mm$^2$](0.697[kg/m]), 전차선을 Cu 110[mm$^2$](0.998[kg/m])로 사용하고 경간을 60[m], 드로퍼의 전차선 단위 길이당 환산중량을 0.1[kg/m]라 하면 필요한 가고 $H$는?

**풀이**
$W = W_m + W_t + W_n = 0.697 + 0.998 + 0.1 = 1.785 [\text{kg/m}]$

$D = \dfrac{WS^2}{8T_0} = \dfrac{1.785 \times 60^2}{8 \times 1000} = 0.803 [\text{m}]$

$\therefore H = D + h = 0.803 + 0.15 = 0.953 [\text{m}]$

따라서 이것에 약간의 여유를 두어 역간의 경우 표준가고를 960[mm]로 한다.

### 2.9.2 전차선의 경사

지지점에 있어서 조가선과 전차선을 연결하는 면이 궤도 중심면과 이루는 각도는 10° 이하로 한다.

# 3. 조가선

조가선은 가공전차선에 주로 사용되는 전선으로 전차선을 같은 높이로 수평하게 유지시키기 위하여 드로퍼, 행거 등을 이용해서 조가하여 주는 전선을 말한다.

## 3.1 조가선에 요구되는 성능

(1) 기계적 강도가 클 것
(2) 내식성이 클 것
(3) 내마모성이 클 것
(4) 도전성이 좋을 것
(5) 선팽창계수가 적절할 것

## 3.2 조가선의 접속 방법

(1) 와이어 클립에 의한 접속
(2) 와이어 터미널에 의한 방법
(3) B 금구에 의한 접속
(4) 압축에 의한 접속

## 3.3 이종금속의 접촉부식

### 3.3.1 이종금속의 접촉부식 요인

(1) 수분의 부착, 온도의 영향
(2) 부식환경의 영향
(3) 온도조건
(4) 분진의 부착

### 3.3.2 이종금속의 접촉에 의한 부식방지 방법

(1) 이종 금속간을 절연
(2) 중간금속을 삽입
(3) 원칙적으로 전위차가 상호 근접한 금속을 선정

### 3.4 Y선

변Y형 심플커터너리식 전차선에서 지지점 부근에 삽입하는 소경간 조가선을 "Y선"이라고 한다. 지지점의 경도를 완화시켜 경간 중앙 가선의 탄성을 균등화함으로써 집전특성을 좋게 할 목적으로 사용

### 3.5 보조조가선

콤파운드커티너리 가선방식에서, 조가선과 전차선과의 사이에 가선된 전선으로서 드로퍼로 조가선에 지지되고, 행거로 전차선을 조가하고 있는 전선

### 3.6 행거(hanger) · 드로퍼(dropper)

#### 3.6.1 행거 · 드로퍼에 요구되는 성능

(1) 기계적 강도가 클 것(진동으로 인한 늘어짐이 없는 것)
(2) 가벼울 것
(3) 내부식성이 좋을 것
(4) 점검 등이 용이할 것(특히 전차선을 교체할 때 단시간에 설치가 가능할 것)

#### 3.6.2 행거 · 드로퍼의 설치 간격

(1) 행거 간격 : 5[m]
(2) 드로퍼 간격 : 5[m]

#### 3.6.3 행거 · 드로퍼의 최소길이

경간 60[m]에서 전차선의 동적 압상량 124[mm]에 이어의 길이 20~30[mm] 정도를 더하여 최소 길이를 150[mm]로 하고 있다.

#### 3.6.4 행거 · 드로퍼 길이의 계산

(1) 양단의 가고가 같고 전차선이 수평인 경우

$$L = H - \frac{wS^2}{8T} + \frac{wx^2}{2T}$$

여기서, $L$ : 구하고자 하는 행거길이[m]
$H$ : 가고[m]
$T$ : 표준온도에 있어서의 조가선의 장력[N]
$w$ : 합성전차선(조가선, 전차선, 행거 포함)의 단위중량[kg/m]
$S$ : 경간[m]
$x$ : 경간 중앙에서 행거 위치까지의 거리[m]

### (2) 양단의 가고가 다르고 전차선이 수평인 경우

$$L_1 = H - \frac{wS^2}{8T} + \frac{w}{2T}x_1^2 - \frac{H-h}{S}\left(\frac{S}{2} - x_1\right)$$

$$L_2 = H - \frac{wS^2}{8T} + \frac{w}{2T}x_2^2 - \frac{H-h}{S}\left(\frac{S}{2} + x_2\right)$$

일반식 $y = \frac{w}{2T}x^2 + Ax + B$ 임

### (3) 양단의 가고가 다르고 전차선이 기울기가 있는 경우

$$L_1 = H - \frac{wS^2}{8T} + \frac{w}{2T}x_1^2 - \frac{H-h}{S}\left(\frac{S}{2} - x_1\right) - \frac{G}{S}\left(\frac{S}{2} + x_1\right)$$

$$L_2 = H - \frac{wS^2}{8T} + \frac{w}{2T}x_2^2 - \frac{H-h}{S}\left(\frac{S}{2} + x_2\right) - \frac{G}{S}\left(\frac{S}{2} - x_2\right)$$

전차선의 기울기는 $-(G/S)$

### (4) 에어섹션 평행개소의 경우

A~B간  $L = \frac{P}{2T}x^2 + A \cdot x + H$

B~C간  $L = \frac{q}{2T}x^2 + B \cdot x + C - R'$

C~D간  $L = \frac{q}{2T}x^2 + D \cdot x + E - Q - R$

여기서, $L$ : 행거의 길이[m]
$w$ : 전차선의 단위중량[kg/m]
$q$ : 조가선의 단위중량[kg/m]
$P$ : 전차선의 단위중량[kg/m]
$V$ : 애자의 중량[kg]
$T$ : 조가선의 표준장력[N]

$T$ : 전차선의 표준장력[N]
$m$ : 전차선의 인상고[m]
$x$ : A점에서 행거 위치까지 거리[m]

### (5) 에어조인트 평행개소의 경우

A~B간 $\quad L = \dfrac{P}{2T}x^2 + A \cdot x + H$

B~C간 $\quad L = \dfrac{q}{2T}x^2 + B \cdot x + C - R'$

## 4. 귀선

### 4.1 부급전선(negative feeder)

통신유도장해를 경감하기 위해서는 흡상변압기(BT) 급전방식에서 레일에 흐르고 있는 귀선전류를 흡상변압기에 의하여 흡상하여 강제적으로 변전소에 되돌려 보내기 위하여 귀선과 레일에 병렬로 접속시킨 전선

### 4.2 흡상선(吸上線)

교류 전차선로의 통신 유도장해를 경감하기 위하여 부급전선이 있는 흡상변압기(BT) 급전방식의 변전소 바로 근처 및 인접 흡상변압기의 중간지점 부근에서 부급전선과 레일과 접속하는 선

### 4.3 중성선

단권변압기(AT) 급전방식의 변전소 등에 설비되어 있는 단권변압기의 중성점과 레일의 임피던스본드의 중성점을 연결하는 선

### 4.4 보조귀선

귀선로의 전기저항이 높은 경우는 전압강하나 전력손실이 크게 되고, 대지 누설전류가 증가하여 전식의 원인이 되므로 직류 전차선로의 전압강하 및 레일의 전위상승이 심한 경우에 보조귀선을 시설

### 4.5 변전소 인입귀선

직류 급전방식의 변전소 인입개소에서 레일과 변전소 부극모선을 접속하는 선

## 5. 진동방지 · 곡선당김장치

### 5.1 진동방지 · 곡선당김장치의 역할

(1) 전차선의 동요를 억제한다.
(2) 전차선을 곡선로에 적합한 소정의 위치에 가선되도록 한다.
(3) 풍압 및 팬터그래프의 습동 등에 따라 팬터그래프의 집전이 가능하도록 전차선의 위치를 양호한 상태로 유지한다.

### 5.2 진동방지 · 곡선당김장치의 적용

#### 5.2.1 진동방지금구의 적용

| 구 분 | 진동방지금구 종별 | 비 고 |
|---|---|---|
| 본 선 | 궁 형 | 가동브래킷, 가압빔, 가동파이프식 |
| 측 선 | 직선형 | 스팬로드식 |

#### 5.2.2 곡선당김금구의 적용

| 곡선당김금구 종별 | 적용구분 |
|---|---|
| 일반용 궁형($L=900\,[\mathrm{mm}]$) | |
| 가동브래킷용 궁형($L=900\,[\mathrm{mm}]$) | 가동브래킷 |
| 일반용 직선형($L=750\,[\mathrm{mm}]$) | 궁형이 적당하지 않는 경우 |
| 일반용 직선형($L=425\,[\mathrm{mm}]$) | 정차장 구내에서는($L=750\,[\mathrm{mm}]$)이 사용되고, 설비가 밀접하여 한계에 여유가 없는 장소 또는 팬터그래프가 습동할 우려가 없는 경우 |

## 6. 건넘선장치(overhead crossing)

### 6.1 건넘선장치의 역할

전차선 교차개소에 설비된 장치를 "건넘(교차)선장치"라고 한다. 건넘선장치는 선로의 분기개소에서 상호 전기차가 운전 가능하도록 전차선을 교차시켜 팬터그래프의 집전을 가능하게 하기 위한 설비

### 6.2 건넘선장치의 설치방법

(1) 주요선의 전차선을 하부에 둔다.
(2) 전차선이 교차하는 위치에는 교차금구를 설치한다.
(3) 교차금구는 전차선의 이동에 따라 교차하는 전차선, 곡선당김금구 등과 조화하여 팬터그래프의 통과에 지장을 주지 않도록 설치하여야 한다.
(4) 전차선과 교차금구가 접촉하지 않도록 분기기의 크기(분기번호)에 적합한 길이의 교차금구를 취부한다.

| 분기기 번호 | 표준 길이[mm] | 비 고 |
|---|---|---|
| 12번 분기 이하 | 1,400 | |
| 15번 분기 이상 | 1,800 | |

## 7. 구분장치(sectioning device)

### 7.1 구분장치의 역할

팬터그래프의 습동에 지장을 주지 않으면서 전차선을 전기적으로 구분하는 장치를 "구분장치" 또는 "Section"이라고 한다.

### 7.2 설치방법

(1) 전기차의 운전계통에 대응하여 상·하선별, 방면별, 상별로 구분한다.

(2) 대역사 구내, 차량기지는 본선으로부터 분리하여 계통을 구분한다.
(3) 역구내의 선로배선과 되돌림(전환) 운전의 가능성 및 전기차고로부터 본선에의 출입방향을 고려하여 구분한다.
(4) 보수작업 구간을 설정하기 쉽도록 구분한다.
(5) 보호계전기의 사고검출 능력에 상응하도록 한다.

## 7.3 구비조건

(1) 충분한 절연성을 가질 것
(2) 팬터그래프의 통과에 지장이 없을 것
(3) 가볍고 기계적 강도가 클 것

## 7.4 구분장치의 분류

| 구분 | 종별 | 형태 | 사용 구분 | | |
|---|---|---|---|---|---|
| | | | 직류 | 교류 | 고속선 |
| 전기적 구분 | 에어섹션 | | 본선 구분용 | 동상의 본선 구분용, 단권변압기용 | 동상 및 이상 구분용, 단권변압기용 |
| | 애자형 섹션 | 수지제 | 상·하선 및 측선 구분용 | 동상의 상·하선 및 측선 구분용 | |
| | | 애자형 | | 동상의 상·하선 및 측선 구분용 | |
| | 절연구분장치 | 수지제 | | 이상구분용, 교·직류구분용 | |
| 기계적 구분 | 에어조인트 | | 기계적 구분용(전기적으로는 접속한다) | | |

## 8. 인류장치(straining device)

온도변화 등에 따라 전선이 신축하는 것 외에 경년 및 전차선의 마모에 따른 탄성신장으로 전선이 늘어나서 전차선의 이도장력에 영향을 주게 된다. 이것을 방지하기 위하여 전차선의 일정 길이마다 합성전차선을 인류하는 장치

### 8.1 고정식 인류장치(fixed device)

고정식 인류장치는 인류구간의 한쪽을 고정하여 합성전차선의 이동을 억제하고 장력조정이 원활하도록 하는 장치이며, 전차선의 흐름이 크게 될 우려가 있을 경우에도 사용된다. 이 장치는 연결봉과 대지로부터 절연하기 위한 인류용 애자, 전주밴드 등으로 구성

**(1) 개별식**
  조가선과 전차선을 각각 개별로 인류하는 방식

**(2) 일괄식**
  조가선과 전차선을 같이 인류하는 방식

### 8.2 조정식 인류장치(tensioning device)

조정식 인류장치는 인류구간의 전선류가 온도변화에 의하여 신축하기 때문에 장력을 일정한 크기로 유지하기 위하여 조정식 인류장치를 설비하는데, 이러한 장치를 일반적으로 "장력조정장치(tensioning device)"라고 부르고 있다.

**(1) 자동식**
  ① 활차식 자동장력조정장치(wheel tension balancer)
  ② 스프링식 자동장력조정장치
  ③ 레버식 텐션밸런서(LTB : Lever Tension Balancer)
  ④ 유압식 밸런서(OTB)

**(2) 수동식**
  ① 와이어 턴버클(wire turnbuckle)
  ② 조정 스트랩(strap)

## 9. 흐름방지장치(anticreeping device)

전차선이 한 쪽 방향으로 흐르면 밸런서가 기능을 잃게 되고 그에 따라 장력이 불균형하게 되어 섹션개소 등의 전차선에 국부 마모를 일으키는 원인이 된다.
이와 같이 한 쪽 방향으로 전차선이 흐르는 것을 방지하는 설비를 전차선의 "흐름방지장치"라고 한다.

### 9.1 전차선의 흐름 요인

(1) 활차식 밸런서의 장력추 중량의 불균형(중량차)
(2) 선로조건(선로 구배, 선로 곡선부)
(3) 가동브래킷이 O형 또는 I형이 연속하는 경우
(4) 기상조건(풍향, 풍압)

## 10. 가동브래킷

### 10.1 가동브래킷의 구조

(1) 브래킷를 선로방향에 대하여 90° 회전 가능한 구조로 전차선과 조가선을 지지해 주는 역할
(2) 브래킷는 전철주와 접합되는 부분을 회전축으로 해서 브래킷 본체가 좌·우로 자유롭게 회전할 수 있는 구조로 되어 있기 때문에 "가동브래킷"이라고 부르고 있다.
(3) 가동브래킷은 역간의 단독주에 사용되며 역구내에는 고정빔과 조합하여 사용한다.

### 10.2 가동브래킷의 구성

(1) 수평파이프, 경사파이프, 곡선당김금구(진동방지금구). 전철주와 전기적 절연을 위하여 삽입하는 장간애자 등으로 구성
(2) 매연에 의한 애자의 오손이 적고 합성전차선의 신축에 의한 동작이 쉽게 되고 집전장치의 집전 상태가 양호하며, 고속운전에 적합하기 때문에 역간과 역구내의 통과 본선 지지물의 표준으로 사용

### 10.3 가동브래킷의 종류

#### 10.3.1 가동브래킷의 종류

가동브래킷은 선로의 곡선조건에 따라 합성전차선을 당기거나 밀어주어 편위를 조정하는 역할을 함.

(1) 가동브래킷이 받는 작용력에 따라 인장형(I형 : In Type)과 압축형(O형 : Out Type)으로 구분하여 사용
(2) 인장형은 합성전차선을 전주측으로 당기는 개소에 사용
(3) 압축형은 합성전차선을 전주 반대측으로 밀어 주는 개소에 사용

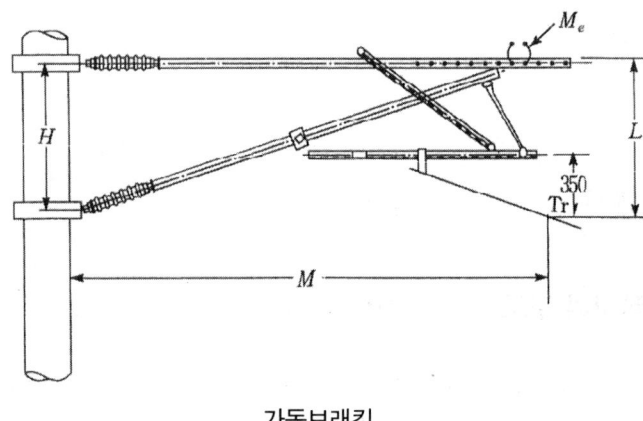

가동브래킷

### 10.3.2 가동브래킷의 호칭

가동브래킷은 건식게이지를 G, 가고(架高)를 L, 작용력에 대한 형(型)을 O, I로 표시하여 호칭한다 (예: G 3.0 L 960 O)

### 10.3.3 가동브래킷 특성

#### (1) 회전성능

수평방향으로 회전이 가능한 각도는 90°로 하고 회전에 의하여 전차선 위치가 좌우 ±500[mm] 미만의 범위에서는 조가점에 변동이 없도록 하여야 한다.

#### (2) 회전억제저항

전차선의 이동에 대하여 지지점의 회전억제저항이 작으면 가선 장력의 불균일을 방지할 수 있어 팬터그래프의 집전상태를 양호하게 유지할 수 있다. 지지점의 회전억제저항을 작게 하려면 가선상태, 용수철 정수가 양호하여야 한다. 회전억제저항은 전차선의 수직하중과 횡장력을 받은 상태에서 1개소당 3[kg] 이하로 하고 있다.

## 10. 가동브래킷

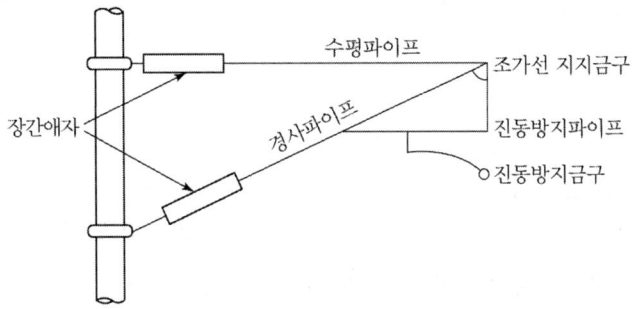

가동브래킷의 부재명칭

일반 전차선로 Chapt. 4 **핵심예상문제 필기**

## 01 ★
다음 중 급전선로에 요구되는 기본적인 사항과 거리가 먼 것은?

① 전기차 용량에 대응되는 전기용량을 가지며 전압강하가 작을 것
② 전선은 소요의 기계적 강도, 내식성을 가질 것
③ 급전용 변전소 및 전차선 등과 절연협조를 도모할 것
④ 급전계통은 가능한 복잡화하고 개폐기 등은 최대한으로 할 것

**해설**
급전계통은 가능한 간소화하고 개폐기 등은 필요 최소한으로 할 것

## 02 ★
다음 중 급전선의 접속 방법으로 맞는 것은?

① 크램프접속    ② 콘넥타접속
③ 압축접속      ④ 바인드접속

**해설**
급전선의 접속은 압축접속을 원칙으로 하고 있다.

## 03 ★
다음 중 급전선의 재질, 굵기를 선정함에 있어 고려하여야 할 사항과 거리가 먼 것은?

① 부하전류     ② 전압강하
③ 온도상승     ④ 전기적강도

**해설**
급전선의 재질, 굵기는 부하전류에 따라 전압강하와 온도상승이 적고 기계적 강도에 충분히 견딜 수 있는 것을 선정하여야 한다.

## 04 ★
다음 중 급전계통을 구성하는데 있어 고려하여야 할 사항과 거리가 먼 것은?

① 연장급전     ② 가선방식
③ 사고구분     ④ 정전작업

**해설**
급전계통은 급전방식, 급전선로용량, 연장급전, 정전작업, 사고구분을 고려하여 구성할 필요가 있다.

## 05 ★
급전선에 사용하고 있는 경알루미늄연선은 경동연선과 동일한 저항값을 얻기 위하여 굵기를 경동연선의 몇 배로 할 필요가 있는가?

① 1.25    ② 1.37
③ 1.48    ④ 1.59

**해설**
경알루미늄연선의 도전율은 61[%], 경동연선은 97[%] 이므로 경알루미늄 연선을 경동연선과 동일한 저항값을 얻기 위해서는 그 굵기를 경동연선의 1.59(97/61)배로 할 필요가 있다.

## 06 ★
급전선의 선종을 경동연선 또는 동등 이상의 선종으로 사용해야 하는 특수개소로 볼 수 없는 것은?

① 알카리성 누수가 심한 터널
② 염해가 심한 해안구간
③ 도심 교통량이 많은 구간
④ 염소가스가 발생되는 화학공장 부근

**정답** 01. ④  02. ③  03. ④  04. ②  05. ④  06. ③

**해설**

경동연선 또는 동등 이상의 선종을 사용해야 할 특수개소는 강풍 구간, 염해가 심한 해안 구간, 알루미늄을 부식시키는 염소가스가 발생되는 화학공장의 부근, 알칼리성 누수가 심한 터널 등이 있다.

## 07 ★
급전선의 표준장력의 설명으로 맞는 것은?

① 그 지역의 최고온도시 무빙, 무풍 상태의 장력을 말한다.
② 그 지역의 최저온도시 빙설의 두께가 6[mm] 생성되는 상태의 장력을 말한다.
③ 그 지역의 표준온도시 무빙, 무풍 상태의 장력을 말한다.
④ 그 지역의 최고온도시 40[m/s]의 바람이 불 때의 장력을 말한다.

**해설**

표준장력이란 그 지역에 있어서 표준온도시 무빙, 무풍 상태의 장력을 말한다.

## 08 ★
급전선의 표준장력 상한값은 몇 [N] 이내로 하는 것이 바람직한가?

① 4900
② 6860
③ 9800
④ 11760

**해설**

급전선의 표준장력은 이도를 감안하여 상한값은 9800[N] 이내로 하는 것이 바람직하다.

## 09 ★
다음 중 갑종풍압하중의 설명으로 맞지 않는 것은?

① 인가가 많이 밀집한 지방의 전선에 빙설이 많지 않은 곳을 대상으로 한다.
② 전선의 빙설 두께는 0[mm] 이다.
③ 전선의 수직 투영면적당 풍압은 980[N/m²] 이다.
④ 고온계 하중으로 여름철 태풍을 대비한 설계조건으로 정하고 있다.

**해설**

고온계 하중으로서 여름철 태풍을 대비한 설계조건으로 정하고 있다.

**전선의 풍압 하중**

| 하중 종별 | 전선의 빙설 두께 [mm] | 풍압 [N/m²] | 기사 |
|---|---|---|---|
| 갑종풍압하중 | 0 | 980 | 전선의 수직 투영면적 1[m²]당 풍압 |
| 을종풍압하중 | 6 | 490 | 피빙을 포함한 전선의 수직 투영면적 1[m²]당 풍압 |
| 병종풍압하중 | 0 | 490 | 전선의 수직 투영면적 1[m²]당 풍압 |

## 10 ★
다음은 을종풍압하중의 설명이다. 맞지 않는 것은?

① 갑종풍압하중의 1/2의 풍압을 받는다고 가정한 하중이다.
② 저온계 하중으로 겨울철 계절풍을 대비한 설계조건으로 정하고 있다.
③ 전선의 수직 투영면적당 풍압은 490[N/m²] 이다.
④ 전선의 빙설 두께는 0[mm] 이다.

**해설**

전선의 빙설 두께는 6[mm] 이다.

**정답** 07. ③  08. ③  09. ①  10. ④

## 11 ★
다음 중 병종풍압하중의 설명으로 맞지 않는 것은?

① 인가가 많이 밀집한 지방의 전선에 빙설이 많지 않은 곳을 대상으로 한다.
② 전선의 빙설 두께는 0[mm] 이다.
③ 전선의 수직 투영면적당 풍압은 980[N/m²] 이다.
④ 갑종풍압하중의 1/2의 풍압을 받는다고 가정한 하중이다.

**해설**
전선의 수직 투영면적당 풍압은 490[N/m²] 이다.

## 12 ★★
다음 중 전기철도 구조물의 안전율에 대한 설명으로 틀린 것은?

① 철근콘크리트주는 파괴하중에 대하여 2 이상
② 철주는 소재 허용응력에 대하여 1 이상
③ 지선의 안전율은 2.5 이상
④ 전주기초는 안정된 지반의 경우 2.0 이상

**해설**
전주기초는 운전 시 최대 풍압하중을 고려할 때 안정된 지반의 경우 3.0 이상이다.

## 13 ★
급전선의 안전율은?

① 안전율 = $\dfrac{\text{인장하중}}{\text{최대사용장력}}$
② 안전율 = $\dfrac{\text{압축하중}}{\text{최대사용장력}}$
③ 안전율 = $\dfrac{\text{허용하중}}{\text{극한응력}}$
④ 안전율 = $\dfrac{\text{상정하중}}{\text{허용응력}}$

**해설**
급전선의 안전율 = $\dfrac{\text{인장하중}}{\text{최대사용장력}}$ 이다.

## 14 ★★
가공 급전선(케이블 제외)은 상정하중을 가했을 때 인장하중의 안전율은?

① 2.0
② 2.2
③ 2.5
④ 3.0

**해설**
가공전선은 케이블인 경우를 제외하고 상정하중을 가했을 때 전선의 인장하중의 안전율은 2.2 이상으로 하고 기타 전선은 2.5 이상이 되도록 장력(상정최대장력)을 시설한다.

## 15 ★★
전주 경간을 $S$, 하중을 $W$, 수평장력을 $T$ 라 할 때 두 지점간 전선의 이도($D$)를 구하는 식은?

① $D = \dfrac{W^2 S}{8T}$
② $D = \dfrac{WT^2}{8S}$
③ $D = \dfrac{W^2 T^2}{8S}$
④ $D = \dfrac{WS^2}{8T}$

**해설**
두 지점간 전선의 이도($D$)는 $D = \dfrac{WS^2}{8T}$ 이다.

## 16 ★★★
급전선의 이도 $D$[m]와 장력 $T$[N]의 관계는? (단, $w$ : 전선의 단위중량[kg/m], $S$ : 경간[m] 이다.)

① $T = \dfrac{wS^2}{8D}$
② $T = \dfrac{wD^2}{8S}$
③ $T = \dfrac{wD^2}{16S}$
④ $T = \dfrac{wS^2}{16D}$

**정답** 11. ③  12. ④  13. ①  14. ②  15. ④  16. ①

**해설**

$D = \dfrac{WS^2}{8T}$ 또는 $T = \dfrac{wS^2}{8D}$ 이다.

**17 ★★**

가공 전차선로의 급전선의 이도는 약 몇 [mm]인가? (단, 급전선의 장력은 800[N], 급전선의 단위중량은 1.5[kg/m], 지지물의 경간은 50[m] 이다.)

① 508
② 586
③ 635
④ 685

**해설**

$D = \dfrac{WS^2}{8T} = \dfrac{1.5 \times 50^2}{8 \times 800} \fallingdotseq 0.586[m] = 586[mm]$

**18 ★★★**

철도·궤도 횡단시 가공 급전선의 높이[m]는 레일면상 얼마 이상으로 하는가?

① 3.5[m]
② 4[m]
③ 5[m]
④ 6.5[m]

**해설**

철도·궤도 횡단시 가공 급전선의 높이는 레일면상 6.5[m] 이상 이격한다.

**19 ★★**

도로를 횡단하는 가공 급전선의 높이[m]는 도로면상 얼마 이상으로 하는가?

① 3.5[m]
② 5.0[m]
③ 6.0[m]
④ 6.5[m]

**해설**

도로 횡단시 가공 급전선의 높이는 도로면상 6[m] 이상 이격한다.

**20 ★**

터널·과선교 등에서 가공 급전선의 높이[m]는 레일면상 얼마 이상으로 하는가?

① 3.5[m]
② 4[m]
③ 5[m]
④ 6.5[m]

**해설**

터널·과선교 등에서 가공 급전선의 높이는 레일면상 3.5[m] 이상 이격한다.

**21 ★**

다음은 급전선의 접속에 관한 설명이다. 맞지 않는 것은?

① 급전선의 접속은 직선압축접속으로 한다.
② 급전선의 접속은 쐐기크램프를 이용하여 접속한다.
③ 급전선의 접속은 전주경간내에서 접속하지 않는 것을 원칙으로 한다.
④ 급전선의 접속은 포완철을 사용하여 장력을 받지 않는 인류개소에서 시행한다.

**해설**

쐐기크램프는 조가선을 접속할 때 사용한다.

**22 ★**

직류 1500[V] 방식의 가공 급전선과 대지절연 표준이격거리[mm]는?

① 100 이상
② 150 이상
③ 200 이상
④ 250 이상

**해설**

직류 1500[V] 방식의 가공 급전선과 대지절연 표준이격거리는 250[mm] 이상이다.

정답 17. ② 18. ④ 19. ③ 20. ① 21. ② 22. ④

## 23 ★
교류 25[kV] 단권변압기(AT)방식의 가공 급전선과 대지절연 표준이격거리[mm]는?

① 150 이상   ② 250 이상
③ 300 이상   ④ 550 이상

**해설**
교류 25[kV] 단권변압기(AT)방식의 가공 급전선과 대지절연 표준이격거리는 300[mm] 이상이다.

## 24 ★
교류 25[kV] 전기철도의 급전선 및 합성전차선과 접지물간 절연이격거리[mm]는?

① 200 이상   ② 300 이상
③ 500 이상   ④ 550 이상

**해설**
급전선 및 합성전차선과 접지물간 절연이격거리는 300[mm]이다.(단, 부득이한 경우 250[mm])

## 25 ★
교류 25[kV] 전기철도의 급전선과 보호선 상호간 절연이격거리[mm]는?

① 300 이상   ② 500 이상
③ 1000 이상  ④ 1200 이상

**해설**
급전선과 보호선 상호간 절연이격거리는 1200[mm] 이상이다.

## 26 ★
교류 25[kV] 전기철도의 급전선과 합성전차선 상호간 절연이격거리[mm]는?

① 250 이상   ② 450 이상
③ 550 이상   ④ 1200 이상

**해설**
급전선과 합성전차선 상호간 절연이격거리는 550[mm] 이상이다.

## 27 ★
직류 1500[V] 방식의 급전선 및 합성전차선과 접지물간 절연이격거리[mm]는?

① 100 이상   ② 150 이상
③ 200 이상   ④ 250 이상

**해설**
직류 1500[V] 방식의 급전선 및 합성전차선과 접지물간 절연이격거리는 250[mm] 이상이다.

## 28 ★
일반전철과 고속전철 급전선의 표준 지지방식으로 맞는 것은?

① 수직조가방식
② V형조가방식
③ 수평조가방식
④ 경사조가방식

**해설**
일반전철과 고속전철 모두 급전선의 표준 지지방식은 수직조가방식이다.

## 29 ★
급전선을 구분하여 인류하거나 지지점에서 급전선이 미끄러지지 않도록 현수크램프를 사용하여야 하는 개소가 아닌 것은?

① 트러스 교량 위 강풍구간
② 변전소 인출개소
③ 선로횡단 개소
④ 풍압을 받아 이도가 큰 개소

**해설**
급전선을 구분하여 인류하거나 지지점에서 급전선이 미끄러지지 않도록 현수크램프를 사용하여야 하는 개소는 트러스 교량 위 강풍구간, 풍압을 받아 이도가 큰 개소, 가선구배에 따라 이도가 큰 개소, 선로횡단 개소 등이다.

**정답** 23. ③  24. ②  25. ④  26. ③  27. ④  28. ①  29. ②

**30** ★★
급전선의 지지점이 풍압 또는 횡장력에 의해 동요, 경사가 되었을 때 전선과 지지물과의 이격거리를 계산하는 식은?(단, $C_h$ : 전선과 지지물과의 이격거리[m], $L$ : 애자련의 길이[m], $D$ : 최소 절연이격거리[m], $\theta$ : 풍압과 횡장력에 의한 경사각[°] 이다.)

① $C_h = L\cos\theta + D$
② $C_h = L\sin\theta - D$
③ $C_h = L\sin\theta + D$
④ $C_h = L\cos\theta - D$

**해설**
전선과 지지물과의 이격거리 $C_h = L\sin\theta + D$이다.

**31** ★★
급전선 지지점이 풍압에 의해 경사가 되었을 때 애자련의 길이가 0.8[m], 최소 절연이격거리 0.25[m], 풍압과 횡장력에 의한 경사각이 30[°]라고 하면 전선과 지지물과의 이격거리[m]는?

① 0.45    ② 0.55
③ 0.65    ④ 0.75

**해설**
$C_h = L\sin\theta + D = 0.8 \times 0.5 + 0.25 = 0.65[m]$

**32** ★★★
전선에 상당량의 빙설이 부착된 후 탈락하게 되면 전선이 도약하게 되고 선간 혼촉, 용단 등의 피해가 발생되는 현상은?

① Slack        ② Damper
③ Sleet jump   ④ Cant

**해설**
Sleet jump는 전선에 상당량의 빙설이 부착된 후 탈락하게 되면 중량 변화에 의해 전선이 도약(상하운동)하게 되고 선간 혼촉, 용단 등의 피해가 발생되는 현상이다.

**33** ★
전선에 빙설이 부착하게 되면 전선은 원통형으로 되지 않고 반대편에 같은 모양으로 부착하게 된다. 이 때 가로방향의 바람에 대해 부양력이 발생하여 자려진동(좌우운동)이 일어나는 현상은?

① 네킹         ② 갤로핑
③ 스릿점프     ④ 미려진동

**해설**
전선에 빙설이 부착하게 되면 전선은 원통형으로 되지 않고, 가로방향의 바람에 대해 부양력이 발생하여 자려진동(좌우운동)이 일어나는 것은 갤로핑 현상이다.

**34** ★
급전선을 직선 압축접속을 하는 경우 단선사고를 방지하기 위하여 지지점에서 몇 [m] 이격하여 접속하는가?

① 1    ② 2    ③ 3    ④ 5

**해설**
급전선을 직선 압축접속 위치는 지지점에서 2[m] 이격하여 접속한다.

**35** ★
다음 중 급전선의 인류장치 설치 개소로 부적당한 것은?

① 연속하는 구배의 하점부근
② 역구내의 전후
③ 교량개소 중에서 이격조건이 어려운 개소
④ 지상구간에서 지하구간으로 진입하는 개소

**해설**
연속하는 구배의 정점(가장 높은 지점) 부근에 인류장치를 설치한다.

## 36 ★
가공전차선로의 급전선으로부터 전기를 전차선에 공급하기 위해 급전선과 전차선 또는 보조조가선을 접속하는 장치는?

① 건널선장치  ② 급전분기장치
③ 흐름방지장치  ④ 장력조정장치

**해설**
급전분기장치는 급전선으로부터 전기를 전차선에 공급하기 위해 급전선과 전차선 또는 보조조가선을 접속하는 장치이다.

## 37 ★★
일반 전차선로의 급전분기장치 종류가 아닌 것은?

① 암(Arm)식  ② 스팬선식
③ 브래킷식  ④ 분기식

**해설**
현수애자로 현수시키는 암(Arm)식과 스팬선식 및 브래킷식의 3종류가 있다.

## 38 ★
열차의 평균속도 $V$[km/h]일 때 급전분기 간격을 구하는 식은? (단, $D$: 급전분기 간격[m], $V$: 열차의 평균속도 $V$[km/h], $t_0$: 급전시간[sec] 이다.)

① $D = \dfrac{V + t_0}{3600}$  ② $D = \dfrac{t_0 \times 10^3}{3600} \times V$
③ $D = \dfrac{V \times 10^3}{3600} \times t_0$  ④ $D = \dfrac{V \times t_0}{3600}$

**해설**
급전분기 간격 $D = \dfrac{V \times 10^3}{3600} \times t_0$ 이다.

## 39 ★
열차의 평균속도 60[km/h]이고, 급전시간이 1분일 경우 급전분기 간격[m]은?

① 780  ② 1000
③ 1200  ④ 1400

**해설**
$D = \dfrac{V \times 10^3}{3600} \times t_0 = \dfrac{60 \times 10^3}{3600} \times 60 = 1000$[m]

## 40 ★
다음 중 전차선에 요구되는 성능과 거리가 먼 것은?

① 가선장력에 충분히 견딜 것
② 집전장치 통과와 집전에 지장이 없을 것
③ 접속개소의 통전상태가 양호할 것
④ 전차선의 중량으로 인한 처짐이 없을 것

**해설**
전차선에 요구되는 성능과 전차선의 중량으로 인한 처짐은 무관하다.

## 41 ★
다음 중 전차선과 직접 접촉하는 팬터그래프의 요구 조건과 거리가 먼 것은?

① 집전률이 높을 것
② 전류용량이 클 것
③ 집전판의 유효폭이 클 것
④ 피로강도에 충분히 견딜 것

**해설**
집전판의 유효폭은 팬터그래프의 요구 조건과 무관하다.

**정답** 36. ② 37. ④ 38. ③ 39. ② 40. ④ 41. ③

## 42 ★★
가공전차선로에서 전차선의 굵기를 결정하는 요소에 해당되지 않는 것은?

① 허용전류　　② 기계적 강도
③ 전압강하　　④ 단면형상

**해설**
전차선의 굵기를 결정하는 요소는 허용전류, 전압강하, 기계적강도, 작업성과 경제성 등 이다.

## 43 ★★★
전차선을 형상에 따라 분류할 때 전차선의 종류가 아닌 것은?

① 홈붙이 원형　　② 홈붙이 각형
③ 홈붙이 제형　　④ 홈붙이 이형

**해설**
전차선의 종류에는 형상에 따라 홈붙이 원형, 홈붙이 제형, 홈붙이 이형 전차선 등이 있다.

## 44 ★
AC 25[kV] 일반철도의 커티너리 조가방식에 사용하는 전차선으로 적합한 것은?

① 홈붙이 원형　　② 홈붙이 각형
③ 홈붙이 제형　　④ 홈붙이 이형

**해설**
AC 25[kV] 일반철도의 커티너리 조가방식은 홈붙이 원형 전차선을 사용한다.

## 45 ★
DC 1500[V] 강체 조가방식에 사용하는 전차선으로 적합한 것은?

① 홈붙이 원형　　② 홈붙이 각형
③ 홈붙이 제형　　④ 홈붙이 이형

**해설**
DC 1500[V] 강체 조가방식은 홈붙이 제형 전차선을 주로 사용한다.

## 46 ★
AC 25[kV] 고속철도의 헤비심플커티너리 조가방식에 사용하는 전차선으로 적합한 것은?

① 홈붙이 원형　　② 홈붙이 각형
③ 홈붙이 제형　　④ 홈붙이 이형

**해설**
AC 25[kV] 고속철도의 헤비심플커티너리 조가방식은 홈붙이 이형 전차선을 사용한다.

## 47 ★★
홈붙이 원형 전차선의 도전율은 개략 몇 [%] 정도인가?

① 93.5　　② 95.5
③ 97.5　　④ 99.5

**해설**
홈붙이 원형 전차선의 도전율은 개략 97.5[%] 정도이다.

## 48 ★★
하중이 0.5[kg]인 1[m]의 전차선을 지지점이 수평인 경간 50[m]에 가설하여 이도를 0.2[m]로 하려면, 전선의 표준장력은 약 몇 [N]인가?

① 681　　② 725
③ 781　　④ 795

**해설**
$$T = \frac{WS^2}{8D} = \frac{0.5 \times 50^2}{8 \times 0.2} = 781.25 \fallingdotseq 781$$

**정답** 42. ④　43. ②　44. ①　45. ③　46. ④　47. ③　48. ③

## 49 ★★
전차선의 허용장력 $T$[N]는?(단, $\sigma_0$ : 전차선의 파괴강도[N/mm²], $A$ : 전차선의 잔존 단면적[mm²], $S_t$ : 전차선의 안전율이다.)

① $T = \dfrac{\sigma_0 \cdot A}{S_t}$  ② $T = \dfrac{\sigma_0 \cdot S_t}{A}$

③ $T = \dfrac{A \cdot S_t}{\sigma_0}$  ④ $T = \sigma_0 \cdot A \cdot S_t$

**해설**
전차선의 허용장력 $T = \dfrac{\sigma_0 \cdot A}{S_t}$ 이다.

## 50 ★★
전차선의 파괴강도 38220[N/mm²], 전차선(Cu110[mm²])의 단면적 111.1[mm²], 잔존 단면적 67.6[mm²], 전차선의 안전율 2.2이다. 전차선의 허용장력 $T$[N]는?

① 9350   ② 10570
③ 12360  ④ 15570

**해설**
$T = \dfrac{\frac{38220}{111.1} \times 67.6}{2.2} = \dfrac{344 \times 67.6}{2.2} = 10570$

## 51 ★★
전차선은 110[mm²]이고, 잔존 단면적이 67.6[mm²]이며, 안전율이 2.2인 전차선의 허용장력은 약 몇 [N]인가? (단, 전차선의 항장력은 2400[N] 이다.)

① 670    ② 1075
③ 1625   ④ 3240

**해설**
$T = \dfrac{\frac{2400}{110} \times 67.6}{2.2} = \dfrac{21.8 \times 67.6}{2.2} \fallingdotseq 670$

## 52 ★★
전차선 110[mm²]의 허용장력을 1075[N]로 할 때 잔존단면적은 약 몇 [mm²]인가? (단, 안전율은 2.2, 전차선의 파괴강도를 35[N/mm²]로 한다.)

① 44.32  ② 51.78
③ 57.42  ④ 67.57

**해설**
$T = \dfrac{\sigma_0 \cdot A}{S_t}$ 에서

$A = \dfrac{T \cdot S_t}{\delta_0} = \dfrac{1075 \times 2.2}{35} = 67.57$

## 53 ★★
전차선 110[mm²]의 허용장력을 1200[N]로 할 때 잔존 단면적은 약 몇 [mm²]인가? (단, 안전율은 2.2, 전차선의 파괴강도를 35[N/mm²]로 한다.)

① 44.32  ② 51.78
③ 67.57  ④ 75.42

**해설**
$T = \dfrac{\sigma_0 \cdot A}{S_t}$ 에서

$A = \dfrac{T \cdot S_t}{\delta_0} = \dfrac{1200 \times 2.2}{35} = 75.42$

## 54 ★★
전차선(원형 110[mm²])의 잔존 단면적이 67.6[mm²], 잔존 지름이 7.5[mm], 안전율이 2.2일 때 전차선의 허용장력은 약 몇 [N]인가? (단, 이 전차선의 파괴강도는 35[N/mm²] 으로 한다.)

① 745    ② 946
③ 1075   ④ 1183

**정답** 49. ①  50. ②  51. ①  52. ④  53. ④  54. ③

**해설**

$$T = \frac{\sigma_0 \cdot A}{S_t} = \frac{35 \times 67.6}{2.2} = 1075$$

**55** ★
전차선과 조가선을 자동장력조정하는 경우 전차선 장력의 변화를 허용장력의 몇 [%] 이내로 시설하는가?

① 1　② 3　③ 5　④ 7

**해설**
전차선과 조가선을 자동장력조정하는 경우는 일반적으로 가동브래킷 방식으로 하고 있기 때문에 가선의 이동에 대한 억제저항이 극히 적어서 전차선 장력의 변화를 허용장력의 5[%] 이내로 시설한다.

**56** ★
전차선과 조가선을 자동장력 조정하는 경우 전차선의 허용장력을 10000[N]로 하면 전차선의 표준장력[N]은?

① 9000　② 9500
③ 9800　④ 10000

**해설**
$T_0 = T(1-0.05) = 10000(1-0.05) = 9500[\text{N}]$

**57** ★
전차선만 자동장력조정하는 경우 전차선 장력의 변화를 허용장력의 최대 몇 [%] 이내로 시설하는가?

① 5　② 10　③ 15　④ 20

**해설**
전차선만 자동장력조정하는 경우 억제저항이 있기 때문에 전차선 장력의 변화를 허용장력의 최대 15[%] 이내로 시설한다.

**58** ★
전차선만 자동장력조정하는 경우 전차선의 허용장력을 10590[N]로 하면 전차선의 표준장력[N]은?

① 8925　② 9000
③ 9800　④ 10590

**해설**
$T_0 = T(1-0.15) = 10590(1-0.15) ≒ 8925[\text{N}]$

**59** ★★
가공전차선로에서 전차선만 자동장력을 조정할 경우 전차선(110[mm²])의 허용장력이 1500[N]일 때 전차선의 표준장력 [N]은? (단, 전차선 장력의 변화를 허용장력의 15[%]로 시설한다.)

① 1275　② 1425
③ 1500　④ 1575

**해설**
$T_0 = T(1-0.15) = 1500(1-0.15) = 1275[\text{N}]$

**60** ★★
AC 25[kV] 심플커티너리방식의 전차선 표준높이[mm]는?

① 5000　② 5100
③ 5200　④ 5400

**해설**
AC 25[kV] 심플커티너리방식의 전차선 높이는 최저 5000[mm], 표준 5200[mm], 최고 5400[mm]이다.

**61** ★★
DC 1500[V] T-Bar 강체조가방식의 전차선 최고높이[mm]는?

① 4750　② 5000
③ 5100　④ 5250

**정답** 55. ③　56. ②　57. ③　58. ①　59. ①　60. ③　61. ①

**해설**

DC 1500[V] T-Bar 강체조가방식의 전차선 최고 높이는 4750[mm], 표준높이는 4250[mm] 이다.

## 62 ★★

경간 60[m], 구배 3[‰]으로 전차선이 낮아진다면, 전차선 높이가 5.2[m]인 경우 다음 전주의 전차선 높이[m]는?

① 4.85　　② 5.02
③ 5.15　　④ 5.20

**해설**

전차선 높이 변화량 $= 60 \times \dfrac{3}{1000} = 0.18[m]$

B전주 전차선 높이 = A전주의 전차선 높이 − 0.18
$= 5.2 - 0.18 = 5.02[m]$

## 63 ★★★

경간 50[m], 구배 $\dfrac{1}{1000}$ 으로 전차선이 낮아진다면 전차선의 높이가 5.2[m]인 경우 다음 전주의 전차선 높이[m]는?

① 5.00　　② 5.10
③ 5.12　　④ 5.15

**해설**

전차선 높이 변화량 $= 50 \times \dfrac{1}{1000} = 0.05[m]$

B전주 전차선 높이 = A전주의 전차선 높이 − 0.05
$= 5.2 - 0.05 = 5.15[m]$

## 64 ★★

경간 40[m], 구배 $\dfrac{3}{1000}$ 인 가공전차선로의 전차선 높이 5.2[m]인 경우 다음 전주의 전차선 높이[m]는?

① 5.02　　② 5.05
③ 5.08　　④ 5.11

**해설**

전차선 높이 변화량 $= 40 \times \dfrac{3}{1000} = 0.12[m]$

B전주 전차선 높이 = A전주의 전차선 높이 − 0.12
$= 5.2 - 0.12 = 5.08[m]$

## 65 ★★

경간 60[m], 구배 1[‰]으로 전차선이 낮아진다면, 전차선 높이가 5.2[m]인 경우 다음 전주의 전차선 높이[m]?

① 4.95　　② 5.02
③ 5.10　　④ 5.14

**해설**

전차선 높이 변화량 $= 60 \times \dfrac{1}{1000} = 0.06[m]$

B전주 전차선 높이 = A전주의 전차선 높이 − 0.06
$= 5.2 - 0.06 = 5.14[m]$

## 66 ★★

첫 번째 전주의 전차선 높이가 5.1[m] 이다. 이때 경간 50[m], 구배 $\dfrac{3}{1000}$ 으로 전차선이 낮아진다면 다음 전주의 전차선 높이[m]는?

① 4.95　　② 5.0
③ 5.05　　④ 5.08

**해설**

전차선 높이 변화량 $= 50 \times \dfrac{3}{1000} = 0.15[m]$

B전주 전차선 높이 = A전주의 전차선 높이 − 0.15
$= 5.1 - 0.15 = 4.95[m]$

## 67 ★★

전차선의 편위를 결정하는 요소로 거리가 먼 것은?

① 지지물의 변형에 의한 전차선의 편위
② 풍압에 의한 전차선의 편위
③ 대기압에 의한 전차선의 편위
④ 곡선로에서 전차선의 편위

**정답** 62. ②　63. ④　64. ③　65. ④　66. ①　67. ③

**해설**
전차선의 편위를 정하는 요소는 전기차 동요에 따른 집전장치의 편위, 풍압에 따른 전차선의 편위, 곡선로의 횡장력에 의한 전차선의 편위, 가동브래킷, 곡선당김금구(pull-off arm)의 이동에 따른 전차선의 편위, 지지물의 변형에 따른 전차선의 편위 등이 있다.

## 68 ★★
전차선의 편위를 정하는 요소가 아닌 것은?

① 전기차 동요에 따른 집전장치의 편위
② 급전선의 전압변동에 따른 편위
③ 풍압에 따른 전차선의 편위
④ 곡선로의 횡장력에 의한 전차선 편위

## 69 ★★★
전차선의 편위를 정하는 요소가 아닌 것은?

① 전기차 동요에 따른 집전장치의 편위
② 풍압에 따른 전차선의 편위
③ 지지물의 변형에 따른 편위
④ 곡선로의 건축한계에 따른 전차선의 편위

**해설**
곡선로의 횡장력에 의한 전차선의 편위이다.

## 70 ★★★
전차선의 편위 결정 시 고려할 사항이 아닌 것은?

① 차량동요에 의한 팬터그래프의 편위
② 가동브래킷 회전에 의한 전차선의 편위
③ 풍압에 의한 전차선의 편위
④ 장력조정장치 변동에 의한 전차선의 편위

## 71 ★
정적인 상태에서 가선측정기로 곡선구간의 편위를 측정할 때에는 어디를 기준으로 측정하는가?

① 내측 궤도
② 외측 궤도
③ 레일 중심
④ 차량한계

**해설**
정적인 상태에서 가선측정기로 곡선구간의 편위를 측정할 때 외측궤도를 기준으로 측정한다.

## 72 ★★
전차선의 편위에 대한 설명으로 옳은 것은?

① 직선로에서 팬터그래프 집전판의 고른 마모를 위하여 지그재그 편위를 한다.
② 전차선의 궤도 중심면에서의 수직거리를 편위라고 한다.
③ 강풍구간, 터널 등 특수구간에서는 편위는 400[mm] 이내로 시설한다.
④ 전차선의 편위는 궤도중심선에서 좌우 100[mm]를 표준으로 한다.

**해설**
직선로에서 팬터그래프 집전판의 편마모를 방지하기 위하여 지그재그(Zig Zag) 편위를 한다.

## 73 ★★
가공전차선의 편위는 직선구간에서 좌우 몇 [mm]를 표준으로 하고 있는가?

① 100
② 200
③ 300
④ 400

**해설**
가공전차선로의 직선구간에서 편위는 좌우 200[mm]를 표준으로 하고 있다.

정답  68. ② 69. ④ 70. ④ 71. ②  73. ②

## 74 ★
가공전차선의 편위는 강풍구간 및 승강장에서 몇 [mm] 이하로 하여야 하는가?

① 100  ② 200  ③ 300  ④ 400

**해설**
강풍구간 및 승강장에서 가공전차선의 편위는 100[mm] 이하로 하여야 한다.

## 75 ★
가공전차선의 편위는 곡선로의 경간 중앙에서 몇 [mm] 이하로 하여야 하는가?

① 100  ② 150  ③ 200  ④ 250

**해설**
곡선로의 경간 중앙에서 편위는 150[mm] 이하로 하여야 한다.

## 76 ★★★★
곡선로에서 경간 중앙에서의 전차선 중간편위 값($d_0$)을 구하는 계산식은? (단, $R$ : 곡선반지름[m], $S$ : 전주경간[m], $d_s$ : 지지점에서 전차선 편위[m] 이다.)

① $d_0 = \dfrac{S^2}{8R} + d_s$  ② $d_0 = \dfrac{S^2}{8R} - d_s$

③ $d_0 = \dfrac{R^2}{8S} - d_s$  ④ $d_0 = \dfrac{R^2}{8S} + d_s$

**해설**
곡선로에서 경간 중앙에서의 전차선 중간편위 값 ($d_0$)은 $d_0 = \dfrac{S^2}{8R} - d_s$ 이다.

## 77 ★★
곡선반지름이 800[m]인 곡선로에서 전주경간 45[m], 지지점에서 전차선 편위 200[mm]라고 하면 경간 중앙에서의 중간 편위[mm]는?

① 9.64  ② 10.54
③ 11.64  ④ 12.54

**해설**
$d_0 = \dfrac{S^2}{8R} - d_s = \dfrac{45^2}{8 \times 800} - 0.2 = 11.64[mm]$

## 78 ★★
가공전차선로의 편위를 정할 때 전차선의 풍압, 지지물의 변형, 전기차 동요 등을 감안하여 최대 250[mm]로 정하는데 이때 고려되는 운전가능한 풍속[m/s]은?

① 30  ② 35  ③ 40  ④ 45

**해설**
풍속이 30[m/s]일 때 전차선의 풍압, 지지물의 변형, 전기차 동요 등을 감안하여 최대 250[mm]로 정하고 있다.

## 79 ★★
차량의 경사를 레일면에서 585[mm] 점을 중심으로 좌우 610[mm]의 수평점에서 상하 최대 32[mm]라 할 때 차량동요에 의한 팬터그래프의 경사각은 약 몇 [°]인가?

① 1  ② 2  ③ 3  ④ 5

**해설**
차량의 경사를 레일면에서 585[mm] 점을 중심으로 좌우 610[mm]의 수평점에서 상하 최대 32[mm]라 할 때 차량동요에 의한 팬터그래프의 경사각은 약 3[°] 이다.

## 80 ★★★★
레일면상 585[mm] 점을 중심으로 좌우 610[mm]의 수평 점에서 전기차의 진동폭이 상하 최대 32[mm]라고 하면 가공전차선의 높이 5200[mm] 지점의 집전장치의 편위[mm]는?

① 200  ② 212  ③ 232  ④ 242

**정답** 74. ①  75. ②  76. ②  77. ③  78. ①  79. ③  80. ④

**해설**
집전장치의 편위는
$(5200-585) \times \dfrac{32}{610} = 242 [mm]$ 이다.

## 81 ★★★
커티너리 방식에서 가선계의 열차 집전속도는 파동전파속도의 몇 [%] 이하가 되도록 하는가?

① 40    ② 50    ③ 60    ④ 70

**해설**
열차 집전속도는 파동전파속도의 70[%] 정도가 바람직하다.

## 82 ★★
전차선의 파동전파속도[m/s]를 계산하는 식은?(단 $C$ : 파동전파속도, $T$ : 전차선의 장력[N], $\rho$ : 가선 단위질량[kg/m] 이다.)

① $C = \dfrac{T^2}{\rho}$    ② $C = \sqrt{\dfrac{T}{\rho}}$

③ $C = \sqrt{\dfrac{\rho}{T}}$    ④ $C = \rho \cdot T$

**해설**
전차선의 파동전파속도 $C = \sqrt{\dfrac{T}{\rho}}$ [m/s] 이다.

## 83 ★★
전차선 Cu 170[mm²], 가선장력 14[kN]을 사용하는 헤비심플가선방식의 최대 집전속도[km/h]는? (단, 전차선의 질량은 1.511[kg/m] 이다.)

① 242    ② 295
③ 346    ④ 378

**해설**
$C = \sqrt{\dfrac{T}{\rho}}$ [m/s] 이므로 [km/h]로 환산하면

$C = \sqrt{\dfrac{T}{\rho}} \times \dfrac{3600}{1000} = \sqrt{\dfrac{14000}{1.511}} \times \dfrac{3600}{1000}$
$\fallingdotseq 346 [km/h]$

## 84 ★★
전차선 Cu 110[mm²], 가선장력 9800[N]을 사용하는 심플가선방식의 파동전파속도[km/h]는?(단, 전차선의 질량은 0.9877[kg/m] 이다.)

① 250    ② 275
③ 300    ④ 330

**해설**
$C = \sqrt{\dfrac{T}{\rho}}$ [m/s]이므로 [km/h]로 환산하면

$C = \sqrt{\dfrac{T}{\rho}} \times \dfrac{3600}{1000} = \sqrt{\dfrac{9800}{0.9877}} \times \dfrac{3600}{1000}$
$\fallingdotseq 358 [km/h]$

최대집전속도[km/h]는 파동전파속도의 70[%]가 바람직하므로
$V = 358 \times 0.7 \fallingdotseq 250 [km/h]$

## 85 ★★
열차속도 150[km/h] 이상인 구간에서 전차선의 레일면에 대한 구배[‰]는?

① $\dfrac{1}{1000}$    ② $\dfrac{2}{1000}$

③ $\dfrac{3}{1000}$    ④ $\dfrac{15}{1000}$

**해설**
1) 열차속도 150[km/h] 이상 $\dfrac{1}{1000}$ 이하
2) 열차속도 150[km/h] 미만 $\dfrac{3}{1000}$ 이하
3) 측선 $\dfrac{15}{1000}$ 이하
4) 고속철도 열차속도 250[km/h] 이상 0, 250[km/h] 미만 $\dfrac{1}{1000}$ 이하

**정답** 81. ④  82. ②  83. ③  84. ①  85. ①

## 86 ★
터널, 구름다리, 건널목 등이 인접한 장소에서 전차선의 레일면에 대한 구배[‰]는?

① $\frac{1}{1000}$   ② $\frac{3}{1000}$
③ $\frac{4}{1000}$   ④ $\frac{15}{1000}$

**해설**
터널, 구름다리, 건널목 등이 인접한 장소의 구배는 $\frac{4}{1000}$ 이하이다.

## 87 ★★
지하 강체구간에서 전차선의 레일면에 대한 구배[‰]는?

① $\frac{1}{1000}$   ② $\frac{3}{1000}$
③ $\frac{4}{1000}$   ④ $\frac{15}{1000}$

**해설**
지하 강체구간에서 전차선의 레일면에 대한 구배[‰]는 $\frac{1}{1000}$ 이다.

## 88 ★★
다음 전차선의 접속에 관한 설명중 맞지 않는 것은?

① 전차선 상호접속은 팬터그래프의 통과에 지장을 주지 않도록 하여야 한다.
② 전차선의 접속에 사용하는 더블이어는 2개를 사용한다.
③ 더블이어의 최대체결 토크는 14,700 [N·cm](1500[kgf·cm]) 이상일 것
④ 경동선 110[mm²] 전차선에 더블이어는 300[mm] 간격으로 취부한다.

**해설**
전차선의 접속에 사용하는 더블이어는 300[mm] 간격으로 3개를 취부한다.

## 89 ★★★
건넘선장치에서 전차선의 접속개소는 궤도 중심선과 전차선 간격이 몇 [mm] 이내에는 설치해서는 안되는 설치금지 범위는?

① 0 ~ 600     ② 0 ~ 900
③ 0 ~ 1200    ④ 0 ~ 1500

**해설**
건넘선장치에서 전차선의 접속개소는 궤도 중심선과 전차선 간격이 0~1200[mm] 이내에는 설치해서는 안된다.

## 90 ★
팬터그래프의 접촉력이 0이 되어 전차선으로부터 분리되는 것을 무엇이라 하는가?

① 이선   ② 공진   ③ 편위   ④ 탈선

**해설**
이선은 팬터그래프의 접촉력이 0이 되어 전차선으로부터 분리되는 것을 말한다.

## 91 ★
다음 중 이선의 종류로 볼 수 없는 것은?

① 대이선   ② 중이선
③ 특이선   ④ 소이선

**해설**
이선의 종류에는 소이선, 중이선, 대이선이 있다.

## 92 ★★★★★
전차선의 이선시간이 수십분의 1초 정도의 것으로 전차선 또는 팬터그래프 집전판의 미세한 진동에 따른 이선은?

① 소이선　　　② 중이선
③ 대이선　　　④ 특이선

**해설**
전차선의 이선시간이 수십분의 1초 정도의 것으로 전차선 또는 팬터그래프 집전판의 미세한 진동에 따른 이선은 소이선이다.

## 93 ★
다음 중 불연속점(경점)의 이선으로 보통 10~100[ms]로 수회 반복되는 이선은?

① 소이선　　　② 중이선
③ 대이선　　　④ 특이선

**해설**
중이선은 불연속점(경점)의 이선으로 주로 팬터그래프가 경점 등의 충격에 보통 10~100[ms]로 수회 반복되는 이선이다.

## 94 ★★
다음 중 지지점 주기의 이선으로 보통 이선시간이 1~2[s]로 팬터그래프 전체가 도약하여 발생하는 이선은?

① 소이선　　　② 중이선
③ 대이선　　　④ 특이선

**해설**
대이선은 보통 이선시간이 1~2[s]로 팬터그래프 전체가 도약하여 발생하는 시간적으로 큰이선으로 열차의 안전운행이 어려울 수도 있다.

## 95 ★★
이선 현상에 대한 설명으로 거리가 먼 것은?

① 팬터그래프의 이동으로 전차선이 순간적으로 이탈이 발생하는 것을 말한다.
② 차량 이동 중에 생기는 이선시에도 전압이 변동되지 않으므로 열차의 속도를 결정하는 것과는 무관하다.
③ 이선은 전기적으로 불완전한 접촉을 발생시켜 아크를 일으킨다.
④ 이선에 의해 전차선의 이상 마모 및 손상을 가져온다.

## 96 ★★
다음 중 이선으로 인한 장애가 아닌 것은?

① 전차선의 아크방전에 따른 열화, 손상
② 팬터그래프의 아크방전에 따른 열화, 손상
③ 정전유도현상 발생
④ 아크방전에 의한 지락

**해설**
무선통신 잡음이 발생한다.

## 97 ★
다음 중 이선으로 인한 장애 대책과 거리가 먼 것은?

① 이선 자체를 작게 한다.
② 전압강하를 작게 한다.
③ 아크방전의 발생을 작게 한다.
④ 아크방전이 발생해도 미치는 장애를 작게 한다.

**해설**
이선과 전압강하는 무관하다.

## 98 ★★
가공전차선로의 이선에 따른 장애방지 대책이 아닌 것은?

① 전차선의 높이를 높게 한다.
② 전차선로의 경점을 작게 한다.
③ 내마모성이 우수한 재료를 사용한다.
④ 2대의 팬터그래프를 1조로 하여 운행한다.

**해설**
전차선의 높이를 일정하게 유지하여야 한다.

**정답** 93. ②　94. ③　95. ②　96. ③　97. ②　98. ①

## 99 ★★★
다음 중 이선율을 정확하게 표현한 것은?

① $\dfrac{\text{일정구간의 주행시 이선하여 주행한 거리의 합}}{\text{일정구간의 전체 주행시간}} \times 100[\%]$

② $\dfrac{\text{일정구간의 전체 주행시간}}{\text{일정구간의 주행시 이선하여 주행한 거리의 합}} \times 100[\%]$

③ $\dfrac{\text{일정구간의 이선시간의 합}}{\text{일정구간의 전체 주행시간}} \times 100[\%]$

④ $\dfrac{\text{일정구간의 전체 주행시간}}{\text{일정구간의 이선시간의 합}} \times 100[\%]$

**해설**

이선율은 $\dfrac{\text{일정구간의 이선시간의 합}}{\text{일정구간의 전체 주행시간}} \times 100[\%]$

또는

$\dfrac{\text{일정구간의 주행시 이선하여 주행한 거리의 합}}{\text{일정구간의 전체 주행시간}} \times 100[\%]$

## 100 ★★
일반 전철구간에서 이선율은 몇 [%] 이하로 하는가?

① 0　　② 1　　③ 2　　④ 3

**해설**

이선율은 일반 전철구간에서 3[%] 이하, 고속전철에서는 1[%] 이하로 제한하고 있다.

## 101 ★★
다음 중 전차선의 이선 저감 대책과 거리가 먼 것은?

① 균일한 압상력을 유지하기 위하여 프리새그(Pre-sag) 가선을 시행한다.
② 전차선의 구배 변화를 적게 한다.
③ 전차선, 조가선의 장력을 일정하게 유지한다.
④ 열차속도는 파동전파 속도의 80[%] 이상으로 운영한다.

**해설**

열차속도는 파동전파 속도의 70[%] 이하로 운영하는 것이 바람직하다.

## 102 ★★★
다음 중 전차선의 이선에 직접적인 영향을 주는 요소가 아닌 것은?

① 전차선의 압상량　② 파동전파속도
③ 전차선의 편위　　④ 전차선의 장력

**해설**

전차선의 이선에 직접적인 영향을 주는 요소는 파동전파속도, 전차선 장력, 전차선의 압상량 및 열차속도 등 복합적으로 이루어진다.

## 103 ★★
전차선의 경간 중앙에서 상하로 진동시킬 때 최소의 힘으로 큰 진동을 가져오는 고유진동수를 올바르게 표현한 것은?(단, $f$ : 고유진동수, $S$ : 경간[m], $C$ : 파동전파속도[m/s] 이다.)

① $f = \dfrac{2S}{C}$　　② $f = 2S \times C$

③ $f = \dfrac{C}{2S}$　　④ $f = 2S \times C^2$

**해설**

고유진동수 $f = \dfrac{C}{2S}$ 이다.

## 104 ★★
팬터그래프의 공진속도가 140[km/h], 스프링 계수 부등률($\epsilon$)이 0.3일 때 전차선의 이선속도($V_r$)[km/h]는?

① 123　　② 137　　③ 145　　④ 153

**해설**

$V_r = \dfrac{V_c}{\sqrt{1+\epsilon}} = \dfrac{140}{\sqrt{1+0.3}} \fallingdotseq 123[\text{km/h}]$

## 105 ★★★
다음 중 무차원화 비($\beta$)를 정확하게 표현한 것은?

① $\dfrac{공진속도[km/h]}{이선속도[km/h]}$

② $\dfrac{열차속도[km/h]}{파동전파속도[km/h]}$

③ $\dfrac{이선속도[km/h]}{공진속도[km/h]}$

④ $\dfrac{파동전파속도[km/h]}{열차속도[km/h]}$

**해설**

무차원화 비($\beta$) $\dfrac{열차속도[km/h]}{파동전파속도[km/h]}$

## 106 ★
다음 중 전기적인 마모현상이 주로 발생하는 개소가 아닌 것은?

① 절연구분장치 개소
② 전차선의 구배 변화점
③ 경점 개소
④ 장력 불균형 개소

**해설**

전기적마모(용착마모)는 팬터그래프와 전차선의 불완전 접촉 또는 이선 등에 의하여 발생하는 아크의 전기적 원인에 따른 것이다. 전차선의 구배 변화점, 경점개소, 장력 불균형 개소, 습동면의 요철이 문제가 된다.

## 107 ★
다음은 전차선의 마모의 일반적인 경향을 설명한 것이다. 맞지 않는 것은?

① 팬터그래프의 압상력이 크게 되면 전기적 마모는 감소하고 기계적마모는 증가한다.
② 집전전류의 대소에 많은 영향을 받는다.
③ 팬터그래프가 경량이고 추종성이 좋게 되면 전차선의 마모는 작게 되고, 팬터그래프 개수가 많으면 기계적 마모는 증가하게 된다.
④ 전차선의 온도가 90[℃]에 가깝게 되면 온도상승에 따라 평행구간, 건넘선 등을 지날 때 전차선 마모가 증대된다.

**해설**

전차선의 마모는 집전전류의 대소에 그다지 영향을 받지 않는다. 그러나 직류구간에서는 이선이 자주 발생하면 마모가 촉진된다.

## 108 ★
전차선의 마모율을 바르게 표현한 것은?

① 마모율 = $\dfrac{팬터그래프\ 통과\ 회수(1만회)}{전차선의\ 마모량}$ [mm]

② 마모율 = $\dfrac{전차선의\ 마모량}{팬터그래프\ 통과\ 회수(10만회)}$ [mm]

③ 마모율 = $\dfrac{전차선의\ 마모량}{팬터그래프\ 통과\ 회수(1만회)}$ [mm]

④ 마모율 = $\dfrac{팬터그래프\ 통과\ 회수(10만회)}{전차선의\ 마모량}$ [mm]

**해설**

전차선의 마모율
= $\dfrac{전차선의\ 마모량}{팬터그래프\ 통과\ 회수(1만회)}$ [mm]

## 109 ★
전차선의 마모율과 가장 거리가 먼 것은?

① 전차선의 항장력
② 허용 잔존 지름
③ 팬터그래프 통과 회수
④ 팬터그래프 집전판의 유효폭

**정답** 105. ② 106. ① 107. ② 108. ③ 109. ④

## 110 ★
전차선의 국부 마모 발생개소로 볼 수 없는 것은?

① 에어섹션, 에어조인트 개소
② 전차선의 구배 변화 개소
③ 더블이어 등의 경점 개소
④ 전차선의 킹크 개소

**해설**
전차선의 국부마모 발생 개소는 에어섹션, 에어조인트 개소, 역행개소의 급전분기 및 더블이어 등의 경점 개소, 전차선의 킹크 개소로 관리상 주의를 요한다.

## 111 ★★★★
전차선 110[mm²] 접촉점에 흐르는 아크전류를 $I$[A], 지속시간을 $t$[s]라 할 때 전차선이 단선되는 시점을 나타내는 식은?

① $I \cdot t \geq 750$
② $I \cdot t \geq 850$
③ $I \cdot t \geq 950$
④ $I \cdot t \geq 1050$

**해설**
전차선이 단선되는 시점은 $I \cdot t \geq 750$ 이다.

## 112 ★★★★
전차선 110[mm²]의 아크전류가 3000[A]라면 전차선의 단선시점은 몇 초[s]인가?

① 0.03  ② 0.15  ③ 0.25  ④ 0.35

**해설**
$I \cdot t \geq 750$    $t = \dfrac{750}{I} = \dfrac{750}{3000} = 0.25[\text{s}]$

## 113 ★★
자동차 등이 통행하는 건널목에 인접하는 전주는 건널목 양측단으로부터 몇 [m] 이상 이격하여 설치하여야 하는가?

① 1  ② 2  ③ 5  ④ 10

## 114 ★★
다음은 가공전차선의 조가방식별 전차선 정압상량을 비교한 그래프이다. 경간 중앙에서 정압상량이 가장 큰(①) 조가방식은?

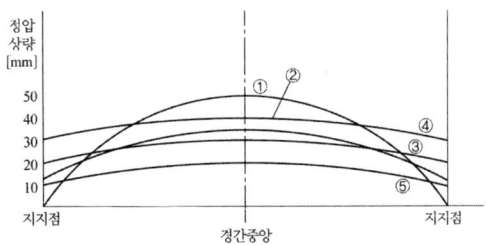

① 직접조가식
② 변Y형커티너리식
③ 심플커티너리식
④ 콤파운드커티너리식

**해설**
정압상량이 가장 큰(①) 조가방식은 직접조가식이다.

## 115 ★★
다음은 가공전차선의 조가방식별 전차선 정압상량을 비교한 그래프이다. 경간 중앙에서 정압상량이 가장 작은(⑤) 조가방식은?

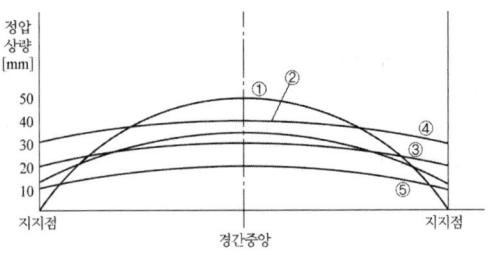

① 콤파운드커티너리식
② 변Y형커티너리식
③ 헤비 심플커티너리식
④ 트윈 심플커티너리식

**해설**
정압상량이 가장 작은(⑤) 조가방식은 트윈 심플커티너리식이다.

정답  110. ②  111. ①  112. ③  113. ③  114. ①  115. ④

## 116 ★
다음 중 조가선에 요구되는 성능에 해당되지 않는 것은?

① 도전성이 좋을 것
② 내부식성과 내마모성이 클 것
③ 선팽창계수가 클 것
④ 기계적 강도가 클 것

**해설**
선팽창계수가 적절하여야 하지만 적을수록 좋다.

## 117 ★
조가선과 전차선과의 수직 중심간격을 무엇이라 하는가?

① 가고
② 건식게이지
③ 편위
④ 구배

**해설**
조가선과 전차선과의 수직 중심간격을 가고라 한다.

## 118 ★
전차선의 가고를 결정하는 요소로 볼 수 없는 것은?

① 전차선의 선종
② 전차선의 경간
③ 전차선의 장력
④ 전차선의 구배

**해설**
전차선의 가고는 전차선의 선종, 경간, 장력, 지지점에 있어서 진동방지금구, 곡선당김장치의 설비공간 등을 고려하여 결정한다.

## 119 ★★
전차선의 표준가고($H$)의 계산식으로 맞는 것은?(단, $D$ : 이도, $h$ : 드로퍼의 최소길이[m]이다.)

① $H = D - h$
② $H = D + h$
③ $H = \sqrt{\dfrac{h}{D}}$
④ $H = \dfrac{h}{D}$

**해설**
전차선의 표준가고는 $H = D + h$, $D = \dfrac{wS^2}{8T_0}$ 이다.

## 120 ★★★
경간 50[m], 표준장력 1000[N], 전차선(Cu 110[mm²])의 단위 중량 0.987[kg/m], 조가선(Bz 65[mm²])의 단위 중량 0.605[kg/m], 드로퍼(Bz 12[mm²])의 단위 중량 0.103[kg/m] 이라고 하면 전차선 가고[mm]는 약 얼마인가? (단, 드로퍼의 최소길이는 150[mm] 이다.)

① 560
② 680
③ 710
④ 960

**해설**
$w = w_m + w_t + w_n$
$= 0.605 + 0.987 + 0.103 = 1.695 [\text{kg/m}]$
$D = \dfrac{wS^2}{8T_0} = \dfrac{1.695 \times 50^2}{8 \times 1000} ≒ 0.53$
$H = D + h = 0.53 + 0.15 = 0.68 = 680 [\text{mm}]$

## 121 ★★
바람의 영향이 없고, 직선 및 곡선반지름이 1600[m] 이상인 가동브래킷 구간에서 지지점 경간이 60[m]일 때 표준가고는 몇 [mm]인가? (단, 조가선은 $S_t$ 90[mm²] (0.697[kg/m]), 전차선은 Cu 110[mm²] (0.998[kg/m]), 드로퍼의 전차선 단위길이당 환산중량은 0.1[kg/m]이고, 드로퍼의 최소길이는 0.15[m], 표준장력은 1000[N] 이다.)

① 550
② 710
③ 958
④ 1000

**해설**
$w = w_m + w_t + w_n$
$= 0.697 + 0.998 + 0.1 = 1.795 [\text{kg/m}]$

**정답** 116. ③  117. ①  118. ④  119. ②  120. ②  121. ③

$$D = \frac{wS^2}{8T_0} = \frac{1.795 \times 60^2}{8 \times 1000} ≒ 0.808$$
$$H = D + h = 0.808 + 0.15 = 0.958[m] = 958[mm]$$

## 122 ★★
직선 및 곡선반경 1600[m] 이상인 역간에서 전차선로의 표준장력이 1000[N], 합성 전차선로의 단위중량이 1.839[kg/m], 전주경간이 55[m]일 때 전차선의 가고 $H$[mm]는? (단, 드로퍼의 최소길이는 150[mm] 이다.)

① 750  ② 845
③ 950  ④ 1050

**해설**
$$D = \frac{wS^2}{8T_0} = \frac{1.839 \times 55^2}{8 \times 1000} = 0.695$$
$$H = D + h = 0.695 + 0.15 = 0.845[m] = 845[mm]$$

## 123 ★★★
경간 60[m], 표준장력 1000[N], 합성 전차선의 단위 중량 1.795[kg/m], 드로퍼의 최소길이 0.15[m]일 때, 전차선 가고[mm]는 약 얼마인가?

① 560  ② 710
③ 860  ④ 960

**해설**
표준가고($H$)의 계산은 아래와 같이 계산한다.
$$D = \frac{wS^2}{8T_0} = \frac{1.795 \times 60^2}{8 \times 1000} = 0.80775$$
$$H = D + h = 0.80775 + 0.15$$
$$= 0.95775 ≒ 960[mm]$$

## 124 ★★★
바람의 영향이 없는 역구내의 경우 전차선로의 표준장력이 1000[N]이며, 단위중량이 1.785[kg/m] 이다. 전주경간이 50[m]일 때 표준가고는 약 몇 [mm]인가?

① 580  ② 708
③ 960  ④ 1210

**해설**
$$D = \frac{wS^2}{8T_0} = \frac{1.785 \times 50^2}{8 \times 1000} = 0.558$$
$$H = D + h = 0.558 + 0.15 ≒ 708[mm]$$

## 125 ★
지지점에 있어서 조가선과 전차선을 연결하는 면이 궤도중심면과 이루는 각도는 몇 [°] 이하로 하여야 하는가?

① 3  ② 5  ③ 10  ④ 15

**해설**
지지점에 있어서 조가선과 전차선을 연결하는 면이 궤도중심면과 이루는 각도는 10° 이하로 하여야 한다.

## 126 ★★
다음 중 조가선의 접속방법으로 맞지 않는 것은?

① 와이어 클립 접속
② B금구 접속
③ 쐐기형 클램프 접속
④ 더블이어 접속

**해설**
더블이어 접속은 전차선을 접속할 때 사용한다.

## 127 ★
다음 중 행거·드로퍼의 구비조건과 가장 거리가 먼 것은?

① 도전성이 좋을 것
② 내부식성이 좋을 것
③ 점검이 용이할 것
④ 기계적 강도가 클 것

**정답** 122. ② 123. ④ 124. ② 125. ③ 126. ④ 127. ①

**해설**
행거·드로퍼에 요구되는 성능은 기계적 강도가 클 것, 가벼울 것, 내부식성이 좋을 것, 점검 등이 용이할 것(특히 전차선 교체시 단시간 설치가 가능할 것)

## 128 ★★
행거·드로퍼의 간격에 따른 이선 아크발생 빈도를 시험한 결과 행거의 간격이 몇 [m]일 때 아크발생 빈도가 가장 작은 것으로 나타났는가?

① 1.5  ② 2.5  ③ 3.5  ④ 4.5

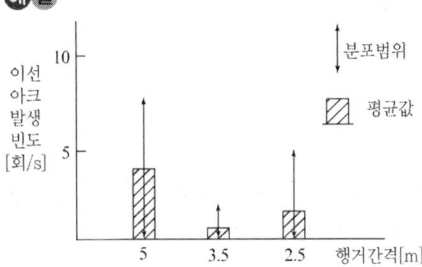

## 129 ★
일반철도 구간에서 행거의 최소 길이[mm]는?

① 150  ② 200  ③ 250  ④ 300

**해설**
경간 60[m]에서 전차선의 동적 압상량 124[mm]와 이어의 길이 20~30[mm] 정도를 합하여 행거의 최소길이를 150[mm]로 하고 있다.

## 130 ★★
가공전차선로에서 양단의 가고가 같고 전차선이 수평인 경우 점 $X$에서의 행거길이 $L$[m]은? (단, 경간 중앙에서의 이도를 $D$, 가고 $H$, 임의의 점 $X$에서의 이도를 $R$이라 한다.)

① $L = D + H \times R$
② $L = D - H - R$
③ $L = H \times D - R$
④ $L = H - D + R$

**해설**
$$L = H - D + R = H - \frac{wS^2}{8T} + \frac{wx^2}{2T}$$

## 131 ★★
드로퍼의 길이를 구하는 공식으로 옳게 표현한 것은?

① 드로퍼 길이 = 가고 − 전차선 사전 이도에 의한 이도 + 조가선 이도
② 드로퍼 길이 = 가고 + 전차선 사전 이도에 의한 이도 − 조가선 이도
③ 드로퍼 길이 = 가고 − 드로퍼 단위 중량 + 전차선 이도
④ 드로퍼 길이 = 가고 + 드로퍼 단위 중량 − 전차선 이도

**해설**
$L = H - D + R$,
드로퍼 길이 = 가고 − 전차선 사전 이도에 의한 이도 + 조가선 이도

## 132 ★★
가공 전차선로에서 양단의 가고가 같고 전차선이 수평인 경우, 양단 사이의 점 $X$에서 이도 $R$을 구하는 식은? (단, $T$: 표준온도에 있어서의 조가선의 장력[N], $W$: 합성전차선의 단위 중량[kg/m], $X$: 경간 중앙에서 행거 위치까지의 거리[m] 이다.)

① $R = \dfrac{Wx^2}{T}$
② $R = \dfrac{Wx^2}{2T}$
③ $R = \dfrac{Wx^2}{4T}$
④ $R = \dfrac{Wx^2}{8T}$

**정답** 128. ③  129. ①  130. ④  131. ①  132. ②

해설

$L = H - \dfrac{wS^2}{8T} + \dfrac{wx^2}{2T}$ 이므로 $R = \dfrac{Wx^2}{2T}$ 이다.

### 133 ★★
가공 전차선로에서 양단의 가고가 같고, 전차선이 수평인 경우 $X$점에서의 행거 길이[m]는? (단, 경간 중앙에서의 이도를 0.3[m], 가고는 1[m], 임의의 점 $X$에서의 이도를 0.15[m]로 한다.)

① 0.5  ② 0.7  ③ 0.85  ④ 0.96

해설

$L = H - D + R = 1 - 0.3 + 0.15 = 0.85$

### 134 ★★★
전차선로에서 양단의 가고가 같은 경우 경간 중앙에서의 이도가 0.436[m]이고, 드로퍼 위치의 이도가 0.352[m] 일 때 드로퍼의 길이는 몇 [m]인가? (단, 가고는 (960[mm] 이다.)

① 0.172  ② 0.436
③ 0.876  ④ 1.748

해설

$L = H - D + R = 0.96 - 0.436 + 0.352 = 0.876$

### 135 ★★
2개의 전선간에 전류를 흐르도록 하며 전선 상호간에 전위차가 생기지 않도록 전압을 등전위로 하는 목적으로 설치한 것은?

① 보조조가선  ② 흡상선
③ 중성선  ④ 균압선

해설

균압선은 2개의 전선간에 전류를 흐르도록 하며 전선 상호간에 전위차가 생기지 않도록 전압을 등전위로 하는 목적으로 설치한 것이다.

### 136 ★
다음은 균압선의 설치에 관련된 내용이다. 맞지 않는 것은?

① 전기차가 상시 정차·출발하는 곳에는 반드시 균압설비를 하여야 한다.
② 터널 입·출구 및 구름다리 양쪽에는 $F$형 ($T-M$) 균압설비를 한다.
③ 직류구간은 125[m]마다 A형 균압선을 설치한다.
④ 운전전류가 큰 구간은 균압구간을 2배로 늘린다.

해설

전차선과 조가선은 250∼300[m]마다 A형으로 균압하고, 운전전류가 큰 구간은 균압구간을 $\dfrac{1}{2}$로 단축한다.

### 137 ★★
터널 입·출구 및 구름다리 양쪽에는 어떤 종류의 균압선을 설치해야 하는가?

① $T-M-T$  ② $T-M$
③ $M-M$  ④ $M-S-T$

해설

터널 입·출구 및 구름다리 양쪽에는 $F$형($T-M$) 균압장치를 설치한다.

### 138 ★★
평행개소 및 건넘선장치에는 어떤 종류의 균압선을 설치해야 하는가?

① $T-M-M-T$
② $T-M$
③ $M-M-T-T$
④ $M-S-T$

해설

평행개소 및 건넘선장치에는 $T-M-M-T$ 또는 $T-M-M-M$ 균압선을 설치한다.

정답  133. ③  134. ③  135. ④  136. ④  137. ②  138. ①

## 139 ★★★
전차선 및 보조조가선의 횡진을 방지하는 장치는?

① 진동방지장치　② 흐름방지장치
③ 장력조정장치　④ 유류저지장치

**해설**
진동방지장치는 전차선 및 보조 조가선의 횡진을 방지하는 장치이다.

## 140 ★
진동방지장치는 곡선반경이 몇 [m] 이상의 곡선로에 설치하는가?

① 800　　　　② 1000
③ 1200　　　④ 1600

**해설**
진동방지장치는 곡선반경이 1600[m] 이상의 곡선로에 설치한다.

## 141 ★
곡선로에 있어서 전차선 궤도중심면에서의 수평거리를 정해진 편위 이내로 유지하는 장치는?

① 흐름방지장치　② 곡선당김장치
③ 장력조정장치　④ 유류저지장치

**해설**
곡선로에 있어서 전차선 궤도중심면에서의 수평거리를 정해진 편위 이내로 유지하는 장치는 곡선당김장치이다.

## 142 ★★★
곡선당김금구 궁형 및 직선형 암의 표준 설치 각도로 맞는 것은?

① 궁형 11°, 직선형 12°
② 궁형 11°, 직선형 13°
③ 궁형 11°, 직선형 14°
④ 궁형 11°, 직선형 15°

**해설**
곡선당김금구 암의 표준 설치 각도는 궁형은 11°, 직선형은 15° 이다.

## 143 ★
속도등급 200킬로급 이하에서 가동브래킷 곡선당김금구의 설치 각도는?

① 레일에 대하여 궁형은 11°, 직선형은 15°
② 레일에 대하여 궁형은 15°, 직선형은 11°
③ 레일에 대하여 궁형은 14°, 직선형은 18°
④ 레일에 대하여 궁형은 18°, 직선형은 14°

**해설**
곡선당김금구의 설치 각도는 레일에 대하여 궁형은 11°, 직선형은 15° 이다.

## 144 ★★★
다음 전철설비 표준도 기호의 명칭은 무엇인가?

① 장력조정장치　② 곡선당김장치
③ 흐름방지장치　④ 건넘선장치

**해설**
표준도 기호는 곡선당김장치이다.

## 145 ★
궁형 곡선당김장치는 궤도 중심면으로부터 몇 [m] 이상 이격 하여야 하는가?

① 0.5　　② 1　　③ 1.5　　④ 2

**해설**
궁형 곡선당김장치는 궤도중심면으로부터 1[m] 이상 이격하여야 한다.

## 146 ★
다음 중 곡선당김장치의 설치방법에 대한 설명으로 틀린 것은?

① 곡선당김금구의 설치 각도는 레일에 대하여 궁형은 11°, 직선형은 15°이다.
② 각 선로별로 전차선로 지지물에 설치한다.
③ 곡선로에서 조가선의 가선위치는 가능한 전차선과 수평이 되도록 설치한다.
④ 궁형 곡선당김장치는 궤도중심면으로부터 1[m] 이상 이격한다.

**해설**
곡선로에서 조가선의 가선위치는 가능한 전차선과 수직이 되도록 설치한다.

## 147 ★★★★
건넘선장치에서 교차금구에 의한 방식의 위치에 대한 설명으로 틀린 것은?

① 교차장치는 운전빈도가 높은 주요선을 하부로 시설한다.
② 전차선이 교차하는 위치에는 교차금구를 설치하고 조가선 상호간 및 전차선 상호간 개별 균압한다.
③ 교차금구는 전차선의 이동에 따라서 교차한 전차선, 곡선당김금구 등과 경합해서 팬터그래프의 통과에 지장을 주지 않도록 시설한다.
④ 교차금구 장치에서 곡선당김금구는 상대되는 전선의 외측에 설치한다.

**해설**
전차선이 교차하는 위치에는 교차금구를 설치하고 조가선 상호간 및 전차선 상호간은 일괄 균압한다.

## 148 ★
교류 전차선로 건넘선장치의 교차금구 시설방법에 대한 설명으로 맞지 않는 것은?

① 운전 빈도가 높은 주요선을 하부로 시설한다.
② 진동방지금구의 암(Arm)은 상대하는 전차선의 외측에 설치한다.
③ 본선과 부본선이 상대측 궤도중심에서 전차선까지 거리가 300[mm]되는 지점은 수평을 유지한다.
④ 곡선당김금구는 각각의 레일 중심선과 전차선과의 간격이 600[mm]내에 설치한다.

**해설**
곡선당김금구는 각각의 레일 중심선과 전차선과의 간격이 300~1200[mm] 내에 설치해서는 안된다.

## 149 ★
건넘선장치의 설계시 고려사항으로 거리가 먼 것은?

① 건넘선 구간의 조가선 상호간 및 전차선 상호간, 조가선과 전차선을 일괄 균압한다.
② 건넘선 구간에서 팬터그래프의 본선 통과 시 측선 전차선 또는 금구류와 접촉하지 않도록 한다.
③ 선로가 분기하는 개소에 적용하는 건넘선장치는 설계속도, 선로조건, 전주위치, 경간, 가고, 편위, 선간 이격거리등을 고려하여 설계한다.
④ 건넘선장치 교차점에서 본선측 궤도중심과 측선측 전차선간의 간격이 600[mm] 내에 크램프를 설치한다.

**해설**
건넘선장치 교차점에서 본선측 궤도중심과 측선측 전차선간의 간격이 1200[mm]가 되는 지점까지는 일체의 크램프를 설치해서는 안된다.

정답  146. ③  147. ②  148. ④  149. ④

## 150 ★★
건넘선장치의 교차금구 설치 시 15번 분기 이상일 때 교차금구의 표준길이[mm]는?

① 900　　② 1500
③ 1800　　④ 2200

**해설**
15번 분기 이상일 때 교차금구의 표준길이는 1800[mm]이다.

## 151 ★★
건넘선장치의 12번 분기 이하일 경우 교차금구의 표준길이[mm]는?

① 500　　② 800
③ 1400　　④ 2000

**해설**

| 분기기 번호 | 표준 길이[mm] | 비고 |
|---|---|---|
| 12번 분기 이하 | 1,400 | |
| 15번 분기 이상 | 1,800 | |

## 152 ★★★
다음 전철설비 표준도 기호의 명칭은 무엇인가?

① 장력조정장치　　② 곡선당김장치
③ 흐름방지장치　　④ 건넘선장치

**해설**
표준도 기호는 건넘선장치이다.

## 153 ★
구분장치를 설치하는 방법과 거리가 먼 것은?

① 상·하선별, 방면별로 구분한다.
② 차량기지는 본선과 같은 급전계통으로 구분한다.
③ 보수작업 구간을 설정하기 쉽도록 구분한다.
④ 보호계전기의 사고검출 능력에 상응하도록 한다.

**해설**
차량기지는 본선으로부터 분리하여 급전계통으로 구분한다.

## 154 ★
구분장치가 구비하여야 할 조건이 아닌 것은?

① 충분한 절연성을 가질 것
② 팬터그래프 통과에 지장이 없을 것
③ 제작과 가공이 쉬울 것
④ 가볍고 기계적 강도가 클 것

**해설**
구분장치가 구비하여야 할 조건은 충분한 절연성을 가질 것, 팬터그래프 통과에 지장이 없을 것, 가볍고 기계적 강도가 클 것 등이다.

## 155 ★★
온도변화에 따른 전차선의 신축을 조정하기 위하여 전차선을 일정한 길이로 인류하여 설치한 기계적인 구분장치는?

① 익스펜션 조인트　　② 에어조인트
③ 이행구간　　④ 절연구분장치

**해설**
온도변화에 따른 전차선의 신축을 조정하기 위하여 전차선을 일정한 길이로 인류하여 설치한 기계적인 구분장치는 에어조인트(Air Joint)이다.

## 156 ★★★
다음 중 전기적인 구분장치가 아닌 것은?

① 에어섹션　　② 애자형섹션
③ 절연구분장치　　④ 에어조인트

**정답** 150.③ 151.③ 152.④ 153.② 154.③ 155.② 156.④

**해설**
에어조인트는 기계적인 구분장치이다.

### 157 ★★
다음 그림과 같은 표준도 기호는 무엇인가?

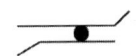

① 에어조인트  ② 애자형섹션
③ 절연구분장치  ④ 에어섹션

**해설**
표준도 기호는 기계적인 구분장치인 에어조인트(Air Joint)이다.

### 158 ★★
에어조인트의 평행부분에서 전차선의 상호간격[mm]은 얼마를 표준으로 하는가? (단, 속도등급 200킬로급 이하이다.)

① 150  ② 280
③ 300  ④ 400

**해설**
에어조인트의 평행부분에서 전차선의 상호간격은 150[mm]이다.

### 159 ★★★★
가공전차선로의 기계적 구분장치(에어조인트)에 사용되는 균압장치의 구성으로 맞는 것은?

① $M-M-T-T$
② $T-T-M-M$
③ $M-T-M-T$
④ $T-M-M-T$

**해설**
에어조인트, 에어섹션, 건넘선장치에는 C형 ($T-M-M-T$) 균압선을 설치한다.

### 160 ★★★
두 전차선 상호에 평행 부분을 일정 간격으로 이격시켜 공기절연을 이용한 동상용 구분장치는?

① 에어섹션  ② 에어조인트
③ 애자형섹션  ④ 절연구분장치

**해설**
에어섹션은 집전 부분의 전차선에 절연물을 삽입하는 것이 아니고 절연하여야 할 전차선 상호 평행부분을 일정 간격으로 유지하여 공기의 절연을 이용한 구분장치이다.

### 161 ★
에어섹션의 평행개소에서 전차선 상호간 이격거리[mm]는?

① 200  ② 300
③ 500  ④ 550

**해설**
평행부분에서 전차선 상호의 이격거리는 300[mm]로 하고, 선로조건 등에 따라 부득이한 경우 교류에 있어서는 250[mm], 직류에 있어서는 200[mm]까지 단축할 수 있다.

### 162 ★★
에어섹션 개소에서 구분용 애자의 하단은 본선의 전차선 높이에서 몇 [mm] 이상의 높이로 시설하여야 하는가?

① 50  ② 100
③ 150  ④ 200

**해설**
구분용 애자의 하단은 본선의 전차선이 팬터그래프에 의하여 압상할 때 집전판과 충돌하지 않도록 본선의 전차선의 높이로부터 200[mm] 이상의 높이로 시설한다.

**정답**  157. ①  158. ①  159. ④  160. ①  161. ②  162. ④

## 163 ★
에어섹션의 평행부분의 경간은 몇 [m] 이상의 개소에 시설하여야 하는가?

① 30  ② 40
③ 50  ④ 55

**해설**
에어섹션의 평행부분의 경간은 50[m] 이상의 개소에 시설한다.

## 164 ★
에어섹션의 평행부분의 경간이 50[m] 미만인 경우에는 2경간으로 구성하였을 때 이점으로 볼 수 없는 것은?

① 전차선의 구배가 완만하게 되고 팬터그래프의 전차선에 대한 충격이 작아진다.
② 전차선의 기계적 이상 국부 마모가 증가한다.
③ 가선 진동이 감소하고, 재질의 피로 진행도가 감소 한다.
④ 온도 변화에 의한 오버랩 구성의 변형이 적다.

**해설**
전차선의 구배가 완만하게 되어 전차선의 기계적 이상 국부 마모가 감소한다.

## 165 ★★
다음 그림과 같은 표준도 기호는 무엇인가?

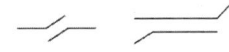

① 에어섹션  ② 에어조인트
③ 애자형섹션  ④ 절연구분장치

**해설**
그림과 같은 표준기호는 에어섹션(Air Section)이다.

## 166 ★★★
다음 중 절연구분장치에 대한 설명으로 틀린 것은?

① 절연구분장치 양단의 전차선과 조가선은 상호 균압한다.
② 절연구간을 갖는 인류구간의 길이는 600[m] 이하로 한다.
③ 절연구분장치 구간의 조가선은 팬터그래프 통과로 생기는 아크(Arc)에 의한 손상이 없도록 시설한다.
④ 절연구분장치 길이를 선정할 때는 팬터그래프의 설치 간격을 고려할 필요가 없다.

**해설**
절연구분장치 길이를 선정할 때는 전기적 절연거리와 팬터그래프의 설치 간격을 고려하여 결정할 필요가 있다.

## 167 ★★
변전소 앞 또는 급전구분소 앞에는 반드시 이상전원을 구분하기 위해 무엇을 설치하는가?

① 건넘선장치  ② 진동방지장치
③ 절연구분장치  ④ 인류장치

**해설**
변전소 앞 또는 급전구분소 앞에는 반드시 이상전원을 구분하기 위해 절연구분장치를 설치한다.

## 168 ★
AC 25[kV] 커티너리 가선방식 절연구분장치 길이 산정시 아크신도는 현차시험 결과 3[mm/kVA] 정도로 나타났으며 이 때 가정한 최대 아크에너지 값[kVA]은?

① 1200  ② 1800
③ 2400  ④ 2600

**해설**
절연구분장치를 통과할 때 단-off(무동력운전)를 원칙으로 하고 있지만 단-on(동력운전) 상태로 통과하는 경우의 아크신도이다. 이 값은 현차시험 결과에서 3[mm/kVA]정도로 나타났으며, 아크에너지를 최대 2600[kVA]로 가정하면 소요 길이는
2600[kVA]×3[mm/kVA]=7800[mm]≒8[m]
가 된다.

## 169 ★★
AC 25[kV] 커티너리 가선방식에서 교류 이상구분용 절연구분장치를 설치하려고 한다. 이때 전기동차 운행구간의 절연구분장치 길이 [m]로 적정한 것은?

① 8  ② 22  ③ 44  ④ 66

**해설**
전기적 절연 길이 + 팬터그래프 간격
= 8[m] + 13[m] = 21[m]
여기에 1[m]의 여유를 가산하여 일반적인 교류 이상구분용 절연구간의 길이는 22[m]로 하고 있다.

## 170 ★★★★
AC 25[kV] 커티너리 가선방식에서 교·직류를 구분하는 절연구분장치를 설치하려고 한다. 이때 절연구분장치 길이 산출에 필요하지 않은 것은?

① 아크시간
② 전압계전기 동작시간
③ 차단기의 차단시간
④ 전기차의 길이

**해설**
교·직류를 구분하는 절연구분장치의 유효 길이[m]
=총동작시간[ms]×운전속도[km/h]이다.
여기서 총동작시간은 아크시간(200[ms]), 전압계전기 동작시간(910[ms]), 차단기의 차단시간(200[ms]), 여유(100[ms])를 더한 값으로 1410[ms] 이다.

## 171 ★★
다음 그림과 같은 표준도 기호는 무엇인가?

⊣ | ⊢

① 에어섹션
② 절연구분장치(교-직용)
③ 절연구분장치(교-교용)
④ 에어조인트

**해설**
그림과 같은 표준기호는 교류 - 교류용 절연구분장치이다.

## 172 ★★
다음 그림과 같은 표준도 기호는 무엇인가?

⊣ || ⊢

① 에어섹션
② 절연구분장치(교-직용)
③ 절연구분장치(교-교용)
④ 에어조인트

**해설**
그림과 같은 표준기호는 교류 - 직류용 절연구분장치이다.

## 173 ★★
일반 전차선로구간에서 전차선의 처짐 또는 과장력이 걸리는 것을 방지하기 위한 인류구간의 길이는 몇 [m] 이하를 표준으로 하는가? (단, 직선구간을 기준)

① 1600  ② 1800
③ 2000  ④ 2200

**해설**
인류구간의 길이는 직선구간을 기준으로 1600[m] 이하를 표준으로 한다.

**정답** 169. ②  170. ④  171. ③  172. ②  173. ①

**174** ★★
일반전철의 인류장치에서 전차선과 조가선의 최대 인류구간은 몇 [m]로 한정하여야 하는가?

① 800  ② 1000  ③ 1250  ④ 1600

**해설**
인류구간의 길이는 직선구간을 기준으로 1600[m] 이하를 표준으로 한다.

**175** ★★
전차선과 조가선을 자동장력조정하는 가동브래킷 구간의 경우 전차선 장력의 변화를 표준장력의 몇 [%] 할증한 장력을 고려할 필요가 있는가?

① 5  ② 10  ③ 15  ④ 20

**해설**
전차선의 억제저항을 고려하여 고정빔 구간(전차선만 자동조정)에 대해서는 15[%], 가동브래킷 구간(전차선, 조가선 모두 자동조정)에 대해서는 5[%]를 할증한 장력을 고려할 필요가 있다.

**176** ★★
전차선과 조가선을 일괄 자동장력조정하는 가동브래킷 구간의 경우 전차선의 허용장력을 1500[N]라 하면 고려하여야 할 전차선의 표준장력[N]은?

① 1500  ② 1575
③ 1625  ④ 1725

**해설**
$T_0 = 1500 \times 1.05 = 1575[N]$

**177** ★★
활차식 자동장력조정장치는 인류구간의 길이 [m]가 얼마일 경우, 양쪽에 설치하여야 하는가?

① 100[m]를 넘고, 300[m] 이하인 경우
② 300[m]를 넘고, 500[m] 이하인 경우
③ 500[m]를 넘고, 800[m] 이하인 경우
④ 800[m]를 넘고, 1600[m] 이하인 경우

**해설**
800[m]를 넘고, 1600[m] 이하인 경우 양쪽에 설치하여야 한다.

**178** ★★
다음 중 자동장력조정장치의 종류에 해당하지 않는 것은?

① 활차식  ② 턴버클식
③ 도르래식  ④ 스프링식

**해설**
와이어 턴버클식과 조정 스트랩식은 수동장력조정장치이다.

**179** ★★★
가공전차선로의 자동장력조정장치 종류에 해당하지 않는 것은?

① 활차식  ② 조정 스트랩식
③ 도르래식  ④ 스프링식

**해설**
와이어 턴버클식과 조정 스트랩식은 수동장력조정장치이다.

**180** ★★★★★
다음 중 자동장력조정장치의 설치에 대한 설명으로 틀린 것은?

① 인류구간의 한쪽에 자동장력조정장치를 설치할 경우 구배가 낮은쪽에 설치한다.
② 조가선 및 전차선은 억제저항이 적게 되도록 시설한다.

정답  174. ④  175. ①  176. ②  177. ④  178. ②  179. ②  180. ④

③ 활차식과 도르래식은 표준장력에 맞는 활차비와 종류를 선택한다.
④ 수동장력조정장치를 필요로 하지 않는 합성전차선에는 턴버클식을 사용한다.

**해설**
자동장력조정장치를 필요로 하지 않는 합성전차선에는 수동장력조정장치(턴버클식, 조정스트랩식)을 사용한다.

## 181 ★★★
활차식 자동장력조정장치의 조정거리($L$)를 구하는 식은? (단, $\Delta L$ : 전차선 신장길이, $\alpha$ : 전차선의 선팽창계수, $\Delta L$ : 온도변화(표준온도)이다.)

① $L = \dfrac{\Delta L}{\alpha \cdot \Delta t}$   ② $L = \dfrac{\Delta L}{\alpha + \Delta t}$
③ $L = \dfrac{\alpha \cdot \Delta t}{\Delta L}$   ④ $L = \dfrac{\alpha + \Delta t}{\Delta L}$

**해설**
활차식 자동장력조정장치의 조정거리($L$)를 구하는 식은 $L = \dfrac{\Delta L}{\alpha \cdot \Delta t}$ 이다.

## 182 ★★★
활차비 1 : 4의 경우 장력추 유효동작 범위가 3,600[mm]면 전차선의 신축허용 범위[mm]는?

① 600   ② 900
③ 1200   ④ 1800

**해설**
활차비 1:4의 경우의 전차선의 신축 허용 범위 $I$ 는
$I = \dfrac{3600}{4} = 900 [\text{mm}]$

## 183 ★★
전차선의 억제저항, 전차선 편위의 변화량, 중추의 동작범위 및 밸런스의 효율 등에 의해서 활차식 자동장력조정장치(WTB)의 조정거리($L$)를 구하는 식은? (단, 조정거리는 직선 개소의 경우이며 $C$는 전차선의 선팽창계수, $\Delta t$ 는 표준온도에 대한 온도변화, $I$ 는 전차선의 신장길이 이다.)

① $L = \dfrac{C}{I - \Delta t}$
② $L = \dfrac{I}{C \cdot \Delta t}$
③ $L = I \cdot C \cdot \Delta t$
④ $L = \dfrac{2C}{I \cdot 3\Delta t}$

**해설**
장력추 취부용 지지대 간격에 따라 허용되는 전차선 길이는 $I \geq C \cdot L \cdot \Delta t$ 에서
$\therefore L \leq \dfrac{I}{C \cdot \Delta t}$

## 184 ★★★
활차식 자동장력조정장치의 신축 허용범위를 600[mm]로 할때 장력추 취부용 지지대 간격에 따라 허용되는 적정한 전차선의 길이는 약 몇 [m]인가? (단, 전차선의 선팽창계수를 $1.7 \times 10^{-5}$, 최고 및 최저의 온도 차를 60[℃]로 한다.)

① 147   ② 294
③ 588   ④ 1176

**해설**
장력추 취부용 지지대 간격에 따라 허용되는 전차선 길이는 $I \geq C \cdot L \cdot \Delta t$ 이므로
$\therefore L \leq \dfrac{I}{C \cdot \Delta t} = \dfrac{6 \times 10^{-3}}{1.7 \times 10^{-5} \times 60} = 588 [\text{m}]$

**정답** 181. ①  182. ②  183. ②  184. ③

## 185 ★★
가공 전차선로에서 흐름방지장치의 설치 위치는?

① 인류구간 시작점
② 인류구간 종착점
③ 인류구간 양쪽
④ 인류구간 중심점

**해설**
흐름방지장치는 인류구간의 거의 중심점에 전선의 이동을 억제하기 위하여 설치한다.

## 186 ★
전차선의 흐름을 유발하는 요인에 해당되지 않는 것은?

① 가동브래킷 O형과 I형을 교대로 설치하는 경우
② 선로조건(구배, 곡선부)
③ 기상조건(풍압)
④ 장력추 중량의 불균형

**해설**
활차식 밸런서의 장력추 중량의 불균형(중량차)이 되거나 선로조건(선로구배, 선로 곡선부)과 가동브래킷이 O형 또는 I형이 연속하는 경우에 발생되고 기상조건(풍향, 풍압)에도 영향을 받는다.

## 187 ★★★
가설 당초에 상시 사용장력보다 큰 장력(인장하중의 약 50[%] 정도)을 단시간 동안 가해서 미리 전선을 늘려 신장시켜 주는 공법을 무엇이라 하는가?

① 프리 새그(Pre-Sag)
② 프리 스트레치(Pre-Stretch)
③ 프리 네킹(Pre-Necking)
④ 프리 푸팅(Pre-Footing)

**해설**
가설 당초에 상시 사용장력보다 큰 장력(인장하중의 약 50[%]정도)을 단시간 동안 가해서 미리 전선을 늘려 신장시켜 주는 것을 프리 스트레치(Pre-Stretch)라 한다.

## 188 ★
신설선에서 전차선 Cu 110[mm²]를 프리스트레치 공법으로 미리 신장시키려 할 때 운전장력의 몇 [%]의 과장력을 가하는가?

① 100
② 150
③ 200
④ 250

**해설**
신설선에서 전차선 Cu 110[mm²]를 프리스트레치 공법으로 미리 신장시키려 할 때 운전장력의 150[%]의 과장력을 72시간 가한다.

## 189 ★
신설선에서 전차선 Cu 150[mm²]를 프리 스트레치 공법으로 미리 신장시키려 할 때 과장력을 가하는 시간($h$)으로 적당한 것은?

① 24
② 48
③ 72
④ 96

**해설**
신설선에서 전차선 Cu 150[mm²]를 프리스트레치 공법으로 미리 신장시키려 할 때 운전장력의 150[%]의 과장력을 72시간 가한다.

**프리 스트레치에서의 장력과 시간**

| 구분 | 종별[mm²] | 과장력[N] | 시간[분] | 비고 |
|---|---|---|---|---|
| 전차선 | Cu 170 | 24500 | 30 | |
| | Cu 150 | 19600 | 30 | 경부선 |
| | Cu 110 | 19600 | 30 | 호남선 |
| | Cu 150 | 운전장력의 150% | 72시간 | 신설선 |
| | Cu 110 | 운전장력의 150% | 72시간 | 신설선 |

**정답** 185. ④ 186. ① 187. ② 188. ② 189. ③

| 구분 | 종별[mm²] | 과장력[N] | 시간[분] | 비고 |
|---|---|---|---|---|
| 조가선 | St 135 | 29400 | 10 | |
| | St 90 | 15680 | 10 | |
| | CdCu 70~80 | 14700 | 10 | |
| | Bz 65 | 14700 | 10 | 경부선, 호남선 |
| | CdCu 70 | 운전장력의 110% | 10 | 신설선 |
| | Bz 65 | 운전장력의 110% | 10 | 신설선 |

## 190 ★★★
다음 전철설비 표준도 기호의 명칭은 무엇인가?

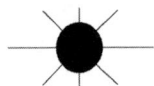

① 흐름방지장치  ② 절연구분장치
③ 장력조정장치  ④ 건넘선장치

**해설**
표준도 기호는 흐름방지장치이다.

## 191 ★★★
가동브래킷의 장점에 대한 설명으로 옳은 것은?

① 회전구조로 되어 있어서 전차선의 경점을 크게 한다.
② 경량이고 가선상태가 양호하여 고속도 운전에 적합한 구조를 가지고 있다.
③ 복잡한 역구내의 선로에 사용하기 쉽다.
④ 전차선의 허용 편위를 절대로 초과하지 않는 구조를 지니고 있다.

## 192 ★★
가동브래킷의 장점이 아닌 것은?

① 진동방지, 곡선당김장치를 가동브래킷에 취부하므로 경점이 작다.
② 전차선을 일괄해서 장력을 조정할 수 있다.
③ 가동브래킷의 회전위치에 따라 가선 위치가 이동한다.
④ 경량으로 가선 특성이 좋다.

## 193 ★★★
다음 중 가동브래킷에 대한 설명이 틀린 것은?

① 애자가 전주측에 있어 매연에 대해 오손이 적다.
② 전차선을 일괄해서 장력조정할 수 있어 가선특성이 좋다.
③ 진동방지, 곡선당김장치를 가동브래킷에 취부하기 때문에 경점이 크다.
④ 경량이므로 가선 특성이 좋다.

## 194 ★★
역 중간과 역 구내의 통과 본선 지지물의 표준으로 사용되는 것은?

① 가동브래킷  ② 고정브래킷
③ 스팬선빔   ④ 가압빔

**해설**
가동브래킷은 역간과 역구내의 본선 지지물의 표준으로 사용되고 있다.

## 195 ★★
합성전차선을 전주측으로 당기는 개소에 사용되는 가동브래킷의 종류로 맞는 것은?

① I형  ② O형  ③ F형  ④ Z형

**해설**
가동브래킷는 선로방향에 대하여 90[°] 회전 가능한 구조로 제작하여 전차선과 조가선을 지지해 주는 역할을 한다. 가동브래킷이 받는 작용력에 따라 인장형(I형 : In Type)과 압축형(O형 : Out Type)으로 구분하여 사용하고 있다. 인장형은 합성전차선을 전주측으로 당기는 개소에 사용되며, 압축형은 합성전차선을 전주 반대측으로 밀어 주는 개소에 사용한다.

### 196 ★★★
합성전차선을 전주 반대측으로 밀어주는 개소에 사용되는 가동브래킷의 종류로 맞는 것은?

① I형  ② O형  ③ F형  ④ Z형

**해설**
압축형(O형)은 합성전차선을 전주 반대측으로 밀어 주는 개소에 사용한다.

### 197 ★★
다음 중 가동브래킷의 구성품으로 거리가 먼 것은?

① 수평파이프  ② 지지애자
③ 곡선당김금구  ④ 경사파이프

**해설**
가동브래킷의 구성은 수평파이프, 경사파이프, 곡선당김금구, 장간애자 등으로 구성되어 있다.

### 198 ★★★
가동브래킷의 호칭이 "G3.5 L960 O"라고 되어 있다면, 여기에서 G의 의미는?

① 가고
② 전차선 높이
③ 건식게이지
④ 작용력에 대한 형식

**해설**
가동브래킷은 건식게이지[m]를 G, 가고(架高)를 L, 작용력에 대한 형(型)을 O, I로 표시하여 호칭한다. (예 : G 3.0 L 960 O)

### 199 ★★★★
가동브래킷의 호칭이 "G3.0 L960 I"라고 되어 있다면, 여기에서 L의 의미는?

① 가고  ② 전차선 높이
③ 건식게이지  ④ 작용력에 대한 형식

**해설**
가동브래킷은 선식 게이지[m]를 G, 가고(架高)를 L, 작용력에 대한 형(型)을 O, I로 표시하여 호칭한다. (예 : G 3.0 L 960 O)

### 200 ★★
가동브래킷의 회전억제저항은 전차선의 수직하중과 횡장력을 받은 상태에서 1개소 당 몇 [kg] 이하로 하는가?

① 1  ② 2  ③ 3  ④ 4

**해설**
가동브래킷의 회전억제저항은 전차선의 수직하중과 횡장력을 받은 상태에서 1개소당 3[kg] 이하로 하고 있다.

### 201 ★★
가동브래킷의 종류로서 전차선의 평행개소 구간에 사용하는 형식(Type)은?

① I형  ② O형  ③ F형  ④ H형

**해설**
에어섹션, 에어조인트 등 전차선의 평행개소(overlap)에서 전차선의 무효부분에 곡선당김금구를 사용하지 않고 로드로 사용하는 형식이다.

### 202 ★★
가공 전차선로에 사용하는 가동브래킷의 종류가 아닌 것은?

① F형  ② I형  ③ O형  ④ Z형

**정답** 196. ② 197. ② 198. ③ 199. ① 200. ③ 201. ③ 202. ④

## 203 ★★

가동브래킷용 장간애자의 안전율은 얼마 이상으로 하여야 하는가?

① 파괴하중에 대하여 2.0 이상
② 파괴하중에 대하여 2.5 이상
③ 최대 만곡하중에 대하여 2.0 이상
④ 최대 만곡하중에 대하여 2.5 이상

**해설**
가동브래킷용 장간애자의 안전율은 최대 만곡하중에 대하여 2.5 이상으로 한다.

## Chapt. 4 일반 전차선로 — 핵심예상문제 필답형 실기

**01** 급전선로에 요구되는 기본적인 사항에 대하여 아는대로 쓰시오.

**풀이**
1) 전기차 용량에 대응되는 전기용량을 가지며 전압강하가 작을 것
2) 전선은 소요의 기계적 강도, 내식성을 가질 것
3) 급전용 변전소 및 전차선 등과 절연협조를 도모할 것
4) 급전계통은 가능한 간소화하고 개폐기 등은 필요 최소한으로 할 것

**02** 급전선의 접속 방법에 대하여 쓰시오.

**풀이**
급전선의 접속은 압축접속을 원칙으로 하고 있다.

**03** 급전선의 재질, 굵기를 선정함에 있어 고려하여야 할 사항에 대하여 아는바를 쓰시오.

**풀이**
급전선의 재질, 굵기는 부하전류에 따라 전압강하와 온도상승이 적고 기계적 강도에 충분히 견딜 수 있는 것을 선정하여야 한다.

**04** 급전계통을 구성하는데 있어 고려하여야 할 사항에 대하여 아는바를 쓰시오.

**풀이**
급전계통은 급전방식, 급전선로용량, 연장급전, 작업정전, 사고구분을 고려하여 구성할 필요가 있다.

**05** 급전선에 사용하고 있는 경알루미늄연선은 경동연선과 동일한 저항값을 얻기 위하여 굵기를 경동연선의 몇 배로 하여야 하는가?

**풀이**
경알루미늄연선의 도전율은 61[%], 경동연선은 97[%] 이므로 경알루미늄 연선을 경동연선과 동일한 저항값을 얻기 위해서는 그 굵기를 경동연선의 1.59(97/61)배로 할 필요가 있다.

**06** 급전선의 선종을 경동연선 또는 동등 이상의 선종으로 사용해야 하는 특수개소에는 어떤 곳이 있는지 쓰시오.

풀이

경동연선 또는 동등 이상의 선종을 사용해야 할 특수개소는 강풍 구간, 염해가 심한 해안 구간, 알루미늄을 부식시키는 염소가스가 발생되는 화학공장의 부근, 알칼리성 누수가 심한 터널 등이 있다.

**07** 급전선의 표준장력에 대하여 설명하시오.

풀이

표준장력이란 그 지역에 있어서 표준온도시 무빙, 무풍 상태의 장력을 말한다.

**08** 급전선의 표준장력 상한값은 몇 [N] 이내로 하는 것이 좋은가?

풀이

급전선의 표준장력은 이도를 감안하여 상한값은 9800[N] 이내로 하는 것이 바람직하다.

**09** 다음 중 갑종풍압하중에 대하여 간단하게 설명하시오.

풀이

고온계 하중으로서 여름철 태풍을 대비한 설계 조건으로 정하고 있다.

전선의 풍압 하중

| 하중 종별 | 전선의 빙설 두께[mm] | 풍압[N/m$^2$] | 기사 |
|---|---|---|---|
| 갑종풍압하중 | 0 | 980 | 전선의 수직 투형 면적 1[m$^2$]당 풍압 |
| 을종풍압하중 | 6 | 490 | 피빙을 포함한 전선의 수직 투형 면적 1[m$^2$]당 풍압 |
| 병종풍압하중 | 0 | 490 | 전선의 수직 투형 면적 1[m$^2$]당 풍압 |

**10** 다음은 철주의 안전율에 대한 설명이다. 괄호 안에 알맞은 내용을 쓰시오.

철주의 안전율은 소재 허용응력에 대하여 (　　) 이상이다.

**풀이**

철주의 안전율은 소재 허용응력에 대하여 1 이상이다.

---

**11** 급전선의 안전율 대하여 수식을 쓰시오.

**풀이**

급전선의 안전율 = $\dfrac{\text{인장하중}}{\text{최대사용장력}}$ 이다.

---

**12** 다음은 가공 급전선에 상정하중을 가했을 때 인장하중의 안전율에 대한 설명이다. 괄호 안에 알맞은 내용을 쓰시오.

> 가공전선은 케이블인 경우를 제외하고 상정하중을 가했을 때 전선의 인장하중의 안전율은 (    ) 이상으로 하고, 기타 전선은 (    ) 이상이 되도록 장력(상정최대장력)을 시설한다.

**풀이**

가공전선은 케이블인 경우를 제외하고 상정하중을 가했을 때 전선의 인장하중의 안전율은 2.2 이상으로 하고 기타 전선은 2.5 이상이 되도록 장력(상정최대장력)을 시설한다.

---

**13** 전주 경간을 $S$, 하중을 $W$, 수평장력을 $T$ 라 할 때 두 지점간 전선의 이도($D$)를 구하는 식을 쓰시오.

**풀이**

두 지점간 전선의 이도($D$)는 $D = \dfrac{WS^2}{8T}$ 이다.

---

**14** 급전선의 이도 $D$[m]와 장력 $T$[N]의 관계를 수식으로 표현하시오. (단, $w$ : 전선의 단위중량[kg/m], $S$ : 경간[m] 이다.)

**풀이**

$D = \dfrac{WS^2}{8T}$ 또는 $T = \dfrac{wS^2}{8D}$ 이다.

**15** 급전선의 장력은 1000[N], 급전선의 단위중량은 1.5[kg/m], 지지물의 경간은 40[m]일 때 급전선의 이도[mm]를 계산하시오.

**풀이**

$$D = \frac{WS^2}{8T} = \frac{1.5 \times 40^2}{8 \times 1000} \fallingdotseq 0.3[\text{m}] = 300[\text{mm}]$$

**16** 다음은 가공 급전선의 높이에 대한 설명이다. 괄호 안에 알맞은 내용을 쓰시오.

> 철도 · 궤도 횡단시 가공 급전선의 높이는 레일면상 (    )[m] 이상 이격한다.

**풀이**

철도 · 궤도 횡단시 가공 급전선의 높이는 레일면상 <u>6.5[m]</u> 이상 이격한다.

**17** 다음은 가공 급전선의 높이에 대한 설명이다. 괄호 안에 알맞은 내용을 쓰시오.

> 도로 횡단시 가공 급전선의 높이는 도로면상 (    )[m] 이상 이격한다.

**풀이**

도로 횡단시 가공 급전선의 높이는 도로면상 <u>6[m]</u> 이상 이격한다.

**18** 다음은 가공 급전선의 높이에 대한 설명이다. 괄호 안에 알맞은 내용을 쓰시오.

> 터널 · 과선교 등에서 가공 급전선의 높이는 레일면상 (    )[m] 이상 이격한다.

**풀이**

터널 · 과선교 등에서 가공 급전선의 높이는 레일면상 <u>3.5[m]</u> 이상 이격한다.

**19** 급전선의 접속 방법에 대하여 아는대로 쓰시오.

**풀이**

1) 급전선의 접속은 직선압축접속으로 한다.

2) 급전선의 접속은 전주경간내에서 접속하지 않는 것을 원칙으로 한다.
3) 급전선의 접속은 포완철을 사용하여 장력을 받지 않는 인류개소에서 시행한다.

## 20  직류 1500[V] 방식의 가공 급전선과 대지절연 표준이격거리는 몇 [mm]인가?

**풀이**

직류 1500[V] 방식의 가공 급전선과 대지절연 표준이격거리는 250[mm] 이다.

## 21  교류 25[kV] 단권변압기(AT)방식의 가공 급전선과 대지절연 표준이격거리는 몇 [mm]인가?

**풀이**

교류 25[kV] 단권변압기(AT)방식의 가공 급전선과 대지절연 표준이격거리는 300[mm] 이상이다.

## 22  교류 25[kV] 전기철도의 급전선 및 합성전차선과 접지물간 절연이격거리는 몇 [mm]인가?

**풀이**

급전선 및 합성전차선과 접지물간 절연이격거리는 300[mm] 이다.
(단, 부득이한 경우 250[mm])

## 23  교류 25[kV] 전기철도의 급전선과 보호선 상호간 절연이격거리는 몇 [mm]인가?

**풀이**

급전선과 보호선 상호간 절연이격거리는 1200[mm] 이상이다.

## 24  교류 25[kV] 전기철도의 급전선과 합성전차선 상호간 절연이격거리는?

**풀이**

급전선과 합성전차선 상호간 절연이격거리는 550[mm] 이상이다.

**25** 직류 1500[V] 방식의 급전선 및 합성전차선과 접지물간 절연이격거리[mm]는?

> **풀이**
>
> 직류 1500[V] 방식의 급전선 및 합성전차선과 접지물간 절연이격거리는 250[mm] 이다.

**26** 급전선을 구분하여 인류하거나 지지점에서 급전선이 미끄러지지 않도록 현수크램프를 사용하여야 하는 개소에 대하여 아는바를 쓰시오.

> **풀이**
>
> 급전선을 구분하여 인류하거나 지지점에서 급전선이 미끄러지지 않도록 현수크램프를 사용하여야 하는 개소는 트러스 교량 위 강풍구간, 풍압을 받아 이도가 큰 개소, 가선구배에 따라 이도가 큰 개소, 선로횡단 개소 등이다.

**27** 급전선의 지지점이 풍압 또는 횡장력에 의해 동요, 경사가 되었을 때 전선과 지지물과의 이격거리를 계산하는 식을 쓰시오.(단, $C_h$ : 전선과 지지물과의 이격거리[m], $L$ : 애자련의 길이[m], $D$ : 최소 절연이격거리[m], $\theta$ : 풍압과 횡장력에 의한 경사각[°] 이다.)

> **풀이**
>
> 전선과 지지물과의 이격거리 $C_h = L\sin\theta + D$ 이다.

**28** 급전선 지지점이 풍압에 의해 경사가 되었을 때 애자련의 길이가 1.0[m], 최소 절연이격거리 0.25[m], 풍압과 횡장력에 의한 경사각이 30[°]라고 하면 전선과 지지물과의 이격거리[m]를 계산하시오.

> **풀이**
>
> $C_h = L\sin\theta + D = 1 \times 0.5 + 0.25 = 0.75[m]$

**29** 전선의 슬릿점프(Sleet jump)현상에 대하여 자세히 설명하시오.

> **풀이**
>
> Sleet jump는 전선에 상당량의 빙설이 부착된 후 탈락하게 되면 중량 변화에 의해 전선이 도약(상하운동)하게 되고 선간 혼촉, 용단 등의 피해가 발생되는 현상이다.

## 30 전선의 갤로핑현상에 대하여 자세히 설명하시오.

**풀이**

전선에 빙설이 부착하게 되면 전선은 원통형으로 되지 않고, 가로방향의 바람에 대해 부양력이 발생하여 자려진동(좌우운동)이 일어나는 현상이다.

## 31 급전선의 인류장치를 설치하는 개소에는 어떤 곳이 적당한지 쓰시오.

**풀이**

1) 연속하는 구배의 정점(가장 높은 지점) 부근
2) 역구내의 전후
3) 교량개소 중에서 이격조건이 어려운 개소
4) 지상구간에서 지하구간으로 진입하는 개소

## 32 가공전차선로의 급전분기장치에 대하여 아는바를 쓰시오.

**풀이**

급전분기장치는 급전선으로부터 전기를 전차선에 공급하기 위해 급전선과 전차선 또는 보조조가선을 접속하는 장치이다.

## 33 급전분기장치에는 크게 3가지가 있다. 다음 설명에 알맞은 방식을 쓰시오.

1) 주로 직류구간 빔개소에 설비되고 절연을 위하여 250[mm] 현수애자를 사용한다.
2) 바람에 의하여 횡진이 발생하여 전선의 접촉이 우려되기 때문에 교류구간 빔개소에서 사용하는 방식이다.
3) 주로 단독주 개소에 사용하는 방식이다.

**풀이**

1) 암(Arm)식
2) 스팬선식
3) 브래키식

## 34 합성전차선에 대하여 간단하게 설명하시오.

**풀이**

조가선(강체 포함), 전차선, 행거, 드로퍼 등으로 구성한 가공전선을 말한다.

## 35  전차선에 요구되는 성능에 대하여 3가지를 쓰시오.

**풀이**
1) 가선 장력에 대하여 충분히 견딜 것
2) 집전장치 통과와 집전에 지장이 없을 것
3) 접속개소의 통전상태가 양호할 것

## 36  전차선이 집전장치 통과와 집전에 지장이 없기 위하여 요구되는 성능에 대하여 3가지 이상 쓰시오.

**풀이**
1) 집전률이 높을 것
2) 전류용량이 클 것
3) 내열성이 우수할 것
4) 내마모성이 우수할 것
5) 내부식성이 우수할 것
6) 피로강도에 충분히 견딜 것

## 37  전차선의 굵기를 결정할 때 고려하여야 할 사항 3가지만 쓰시오.

**풀이**
일반적으로 전차선의 굵기를 결정하기 위해서는 허용전류, 전압강하, 기계적강도, 작업성과 경제성 등에 의하여 결정되어진다.

## 38  전차선을 형상에 따라 분류할 때 전차선의 종류를 3가지만 쓰시오.

**풀이**
전차선의 종류에는 형상에 따라 홈붙이 원형, 홈붙이 제형, 홈붙이 이형 전차선 등이 있다.

## 39  AC 25[kV] 일반철도의 커티너리 조가방식에 사용하는 전차선의 종류는?

**풀이**
AC 25[kV] 일반철도의 커티너리 조가방식은 홈붙이 원형 전차선을 사용한다.

**40** DC 1500[V] 강체 조가방식에 사용하는 전차선의 종류는?

> 풀이
> DC 1500[V] 강체 조가방식은 홈붙이 제형 전차선을 주로 사용한다.

**41** AC 25[kV] 고속철도의 헤비심플커티너리 조가방식에 사용하는 전차선의 종류는?

> 풀이
> AC 25[kV] 고속철도의 헤비심플커티너리 조가방식은 홈붙이 이형 전차선을 사용한다.

**42** 홈붙이 원형 전차선의 도전율은 개략 몇 [%] 정도인가?

> 풀이
> 홈붙이 원형 전차선의 도전율은 개략 97.5[%] 정도이다.

**43** 교류방식에서 주로 사용하는 전차선의 종류와 전차선과 레일간 공칭전압[V]을 쓰시오.

> 풀이
> 1) 전차선 : 경동선 Cu 110[mm²], 150[mm²], 170[mm²]
> 2) 전차선과 레일간 공칭전압 : 25000[V]

**44** 전차선 파괴강도 $\sigma$[N/mm²], 전차선 잔존 단면적 $A$[mm²], 전차선 안전율 $S_t$일 때 전차선의 허용장력 $T$[N]을 구하는 식을 적으시오.

> 풀이
> 전차선의 허용장력은
> $T = \dfrac{\sigma A}{S_t}$ [N]

**45** 전차선은 110[mm²]의 항장력은 2400[N] 이고, 잔존 단면적이 67.6[mm²], 안전율이 2.2인 전차선의 허용장력은 약 몇 [N]인지 계산하시오.

**풀이**

전차선의 허용장력

$$T = \frac{\sigma A}{S_t} = \frac{\frac{2400}{110} \times 67.6}{2.2} = 670.41[N] ≒ 670[N]$$

★★
### 46. 전차선 110[mm²]의 잔존 단면적이 67.6[mm²]이고 안전율은 2.2, 파괴강도 3500[N]이라면 전차선의 허용장력 $T$[N]는 얼마인지 계산하시오.

**풀이**

전차선의 허용장력

$$T = \frac{\sigma A}{S_t} = \frac{\frac{3500}{110} \times 67.6}{2.2} = 977.68 ≒ 978[N]$$

★★
### 47. 전차선의 단면적이 110[mm²], 허용장력 1085[N], 안전율 2.2, 파괴강도가 50[N/mm²]일 때, 잔존 단면적을 계산하시오.

**풀이**

전차선의 허용장력

$$T = \frac{\sigma A}{S_t} \text{에서 } A = \frac{S_t \cdot T}{\sigma_t} = \frac{2.2 \times 1085}{50} = 47.74 ≒ 48[mm]$$

★★
### 48. 고속철도와 일반철도의 전차선 표준높이는 몇 [mm]인가?

**풀이**

1) 호남고속철도 5100[mm]
2) 경부고속철도 5080[mm]
3) 일반철도 : 5200[mm]

★★
### 49. 전철측의 경간이 50[m]이고, 구배가 3/1000으로 전차선이 낮아진다면, A전주의 전차선 높이가 5.2[m]일 때, B전주의 전차선 높이[m]를 계산하여라.

**풀이**

전차선 높이 변화량 $= 50 \times \frac{3}{1000} = 0.15[m]$

B전주 전차선 높이 = A전주의 전차선 높이 $- 0.15 = 5.2 - 0.15 = 5.05[m]$

## 50

전철주의 경간이 50[m] 이고, 구배가 15/1000 만큼 낮아진 A전주 전차선의 높이가 5.4 [m]일 때, B전철주의 전차선 높이[m]를 구하시오.

**풀이**

전차선 높이 변화량 $= 50 \times \dfrac{15}{1000} = 0.75$ [m]

B전주 전차선 높이 $=$ A전주의 전차선 높이 $- 0.75 = 5.4 - 0.75 = 4.65$ [m]

## 51

설계속도 $70 < V \leq 120$[km/h]인 전차선 기울기는 [‰]인가?

**풀이**

설계속도 $70 < V \leq 120$[km/h]인 전차선 기울기는 4[‰] 이다.

| 설계속도 $V$[km/h] | 속도등급 | 기울기[‰] |
|---|---|---|
| $300 < V \leq 350$ | 350킬로급 | 0 |
| $250 < V \leq 300$ | 300킬로급 | 0 |
| $200 < V \leq 250$ | 250킬로급 | 1 |
| $150 < V \leq 200$ | 200킬로급 | 2 |
| $120 < V \leq 150$ | 150킬로급 | 3 |
| $70 < V \leq 120$ | 120킬로급 | 4 |
| $V \leq 70$ | 70킬로급 | 10 |

## 52

전차선의 편위를 결정하는 요소 3가지만 쓰시오.

**풀이**

1) 전기차 동요에 의한 집전장치 편위
2) 풍압에 따른 전차선의 편위
3) 곡선로에 의한 전차선의 편위
4) 지지물 변형에 따른 전차선의 편위
5) 가동브라켓, 곡선당김금구의 이동에 따른 전차선의 편위

## 53

다음은 가선측정기로 곡선구간의 편위 측정에 대한 내용이다. 괄호 안에 적정한 내용을 쓰시오.

정적인 상태에서 가선측정기로 곡선구간의 편위를 측정할 때에는 (　　) 궤도를 기준으로 측정한다.

> **풀이**
> 정적인 상태에서 가선측정기로 곡선구간의 편위를 측정할 때에는 <u>외측</u> 궤도를 기준으로 측정한다.

★★

**54** 전차선 편위는 궤도면에 수직한 궤도 중심면에서 표준편위[mm]와 최대편위[mm]는 얼마인가?

> **풀이**
> 전차선의 표준편위는 200[mm], 최대편위는 250[mm] 이다.

★

**55** 다음 물음에 답하시오.

> 가공전차선의 편위는 강풍구간 및 승강장 구간에서 (    )[mm] 이하로 하여야 한다.

> **풀이**
> 가공전차선의 편위는 강풍구간 및 승강장 구간에서 <u>100[mm]</u> 이하로 하여야 한다.

★★

**56** 다음 물음에 답하시오

> 가공전차선의 편위는 곡선로의 경간 중앙에서 (    )[mm] 이하로 하여야 한다.

> **풀이**
> 곡선로의 경간 중앙에서 편위는 <u>150[mm]</u> 이하로 하여야 한다.

★★

**57** 곡선로에서 $R$ : 곡선반지름[m], $S$ : 전주경간[m], $d_s$ : 지지점에서 전차선 편위[m]라고 하면 경간 중앙에서의 전차선 중간편위 값($d_0$)을 구하는 계산식을 쓰시오.

> **풀이**
> 곡선로에서 경간 중앙에서의 전차선 중간편위 값($d_0$)은 $d_0 = \dfrac{S^2}{8R} - d_s$ 이다.

**58** 곡선반지름이 1000[m]인 곡선로에서 전주경간 50[m], 지지점에서 전차선 편위 200 [mm]라고 하면 경간 중앙에서의 중간 편위[mm]를 계산하시오.

풀이

$$d_0 = \frac{S^2}{8R} - d_s = \frac{50^2}{8 \times 1000} - 0.2 = 11.25 [\text{mm}]$$

**59** 직선로에서 지그재그 편위시 수평장력을 구하는 식을 적으시오. (단, $P$ : 수평장력[N], $S$ : 경간[m], $T$ : 전선의 장력[N], $d$ : 전차선의 기울어짐[m] 이다.)

풀이

직선로의 지그재그 편위에 따른 수평장력은

$$P = 2T\sin\theta = 2T\frac{2d}{\sqrt{S^2 + (2d)^2}}$$ 이다.

**60** 다음은 차량동요에 의한 전차선의 편위를 설명한 내용이다. 괄호 안에 들어가는 수치를 써 넣으시오.

> 차량의 경사를 레일면에서 ( )[mm] 점을 중심으로 좌우 610[mm]의 수평점 상하 진동폭을 각각 최대 ( )[mm]로 했을 때 계산한 값을 전차선의 최대 편위로 정하게 된 근거이다.

풀이

차량의 경사를 레일면에서 585[mm] 점을 중심으로 좌우 610[mm]의 수평점 상하 진동 폭을 최대 32[mm]라 했을 때 계산한 값을 전차선의 최대 편위로 정하게 된 근거이다.

**61** 레일면상 585[mm] 점을 중심으로 좌우 610[mm]의 수평점에서 전기차의 진동폭이 상하 최대 30[mm]라고 하면 가공전차선의 높이 5200[mm] 지점의 집전장치의 편위 [mm]를 계산하시오.

풀이

집전장치의 편위는

$(5200 - 585) \times \frac{30}{610} = 226.96 ≒ 227 [\text{mm}]$ 이다.

**62** 전차선의 파동전파속도를 $C$, 전차선의 장력 $T$, 가선 단위질량 $\rho$라 할 때 파동전파속도를 계산하는 식을 쓰시오.

풀이

전차선의 파동전파속도 $C = \sqrt{\dfrac{T}{\rho}}$ [m/s] 이다.

**63** 다음은 전차선의 파동전파속도에 대한 내용이다. 괄호 안에 알맞은 수치를 기입하시오.

> 커티너리 방식에서 가선계의 열차 집전속도는 파동전파속도의 (    )[%] 정도를 바람직한 집전속도로 보고 있다.

풀이

열차 집전속도는 파동전파속도의 70[%] 정도가 바람직한 집전속도로 보고 있다.

**64** 전차선 Cu 150[mm²]의 질량은 1.334[kg/m], 가선장력 20[kN]을 사용하는 헤비심플 커티너리 가선방식의 파동전파속도[km/h]를 계산하시오.

풀이

$C = \sqrt{\dfrac{T}{\rho}}$ [m/s] 이므로 [km/h]로 환산하면

$C = \sqrt{\dfrac{T}{\rho}} \times \dfrac{3600}{1000} = \sqrt{\dfrac{20000}{1.334}} \times \dfrac{3600}{1000} \fallingdotseq 440$ [km/h]

**65** 전차선 Cu 110[mm²]의 질량은 0.987[kg/m], 가선장력 10[kN]을 사용하는 심플커티너리 가선방식의 최대 집전속도[km/h]를 계산하시오.

풀이

$C = \sqrt{\dfrac{T}{\rho}}$ [m/s] 이므로 [km/h]로 환산하면

$C = \sqrt{\dfrac{T}{\rho}} \times \dfrac{3600}{1000} = \sqrt{\dfrac{10000}{0.987}} \times \dfrac{3600}{1000} \fallingdotseq 362$ [km/h]

최대집전속도 [km/h]는 파동전파속도의 70[%]가 바람직하므로

$V = 362 \times 0.7 \fallingdotseq 253$ [km/h]

## 66
다음은 전차선의 레일면에 대한 구배[‰]에 대한 설명이다. 괄호 안에 알맞은 수치를 기입하시오.

> 열차속도 150[km/h] 이상인 구간에서 전차선의 레일면에 대한 구배는 (　　)[‰] 이하 이다.

**풀이**

1) 열차속도 150[km/h] 이상 $\frac{1}{1000}$ 이하
2) 열차속도 150[km/h] 미만 $\frac{3}{1000}$ 이하
3) 측선 $\frac{15}{1000}$ 이하
4) 고속철도 열차속도 250[km/h] 이상 0, 250[km/h] 미만 $\frac{1}{1000}$ 이하

## 67
다음은 전차선의 레일면에 대한 구배[‰]에 대한 설명이다. 괄호 안에 알맞은 수치를 기입하시오.

> 터널, 구름다리, 건널목 등이 인접한 장소에서 전차선의 레일면에 대한 구배는 (　　)[‰] 이하 이다.

**풀이**

터널, 구름다리, 건널목 등이 인접한 장소의 구배는 $\frac{4}{1000}$ 이하이다.

## 68
다음은 지하 강체구간의 전차선의 레일면에 대한 구배[‰]에 대한 설명이다. 괄호 안에 알맞은 수치를 기입하시오.

> 지하 강체구간에서 전차선의 레일면에 대한 구배는 (　　)[‰] 이다.

**풀이**

지하 강체구간에서 전차선의 레일면에 대한 구배는 $\frac{1}{1000}$[‰] 이다.

## 69 전차선의 접속 방법에 대하여 아는바를 쓰시오.

**풀이**

1) 전차선 상호접속은 팬터그래프의 통과에 지장을 주지 않아야 한다.
2) 전차선의 접속에 사용하는 더블이어는 3개를 사용한다.
3) 더블이어의 최대체결 토크는 14,700[N·cm](1500[kgf·cm]) 이상일 것
4) 경동선 110[mm²] 전차선에 더블이어는 300[mm] 간격으로 취부한다.

## 70 다음은 건넘선장치에서 전차선의 접속개소에 대한 설명이다. 괄호 안에 알맞은 수치를 기입하시오.

> 건넘선장치에서 전차선의 접속개소는 궤도 중심선과 전차선 간격이 (   ~   )[mm] 이내에는 설치해서는 안된다.

**풀이**

건넘선장치에서 전차선의 접속개소는 궤도 중심선과 전차선 간격이 0~1200[mm] 이내에는 설치해서는 안된다.

## 71 전차선의 이선이란 어떤 것을 말하는지 간단하게 쓰시오.

**풀이**

이선은 팬터그래프의 접촉력이 0 이 되어 전차선으로부터 분리되는 것을 말한다.

## 72 전차선의 이선의 종류 3가지를 쓰시오.

**풀이**

전차선의 이선의 종류에는 소이선, 중이선, 대이선 3가지가 있다.

## 73 전차선의 소이선의 현상에 대하여 아는바를 쓰시오.

**풀이**

소이선은 전차선의 이선시간이 수십분의 1초 정도의 것으로 전차선 또는 팬터그래프 집전판의 미세한 진동에 따른 이선이다.

## 74 전차선의 중이선의 현상에 대하여 아는바를 쓰시오.

**풀이**

중이선은 불연속점(경점)의 이선으로 주로 팬터그래프가 경점 등의 충격에 보통 10~100[ms]로 수회 반복되는 이선이다.

## 75 전차선의 대이선의 현상에 대하여 아는바를 쓰시오.

**풀이**

대이선은 보통 이선시간이 1~2[s]로 팬터그래프 전체가 도약하여 발생하는 시간적으로 큰 이선으로 열차의 안전운행이 어려울 수도 있다.

## 76 전차선의 이선으로 일어나는 장애에 대하여 아는바를 쓰시오.

**풀이**

1) 전차선의 아크방전에 따른 열화, 손상
2) 팬터그래프의 아크방전에 따른 열화, 손상
3) 무선통신 잡음 발생
4) 아크방전에 의한 지락

## 77 전차선의 이선장애 대책에 대하여 아는바를 쓰시오.

**풀이**

1) 이선자체를 작게 한다.
2) 아크방전의 발생을 작게 한다.
3) 아크방전이 발생해도 미치는 장애를 작게한다.

## 78 전차선의 이선율을 정확하게 표현하시오.

**풀이**

이선율은 $\dfrac{일정구간의 이선시간의 합}{일정구간의 전체 주행시간} \times 100 [\%]$ 또는

$\dfrac{일정구간의 주행시 이선하여 주행한 거리의 합}{일정구간의 주행거리} \times 100 [\%]$

## 79. 다음은 전차선의 이선율에 대한 설명이다. 괄호 안에 알맞은 수치를 쓰시오.

> 전차선의 이선율은 일반 전철구간에서 (　)[%] 이하, 고속전철에서는 (　)[%] 이하로 제한하고 있다.

**풀이**
이선율은 일반 전철구간에서 3[%] 이하, 고속전철에서는 1[%] 이하로 제한하고 있다.

## 80. 전차선의 파동전파속도 $C$[m/s], 경간 $S$[m], 고유진동수 $f$라고 할 때 전차선 경간 중앙에서 상하로 진동시킬 때 최소의 힘으로 큰 진동을 가져오는 고유진동수를 계산하는 식을 쓰시오.

**풀이**
고유진동수 $f = \dfrac{C}{2S}$ 이다.

## 81. 팬터그래프의 공진속도가 160[km/h], 스프링계수 부등률($\epsilon$)이 0.4일 때 전차선의 이선속도($V_r$)[km/h]를 계산하시오.

**풀이**
$$V_r = \frac{V_c}{\sqrt{1+\epsilon}} = \frac{160}{\sqrt{1+0.4}} \fallingdotseq 135 [\text{km/h}]$$

## 82. 무차원화 비($\beta$)를 나타내는 식을 쓰시오.

**풀이**
$$무차원화\ 비(\beta) = \frac{열차속도[\text{km/h}]}{파동전파속도[\text{km/h}]}$$

## 83. 전차선의 마모율을 정확하게 표현하시오.

**풀이**
$$전차선의\ 마모율 = \frac{전차선의\ 마모량}{팬터그래프\ 통과\ 회수(1만회)} [\text{mm}]$$

**84** 전차선의 국부 마모 발생개소는 어떤 곳이 있는지 아는바를 쓰시오.

> **풀이**
> 전차선의 국부마모 발생 개소는 에어섹션, 에어조인트 개소, 역행(동력운전)개소의 급전분기 및 더블이어 등의 경점 개소, 전차선의 킹크 개소로 관리상 주의를 요한다.

**85** 건식게이지가 3.1[m]이고 전주 지름이 300[mm]일 때 전차선 기울기를 120[mm] 하면 최소 브래킷게이지[mm]를 계산하시오.

> **풀이**
> $M = 3100 - \dfrac{300}{2} - 120 = 2830 \, [\text{mm}]$

**86** 전차선(110[mm$^2$])의 접촉점을 흐르는 아크전류가 3000[A]라면 단선되는 지속시간을 계산하시오.

> **풀이**
> 전차선의 단선시점 $I \cdot t \geq 750$
> $I$ : 아크전류[A], $t$ : 지속시간[sec]
> $t = \dfrac{750}{3000} = 0.25 \, [\text{sec}]$

**87** 온도계수가 $1.5 \times 10^{-5}$, 온도변화가 60[℃] 일 때, 신장길이 1000[mm]라 할 때 전차선의 길이를 계산하시오.

> **풀이**
> 신장길이 $1000[\text{mm}] \Rightarrow 1000 \times 10^{-3}[\text{m}]$
> $\Delta l = \alpha \cdot \Delta T \cdot L$
> $L = \dfrac{\Delta l}{\alpha \cdot \Delta T} = \dfrac{1000 \times 10^{-3}}{1.7 \times 10^{-5} \times 60} = 980.39[\text{m}] \fallingdotseq 980[\text{m}]$

**88** 다음은 가공전차선의 조가방식별 전차선 정압상량을 비교한 그래프이다. 경간 중앙에서 정압상량이 가장 작은(좋은) 순서대로 전차선로의 조가방식을 쓰시오.

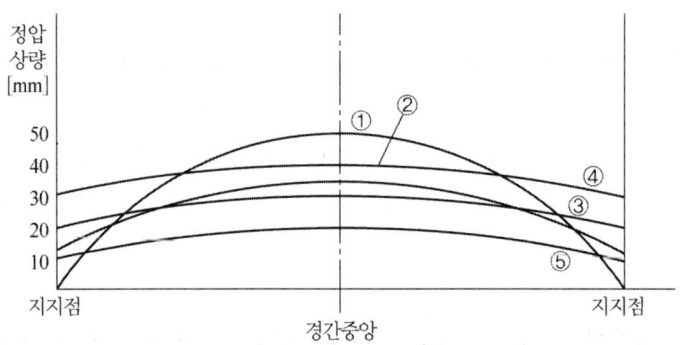

(풀이)
⑤ 트윈 심플커티너리식 → ③ 콤파운드 커티너리식 → ② 심플커티너리식
→ ④ 변Y형 커티너리식 → ① 직접조가식

**89** 다음은 가공전차선의 조가방식별 전차선 정압상량을 비교한 그래프이다. 경간 중앙에서 정압상량이 가장 큰 순서대로 전차선로의 조가방식을 쓰시오.

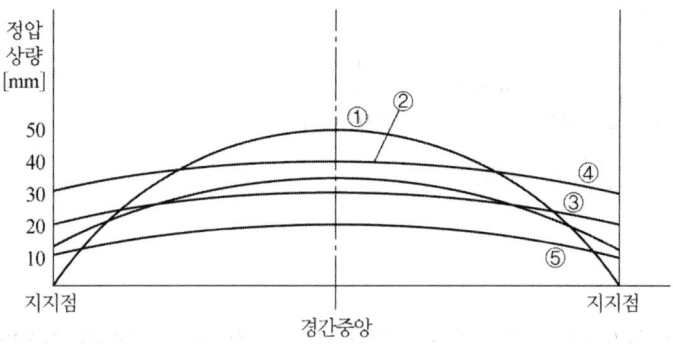

(풀이)
① 직접조가방식 → ④ 변Y형 커티너리식 → ② 심플커티너리식
→ ③ 콤파운드 커티너리식 → ⑤ 트윈 심플커티너리식

**90** 조가선에 요구되는 성능을 3가지 이상 적으시오.

(풀이)
1) 기계적 강도가 클 것
2) 내식성이 클 것
3) 내마모성이 클 것
4) 도전성이 좋을 것
5) 선팽창계수가 적절할 것

**91** 전기철도에서 전차선의 가고에 대하여 설명하고, 가고가 크게 될 때의 장점과 단점을 적으시오.

풀이)

가고란 지지점에서 조가선과 전차선의 수직 중심간격을 말한다.
가고가 크면
1) 장점 : ① 가선금구류의 취부가 용이하다.
② 가선구성이 좋게되어 가선특성이 좋아지므로 전차선의 진동이 작게 되어 고속 운전에 적합하다.
2) 단점 : 지지물이 크게 되어 경제성의 제약이 있다.

**92** 전차선의 이도 $D$, 드로퍼의 최소길이 $h$일 때 전차선의 표준가고($H$)를 구하는 계산식을 쓰시오.

풀이)

전차선의 표준가고는 $H = D + h$, $D = \dfrac{wS^2}{8T_0}$ 이다.

**93** 경간 50[m], 표준장력 1000[N], 전차선(Cu 110[mm²])의 단위 중량 0.987[kg/m], 조가선(Bz 65[mm²])의 단위 중량 0.605[kg/m], 드로퍼(Bz 12[mm²])의 단위 중량 0.103[kg/m], 드로퍼의 최소길이는 150[mm]이라고 할 때 전차선 가고[mm]를 계산하시오.

풀이)

$w = w_m + w_t + w_n = 0.605 + 0.987 + 0.103 = 1.695 \mathrm{[kg/m]}$

$D = \dfrac{wS^2}{8T_0} = \dfrac{1.695 \times 50^2}{8 \times 1000} = 0.53$

$H = D + h = 0.53 + 0.15 = 0.68 = 680$

**94** 바람의 영향이 없고, 직선 및 곡선반지름이 1600[m] 이상인 가동브래킷 구간에서 지지점 경간이 60[m], 표준장력은 1000[N], 조가선은 $S_t$ 90[mm²] (0.697[kg/m]), 전차선은 Cu 110[mm²] (0.998[kg/m]), 드로퍼의 전차선 단위길이당 환산중량은 0.1[kg/m]이고, 드로퍼의 최소길이는 0.15[m]일 때 표준가고[mm]를 계산하시오.

풀이)

$w = w_m + w_t + w_n = 0.697 + 0.998 + 0.1 = 1.795 \mathrm{[kg/m]}$

$$D = \frac{wS^2}{8T_0} = \frac{1.795 \times 60^2}{8 \times 1000} ≒ 0.808$$

$$H = D + h = 0.808 + 0.15 = 0.958 ≒ 960[\text{mm}]$$

**95** ★★ 직선 및 곡선반경 1600[m]이상인 역간에서 전차선로의 표준장력이 1000[N], 합성 전차선로의 단위중량이 1.839[kg/m], 전주경간이 50[m], 드로퍼의 최소길이는 150[mm]일 때 전차선의 가고 $H$[mm]를 계산하시오.

**풀이**

$$D = \frac{wS^2}{8T_0} = \frac{1.839 \times 50^2}{8 \times 1000} = 0.5746 ≒ 575[\text{mm}]$$

$$H = D + h = 0.575 + 0.15 = 0.725 = 725[\text{mm}]$$

**96** ★★★ 경간 60[m], 표준장력 1000[N], 합성 전차선의 단위 중량 1.795[kg/m], 드로퍼의 최소길이 0.15[m]일 때, 전차선 가고[mm]는 약 얼마인지 계산하시오.

**풀이**

표준가고($H$)의 계산은 아래와 같이 계산한다.

$$D = \frac{wS^2}{8T_0} = \frac{1.795 \times 60^2}{8 \times 1000} = 0.80775$$

$$H = D + h = 0.80775 + 0.15 = 0.95775 ≒ 960[\text{mm}]$$

**97** 바람의 영향이 없는 역구내의 경우 전차선로의 표준장력이 1000[N]이며, 단위중량이 1.785[kg/m] 이다. 전주경간이 50[m]일 때 표준가고는 약 몇 [mm]인가?

**풀이**

$$D = \frac{wS^2}{8T_0} = \frac{1.785 \times 50^2}{8 \times 1000} = 0.558$$

$$H = D + h = 0.558 + 0.15 ≒ 708[\text{mm}]$$

**98** ★ 다음은 전차선의 경사에 대한 설명이다. 괄호 안에 알맞은 수치를 쓰시오.

> 지지점에 있어서 조가선과 전차선을 연결하는 면이 궤도중심면과 이루는 각도는 (　　)° 이하로 하여야 한다.

**풀이**

지지점에 있어서 조가선과 전차선을 연결하는 면이 궤도중심면과 이루는 각도는 10° 이하로 하여야 한다.

**99** 가고 960[mm], 경간이 60[m], 전차선의 단위중량이 0.988[kg/m], 조가선의 단위중량이 0.697[kg/m], 드로퍼 환산중량 0.1[kg/m], 장력이 1000[N]일 때, 경간 중앙에서의 행거의 최소길이는 몇 [mm]인가?

**풀이**

$$D = \frac{(0.697+0.998+0.1) \times 60^2}{8 \times 1000} = 0.807[\text{m}] ≒ 810[\text{mm}]$$

경간 중앙에서의 행거의 길이 $h = H - D = 960 - 810 = 150[\text{mm}]$

**100** 조가선을 접속하는 방법 2가지만 쓰시오.

**풀이**

1) 와이어클립에 의한 접속
2) 쐐기클램프에 의한 방법
3) B금구에 의한 접속
4) 압축슬리브에 의한 접속

**101** 행거와 드로퍼의 기본적인 구비조건에 대하여 기술하시오.

**풀이**

1) 기계적 강도가 클 것
2) 가벼울 것
3) 내부식성이 좋을 것
4) 점검 등이 용이할 것

**102** 다음은 커티너리 조가방식에서 행거와 드로퍼의 설치 간격에 대한 설명이다. 괄호 안에 알맞은 수치를 쓰시오.

> 전차선을 커티너리방식에 의하여 조가하는 경우 행거와 드로퍼의 간격은 (　　)[m]를 표준으로 하고 있다.

풀이
전차선을 커티너리방식에 의하여 조가하는 경우 행거와 드로퍼의 간격은 5[m]를 표준으로 하고 있다.

**103** 양단의 가고가 같고 전차선이 수평인 경우 행거의 길이를 구하는 식을 쓰시오.

풀이
$$L = H - D + R = H - \frac{wS^2}{8T} + \frac{wx^2}{2T}$$

**104** 가공 전차선로에서 양단의 가고가 같고, 전차선이 수평인 경우 경간 중앙에서의 이도 0.3[m], 가고 0.96[m], 임의의 점 X에서의 이도를 0.15[m]라고 하면 X점에서의 행거 길이[m]를 계산하시오.

풀이
$$L = H - D + R = 0.96 - 0.3 + 0.15 = 0.81[\text{m}]$$

**105** 전차선로에서 양단의 가고가 같은 경우 전차선의 가고 960[mm], 경간 중앙에서의 이도가 0.43[m] 이고, 드로퍼의 이도가 0.15[m]일 때 드로퍼의 길이는 몇 [mm]인가?

풀이
$$L = H - D + R = 0.96 - 0.43 + 0.15 = 0.68[\text{m}] = 680[\text{mm}]$$

**106** 균압선(장치)의 종류와 접속방법에 대하여 3가지만 쓰시오.

풀이
1) M-T, T-M-T
   조가선과 전차선을 접속시켜 균압한 것
2) M-M
   건넘선 및 전선교차 개소 등에서 조가선끼리 접속시켜 균압한 것
3) T-T
   전차선끼리 접속시켜 균압한 것
4) T-M-M-T
   에어조인트 개소(기계적구분장치)에서 2조의 전차선과 조가선을 연결한 것

5) M-S-T
   빔하스팬션 개소에서 조가선과 빔하스팬션 및 전차선을 연결하여 균압한 것
6) T-M-M-M
   전차선을 조가선으로 대용한 무효부분에서 연결하여 균압한 것

## 107 균압선(장치)의 목적에 대하여 아는바를 쓰시오.

**풀이**

균압선은 2개의 전선에 전류를 흐르도록 하며, 전선 상호간에 전위차가 생기지 않도록 전압을 등전위로 하는데 그 목적이 있다.

## 108 균압선(장치)에 요구되는 성능에 대하여 아는바를 쓰시오.

**풀이**

1) 접속개소의 통전상태가 양호할 것
2) 진동에 의한 느슨함이 없을 것
3) 가벼울 것
4) 내식성이 좋을 것
5) 전차선, 조가선을 개량할 때 탈착이 쉬울 것

## 109 균압설비(선)의 설치 방법에 대하여 아는대로 쓰시오.

**풀이**

1) 전기차가 상시 정차·출발하는 곳에는 반드시 균압설비를 하여야 한다.
2) 터널 입·출구 및 구름다리 양쪽에는 F형(T-M) 균압설비를 한다.
3) 직류구간은 125[m]마다 A형 균압선을 설치한다.
4) 전차선과 조가선은 250~300[m]마다 A형으로 균압하고, 운전전류가 큰 구간은 균압구간을 $\frac{1}{2}$로 단축한다.
5) 건넘선장치, 흐름방지장치의 균압도 균압설비로 취급한다.

## 110 다음은 균압선에 대한 설명이다. 괄호 안에 알맞은 내용을 쓰시오.

터널 입·출구 및 구름다리 양쪽에는 (　　　　) 균압장치를 설치한다.

풀이 •••
터널 입·출구 및 구름다리 양쪽에는 F형(T-M) 균압장치를 설치한다.

**111** 다음은 균압선에 대한 설명이다. 괄호 안에 알맞은 내용을 쓰시오.

> 평행개소 및 건넘선장치에는 (    ) 균압선을 설치해야 한다.

풀이 •••
평행개소 및 건넘선장치에는 T-M-M-T 또는 T-M-M-M 균압선을 설치한다.

**112** 다음은 진동방지장치에 대한 설명이다. 괄호 안에 알맞은 수치를 쓰시오.

> 진동방지장치는 곡선반경이 (    )[m] 이상의 곡선로에 설치한다.

풀이 •••
진동방지장치는 곡선반경이 1600[m] 이상의 곡선로에 설치한다.

★★
**113** 다음은 곡선당김금구의 설치 각도에 대한 설명이다. 괄호 안에 알맞은 수치를 쓰시오.

> 속도등급 200킬로급 이하에서 가동브래킷 곡선당김금구의 설치 각도는 레일에 대하여 궁형은 (    )°, 직선형은 (    )° 이다.

풀이 •••
곡선당김금구의 설치 각도는 레일에 대하여 궁형은 11°, 직선형은 15° 이다.

★
**114** 곡선당김장치의 설치방법에 대하여 아는대로 쓰시오.

풀이 •••
1) 곡선당김금구의 설치 각도는 레일에 대하여 궁형은 11°, 직선형은 15° 이다.
2) 각 선로별로 전차선로 지지물에 설치한다.
3) 곡선로에서 조가선의 가선위치는 가능한 전차선과 수직이 되도록 설치한다.
4) 궁형 곡선당김장치는 궤도중심면으로부터 1[m] 이상 이격한다.

**115** 건넘선장치를 교차금구 방식으로 설치할 때 설치 방법에 대하여 서술하시오.

**풀이**
1) 주요선의 전차선을 하부에 둔다.
2) 전차선이 교차하는 위치에는 교차금구를 설치하고, 조가선 상호간, 전차선 상호간은 일괄 균압한다.
3) 교차금구는 전차선의 이동에 따라 교차하는 전차선, 곡선당김금구와 조화하여 팬터그래프 통과에 지장을 주지 않도록 설치하여야 한다.
4) 전차선과 교차금구 접촉하지 않도록 분기기의 크기에 적합한 길이의 교차금구를 취부한다.

**116** 다음은 건넘선장치에 사용하는 교차금구의 길이에 대한 설명이다. 괄호 안에 알맞은 수치를 쓰시오.

> 건넘선장치에 사용하는 교차금구는 12번 분기(포인트) 이하는 (　　)[mm], 15번 분기(포인트) 이상은 (　　)[mm]의 교차금구를 사용한다.

**풀이**
건넘선장치에서 사용하는 교차금구는 12번 분기 이하는 <u>1400[mm]</u>, 15번 분기 이상은 <u>1800[mm]</u>의 교차금구를 사용한다.

| 분기 번호 | 표준길이[mm] | 비 고 |
|---|---|---|
| 12번 분기 이하 | 1,400 | |
| 15번 분기 이상 | 1,800 | |

**117** 교류 전차선로 건넘선장치의 교차금구 시설 방법에 대하여 2가지 이상 서술하시오.

**풀이**
1) 운전 빈도가 높은 주요선을 하부로 시설한다.
2) 진동방지의 암은 상대되는 전선의 외측에 설치한다.
3) 본선과 부본선이 상대측 궤도중심에서 전차선까지 거리가 300[mm]되는 지점은 수평을 유지한다.
4) 곡선당김금구는 각각의 레일 중심선과 전차선과의 간격이 300~1200[mm] 내에 설치해서는 안된다.

### 118 구분장치의 설치 목적에 대하여 간단하게 쓰시오. ★

풀이

전차선의 급전계통을 구분하여 전차선의 일부분에 사고가 발생하는 경우 또는 일상의 보수작업을 위하여 정전작업의 필요가 있을 경우 급전정지 구간을 한정하고 다른 구간의 열차운전 확보를 목적으로 한 설비이다.

### 119 구분장치가 구비하여야 할 조건에 대하여 설명하시오. ★★

풀이

1) 충분한 절연성을 가질 것
2) 팬터그래프 통과에 지장이 없을 것
3) 가볍고 기계적 강도가 클 것

### 120 구분장치를 설치하는 방법에 대하여 3가지만 쓰시오. ★★★

풀이

1) 전기차의 운전계통에 대응하여 상·하선별, 방면별, 상별로 구분한다.
2) 대역사 구내, 차량기지는 본선과 분리하여 급전계통으로 구분한다.
3) 유지보수작업 구간을 설정하기 쉽도록 구분한다.
4) 보호계전기의 사고검출 능력에 상응하도록 한다.
5) 역구내의 선로배선과 되돌림(전환) 운전의 가능성 및 차고로부터 본선에의 출입 방향을 고려하여 구분한다.

### 121 구분장치 중에서 전기적 구분장치를 3개 이상 쓰시오.

풀이

1) 에어섹션
2) 애자형섹션
3) 절연구분장치
4) 비상용섹션

### 122 온도변화에 따른 전차선의 신축을 조정하기 위하여 전차선을 일정한 길이로 인류하여 설치한 기계적인 구분장치는 무엇인가? ★★

[풀이]
온도변화에 따른 전차선의 신축을 조정하기 위하여 전차선을 일정한 길이로 인류하여 설치한 기계적인 구분장치는 에어조인트(Air Joint)이다.

**123** 다음은 에어조인트에 대한 설명이다. 괄호 안에 알맞은 수치를 쓰시오.

> 속도등급 200킬로급 이하인 전차선로의 에어조인트 평행부분에서 전차선의 상호간격은 (　　)[mm]를 표준으로 한다.

[풀이]
속도등급 200킬로급 이하인 전차선로의 에어조인트 평행부분에서 전차선의 상호간격은 150[mm]를 표준으로 한다.

**124** 가공전차선로의 기계적 구분장치(에어조인트)에 사용되는 균압(선)장치의 구성을 조합하시오.

[풀이]
에어조인트, 에어섹션, 건넘선장치에는 C형(T-M-M-T) 균압선을 설치한다.

**125** 에어섹션 설치시 속도별(킬로급) 전차선 상호간 이격거리에 대하여 설명하시오.

[풀이]
두 개의 평행한 전차선 상호간의 이격거리는 아래와 같다.

| 속도등급 | 이격거리[mm] | 비 고 |
|---|---|---|
| 300킬로급 이상 | 500 이상 | |
| 250킬로급 | 400 이상 | |
| 200킬로급 이하 | 300 이상 | 부득이 한 경우 250[mm]까지 단축할 수 있음 |

**126** 에어섹션에 대한 다음 물음에 답하시오.

1) 커티너리 조가방식의 에어섹션 평행부분에서 전차선 상호간의 표준 이격거리는?
2) 에어섹션 개소에서 구분용 애자의 하단과 본선의 전차선간 최저 이격거리는?

[풀이]
1) 300[mm]　　2) 200[mm]

### 127 에어섹션 등 평행개소에서 경간을 2경간으로 하는 이유 2가지를 쓰시오.

**풀이**
1) 전차선의 구배가 완만하게 된다.
2) 팬터그래프의 전차선에 대한 충격이 작고 전차선의 기계적 이상 국부 마모가 감소한다.
3) 전차선의 구배가 완만하게 되어 가선진동이 감소하고 재질의 피로진행도가 감소한다.
4) 온도변화에 의한 오버랩(Over Lap) 구성의 변형이 적다.

### 128 교류이상구분용 절연구분장치를 단(노치)-온(On) 상태로 통과하는 경우 전기동차 운행구간에서 절연구분장치의 소요길이를 계산하시오.

**풀이**
1) 섹션 소요길이
   최대 아크에너지 2600[kVA] × 아크신도 3[mm/kVA] ≒ 8[m]
2) 전기동차(EC) 운행구간에서 절연구분장치의 길이
   아크거리 8[m] + 팬터그래프의 간격 13[m] ≒ 22[m]

### 129 AC 25[kV] 커티너리 가선방식에서 교·직류를 구분하는 절연구분장치를 설치하려고 한다. 이때 절연구분장치 길이를 산출하는 방법에 대하여 아는대로 쓰시오.

**풀이**
교·직류를 구분하는 절연구분장치의 유효 길이[m]
 = 총동작시간[ms] × 운전속도[km/h] 이다.
여기서 총동작시간은 아크시간(200[ms]), 전압계전기 동작시간(910[ms]), 차단기의 차단시간(200[ms]), 여유(100[ms])를 더한 값으로 1410[ms] 이다.

### 130 교-교 구분용 절연구분장치 기호(심볼)를 작성하시오.

**풀이**
교-교용 절연구분장치
⊣ | ⊢

### 131 교-직 구분용 절연구분장치 기호(심볼)를 작성하시오.

> **풀이**
> 교-직용 절연구분장치
> ─┤│├─

**132** ★ 장력구간의 정의에 대하여 간단하게 쓰시오.

> **풀이**
> 가공 전차선의 한 인류지점에서 장력조정장치의 힘이 미치는 구간을 말한다.

**133** ★ 전차선로 구간에서 인류장치를 꼭 설치하여야 하는 곳 3개소를 쓰시오.

> **풀이**
> 1) 선로횡단 및 터널입구 등의 취약지점이나 보수상 필요한 곳
> 2) 횡장력이 극히 심한 구간(곡선반경이 300[m] 이하)의 장력을 분할할 필요가 있는 곳
> 3) 터널내에서 자동장력조정장치를 설치하지 아니한 경우 전차선 인류구간의 양단에 설치

**134** ★ 활차식 자동장력조정장치에 요구되는 필요 조건 3가지를 쓰시오.

> **풀이**
> 1) 전차선의 장력에 충분히 대응할 수 있는 기계적 강도를 가질 것
> 2) 금구, 애자 등의 접속개소는 온도변화에 의한 장력증대 및 기계적 동요, 진동에 견딜 것
> 3) 전기적 절연내력을 가질 것

**135** 전차선의 길이가 1000[m]이고, 현재온도가 30[℃], 표준온도가 10[℃], 선팽창계수가 $1.7 \times 10^{-5}$이고, 활차비가 4 : 1인 자동장력조정장치가 있다. 이 때, 중추에서의 신장량 [m]을 계산하시오.

> **풀이**
> 1) 전차선의 신장량은
> $\triangle l = \alpha \cdot \triangle T \cdot L = 1.7 \times 10^{-5} \times (30-10) \times 1000 = 0.34 [\text{m}]$
> 2) 이때, 중추(장력추)에서의 신장량(처짐량)은 활차비(활차비 4 : 1)를 적용하면
> $\triangle L = 4 \cdot 0.34 = 1.36 [\text{m}]$

**136** 전차선의 억제저항, 전차선 편위의 변화량, 중추의 동작범위 및 밸런스의 효율 등에 의해서 활차식 자동장력조정장치(WTB)의 조정거리($L$)를 구하는 식은? (단, 조정거리는 직선 개소의 경우이며 $C$는 전차선의 선팽창계수, $\Delta t$는 표준온도에 대한 온도변화, $I$는 전차선의 신장길이 이다.)

풀이
장력추 취부용 지지대 간격에 따라 허용되는 전차선 길이는 $I \geq C \cdot L \cdot \Delta t$ 에서
$$\therefore L \leq \frac{I}{C \cdot \Delta t}$$

**137** 활차식 자동장력조정장치의 신축 허용범위를 600[mm]로 할때 장력추 취부용 지지대 간격에 따라 허용되는 적정한 전차선의 길이는 약 몇 [m]인가? (단, 전차선의 선팽창계수를 $1.7 \times 10^{-5}$, 최고 및 최저의 온도 차를 60[℃]로 한다.)

풀이
장력추 취부용 지지대 간격에 따라 허용되는 전차선 길이는 $I \geq C \cdot L \cdot \Delta t$ 이므로
$$\therefore L \leq \frac{I}{C \cdot \Delta t} = \frac{6 \times 10^{-3}}{1.7 \times 10^{-5} \times 60} = 588[\text{m}]$$

**138** 전기철도에서 조가선 및 전차선 등의 장력을 수동으로 조정하기 위한 금구로서 나사의 원리를 응용한 것은?

풀이
와이어 턴버클은 조가선 및 전차선 등의 장력을 수동으로 조정하기 위한 금구로서 나사의 원리를 응용한 것이다.

**139** 활차식 장력조정장치 설치 시 흐름방지장치를 설치하는데 이때 주된 흐름요인은 무엇인가?

풀이
1) 장력추 중량의 불균형(중량차)
2) 선로조건(구배, 곡선로)
3) 기상조건(풍향, 풍압)
4) 가동브라켓이 O형 또는 I형이 연속하여 설치된 경우

## 140 프리 스트레치(Pre-Stretch) 공법이란 무엇인가?

**풀이**

일반적으로 동선이나 알루미늄선은 장시간 경과하면 장력, 이도가 고르지 않는 등 전차선이 늘어나는 현상이 나타나서, 반년이나 1년 후에는 가선금구의 취부 위치를 조정하든지 전선의 절단 보강작업이 필요하게 된다. 이를 방지하기 위하여 가설 당초에 상시 사용장력보다 큰 장력(인장하중의 약 50[%] 정도)을 단시간 동안 가해서 미리 전선을 늘려 신장시켜 주는 공법을 프리 스트레치 공법이라고 한다.

프리 스트레치에서의 장력과 시간

| 구분 | 종별[mm²] | 과장력[N] | 시간[분] | 비고 |
|---|---|---|---|---|
| 전차선 | Cu 170 | 24500 | 30 | |
| | Cu 150 | 19600 | 30 | 경부선 |
| | Cu 110 | 19600 | 30 | 호남선 |
| | Cu 150 | 운전장력의 150% | 72시간 | 신설선 |
| | Cu 110 | 운전장력의 150% | 72시간 | 신설선 |
| 조가선 | St 135 | 29400 | 10 | |
| | St 90 | 15680 | 10 | |
| | CdCu 70~80 | 14700 | 10 | |
| | Bz 65 | 14700 | 10 | 경부선, 호남선 |
| | CdCu 70 | 운전장력의 110% | 10 | 신설선 |
| | Bz 65 | 운전장력의 110% | 10 | 신설선 |

## 141 다음은 가동브래킷의 종류에 대한 설명이다. 괄호 안에 알맞은 내용을 쓰시오.

가동브래킷은 선로방향에 대하여 90[°] 회전 가능한 구조로 제작하여 전차선과 조가선을 지지해 주는 역할을 한다.
(　　　)은 합성전차선을 지지물측으로 당기는 개소에 사용되며, (　　　)은 합성전차선을 지지물 반대측으로 밀어 주는 개소에 사용한다.

**풀이**

인장형(I형)은 합성전차선을 지지물측으로 당기는 개소에 사용되며, 압축형(O형)은 합성전차선을 지지물 반대측으로 밀어 주는 개소에 사용한다.

**142** 가동브래킷의 구성품으로는 어떠한 것으로 이루어져 있는지 쓰시오.

> **풀이**
> 가동브래킷은 수평파이프, 경사파이프, 곡선당김금구, 장간애자 등으로 구성되어 있다.

**143** 가동브래킷의 호칭이 "G3.5 L960 O"라고 되어 있다. 이것의 의미를 표현하시오.

> **풀이**
> 건식게이지 3.5[m], 가고(架高) 960[mm]이고, O형(압축형)인 가동브래킷이다.

**144** 다음은 가동브래킷용 장간애자의 안전율에 대한 설명이다. 괄호 안에 알맞은 내용을 쓰시오.

> 가동브래킷용 장간애자의 안전율은 최대 만곡하중에 대하여 (        )이상으로 한다.

> **풀이**
> 가동브래킷용 장간애자의 안전율은 최대 만곡하중에 대하여 2.5 이상으로 한다.

# Chapter 5 고속 전차선로

## 1. 고속철도 일반

### 1.1 고속철도의 정의

고속철도란 전용노선을 갖고 고(高) 가·감속 특성, 총괄 제어기구를 갖춘 철도로써 열차의 고빈도 운행과 고속, 대량 수송의 능력으로 도시간, 도시 주변 교통을 효율적으로 처리하는 교통수단이라 할 수 있다. 철도건설법에서는 고속철도란 열차가 주요 구간을 시속 200[km] 이상으로 주행하는 철도로서 국토교통부 장관이 그 노선을 지정·고시하는 철도를 말한다고 정의하고 있다. 반면, 철도사업법에서는 국제철도연맹과 유사하게 3개의 카테고리로 나눠서 분류하고 있으며, 그중 대부분의 구간에서 250[km/h] 이상으로 주행 가능한 노선에 한 해 고속철도로 정의하고 있다.

### 1.2 고속철도의 특징

(1) 수송수요에 대응한 대폭적인 수송능력의 증강
(2) 국민생활권의 시간 이용률 극대화 및 시간가치 요구의 충족
(3) 혁신적인 철도경영 수익의 증대
(4) 지역사회의 균형발전
(5) 에너지 소비 절약
(6) 최첨단 과학기술의 집합체

### 1.3 고속철도의 구비조건

(1) 충분히 큰 곡선반경
(2) 최소의 선로종단구배
(3) 안정된 궤간
(4) 신뢰성 있는 보안장치 확보
(5) 고속성을 만족하면서 경제성 추구

## 1.4 고속철도의 기대효과

(1) 경제적 효과
(2) 사회·문화적 효과
(3) 기술·산업적 효과
    1) 산업 전반의 설계 기술 향상
    2) 컴퓨터 관련 기술의 발달 촉진
    3) 건설기술의 향상
(4) 경영의 합리화와 수입증대 효과

## 1.5 고속철도 팬터그래프

프랑스 TGV 북부선에서 사용하고 있는 GPU형 팬터그래프 사용

### 1.5.1 고속용 팬터그래프의 설계(구비)조건

(1) 추적성능을 좋게 하기 위하여 질량을 작게하여 관성력을 줄인다.
(2) 복원력을 크게 하기 위하여 등가 스프링계수를 크게 한다.
(3) 각 부품의 연결부위의 마찰력을 감소시키도록 한다.
(4) 소이선을 줄이고, 과다 접촉력을 피한다.
(5) 집전판은 마모율이 작고 전류용량이 큰 재질을 선택한다.
(6) 고속주행시 속도의 제곱에 비례하는 공기역학적 양력 발생에 의한 팬터그래프 형상을 고려하여야 한다.

### 1.5.2 전차선과 팬터그래프의 상호작용

(1) 커티너리시스템은 복합구조를 가진 길이 방향으로 길게 펼쳐진 연속계이다.
(2) 팬터그래프는 다단구조를 가진 다자유도계이다.
(3) 팬터그래프가 지지되어 있는 차체가 상하, 좌우로 난진동한다.
(4) 주행시 공기흐름에 의한 양력이 존재하는 비선형식이다.

## 1.6 고속화에 요구되는 전차차선로의 성능

### 1.6.1 기계적 요건
(1) 접촉면의 일정한 높이를 유지하여야 한다.
(2) 전차선 높이를 다르게 할 경우 가능한 기울기를 적게 한다.
(3) 팬터그래프 집전판의 일정한 마모를 위해 Zig Zag 편위를 순다.
(4) 열차통과 후에 전주 등 지지물에 지장이 없도록 차량한계 기준을 지켜야 한다.
(5) 궤도유지보수가 가능하도록 지지물 설치시 공간을 확보하여야 한다.

### 1.6.2 전기적 요건
(1) 서로 다른 전선과의 균압을 통해 순환전류에 의한 전위차를 방지한다.
(2) 전류용량에 견딜 수 있는 전선의 단면적을 확보한다.
(3) 모든 금속물은 안전을 위하여 보호용 회로에 연결한다.

## 1.7 전차선 해빙시스템

### 1.7.1 개요
겨울철 전차선이 결빙되어 팬터그래프의 집전에 영향을 미치는 것을 방지하기 위하여 열차운행 전 20~30분간 변전소의 단권변압기(AT)를 통하여 전차선에 해빙전류를 흘려 결빙 또는 적설을 제거하는 시스템이다.

### 1.7.2 회로 구성
전차선 해빙시스템은 전차선의 임피던스만을 이용하여 변전소에서 전류를 흘려 주울(Joule)열로 해빙하는 회로로 구성되어 있다.
(1) 전철변전소에서 하선에만 전원을 공급한다.
(2) 해빙구간의 각 병렬급전소(P.P)의 상·하선 Tie 회로를 개방한다.
(3) 변전소 양측의 구분소에서 전차선의 상·하선을 단락시킨다.
(4) 상선측 절연구분장치의 차단기를 연결한다.
(5) 전철변전소에서 단권변압기를 통하여 전차선의 상·하선을 이용한 해빙용 폐루프(약 70~120[km])를 구성하여 25[kV] 전압을 공급한다.

(6) 변전소에서 차단기를 통하여 레일을 접속하여 주변압기, AT, 선로임피던스에 의한 열로 해빙됨.

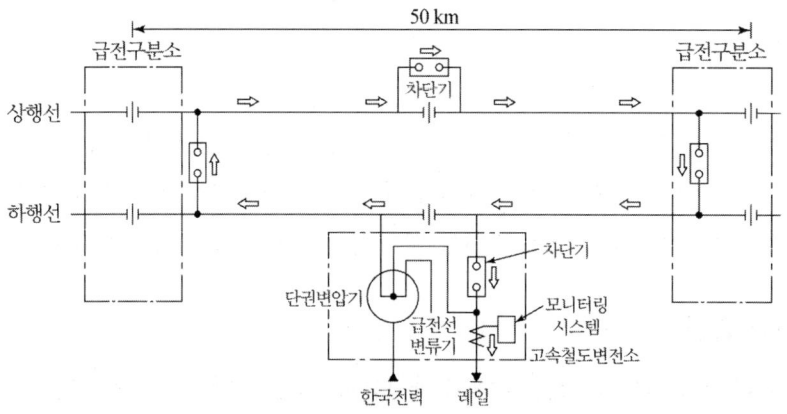

고속철도 해빙시스템 회로도

### 1.7.3 결빙 조건

풍속이 0.5[m/s] 이하이고, 전차선 온도가 -2~0[℃] 사이에서 대기온도보다 낮고 습기가 많을 때에 결빙현상이 발생한다.

### 1.7.4 해빙온도

해빙회로 가동시 교량 및 토공구간에서 전차선 온도가 10[℃] 이상 되어야 결빙을 방지할 수 있고, 터널 내에서 조가선의 온도가 60[℃] 이하가 되어야 장력장치가 정상 가동되므로 10~60[℃]가 해빙온도 제한 범위이다.

## 2. 급전선

동 또는 알루미늄 케이블로 제작된 급전선은 단권변압기로부터 전차선로에 전원공급을 위하여 사용된다.

## 급전선의 특성표

| 구 분 | 선 종 | 동 급전선 | | ACSR 급전선 | |
|---|---|---|---|---|---|
| | | 145.8 | 262 | 228 | 288 |
| 단 면 적 | | 145.8[mm²] | 261.53[mm²] | 227.83[mm²] | 288.35[mm²] |
| 직 경 | | 15.7[mm] | 21[mm] | 19.6[mm] | 22.05[mm] |
| 형태 | 도선수 | 37가닥 | 37가닥 | Al=30  St=7 | Al=30  St=7 |
| | 지 름 | 2.24[mm] | 3[mm] | 2.8[mm] | 3.15[mm] |
| 단위중량[kg/m] | | 1.325 | 2.375 | 0.874 | 1.107 |
| 인장하중 | | 5370[daN] | 9100[daN] | 7710[daN] | 9600[daN] |
| 도 전 율 | | 98[%] | | 61[%] | |
| 구리환산단면적 | | 142.88[mm²] | 256.30[mm²] | 112.62[mm²] | 142.62[mm²] |
| 선팽창계수 | | $17 \times 10^{-6}$ | $17 \times 10^{-6}$ | $18 \times 10^{-6}$ | $18 \times 10^{-6}$ |

※ [daN]는 deca N으로 유럽에서 사용하는 단위로 10[daN]=9.8[N] 이다.

### 2.1 급전선 설치

급전선의 설치 작업 후 도체의 온도를 측정하며 온도측정 시기는 마지막 인류(Anchoring) 작업을 완료하기 직전에 실시한다. 급전선을 도르래로 현수한 후 48시간에서 72시간 정도 1200[daN]의 장력을 가한 다음 장력이 골고루 배분됐는지 측정한다.

$$F = \frac{a^2 \cdot P}{8T}$$

여기서, $F$ : 이도, $P$ : m당 하중, $a$ : 경간, $T$ : 장력

장력을 골고루 걸어주기 위하여 평균경간을 다음과 같이 산출한다.

$$P_M = \sqrt{\frac{a_1^3 + a_2^3 + a_3^3 + \cdots + a_n^3}{a_1 + a_2 + a_3 + \cdots + a_n}}$$

급전선의 경간값은 균일하게 산출되지만 전주설치에 의한 경간값과는 다르며 4.5의 배수가 아니다.

### 2.2 급전선 분기장치

급전선으로부터 전기를 전차선에 공급하기 위해 급전선과 전차선을 접속하는 전선을 말하며 그 구성장치별로는 현수애자로 현수시키는 암(Arm)식과 지지애자에 동봉 $\phi$ 18[mm]

를 지지시켜 설치하는 동봉 스팬선식 및 가동브래킷에 지지시키는 가동브래킷식의 3종류로 구분 설치한다.

급전분기장치는 주로 변전소(SS), 급전구분소(SP), 병렬급전구분소(PP) 및 구분장치 개소의 단로기 개소 등에 설치한다.

## 2.3 급전선의 압축접속

### 2.3.1 스리브 압축 접속은 다음과 같이 한다.

(1) 강심알루미늄전선(ACSR)의 접속은 심선인 강선은 강제 스리브에 삽입하여 유압기로 규정된 다이스로 압축접속한 다음 바깥층의 알루미늄은 소정의 알루미늄제 스리브에 도전성 콤파운드를 넣어 규정대로 전선을 삽입한 다음 압축기로 소정의 다이스를 사용하여 압축접속하는 방식이며, 고속철도 전차선로의 ACSR 288[mm$^2$]의 급전선과 ACSR 93.3[mm$^2$]의 가공보호선은 이 방식으로 접속한다.

(2) 전차선 무효부분에 접속하는 Bz 116.2[mm$^2$], 변전소, 구분소 등의 급전 인출선인 Cu 261.5[mm$^2$] 및 일부분에 이용되는 급전선 Cu 145.8[mm$^2$]의 접속스리브는 동제 스리브를 사용하여 유압기로 소정의 다이스를 써서 규정된 회수로 순서대로 압축접속한다.

(3) 나선의 조가선과 절연보호조가선 또는 절연보호조가선 상호 접속은 소정의 동스리브로 압축접속하며 이때는 특히 압축스리브 접속개소에서 비가와도 수분이 소선내로 침입하지 않도록 소정의 다이스로 규정된 회수대로 압축접속하도록 한다. 물론 스리브내에는 도전성 콤파운드를 충분히 주입하여 압축하며 압축 후는 스리브 밖으로 밀려나온 콤파운드는 잘 닦아내어야 한다.

(4) 급전개폐기의 설치 개소에 사용되는 급전분기선으로 Cu 18[mm]의 동봉의 접속도 소정의 동제 스리브로 압축접속한다.

### 2.3.2 급전용 절연케이블(Al 240[mm$^2$])과 ACSR 288[mm$^2$]의 접속

Al 240[mm$^2$]용 절연케이블 종단접속재로 단말처리를 하여 ACSR 288[mm$^2$]와 크램프로 접속하며 이때 절연케이블 단말의 한쪽은 케이블의 절연 동차폐층에 접지리드선을 접속 설치하여 매설접지선이나 가공보호선과 접속하여 접지한다. 조가선의 접속은 볼트조임식 쐐기크램프로 접속한다.

전차선을 평행형 볼트조임 크램프로 접속되며 신설시는 전차선의 접속은 하지 않는다.

## 3. 전차선

고속철도의 전차선로 조가방식은 헤비 심플커티너리 조가방식으로서 전차선로는 65.4 [$mm^2$]의 청동 조가선과 150[$mm^2$]의 단면적을 가지는 동 전차선으로 구성된다. 고속철도 전차선의 높이는 지지점에서 5,080[mm], 표준가고는 1,400[mm]이며, 조가선과 전차선의 기계적 장력은 -20[℃]에서 +60[℃] 사이의 온도 범위에서 조정된다.

### 3.1 전차선의 높이

고속철도 전차선의 높이는 레일면상 5,080[mm]를 표준으로 하며, 최고 5,280[mm]까지 높이를 허용하고 있다.(호남고속철도의 경우 전차선의 높이는 5,100[mm] 이다.)

### 3.2 전차선의 편위

전차선은 브래킷의 곡선당김장치에 의해서 직선구간에는 200[mm]의 지그재그로 같은 크기의 편위를 주고, 곡선구간에서는 곡선반경의 크기에 따라 200[mm]를 초과하지 않는 범위의 편위를 준다.

전차선로의 지지점에 편위를 주는 이유는 직선로에서는 팬터그래프의 편마모를 방지하고 곡선상에서는 전주 경간의 중심에서 편위를 확보하기 위함이다. 지지점에서 편위가 없다면, 경간의 중심에서 곡선의 편위값 $F = \dfrac{L^2}{8R}$로 계산한다.

여기서, $L$은 경간의 길이, $R$은 곡선반경이다.

#### 3.2.1 바람에 의한 전차선 횡변위

풍압이 작용할 때 전차선은 횡방향으로 날리며 이때 발생하는 전차선 변위에 대한 기본방정식은 최대 경간길이를 결정하는 요소 중의 하나이다.

**(1) 곡선의 기본 방정식**

바람이 불어 전차선이 흔들리는 경우에 대해 생각해보면, 풍압을 받은 전차선은 쌍곡선함수(Hyperbolic Function) 형태로 변형되나, 앞장의 드로퍼 길이 계산에서 전차선로 곡선에 대해서 보여준 바와 같이 이 곡선을 2차 포물선방정식으로 근사화하여 표현할 수 있으므로, 풍압에 의해 처진 전차선 곡선을 아래와 같이 표현할 수 있다. 여기서 $W$는 전차선 자중 대신 전차선에 작용하는 수평하중으로 단위길이당 풍압[N/m]이 된다.

$T$는 그대로 전차선 장력이다.

$$y(x) = \frac{W}{2T}x(a-x)$$

이 식으로부터 중앙의 최대 처짐은 다음과 같다.

$$D = y\left(\frac{a}{2}\right) = \frac{W}{2T}\frac{a}{2}\left(a - \frac{a}{2}\right) = \frac{Wa^2}{8T}$$

### (2) 편위가 같은 경우의 횡변위와 곡선의 관계

전차선로의 양쪽 전주에서의 편위가 같은 경우는 바람에 의한 최대 처짐(변위)은 경간 중앙에서 발생하게 되며, 이 경우의 곡선 반경과 편위 및 바람에 의한 변위 사이의 관계를 유도해 보면 다음과 같다.

1) 바람이 곡선의 내측 방향으로 부는 경우

$u_N$ : 전주점에서의 전차선의 편위(Nominal Offset)[m]

$u_{\max}$ : 경간 내에서 전로중심으로부터 이탈되는 전차선 최대 처짐량[m]

$Z_f$ : 전차선로의 기계적 장력[N]

$C$ : 경간길이[m]

$F_w$ : 바람에 의한 전차선로에서의 유효 작용력[N]

즉, $F_w$ = 풍압($qw$)×Drag 계수($e$)×전차선로 전선의 유효직경($A$)

$u_d$ : 바람에 의한 전차선로 최대처짐(변위)량[m]

$u_R$ : 일정경간의 곡선반경내 최대변위[m] ($u_R = \frac{c^2}{8R}$)

풍압에 의한 전차선로 변위의 최대는 경간 중앙에서 발생되며

$$u_d = \frac{F_f C^2}{8Z_f}$$

$$u_{\max} = \frac{C^2}{8R} + u_d - u_N$$

위 식을 C에 관하여 정리하면 다음과 같다.

$$C = \sqrt{\frac{8RZ_f(u_N + u_{\max})}{F_w R + Z_f}}$$

위 식은 UIC 606-1의 Curve Radius, Off-set, Blow-off 사이의 관계식으로 나타내어 있다.

### 2) 바람이 곡선의 외측 방향으로 부는 경우

같은 방법으로 유도하면 다음 식을 얻을 수 있다.

$$u_{\max} = u_d - \frac{C^2}{8R} + u_N$$

### (3) 일반적인 전차선로 횡변위 관계식

이제까지는 전차선로 경간의 좌우 편위가 같은 경우에 대하여 다루었으나 실제로는 곡선로에서 좌우 전주에서의 편위가 다르도록 주어지게 된다. 좌우 전주에서의 편위가 다르다면 전차선로는 회전 이동한 형상이 되고 따라서 최대변위가 발생하는 위치가 중앙이 아닌 다른 곳으로 이동하므로 복잡해진다.

### 1) 바람이 곡선의 외측 방향으로 부는 경우

A점과 B점사이 전차선로는 $((d_1 + d_2)/C)$ 만큼 기울어진 형상이 되고 $x$, $y$ 좌표축의 영점 O를 잡으면 전차선로 변위 $y(x)$는 식 $y(x) = \frac{W}{2T}x(a-x)$과 A-B 기울기를 조합하여

$$y(x) = \frac{F_w}{2T}x(c-x) + \frac{d_1 + d_2}{c}(c-x)$$

선로 중심선의 변위 $r(x)$는 식 $f(x) = \frac{1}{2R}x(a-x)$으로부터

$$f(x) = \frac{1}{2R}x(c-x)$$

팬터그래프는 궤도 중심을 따라가므로 팬터그래프 중심축으로부터 전차선로가 벗어나는 값 $D_{ext}(x)$는

$$D_{ext}(x) = y(x) - r(x) - d_1$$
$$= \frac{F_w}{2T}x(c-x) + \frac{d_1 + d_2}{c}(c-x) - \frac{x(c-x)}{2R} - d_1$$

앞 절에서 $u_d$와 $u_R$를 다음과 같이 정의하였으므로

$$u_d = \frac{F_w c^2}{8T} \Rightarrow \frac{F_w}{2T} = \frac{4u_d}{c^2}$$

$$u_R = \frac{c^2}{8R} \Rightarrow \frac{1}{2R} = \frac{4u_R}{c^2}$$

$D_{ext}(x)$에 관한 식의 계수를 $u_d$와 $u_R$에 관한 것으로 대치하고, $d_1 + d_2 = d$로 두면

$$D_{ext}(x) = \frac{4u_d}{c^2}x(c-x) + \frac{d}{c}(c-x) - \frac{4u_R}{c^2}x(c-x) - d_1$$

최대가 되는 지점 $x$를 구하기 위해 $D_{ext}(x)$를 미분하여 0으로 두면

$$D_{ext}'(x) = \frac{4u_d}{c^2}(c-2x)\frac{d}{c} - \frac{4u_R}{c^2}(c-2x) = 0$$

위 식으로부터 구한 $x$값을 $x_{max}$라 하면

$$x_{max} = \frac{c}{2} - \frac{cd}{8(u_d - u_R)}$$

이 $x_{max}$값을 $D_{ext}(x)$에 대입하면 팬터그래프 중심축으로 부터의 전차선의 최대 횡변위값을 구할 수 있다.

$$D_{ext}(x) = \frac{4u_d}{c^2}\left[c\left\{\frac{c}{2} - \frac{cd}{8(u_d-u_R)}\right\} - \left\{\frac{c}{2} - \frac{cd}{8(u_d-u_R)}\right\}^2\right]$$

$$= \frac{d}{c}\left[c - \left\{\frac{c}{2} - \frac{cd}{8(u_d-u_R)}\right\}\right] - \frac{4u_R}{c^2}\left[c\left\{\frac{c}{2} - \frac{cd}{8(u_d-u_R)}\right\}\right]$$

$$= \left\{\frac{c}{2} - \frac{cd}{8(u_d-u_R)}\right\}^2 - d_1$$

위 식을 정리하면 다음 식을 얻는다.

$$D_{ext}(x_{max}) = u_d + \frac{d_2+d_1}{16(u_d-u_R)} + \frac{d_2-d_1}{2} - u_R$$

위 식에서 첫 번째와 두 번째 항은 방향을 가지는 벡터량으로서 경간길이 결정을 위한 팬터그래프 작동 영역의 잔여 너비를 계산하는 식에서 루트 안으로 들어가는 항이되고 세 번째와 네 번째 항은 직접적으로 잔여 너비에 영향을 미치는 인수가 된다.

$$u_{d'} = u_d \frac{(u_{N1}+u_{N2})^2}{16u_d} + \frac{(u_{N1}-u_{N2})}{2}$$

UIC에 소개되어있는 바람에 의한 전차선로의 횡변위 식은 직선선로에 대한 것으로 선로의 곡선반경을 고려하지 않은 식이다.

2) 바람이 곡선의 내측 방향으로 부는 경우

$x$, $y$ 좌표축의 영점 O를 위 그림과 같이 잡으면 A와 B사이 전차선로는

$$y(x) = \frac{F_w}{2T}x(c-x) + \frac{d_1+d_2}{c}(c-x)$$

이 되고 팬터그래프 중심축(궤도중심)으로부터 전차선로가 벗어나는 값 $Dint(x)$는

$$Dint(x) = r(x) + d_1 - y(x)$$
$$= \frac{1}{2R}x(c-x) + d_1 + \frac{F_w}{2T}x(c-x) - \frac{d_1+d_2}{c}(c-x)$$

계수를 $u_d$와 $u_R$로 대치하고 $d_1+d_2=d$로 두고, $Dint'(x)=0$으로 하여 최대가 되는 지점 $x_{\max}$를 구하면

$$x_{\max} = \frac{c}{2} + \frac{cd}{8(u_d+u_R)}$$

이 $x$값을 $Dint(x)$에 대입하여 팬터그래프 중심축으로부터 전차선 최대 횡변위를 구하면 다음 식이 된다.

$$Dint(x_{\max}) = u_d + \frac{d_2+d_1}{16(u_d+d_R)} - \frac{d_2-d_1}{2} + u_R$$

### 3.3 전차선의 구배

고속철도 전차선의 구배는 고속 운행시 팬터그래프의 이선현상을 방지하기 위해 0[‰]으로 한다. 고속철도에서는 열차속도가 250[km/h] 이상일 때에는 전차선의 구배는 0[‰]이 되도록 가선하고 있다.

고속철도 전차선의 제한 구배

| 제한속도 [km/h] | 구배[‰] |
|---|---|
| S > 250 | 0 |
| 250 ≥ S > 200 | 1 |
| 200 ≥ S > 160 | 2 |
| 160 ≥ S > 120 | 3 |

### 3.4 전차선의 이도

고속철도 전차선의 이도는 다수 팬터그래프의 열차가 운행해도 지장이 없도록 하기 위해 경간의 1/2000로 정하고 있다. 경간은 기존선의 9[m]의 배수에서 이상적인 집전거리를 고

려하여 고속선에서는 4.5[m]의 배수로 경간을 설정하였다. 드로퍼의 간격은 4.5[m]와 6.75[m]이며 지지점에서 첫 번째 드로퍼 간의 간격은 4.5[m] 이다.

### (1) 경간

열차가 운행 중일 때 팬터그래프는 선로조건, 차량특성, 기후상태 및 열차속도 등에 따라 여러위치에 존재할 수 있으며, 또한 전차선도 설치상태, 바람의 조건 등에 따라 다양한 위치로 움직여 질 수 있다. 그러나 어떠한 경우든 열차가 안전하게 집전하기 위해서는 팬터그래프 집전판이 전차선을 벗어나서 운행하여서는 안된다. 이를 위하여 최악조건하에서 전차선과 팬터그래프의 상대적인 좌우 측면 위치를 검토하여야 하며, 궤도, 환경, 차량, 팬터그래프 및 전차선로의 설계기준(Design Criteria)이 이미 결정된 상태에서는 전차선로의 경간길이를 제한하는 방법 밖에 없다. 전차선로 경간 길이에 대한 최대 제한요소는 선로의 곡선반경이며, 최대경간 결정에 인터페이스가 되는 각 분야에 대한 설계기준을 반영하여 전차선로의 최대경간을 계산한다.

### (2) 최대경간 길이 결정

#### 1) 최대경간 길이 결정의 원리

최대경간 길이를 결정한다는 것은 결국 팬터그래프와의 관계에서 전차선의 횡 움직임을 제한하기 위한 것이다. 전차선로의 경간 길이, 편위, 장력, 전주처짐 등이 궤도의 특성, 차량의 운동과 관련되어 적절히 선정되어 있어야 한다. 이를 통해 전차선이 팬터그래프 집전판의 어느 부분에 위치하는가를 확인하여 팬터그래프 잔여부분이 허용 잔여너비보다 작지 않도록 해야 한다.

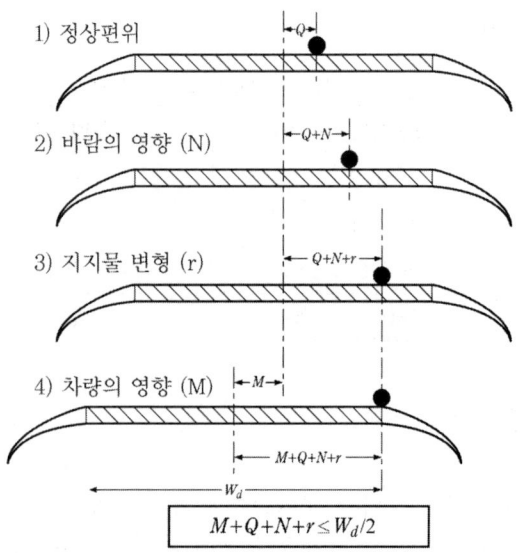

**그림 5.14** 최대경간 결정 방법

## 2) 최대경간 결정 기법

최대경간의 계산은 팬터그래프 작동 영역 중에서 절반의 폭인 잔여부분의 너비($M_w$)를 확인하는 방법으로 이루어진다. 잔여 너비($M_w$)는 열차운행시 가상할 수 있는 최악의 조건인 다음 3가지의 경우에 대하여 모두 0 이상을 유지하여야 하므로 이를 만족하는 경간 중 최대값을 구하면 된다.

① Case 1 : 열차가 캔트상에 정지해 있는 경우의 잔여 너비

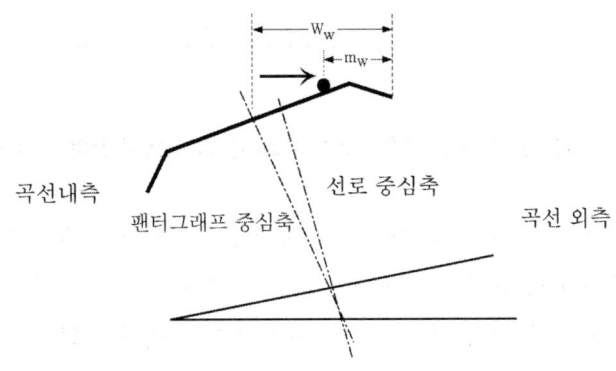

▶그림 5.15◀ 열차 정지 상태에서 전주 반대측에서의 잔여 너비

② Case 2 : 최고속도로 열차 주행 상태에서 곡선 외측으로부터 최대풍압이 작용할 때의 잔여 너비

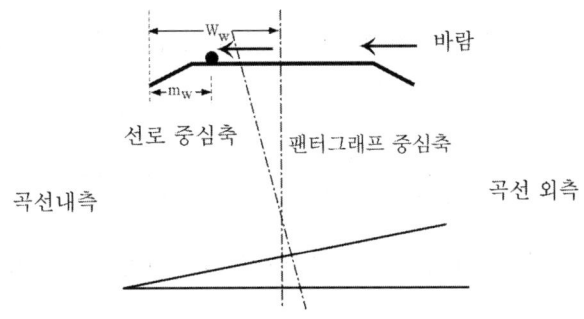

그림 5.16 곡선 외측으로부터 최대풍압 작용시 잔여 너비(최고속도 주행)

③ Case 3 : 열차 정지 상태에서 곡선 내측으로부터 최대풍압이 작용할 때 잔여 너비

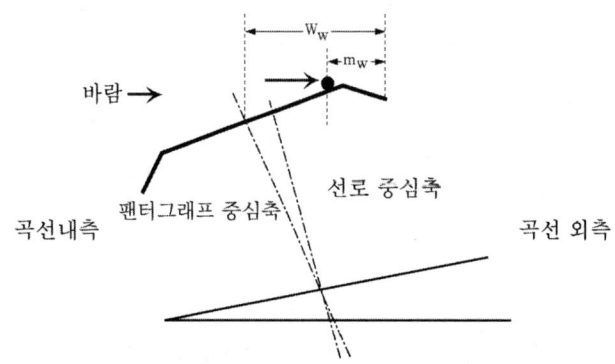

그림 5.17 곡선 내측으로부터 최대풍압 작용시 잔여 너비(열차 정지 상태)

실제 경간길이를 전차선로 평면도상에서 결정할 때에는 경간 길이가 드로퍼 수와 간격에 따라 표준화 되어 있으므로 위의 계산으로 구한 최대경간과 같거나 작은 표준경간 중 가장 긴 경간을 도표상에서 선택하면 된다.

3) 잔여 너비(Mw)의 계산
① 열차가 캔트상에 정지해 있는 경우

$$M_w = w_w - e_p - u_{N1} - \frac{l-l_n}{2} - \frac{2.5}{R} - u_{unbE}$$
$$- \sqrt{T_1^2 + u_c^2 + u_0^2 + u_m^2 + u_t^2 + u_a^2}$$

② 최고속도로 열차 주행 상태에서 곡선 외측으로부터 최대풍압이 작용할 경우

$$M_w = w_w - e_p - u_N - \frac{C^2}{8R} - \frac{l-l_n}{2} - \frac{2.5}{R} - u_{unbI} - u_p$$
$$- \sqrt{T_1^2 + u_c^2 + u_0^2 + u_m^2 + u_t^2 + u_a^2 + u_d'^2}$$

③ 열차 정지상태에서 곡선 내측으로부터 최대풍압이 작용할 경우

$$M_w = w_w - e_p - u_N - \frac{C^2}{8R} - \frac{l-l_n}{2} - \frac{2.5}{R} - u_{unbE} - u_p$$
$$- \sqrt{T_1^2 + u_c^2 + u_0^2 + u_m^2 + u_t^2 + u_a^2 + u_d'^2}$$

여기서, $M_w$ : 팬터그래프 유효 접촉 운전 구역의 절반폭의 잔여 너비
$w_w$ : 팬터그래프 유효 접촉 운전구역의 절반폭

$e_p$ : 차량특성에 따라 팬터그래프의 현(Bow) 중심축이 궤도 중심축으로부터 이탈량

$u_N$ : 전주에서 전차선의 편위 절대값 (보정하지 않은 값)

$u_{N1}$ : 2개의 연속 전주에서 1번 전주의 전차선 편위(보정하지 않은 값)

$\dfrac{C^2}{8R}$ : 풍압으로 인한 전차선 횡변위량

$\dfrac{(l-l_n)}{2}$ : 궤간 허용오차가 주는 영향

$\dfrac{2.5}{R}$ : 팬터그래프 현(Bow)의 최대 기하학적 한계(팬터그래프가 설치된 기관차에 대하여 곡선 선로에서 궤도 중심과 차량중심의 Offset량이 팬터그래프 설치 위치(주로 Pivot 상부)에 미치는 영향(Offset))

$u_{unbE}$ : 캔트로 인한 전차선 높이에서의 영향

$u_{unbI}$ : 캔트 부족으로 인한 전차선 높이에서의 영향

$u_p$ : 팬터그래프 압상력의 수평성분에 의한 전차선 이동량

$T_1$ : 대단위 선로보수가 이루어지기 전까지 궤도 횡이동에 대한 허용량

$u_c$ : 양 레일면 높이에 대한 허용오차가 주는 영향

$u_0$ : 차량 회전운동(Rolling)에 의한 영향

$u_m$ : 전주 횡방향 처짐(Deflection)에 의한 전차선 이동량

$u_t$ : 시공허용오차에 의한 전차선의 영향(Offset)

$u_a$ : 온도변화로 인한 가동브래킷 회전에 따른 전차선의 횡 변위 영향

$u_d{'}$ : 풍압으로 인한 전차선 횡변위량

### (3) 최대경간의 계산

1) 선로

① 선로 곡선반경($R$)

최대경간을 계산하는 데에는 선로의 곡선반경이 기준 데이터가 되며, 선로 곡선반경에 따라 그 구간에서의 최대설계속도가 정해진다. 설계에서 선로 곡선반경은 단계별로 범위를 나누어 관리되며 각 범위에 대해 최대경간 길이를 계산하도록 한다.

② 공칭궤간($l_n$)

두 레일 사이의 거리로서 보다 정확히 레일 윗면에서 14[mm] 아래에서 측정된 레일 두부 내측간 거리이다. 표준궤간은 1,435[mm] 이다.

③ 실제궤간($l$)

실제궤간($l$) = 공칭궤간 + 허용오차로 구하여진다.

④ 캔트/캔트 부족으로 인한 전차선 높이에서의 영향 [$u_{unbE}/u_{unbI}$]

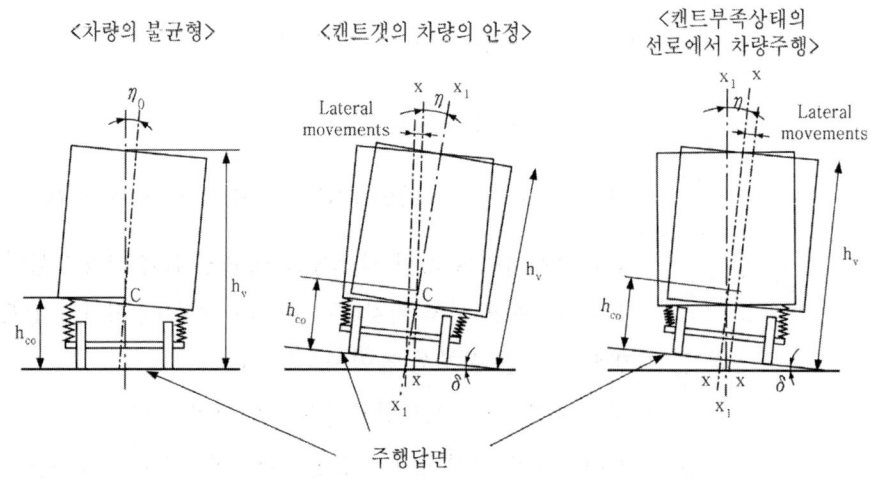

그림 5.18 캔트/캔트 부족량에 의한 영향

열차가 곡선 구간을 주행시는 열차의 곡선 외부로 작용하는 힘과 곡선 내부로 작용하는 힘이 평형을 이루도록 바깥 측 레일의 높이를 높이는, 즉 궤도에 캔트를 주게 된다. 그러나 실제 선로에서는 계산으로 나온 캔트량보다 적은 캔트 값으로 시공하게 되며 이를 캔트 부족량(Cant Deficiency)이라 한다. 따라서 열차가 곡선 구간에서 정지해 있을 때에는 캔트에 의해 팬터그래프가 안쪽으로 기울어지며 주행할 때에는 캔트 부족량 및 열차 속도에 따라 팬터그래프의 쏠림이 달라지게 된다. 이러한 캔트량 또는 캔트 부족량에 의한 전차선 레벨에서의 팬터그래프의 횡변위 영향을 $u_{unbE}$, $u_{unbI}$이라 한다.

UIC 505에서 건축한계 (Construction Gauges)와 차량한계(Kinematic Vehicle Gauges)에 대한 규정에서 이미 캔트 부족량에 의한 영향을 고려하여 차체 존과 팬터그래프 존에서의 참조 범위가 규정되어 있으며, 이 참조 범위에서 고려된 기준 캔트/캔트 부족량과 실제 사용하는 캔트/캔트 부족량과의 차이에 따른 영향을 전차선 레벨의 횡변량으로 구하기 위한 식은 다음과 같다.

열차가 정지시 : $u_{unbE} = \dfrac{S_0'(h-h_{co})}{d_e}(E-E_0')$

최고속도로 열차 주행시 : $u_{unbI} = \dfrac{S_0'(h-h_{co})}{d_e}(I-I_0')$

여기서, $E$, $I$ : 궤도와 캔트량 (Superelevation),
  캔트부족량(Unbalance, Cant Deficiency)

$h$ : 접촉점 (팬터그래프와 전차선)의 높이

$d_e$ : 좌우 차륜중심점 사이 거리
  (UIC 606-1 OR로부터 표준값으로 $d_e = 1.5[m]$)

$h_{co}$ : 기관차의 요동 중심점(Roll Center of Locomotive)의 높이
  (UIC 606-1 OR로부터 $h_{co} = 0.5[m]$)

$S_0'$ : 팬터그래프가 달린 기관차의 틸팅도계수에 대한 전형값
  (UIC 606-1 OR로 부터 표준값으로 $S_0' = 0.225$)

$E_0'$, $I_0'$ : 팬터그래프 존에서의 참조범위에서 이미 고려된 기준 캔트/캔트 부족량
  (UIC-1 OR로 부터 $E_0'$ 또는 $I_0' = 0.066[m]$)

$u_{unbE}$ 또는 $u_{unbI}$ 는 0보다 작아서는 안된다. 따라서 캔트/캔트부족량이 기준값보다 작을 때에는 0으로 두어야 한다. 즉

$u_{unbE} = 0$, if $E \leq 0.066m$

$u_{unbI} = 0$, if $I \leq 0.066m$

⑤ 양 레일면 높이에 대한 허용 오차가 주는 영향[$u_c$]

양쪽 레일의 높이는 직선 구간에서 같은 높이이거나, 곡선 구간에서 캔트값대로 설치되어 있어야 하나, 실제 시공이나 운영 중에 설계값과 달라질 수 있으며 이런 범위를 허용오차(Tolerance)로 규정하고 있으므로 이 허용오차에 의한 전차선 레벨에서의 영향에 대한 값을 반영한다.

레일 경사에 의한 차량측의 영향은 차륜 중심 간격을 기준으로 결정되며, 경사도에 의한 기관차의 틸팅 영향은 주행 중심 높이에 비례하므로 산출식은 다음과 같아진다.

$$u_c = \dfrac{t_2}{d_e}[h(1+S_0') - S_0'h_{co}]$$

여기서, $h$ : 접촉점 높이
  $d_e$ : 좌우 차륜중심점사이 거리 ($d_e = 1.5[m]$)

$h_{co}$ : 기관차의 요동 중심점의 높이($h_{co} = 0.5[\text{m}]$)

$t_2$ : 궤도의 캔트 허용오차

$S_0'$ : 팬터그래프가 달린 기관차의 틸팅도계수에 대한 전형값

$$(S_0' = 0.225)$$

대단위 선로보수가 이루어지기 전까지 궤도의 횡이동에 대한 허용량 $[T_1]$UIC 606-1 OR에 일반적인 값으로 $T_1 = 0.025[\text{m}]$가 제시되어 있다.

## 2) 차량 및 팬터그래프 분야

① 팬터그래프 유효 운전존의 반폭 $[w_w]$

팬터그래프 주체는 세 부분으로 되어있다. 카본 또는 금속카본으로 만들어진 마모 집전판(Wear Strips)과 금속 재질의 연결판(Connection Strips)과 절연성 재질의 가이드(Horn)으로 구성되어 있다.

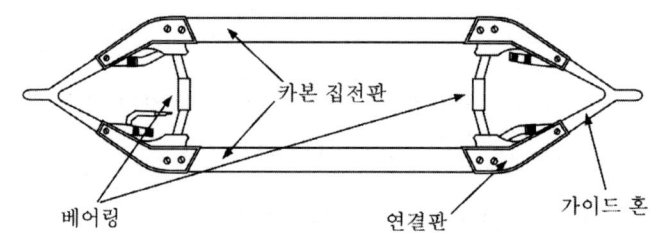

그림 5.20 팬터그래프 주체 [GPU 25kV]

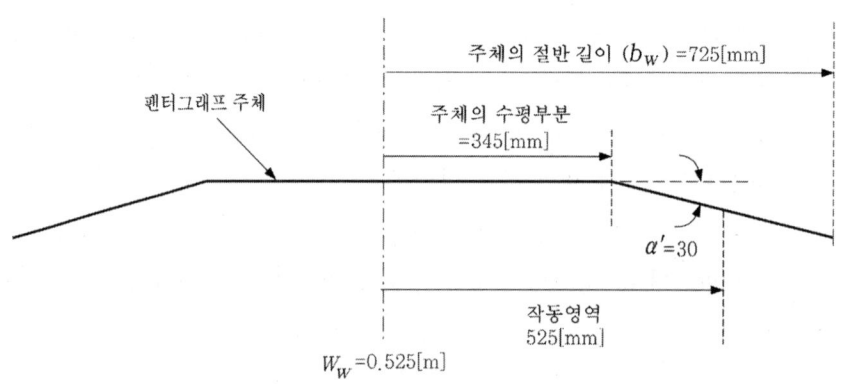

그림 5.21 팬터그래프 유효 작동 영역

차량이 경사진 켄트가 있는 선로 위에 위치했을 때에는 중력이나 원심력에 의한 회전이 일어나기 전에 먼저 차량의 횡방향 이동이 일어나며, 아울러 팬터그래프에

서도 조립부의 베어링 부위 등에서 횡변위가 발생한다.

② 차량특성에 따라 팬터그래프 주체의 중심축이 궤도중심으로부터 이탈되는 량[$e_p$]

이러한 차량 및 팬터그래프의 유동 특성 등에 따라 팬터그래프의 주체 중심축이 궤도 중심으로부터 벗어나 이동하게 되는 양을 팬터그래프 잔류 너비 계산에서도 반영해야 하며, UIC 505-4에 의해 하부 검증 높이와 상부 검증 높이에서의 팬터그래프 형상이 구성되어 있으므로 마모 집전판은 전차선과 접촉 습동하는 주부위이며, 연결판은 전차선이 풍압에 의해 날릴때나 3 Catenary가 설치되는 분기구간등 특수구간에서 전차선과 접촉하며 이때도 정상적으로 집전이 가능하다. 그러나, 가이드혼 부분은 절연체로서 건넘선에서 팬터그래프가 전차선과 엉키지 않도록 하기 위한 목적으로 설치되어 있다.

따라서, 팬터그래프 유효 작동영역(Pantograph Working Zone)은 마모 집전판과 연결 집전판을 합친 너비에 해당되며, 경부고속전철에 사용되는 GPU 타입 팬터그래프에 대한 제원은 아래 그림과 같다.

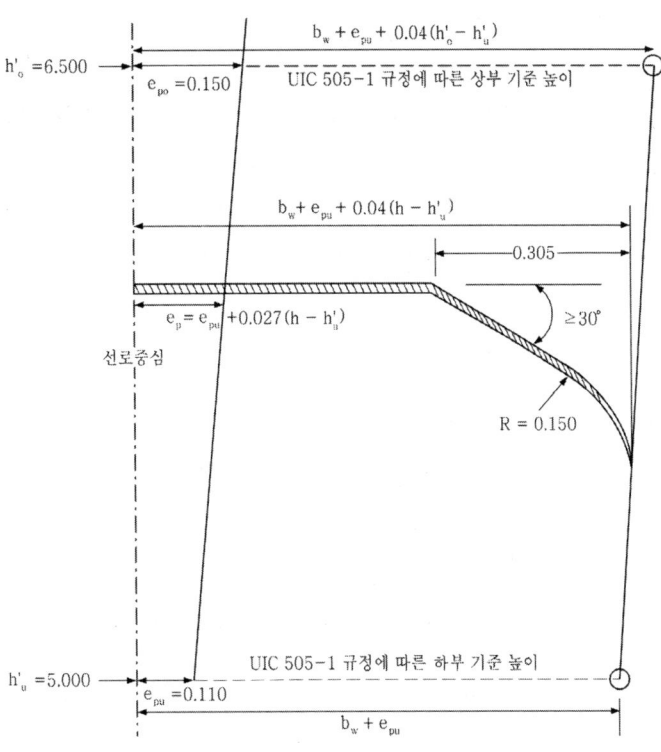

그림 5.22 팬터그래프의 외형

어떤 높이에서의 $e_p$ 값은 아래 식과 같이 높이에 따른 비례식으로 구하면 된다.

$$e_p = e_{pu} + \frac{(h-h_u')}{(h_o'-h_u')}(e_{po}-e_{pu})$$

여기서, $h$ : 접촉점 높이

$h_u'$ : 하부 기준점의 높이(UIC 606-1 OR로부터 $h_u' = 5.0\text{m}$)

$h_o'$ : 상부 기준점의 높이(UIC 606-1 OR로부터 $h_o' = 6.5\text{m}$)

$e_{pu}$ : 하부 기준점의 $e_p$(UIC 606-1 OR로부터 $e_{pu} = 0.11\text{m}$)

$e_{po}$ : 상부 기준점의 $e_p$(UIC 606-1 OR로부터 $e_{po} = 0.15\text{m}$)

위 그림에서 보면 상부 검증높이에서의 팬터그래프 참조형상은
$e_{pu}+0.04(h_o'-h_u')$으로부터 계산해 보면 0.170[m]이나 이것은 주체의 절반 폭 $(b_w)$에 대한 값이다. 그런데 $e_{po}$는 유효 운전 존의 절반 폭$(w_w)$에 대한 값을 요구하므로 비율만큼 줄어든 $e_{pu}+0.027(h_o'-h_u')$에 따라 계산해야 한다.

③ 팬터그래프 압상력의 수평성분에 의한 전차선 이동량 $[u_p]$

팬터그래프 집전판은 30° 이내로 기울어진 경사진 부위를 갖는다. 이 경사진 부분에 전차선이 위치하게 되면 팬터그래프가 전차선을 수직으로 밀어올리는 힘, 즉 압상력 $K$중 일부의 힘 $F$가 전차선에 횡방향으로 작용한다. 이 힘이 전차선을 횡방향으로 밀어내게 되며 따라서 잔류너비가 줄어들게 된다. 이 압상력의 수평분력에 의한 전차선의 이동량을 $u_p$라 한다.

$$u_p = \frac{C \cdot F}{4Z_{fd}} = \frac{C \cdot F \cdot tan(a'')}{4Z_{fd}}$$

여기서, $C$ : 경간 길이

$F$ : 팬터그래프 압상력의 수평성분

$Z_{fd}$ : 전차선 장력

$K$ : 팬터그래프 압상력

$a''$ : 수평면에 대한 집전판 경사부분(Sloping part of Bow)의 각도

위 수식은 경간중앙에서 계산한 값 즉 최대값이며 전차선이 경사면에 걸림으로 인해 횡방향력이 반으로 줄어드는 것으로 보고 유도한 식이다. 한편, 수평면에 대한 집전판의 경사부분의 각도 ($a''$)는 캔트를 고려하여 다음 그림으로 설명할 수 있다.

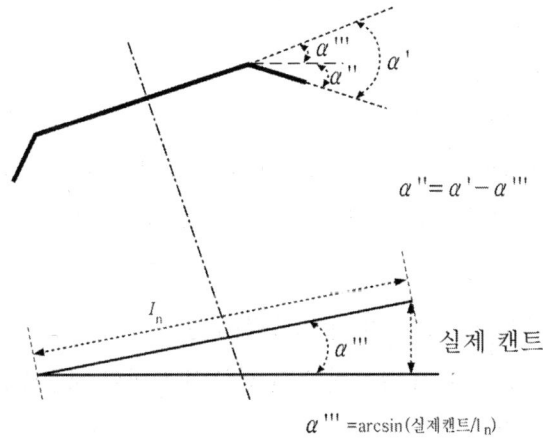

그림 5.23 열차 정지상태에서 집전판 경사부분의 각도

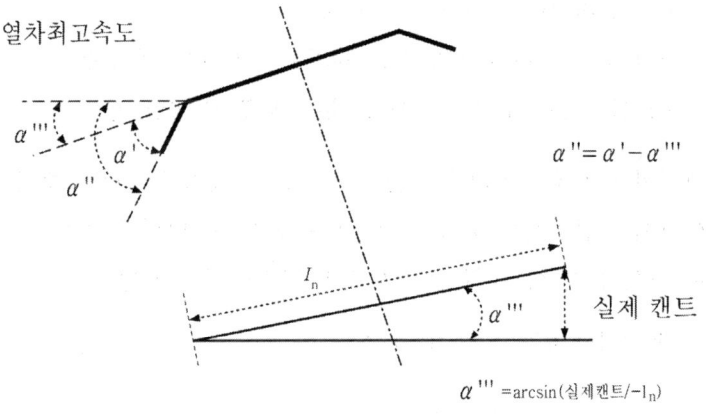

그림 5.24 열차 최고속도에서의 집전판 경사부분의 각도

④ 차량 회전운동(Rolling)에 의한 영향[$u_o$]

차량은 주행 롤링 진동(Rolling)을 하게 되며 이 운동은 대차의 스프링 특성 등에 따라 차체가 중력 중심점(Roll Center)을 중심으로 좌우회전 진동하게 되며 이에 의한 팬터그래프 접촉점 높이에서의 횡이동의 영향이 [$u_o$]이다.

$$u_o = (h - h_{co})\tan(\eta_{3i})$$

여기서, $h$ : 접촉점 높이

$h_{co}$ : 기관차의 Roll Center 높이 ($h_{co} = 0.5\text{m}$)

$\eta_{3i}$ : 차량의 동요(Oscillation)의 각도 (UIC 505-4로부터 $\eta_{3i} = 0.6°$)

3) 전차선로 분야

　① 접촉점의 높이[$h$]

　　팬터그래프와 전차선이 접촉하는 높이를 레일면으로부터 계산한 높이로서, 열차가 정지 상태에서는 정적 압상력에 의한 영향을 무시하면 전차선 높이에 해당하나 열차가 주행시는 팬터그래프의 양력이 전차선을 밀어올리므로 접촉점 높이가 상승한다.

　② 전주 움직임에 의한 전차선 이동량[$u_m$]

　　UIC 606-1 OR에서 다음에 의한 전주의 횡방향 처짐(Deflection)을 고려해 넣도록 하고 있다.
　　　· 기초의 이동
　　　· 고정 지지물, 케이블, 와이어로 인해 작용하는 하중
　　　· 정적
　　　· 온도의 변화에 의한 하중의 변동
　　　· 전선 등 부속품의 추가 또는 제거로 인한 하중의 변동
　　　· 선로를 기준으로 각 방향으로 부는 바람에 의한 영향

　　여기서 기초의 이동과 부속품의 추가 또는 제거로 인한 하중의 영향은 일반적으로 현장에서 편위값을 조정함으로써 보상함으로 바람에 의한 영향과 지지물에 설치된 전선의 인장응력의 변동에 의한 영향만이 고려될 필요가 있다.

　③ 경간 중앙에서의 편위 값 [$u_N$]

$$u_N = \frac{u_{N1} + u_{N2}}{2}$$

　　여기서, $u_{N1}$, $u_{N2}$ : 양단 전주에서의 편위 값, 곡선 외측이 + 값

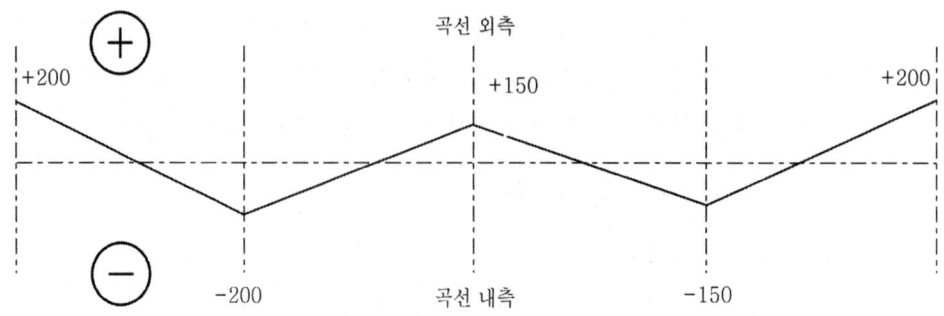

그림 5.26 편위의 표기

④ 경간 길이 [C]

전차선로의 경간길이로서 설치오차를 고려한다.

⑤ 시공 허용오차에 의한 전차선의 편위 [$u_t$]

이 오차에서는 설치시 부정확성 뿐만 아니라, 어떤 부품을 계속적으로 조정할 수 없는 관계로 인한 틀어짐도 고려하여야 한다. 즉, 가동브래킷과 같이 정해진 주기로 조정하는 설비에 대해서 주기 조정이 이루어지기 전까지 변화 허용량에 대한 값도 고려에 넣어야 한다.

⑥ 온도변화로 인한 가동브래킷 회전에 따른 전차선의 횡변위 영향[$u_a$]

온도가 변하면 전선의 길이가 길어지거나 줄어들게 되고 이로 인해 가동브래킷이 회전하게 된다. 이것은 전차선의 횡방향 변위에 영향을 미쳐 횡방향 위치를 이동시킨다. 이 이동의 크기는 인류지점으로부터 해당 전주까지의 거리 및 온도 변화량에 좌우된다.

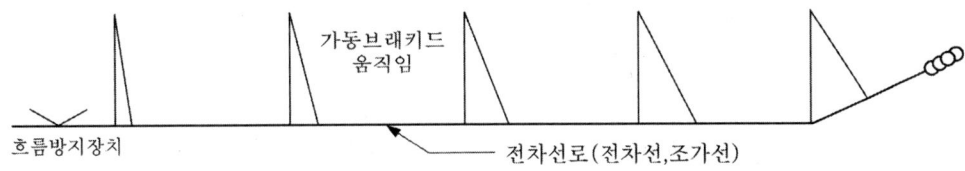

그림 5.27 온도변화에 따른 가동브래킷의 움직임

전차선 횡변위에 대한 영향은 전선의 신축 길이가 비례하고 가동브래킷의 길이에 반비례하므로 아래 수식으로 표현되며 가동브래킷은 평균온도에서 가동브래킷이 선로에 대해 수직임을 가정하였다. 아울러 지지점의 형태에 따라 가동브래킷이 이동되는 경우에는 고려하여야 한다. 또한 온도와 가동브래킷 길이가 다른 터널구간은 일반구간과 구별하여 산출한다.

$$u_a = \frac{\left[17 \times 10^{-6} n_f \frac{\Delta t}{2}\right]}{2a_s}$$

여기서, $\Delta t$ : 온도 범위
$n_f$ : 흐름방지전주로부터 거리
$a_s$ : 가동브래킷의 공칭 길이(전주면에서 전차선 중심축까지 거리)

⑦ 편위와 곡선반경 효과를 포함하여 풍압으로 인한 전차선 횡변위량 [$u_d{}'$]

바람이 전차선로에 작용할 때 전차선은 횡방향으로 날리며 이때 발생하는 전차선 변위에 대한 내용은 앞에서 설명한 바 있다. 특히 경간의 좌우 편위가 다른 경우에는 최대 변위가 발생하는 위치가 중앙이 아닌 다른 곳으로 이동하게 되고 이러한 편위효과와 곡선구간에 대한 효과를 고려한 전차선로의 횡변위에 대해서 수식을 유도하였다. 이 횡변위 식으로부터 편위의 중심선 이동량과 곡선반경의 최대 변위 값을 제외하고 두 식을 동시에 표현하면 다음 식이 된다.

$$u_d{}' = u_d + \frac{(u_{N1} - u_{N2})^2}{16\left[u_d - sgn\left(\dfrac{C^2}{8R}\right)\right]}$$

이때, $u_d \neq sgn\left(\dfrac{C^2}{8R}\right)$

여기서, $sgn$ : 바람이 곡선 내측으로 볼때 −1, 바람이 곡선외측으로 볼때 +1

$u_{N1}, u_{N2}$ : 경간 좌우편위. 곡선외측일 때 + 값

$C$ : 경간 길이[m]

$R$ : 선로 곡선반경[m]

$u_d$ : 풍압에 의한 전차선로 처짐량(직선구간에서 편위를 고려하지 않음)

$$u_d = \frac{q_w e A C^2}{8 Z_f} = \frac{\gamma \dfrac{v^2}{2g} e A C^2}{8 Z_f}$$

여기서, $e$ : 전차선로 전선의 Drag 계수(UIC 606-1 OR로부터 $e = 1.25$)

$A$ : 전차선로 전선 직경 (전차선 직경 + 조가선 직경)

$Z_f$ : 전차선로 장력 (전차선 장력 + 조가선 장력)

$q_w$ : 전차선로 전선에 작용하는 동풍압 $q_w = \gamma v^2 / 2g$

$v$ : 풍속

$\gamma$ : 공기의 비중 (UIC 606-1 OR로부터 $\gamma = 11.5[N/m^3]$)

$g$ : 중력 가속도 (UIC 606-1 OR로부터 $g = 9.81[m/s^2]$)

# 4. 조가선

## 4.1 전차선의 가고

카티너리 가선방식의 전차선에 있어서 지지점에서 조가선과 전차선의 수직 중심간격을 가고라고 하며, 고속철도에서의 전차선의 가고는 1,400[mm]를 표준으로 정하고 있으나 과선교, 육교, 터널 앞 등의 가선 높이에 제한을 받는 개소에는 가고를 800[mm] 또는 900[mm]로 할 수 있으며 부득이한 경우라도 가고는 600[mm] 이상이어야 한다. 반면 평행개소(구분장치개소, 장력장치개소, 선로분기개소) 등에는 전선 또는 브래킷의 부품간에 기계적이거나 전기적인 이격거리를 확보할 수 있도록 하기 위해 평행개소의 주축전주 개소에는 가고를 2,000[mm], 중간전주 개소에서는 인상되는 전차선의 가고를 1,800[mm]로 높이를 확대 설치한다.

터널 내의 가고도 터널의 높이와 단면적이 충분하므로 일반 노출개소와 동일한 가고를 유지시켜 설치한다.

## 4.2 드로퍼의 구성

드로퍼에는 전차선이 수평을 유지할 수 있도록 조가선에 현수시키는 전선으로서 드로퍼의 설치위치에 따라 길이가 상이하므로 계산에 의해 각각의 길이를 산정한다.

드로퍼는 단면적 12[mm$^2$] 직경 5[mm] 청동선으로 제작된다. 드로퍼의 구성은 0.63[mm]의 청동선 7개로 꼬여진 중심의 1묶음과 외피를 만드는 0.5[mm]의 직경을 가지는 7개의 선으로 꼬여진 여섯 묶음으로 구성된다.

드로퍼의 양끝에는 고정링을 압착접속한 부분을 조가선과 전차선에 클립의 형태로 체결된다. 과선교 아래와 절연구분장치 개소 등 외부로부터의 이물질의 낙하, 조류등의 침입으로부터 위험을 방지하기 위해 피복보호 조가선을 사용한 곳에는 신장율이 낮고 고저항을 가진 폴리에스터 코어에 릴산 폴리아미드(Rilsan Polyamide)의 외부피복을 한 드로퍼를 사용한다.

드로퍼의 최소길이는 0.275[m] 이상으로 제한하며 드로퍼는 경간 중앙에서 경간의 1/2000의 이도를 갖도록 설치한다. 드로퍼는 모두 전주의 표준경간에 맞추어 미리 계산된 드로퍼 표에 의해 제작 사용된다.

드로퍼 설치 간격은 지지점에서의 1번째 드로퍼는 4.50[m], 2번째 드로퍼부터는 1번째 드로퍼로부터 6.75[m], 그 다음의 드로퍼는 경간의 길이에 따라서 경간의 중앙에서부터

6.75[m] 또는 4.50[m]의 간격으로 설치된다. 드로퍼가 설치되는 종류는 사용되는 형태에 따라 다음과 같이 구분하여 설치한다. 즉, 주행선로의 일반적인 경간, 특수경간, 구분개소의 경간등으로 구분된다.

### 4.3 드로퍼의 길이 계산

**(1) 정상 경간 전차선로에 대한 드로퍼 길이 계산 일반식**

사전이도(Pre-sag)가 주어지는 $n$개의 드로퍼를 가진 일반적인 전차선로에 대한 드로퍼의 길이계산 공식은 다음과 같다. 양단 전주에서의 가고 및 전차선 높이가 다른 경우에도 적용된다. 단, 여기서는 애자와 같은 집중질량의 설비가 가설되어 있지 않은 것으로 가정하며, 경간의 설정은 경간 중앙에 대하여 대칭이며 양단 가고나 전차선의 높이차가 크지 않은 것으로 가정한 상태에서 적용되는 공식이다. 평행구간에 대한 계산에도 적용되지 않는다.

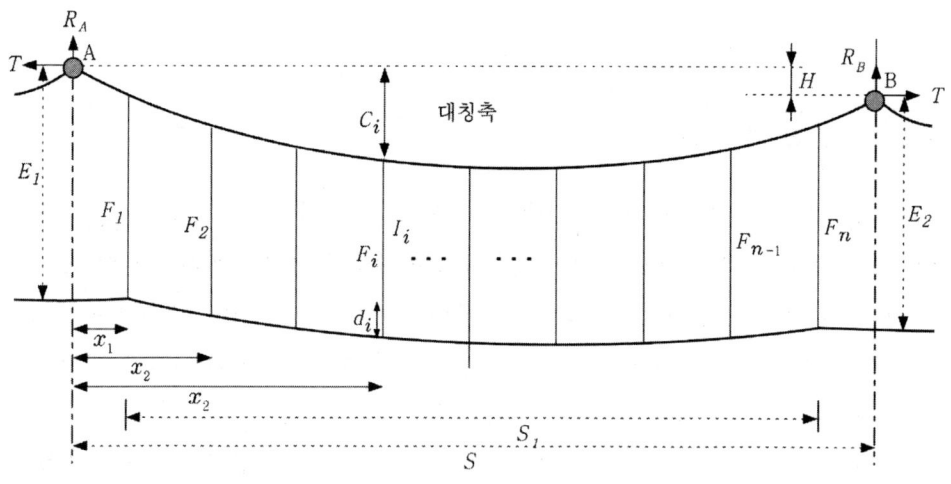

그림 5.28 일반적인 전차선로

$S$ : 경간의 길이[m]  
$T_m$ : 조가선 장력[N]  
$R_A$ : $A$ 지지점에서의 반력[N]  
$R_B$ : $B$ 지지점에서의 반력[N]  
$E_1, E_2$ : 가고(Encumbrance)[m]  
$w_c$ : 전차선 단위길이당 무게[N]  

$n$ : 드로퍼의 수  
$T_c$ : 전차선 장력[N]  
$l_i$ : $i$ 드로퍼 길이[m]  
$F_i$ : $i$ 드로퍼의 지지하중[N]  
$w_m$ : 조가선 단위길이당 무게[N]  
$x_i$ : $i$ 드로퍼까지의 수평거리[m]

$c_i$ : $i$ 드로퍼에서의 조가선 이도[m]

$d_i$ : $i$ 드로퍼에서의 전차선 사전이도량 (Pre-sag)[m]

$d_c$ : 경간중앙의 전차선 사전이도, 즉 S/2000[m]

$S_1$ : 전차선 sag가 주어지는 구간만의 길이[m]

$x_1$ : 첫 번째 드로퍼까지의 거리 (Pre-sag가 주어지지 않는 구간)[m]

$H$ : $en$ 현수점 높이차 (+/-) (좌측 현수점 높이-우측 현수점 높이)[m]

먼저 전차선 Sag는 사전이도(Pre-sag) 값인데 대부분의 경우 사전이도는 첫 번째 드로퍼와 마지막 드로퍼 사이에만 주어지므로 이 경우는

$$d_i = \frac{w_c}{2T}(x_i - x_1)(S_1 - (x_i - x_1))$$

경간 중앙의 최대이도, 즉 경간의 사전이도값 $d_c$에 관한 식으로 나타내면

$$d_i = \frac{4d_c}{S_1^2}(x_i - x_1)(S_1 - x_i + x_1)$$

다음으로, 드로퍼 지지하중을 구해야 하는데 이를 일반식으로 나타내면

1) $i = 1$일 때 (첫번째 드로퍼)

$$F_1 = \left(x_1 + \frac{x_2 - x_1}{2} + \frac{T_c(d_2 - d_1)}{(x_2 - x_1)w_c}\right)w_c + w_d$$

2) $2 \leq i \leq n-1$일 때

$$F_i = \left(\frac{x_{i+1} - x_{i-1}}{2} - \frac{T_c(d_i - d_{i-1})}{(x_i - x_{i-1})w_c} + \frac{T_c(d_{i+1} - d_i)}{(x_{i+1} - x_i)w_c}\right)w_c + w_d$$

3) $i = n$일 때(마지막 드로퍼)

$$F_n = \left(\frac{x_n - x_{n-1}}{2} - \frac{T_c(d_n - d_{n-1})}{(x_n - x_{n-1})w_c} + (S - x_n)\right)w_c + w_d$$

다음으로 전차선로 현수점에서의 반력을 구한다. A, B 두 개 지지점에서 받치고 있는 경간내 전체 하중은 조가선 자중과 드로퍼를 통해 걸리는 하중 및 지지점의 높이차 만큼의 장력에 의한 모멘트 작용 하중이 된다.

A 지점의 반력은

$$R_A = \frac{w_m S}{2} + \sum_{k=1}^{n} F_k \frac{S - x_k}{S} + \frac{T_m H}{S}$$

따라서 B 지점의 반력은

$$R_B = w_m S + \sum_{k=1}^{n} F_k - R_A$$

드로퍼 지점에서의 조가선 이도(처짐량)을 구하기 위해 첫 번째 드로퍼 하중에 의한 A 지지점에서의 모멘트 평형방정식을 세우면

$$c_1 T_m + w_m x_1 \frac{x_1}{2} = R_A x_1$$

따라서,

$$c_1 = \frac{1}{T_m}\left(R_A x_1 - \frac{w_m x_1^2}{2}\right)$$

마찬가지로 드로퍼 2에서 모멘트 평형은 윗 식을 참조하여

$$c_2 T_m + w_m x_2 \frac{x_2}{2} + F_1(x_2 - x_1) = R_A x_2$$

따라서,

$$c_2 = \frac{1}{T_m}\left(R_A x_2 - F_1(x_2 - x_1) - \frac{w_m x_2}{2}\right)$$

일반식으로 표현하면

$$c_i = \frac{1}{T_m}\left(R_A x_i - \frac{w_m x_i^2}{2} - \sum_{k=1}^{i-1} F_k(x_i - x_k)\right)$$

이제 드로퍼 길이에 필요한 요소를 모두 갖추었으므로, 드로퍼 길이($li$) = 가고($E_1$) − 조가선 이도(처짐량)($c_i$) + 전차선 사전이도($d_i$)를 적용하면 드로퍼 길이를 구하는 일반식을 얻을 수 있다.

드로퍼 길이를 구하는 일반식은 다음과 같다.

$$l_i = E_1 - \frac{1}{T_m}\left(R_A x_i - \frac{w_m x_i^2}{2} - \sum_{k=1}^{i-1} F_k(x_i - x_k)\right)$$
$$+ \frac{4d_c(x_i - x_1)(S_1 - x_i + x_1)}{S_1^2}$$

## (2) 드로퍼 길이의 계산

드로퍼의 길이 계산의 예를 살펴보기 위하여 실제 고속철도 전차선로에 사용되고 있는 다음과 같은 경간을 선정하였다.

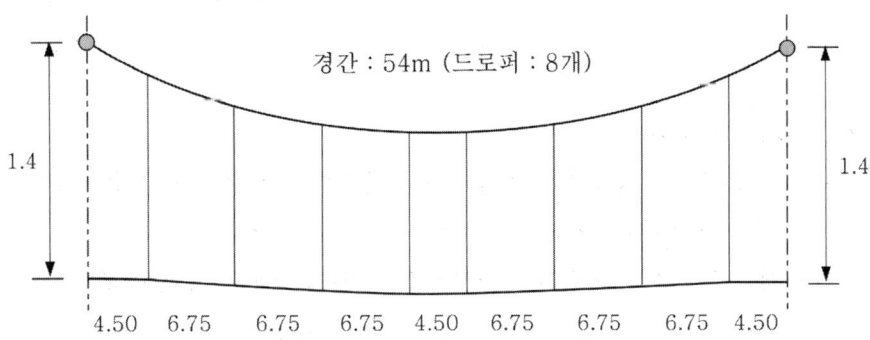

그림 5.29 54[m] 경간 드로퍼 배치도(양단 지지점 높이 동일)

전차선로 데이터 값

| 구 분 | 기 호 | 데이터 값 (단위) | 비 고 |
|---|---|---|---|
| 조가선 장력 | $T_m$ | 14,000(N) | |
| 조가선 단위길이당 중량 | $w_m$ | 6.05(N/m) | |
| 전차선 장력 | $T_c$ | 20,000(N) | 드로퍼 작용하중 |
| 전차선 단위길이당 중량 | $w_c$ | 13.34(N/m) | 드로퍼 작용하중 |
| 평균 드로퍼 중량 | $w_d$ | 3.60(N) | 드로퍼 작용하중 |
| 전차선 사전이도량 | $d_c$ | 경간/2,000 (m) | 드로퍼 작용하중 |
| 전차선 사전이도구간 길이 | $S_1$ | 45(m) | |

모멘트 기법에 따라 드로퍼 길이를 계산해 보면 다음과 같다.

### 1) 전차선 사전이도에 의한 전차선 이도

아래의 식을 적용하여 사전이도량 54/2000에 대한 2번째 드로퍼의 처짐량을 계산하여 보면

$$d_2 = \frac{4d_c}{S_1^2}(x_2 - x_1)(S_1 - x_2 + x_1)$$

$$= \frac{4\frac{54}{2000}}{45^2}(11.25 - 4.5)(45 - 11.25 + 4.5)$$

$$= 0.01377[m]$$

위와 같은 방법으로 계산한 전차선 사전이도에 의한 이도는 다음 표와 같다.

전차선 사전이도에 의한 이도

| 드로퍼 | 1 | 2 | 3 | 4 | 5 | 6 | 7 | 8 |
|---|---|---|---|---|---|---|---|---|
| 거리($x_i$) | 4.5 | 11.25 | 18.0 | 24.75 | 29.25 | 36.0 | 42.75 | 49.5 |
| 처짐량($d_i$) | 0.0000 | 0.0138 | 0.0227 | 0.0267 | 0.0267 | 0.0227 | 0.0138 | 0.0000 |

2) 드로퍼 지지하중

먼저 사전이도에 의한 전차선 높이차가 있기 때문에 전차선 장력에 의한 드로퍼 하중의 편중을 고려해야 한다.

예로서 드로퍼 3과 드로퍼 8(마지막 드로퍼)에 대하여 계산해 보면

$$F_3 = \left( \frac{x_4 - x_2}{2} - \frac{T_c(d_3 - d_2)}{(x_3 - x_2)w_c} + \frac{T_c(d_4 - d_3)}{(x_4 - x_3)w_c} \right)w_c + w_d$$

$$= \left( \frac{24.75 - 11.25}{2} - \frac{20000(0.0227 - 0.0138)}{(18.0 - 11.25)13.34} \right.$$

$$\left. + \frac{20000(0.0267 - 0.0227)}{(24.75 - 18.0)13.34} \right)13.34$$

$$= 79.2[N]$$

$$F_8 = \left( \frac{x_8 - x_7}{2} - \frac{T_c(d_8 - d_7)}{(x_8 - x_7)w_c} + (S - x_8) \right)w_c + w_d$$

$$= \left( \frac{49.5 - 42.75}{2} - \frac{20000(0.0 - 0.0138)}{(49.5 - 42.75)13.34} + (54 - 49.5) \right)13.34 + 3.60$$

$$= 149.5[N]$$

같은 방법으로 드로퍼 전부에 대하여 계산한 결과는 다음과 같다.

드로퍼 지지하중

| 드로퍼 | 1 | 2 | 3 | 4 | 5 | 6 | 7 | 8 |
|---|---|---|---|---|---|---|---|---|
| 높이차 ($d_i - d_{i-1}$) | 0.0 | 0.014 | 0.009 | 0.004 | 0.000 | -0.004 | -0.009 | -0.014 | 0.0 |
| 지지하중(N) | 149.453 | 79.245 | 79.245 | 66.638 | 66.638 | 79.245 | 79.245 | 149.453 |

3) 전차선로 현수점(지지점)의 반력

현수점 높이차는 0이고 드로퍼 하중은 위 표의 값을 이용하면 좌측 지지점에서의 반력은

$$R_A = 6.05 \times 54/2 + 149.453 \times (54-4.5)/54$$
$$+ 79.245 \times (54-11.25)/54 + \cdots$$
$$= 537.930 [N]$$

4) 조가선 이도

조가선 이도의 예로서 4번째 드로퍼 지점에서의 조가선 이도(처짐량)를 구해보기 위해 $i = 4$를 대입하면

$$c_4 = \frac{1}{T_m}\left(R_A x_4 - \frac{w_m x_4^2}{2} - \sum_{k=1}^{4-1} F_k(x_4 - x_k)\right)$$
$$= \frac{1}{14000}\left[537.930 \times 24.75 - \frac{6.05 \times 24.75^2}{2} - 149.453(24.75-4.5)\right.$$
$$\left. + 79.245(24.75-11.25) + 79.245(24.75-18.0)\right]$$
$$= 0.488 [m]$$

같은 방법으로 드로퍼 전 지점에 대하여 계산한 결과는 다음과 같다.

조가선 이도(처짐량)

| 드로퍼 | 1 | 2 | 3 | 4 | 5 | 6 | 7 | 8 |
|---|---|---|---|---|---|---|---|---|
| 처짐량(m) | 0.169 | 0.333 | 0.439 | 0.488 | 0.488 | 0.439 | 0.333 | 0.169 |

5) 드로퍼의 길이

이상과 같은 계산결과에 의하여 드로퍼의 길이는 다음에 의하여 정하여진다.

드로퍼의 길이 = 가고 − 전차선 사전 이도에 의한 이도 + 조가선 이도

드로퍼의 길이를 산정해보면 다음 표와 같다.

드로퍼의 길이

| 드로퍼 | 1 | 2 | 3 | 4 | 5 | 6 | 7 | 8 |
|---|---|---|---|---|---|---|---|---|
| 길이(m) | 1.231 | 1.081 | 0.983 | 0.9007 | 0.9007 | 0.983 | 0.1081 | 1.231 |

## 4.4 특수경간에서의 드로퍼 길이 계산

드로퍼 길이 계산 측면에서 특수경간은 일반경간 중 양쪽의 가고가 다른 경우와 평행개소에서 전차선로를 인류하기 위해 무효로 만드는 경간 등이 해당된다.

먼저, 양쪽 가고가 다른 경간은 전차선로가 과선교 밑을 통과하는 경우에 필요한 이격거리를 확보하기 위한 목적으로 설치될 수가 있다. 이 경우는 전차선 높이는 같으므로 앞에서 설명한 정상경간에 대한 드로퍼 길이계산 일반식으로부터 조가선 높이차 값을 적용하여 계산하면 된다. 다음으로, 인류구간에서 무효부분이 포함되는 경간의 경우는 전차선 높이를 임의의 높이까지 상승시키며 가고도 1,800[mm]까지 높이게 된다. 무효상승경간에는 단순상승(1단계 상승)과 경간길이가 긴 경우에(49.50[m] 이상) 2단계로 상승시키는 방식이 있다.

### (1) 1단계 무효상승 경간

전주까지 자유상승하는 경간을 말한다. 포물선상승(Parabolic Elevation)이라고 한다. 드로퍼 길이는 일반경간의 경우와 같은 방식으로 계산하나 다음을 고려해 주면 된다.

### 1) 전차선 상승분

아래의 그림에서처럼 자유상승 시작점까지는 전차선은 수평을 유지하며 이 이후로 전차선은 임의의 높이까지 상승되어 전주에 현수된다.

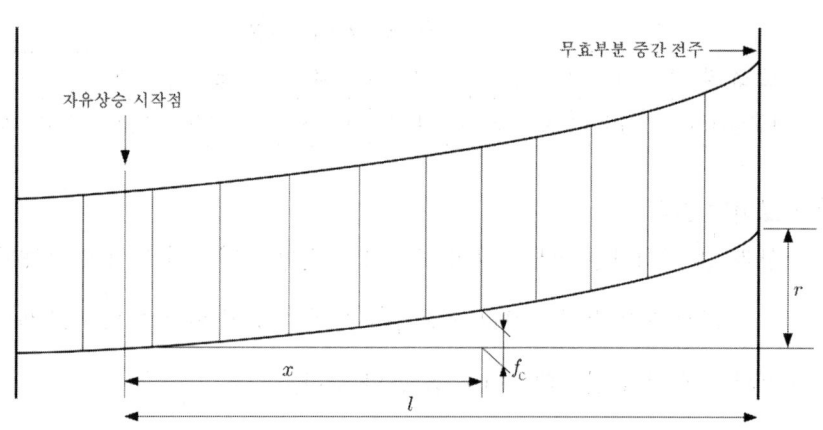

그림 5.30  자유상승 (1단계 상승) 경간

$x$ : 자유상승 시작점부터 해당 드로퍼까지의 거리
$w_c$ : 전차선 단위길이당 무게
$T_c$ : 전차선 장력
$r$ : 상승높이 $(0.55[m])$

$$f_c = \frac{w_c}{2T_c}x^2$$

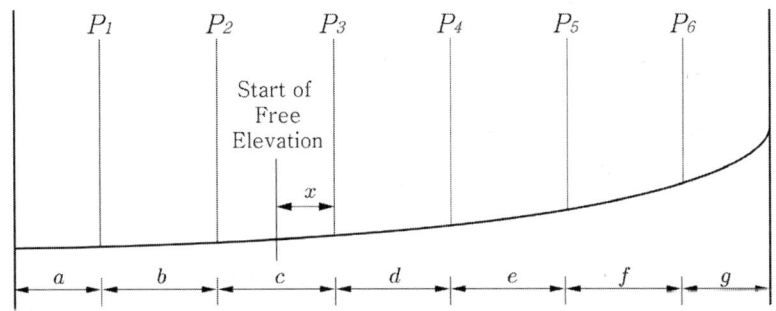

그림 5.31  1단계 상승 (포물선 상승)

$w_c$ : 전차선 단위중량

$w_d$ : 드로퍼 중량 (근사적으로 길이에 관계없이 3.6N/개)

① 드로퍼 1의 하중

$$P_1 = (a + \frac{b}{2})w_c + w_d$$

② 드로퍼 2의 하중

$$x < \frac{c}{2} \text{이면} : P_2 = (\frac{b+c}{2})w_c + w_d$$

$$x > \frac{c}{2} \text{이면} : P_2 = (\frac{b}{2} + c - x)w_c + w_d$$

③ 드로퍼 3의 하중

$$x < \frac{c}{2} \text{이면} : P_3 = (\frac{c}{2} - x)w_c + w_d$$

$$x > \frac{c}{2} \text{이면} : P_3 = w_d$$

④ 드로퍼 4, 5, 6의 하중

$$P_4 = P_5 = P_6 = w_d$$

### (2) 2단계 무효상승 경간

임의의 드로퍼까지는 자유상승(포물선 상승)하나 이 이후로는 직선 상승토록 강제로 구성해주는 2단계 상승 경간이다. 직선상승 구간의 전차선은 파상상승(Broken Elevation) 형상을 갖는다.

### 1) 전차선 상승분

$x$ : 자유상승 시작점부터 해당 드로퍼까지의 거리

$x_1$ : 자유상승 끝부터 해당 드로퍼까지의 거리

$l$ : 자유상승구간 거리
$l_1$ : 강제상승구간 거리
$r$ : 자유상승 높이[m]
$R$ : 최종 현수점 높이

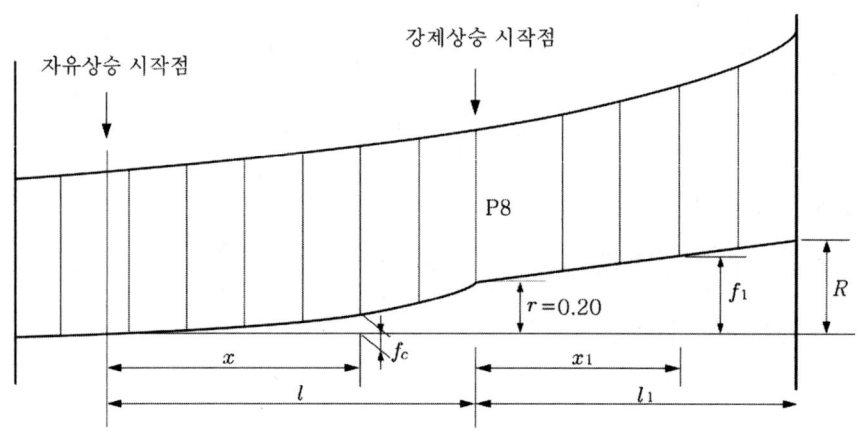

그림 5.32 2단계 상승

1단계 무효상승 경간의 식 $f_c = \dfrac{w_c}{2T_c}x^2$ 으로부터 다음과 같이 드로퍼 $P_8$ 부터 상승높이 R까지는 전차선이 직선 상승하므로 선형보간하면

$$f_1 = r + \frac{R-r}{l_1}x_1$$

2) 하중

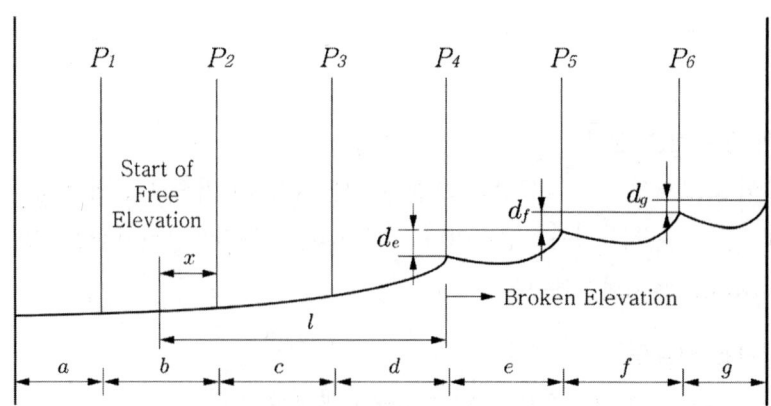

그림 5.33 2단계 상승 (파상 상승)

① 드로퍼 1~3까지는 1단계 상승의 하중계산과 같은 방법으로 계산

② 드로퍼 4의 하중

$$P_4 = \left(l + \frac{e}{2} - \frac{T_c d_e}{e w_c}\right) w_c + w_d$$

③ 드로퍼 5, 6의 하중

$$P_5 = \left(\frac{e}{2} + \frac{T_c d_e}{e w_c} + \frac{f}{2} - \frac{T_c d_f}{f w_c}\right) w_c + w_d$$

$$P_6 = \left(\frac{f}{2} + \frac{T_c d_f}{f w_c} + \frac{g}{2} - \frac{T_c d_g}{g w_c}\right) w_c + w_d$$

한편, 인류경간에서는 애자 등의 국지하중이 포함되는데 이런 경우의 파상상승의 하중은 국지하중을 고려해 주면 된다.

## 5. 곡선당김장치

곡선당김장치는 전차선의 위치를 브래킷 바로 밑에다 고정하며 어떠한 최악의 조건하에서도 즉, 풍압에 의한 전차선의 움직임과 팬터그래프의 동요, 곡선에 의한 캔트의 변화 및 전차선의 어떠한 압상 작용하에서도 전차선의 편위를 유지시켜 팬터그래프의 습동 집전에 지장 없도록 전차선의 편위를 확보시켜주는 장치이다.

곡선당김장치의 재질은 당김 자체의 무게로 인한 전차선의 경점을 최소로 줄이기 위해 알루미늄 합금관으로 되어 있으며 전차선의 어떠한 외력에도 견딜 수 있는 충분한 기계적인 강도(항장력 300[N/mm$^2$], 탄성강도 230[N/mm$^2$])를 갖고 팬터그래프의 통과에 지장이 없도록 모두 활꼴 모양으로 굽어져 있다.

또한, 곡선당김장치의 길이는 일반개소 1.2[m], 구분장치 또는 장력장치 개소에서는 1.3[m]의 것을 사용하고 선로 분기개소에는 1.75[m]와 2.0[m]의 특별히 긴 것들을 사용하기도 하며 특히, 곡선당김금구가 압축력을 받는 개소에는 두 개의 곡선당김금구를 용접하여 제작한 1.4[m]의 특수 곡선당김장치를 사용한다.

곡선당김장치용 알루미늄관의 크기와 용도

| 구 분 | 사 용 개 소 |
|---|---|
| 외경 φ 30mm<br>두께 2.5mm | 일반개소의 곡선당김장치<br>구분용 곡선당김장치<br>장력장치용 곡선당김장치 |
| 외경 φ 30mm<br>두께 2.5mm | 선로분기 개소용 곡선당김장치 |

# 6. 건넘선장치

고속철도의 건넘선장치는 선로가 분기 교차되는 개소에 시설되는 설비로서 기존선 전차선과 같이 교차금구에 의해 직접 교차시키지 않고 두 전차선로가 평행하게 교차하도록 전차선의 경점을 줄여 고속운전에 적응할 수 있는 구조로 되어 있다.

### (1) 본선 통과속도 V≥220[km/h]인 경우

본선 궤도에 운행되는 열차의 팬터그래프가 분기선로의 전차선에 의해 일어날 수 있는 측면 충격 접촉의 발생을 방지하기 위해 본선 궤도의 전차선과 분기궤도의 전차선 사이에 있는 교차설비 개소에 보조전차선을 설치하여 이 보조전차선의 조정으로 본선궤도 전차선 및 분기궤도 전차선과 각각의 평행장치를 구성시켜 일반 구분장치 개소나 장력장치 개소에서와 같이 팬터그래프가 원활히 통과할 수 있도록 조정한 구조이다.

이 건넘선장치는 3개의 전차선을 동시에 다루어야 하므로 단독주에서는 1.6[m]의 완철에 등간격으로 3개의 가동브래킷을 설치한 단독주 구조와 또한 레일간의 거리가 너무 멀어 장치를 설치 할 수 없거나 혹은 교차설비 구간을 확보 할 수 없을 때에는 문형비임을 설치하여 특수 하수강에 의해 장치되는 구조로 이와 같은 개소에는 선간거리가 멀어서 편위조정에 사용되는 곡선당김금구는 2.0[m]와 1.75[m]의 특별히 긴 것과 1.4[m]의 압축형 곡선당김금구 등이 사용된다.

### (2) 본선 통과속도 V<220[km/h]인 경우

본선의 운행속도가 전차선을 과도하게 압상하는 원인이 되지 않으므로 보조전차선을 사용하지 않고 본선 전차선과 분기 전차선으로 평행구간을 만들어 일반개소의 평행장치와 장력장치개소처럼 팬터그래프 통과가 원활하도록 조정하여 사용하는 장치이다.

## (3) 46번 분기기(F46)

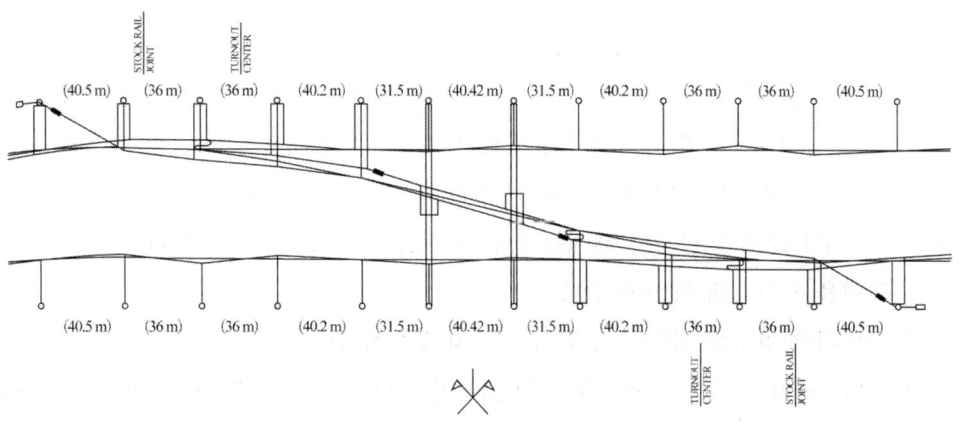

그림 5.44  46번 분기기 (F46)

분기기가 F46형처럼 클 때에는 레일간의 거리 관계와 교차설비를 확보하기 위해 건넘선 중앙부근에 고정빔을 설치하여 여기에 특수 하수강으로 에어섹션을 구성시켜 팬터그래프의 고속통과시 공기절연에 의한 전기적인 구분을 할 수 있도록 한 장치이다.

## (4) 18.5번 이하 분기기

분기기가 F18.5처럼 작을 경우에는 건넘선 중앙 부근에 고정빔을 설치하여 빔에서 4.5[m] 이격된 위치의 건넘선 전차선에 애자형섹션을 설치하여 상, 하 본선간의 건넘선을 전기적으로 절연구분 한다. 여기에 사용하는 애자형섹션은 운행 제한속도가 90[km/h] 이하에 사용한다.

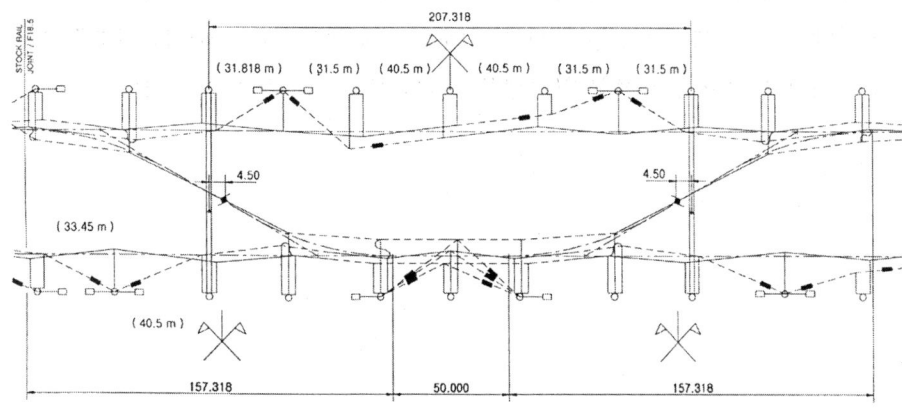

그림 5.45  18.5번 분기기

# 7. 구분장치

전차선의 구분장치는 전기적 구분장치와 기계적 구분장치로 대별 된다. 전기적 구분장치는 전차선의 급전계통상의 구분(절연구분장치)과 보수작업시간의 확보 및 사고발생시 사고구간의 단축 등(에어섹션 및 애자형섹션)의 필요성에 의해 설치한다.

전기적인 구분장치를 설치할 때에는 다음 조건을 만족하도록 설치한다.
① 절연을 완전하게 하여야 한다.
② 시설의 경량화로 집전상 경점이 생기지 않도록 한다.
③ 팬터그래프 통과시 아크가 완전히 끊어지고 아크로 인해 절연이 파괴되지 않도록 한다.
④ 팬터그래프 통과시 동요가 적도록 조정한다.
⑤ 전차선, 조가선등의 기계적 성능과 협조가 이루어지는 구조로 한다.
⑥ 그 구간을 운행하는 열차속도에 대응할 수 있는 구조로 한다.

기계적 구분장치는 전선의 설치와 시공상의 용이성, 온도변화에 의한 전선의 신축 때문에 생기는 전선의 늘어짐을 막기 위해 전선을 일정한 길이로 끊어 인류시키기 위한 설비이다.

## 7.1 에어조인트

작업의 용이성과 온도변화 등에 의한 전차선의 신축을 조정하기 위해 전차선을 적정한 길이로 인류하기 위해 설치되어 있는 기계적인 구분장치로서 평행개소의 전차선 상호간을 200[mm]의 일정한 간격을 유지시켜 팬터그래프가 전기적으로나 기계적으로나 연속성이 있고 원활하게 이행할 수 있는 구조로 되어 있으며 에어조인트 구성은 4경간으로 구성하는 것을 원칙으로 하고 전기적인 연속성은 균압선으로 접속하여 유지한다.

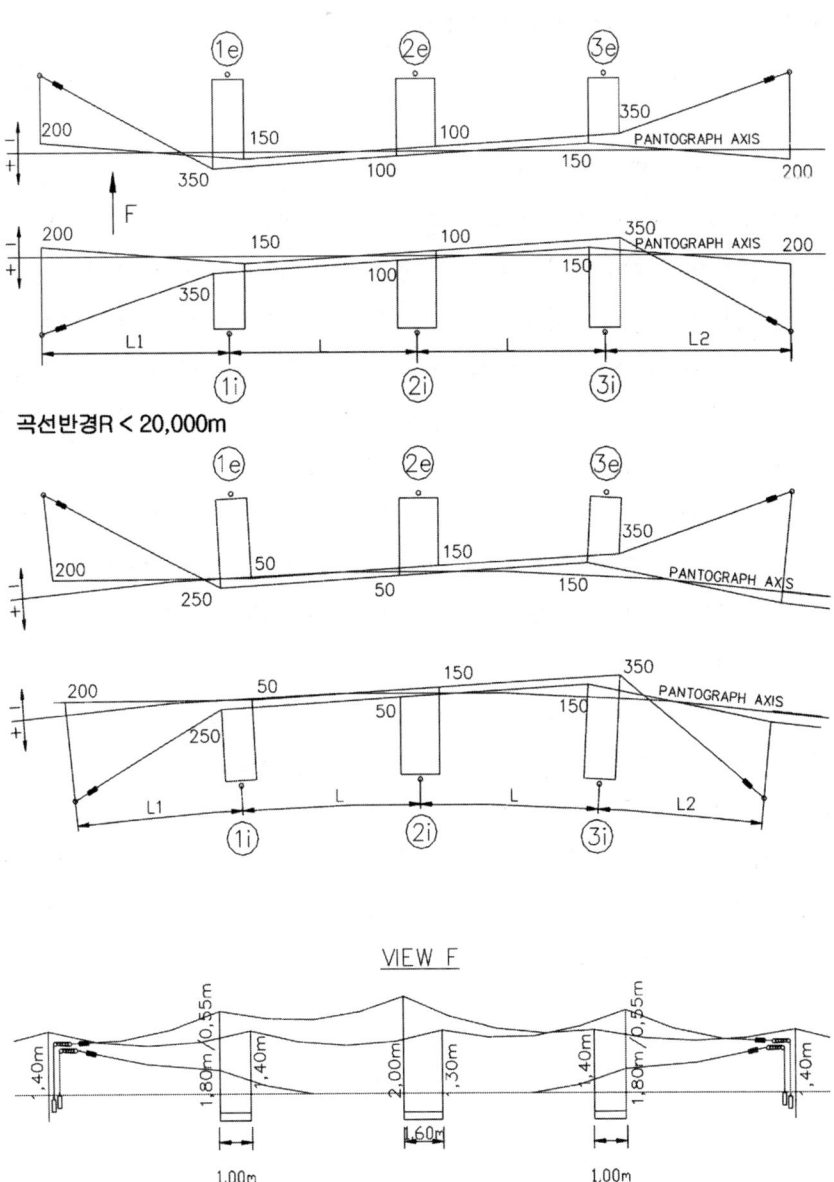

그림 5.49 에어조인트

## 7.2 에어섹션

　에어섹션은 집전부분의 전차선에 절연물을 삽입하지 않고 절연하고자 하는 두 전차선 상호에 평행 부분을 일정 간격(500[mm])으로 이격시켜 공기 절연을 이용한 동상용 절연구분장치이다.

　팬터그래프가 한쪽 전차선으로부터 섹션 중앙에 있는 주축 전주 부근에서 팽행개소의 양 전차선을 습동하여 중간전주 부근에서 다른쪽 구분구간의 전차선으로 옮겨가는 구조로 되어있다. 이는 전기적 절연이 완전하여 팬터그래프 통과시 전류차단없이 전기적으로 연속집전이 되어 집전상 경점이 되지 않아 고속운전에 알맞은 절연구분장치라고 할 수 있다.

　에어섹션의 설치 구간은 일반적으로는 4경간으로 구성되나 곡선이 심하거나 강풍 구간에는 5경간으로 구성되며 허용 최대경간과 편위의 크기는 곡선반경에 의해 정해진다.

　평행구간의 양 전차선간의 이격거리 500[mm]와 등고의 평행개소를 유지할 수 있도록 주축 전주와 중간 전주에는 쌍브래킷을 설치하여 조정하도록 하며 평행구간의 양끝인 양 중간 전주 부근에는 인장되어 인류되는 전차선과 조가선에 합성수지애자를 삽입하여 구분 절연한다. 그리고, 필요에 따라 두 전차선간을 급, 단전할 수 있도록 평행개소의 양 전차선 사이에 개폐기를 설치한다.

　4경간의 에어섹션에서 주축전주(2e 및 2i) 쌍브래킷의 간격은 1.6[m]로 하고 가고는 2.0[m]와 1.3[m]로 한다. 중간 전주(1e 및 1i, 3e 및 3i)의 쌍브래킷 간격은 1.0[m]로 설치하며 가고는 1.4[m]와 1.8[m]로 하여 전차선이 상호 교차하면서 접촉하지 않도록 설치한다. 특히 중간 전주에서 인류개소로 향하는 전차선의 취부는 전차선과 팬터그래프가 접촉하는 면에서 550[mm] 상부 진동방지파이프에 설치하며, 절연애자는 중간전주로부터 주축전주 방향으로 2[m] 이격된 위치에 설치한다.

## 에어섹션(4경간)

### 직선과 곡선반경 R ≥ 20,000m & R < 7,000m

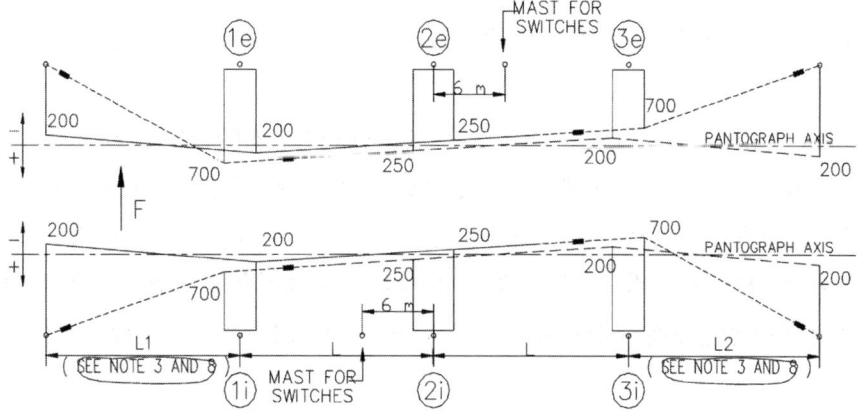

### 곡선반경 7,000m ≤ R < 20,000m

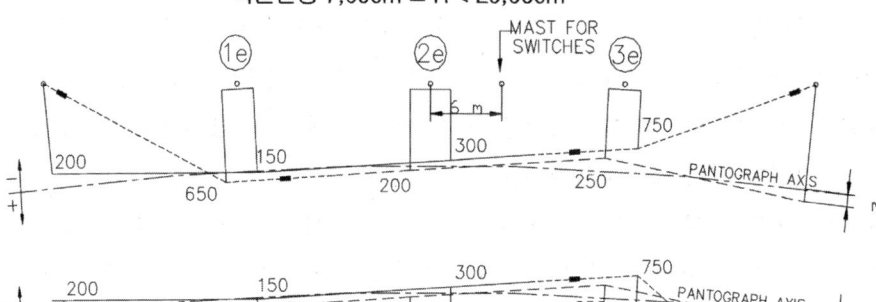

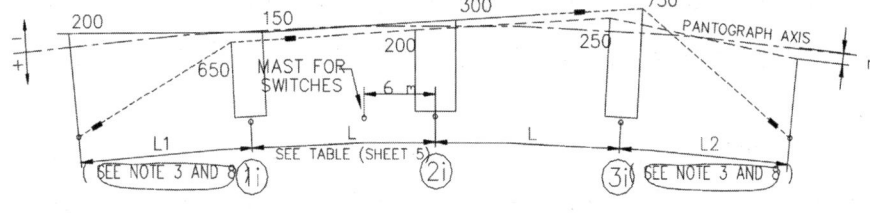

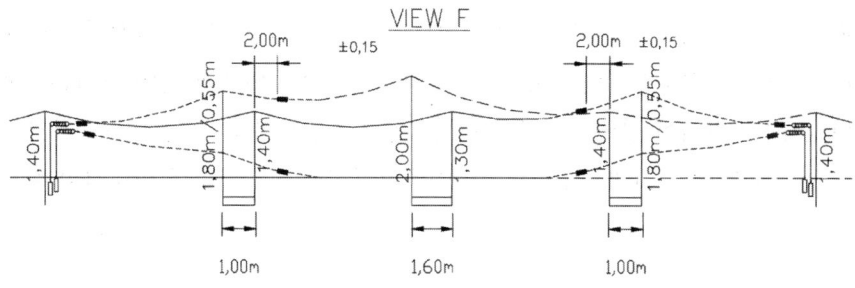

그림 5.50  에어섹션

## 7.3 절연구분장치

전차선로를 구성함에 있어 변전소 앞 또는 이웃 변전소와의 중간부근에 있는 급전구분소 앞에는 반드시 이상전원을 구분하기 위해 교류 이상구분장치 즉, 절연구분장치를 설치해야 한다.

고속철도의 절연구분장치 구조는 팬터그래프를 통해 다른 2개의 이상전원이 상호 접촉되지 않도록 2개의 이상 전원사이에 중성구간(Neutral Section)을 설치하여 팬터그래프가 한쪽 전원측에서 중성구간으로 이행하는 순간은 집전이 중지되지만 곧 순간적으로 다른 전원쪽으로 이행하므로 전기적으로는 순간 단전이 되나 기계적으로는 연속성 있게 습동하도록 구성되어 있어 절연구분 구간을 전기차가 고속으로 타행(무동력) 운행할 수 있는 구조로 되어있다.

절연구분장치는 7개의 경간으로 구성되며 이 구간에 무가압의 보조전차선을 별도로 한선을 더 가선하므로서 절연구간의 중간 경간에는 양측 전원선이 없으므로 이 경간은 중성선(보조전차선)에 의해 팬터그래프가 습동할 수 있는 중성구간이 형성되며 중성구간 양측의 전원선과는 각각 한 개씩의 에어섹션을 구성하여 에어섹션 → 중성구간 → 에어섹션의 구조로 되어 완전한 이상 절연구분을 이루게 된다.

절연구분장치를 구성하고 있는 3개의 전차선의 조가선을 절연된 피복조가선을 사용하여 선간 단락을 방지하도록 하고 절연조가선 사용개소의 드로퍼도 절연드로퍼를 사용한다. 그리고 절연구분장치에 사용되는 절연애자는 구분장치용 합성수지 절연애자를 사용하여 절연한다.

고속철도의 절연구분장치는 중심축에서 좌우 115[m]씩 총 230[m]의 길이를 가지고 있다. 상선 및 하선의 중심축이 서로 4.5[m]에서 9[m] 정도 이격시킨 이유는 상하선을 중침축에 일치시킬 경우 절연구분장치 양단의 가동브래킷 길이가 길어 서로 전기적 또는 기계적 이격거리를 확보할 수 없기 때문이다.

절연구분장치의 중심축에서 인류되는 지점으로 향하는 전차선과 조가선의 절연재(합성수지애자)는 무가압된 전차선로와 1[m] 정도 이격하여 설치하며 기타 절연애자는 가동브래킷으로부터 2[m] 이격하여 절연재를 설치한다. 특히 가압부분과 중성부분을 지지하는 평행 틀의 가동브래킷의 상호 간격은 1.6[m]로 하여 전기적인 이격거리를 확보하여 주도록 설치한다.

# 7. 구분장치

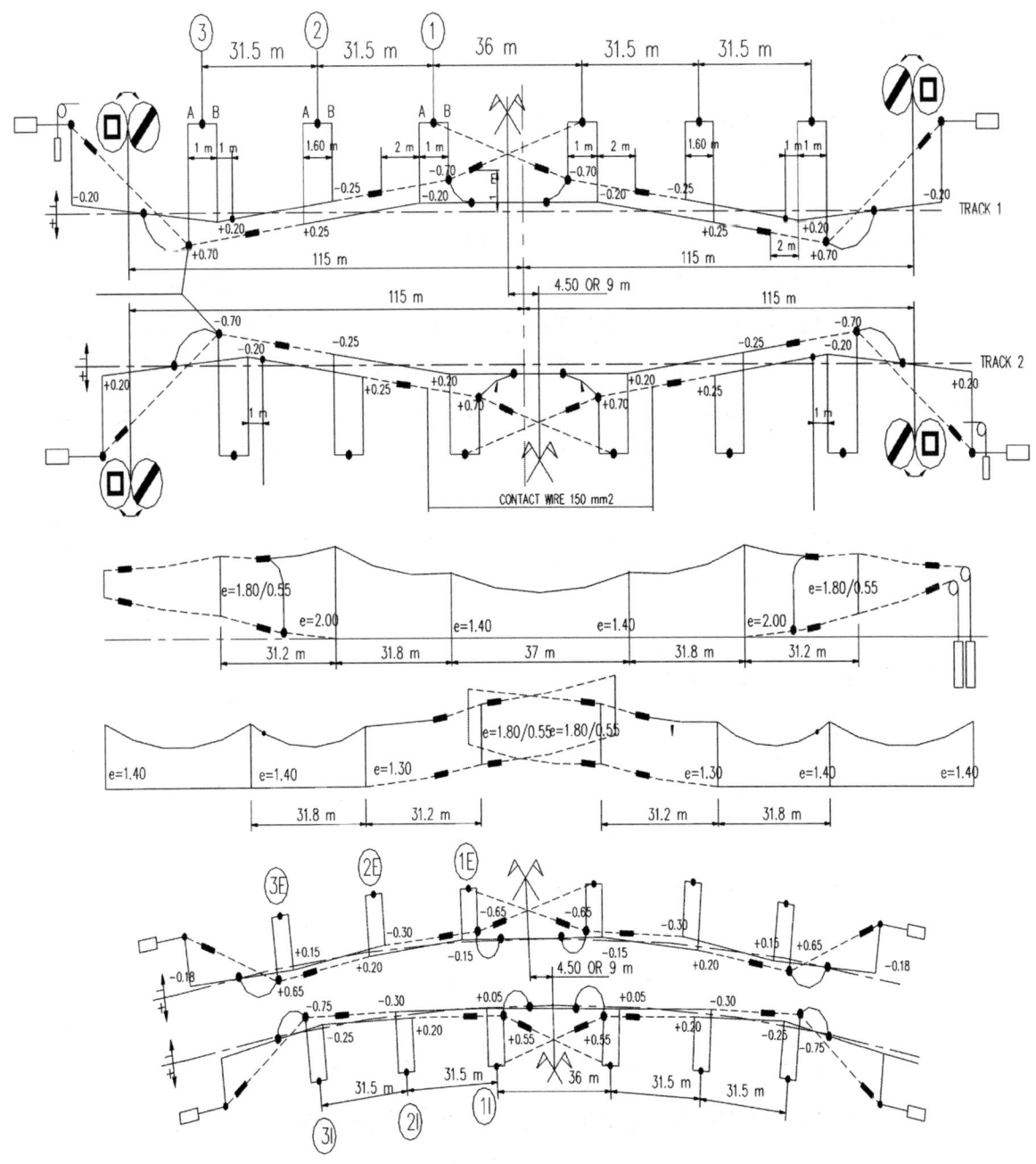

그림 5.51 절연구분장치

## 8. 인류장치

### 8.1 일반개소의 인류장치

온도변화 등으로 인한 전선의 신축 때문에 전선의 늘어짐과 과장력을 방지하고 일정한 기계적인 장력을 유지시키기 위해 전선의 신축을 흡수할 수 있도록 일정한 길이마다 전선을 인류 지지하기 위하여 설치한 장치를 인류장치라고 한다. 전차선과 조가선의 최대 인류구간은 1,500[m]로 한정하며 인류구간이 750[m] 이상일 때에는 그 인류 양단에 있는 인류주에 전차선과 조가선을 각각 자동장력조정장치를 설치하여 전선의 신축을 자동 흡수 조정할 수 있는 구조로 하며 인류구간이 750[m] 이하일 때에는 한쪽 끝은 고정 인류하고 다른 한쪽 끝의 인류주에는 전차선과 조가선에 각각 자동장력조정장치를 설치하여 전선의 신축을 흡수 조정할 수 있는 구조로 한다.

인류주에는 인류된 전선의 장력으로 인해 인류주가 변형 전도되지 않도록 1단 또는 2단지선을 설치하여 인류주의 강도를 보강한다.

### 8.2 터널개소의 인류장치

터널의 인류개소는 터널의 길이와 터널이 인접하여 연속되어 있을 때의 터널간의 거리등을 고려하여 인류지점과 구간을 선정해야 하므로 터널개소에 인류구간을 정할때에는 아래 약도의 예시를 감안하여 인류구간을 설치하며 H형강의 하수강에 인류한다.

**(1) 터널길이가 700[m] 이하일 경우(L≤700[m])**

터널길이가 700[m] 이하일 경우(L≤700[m])의 인류장치의 설치는 터널의 중앙에 흐름방지장치가 설치되도록 설치하고 에어조인트 개소는 터널 밖에서 이루어지도록 한다. 특히 터널내에 설치되는 전차선의 인류시작 지점은 터널 입구에서 250[m] 이격하여 설치하고 터널 내부에는 인류개소가 없도록 하여야 한다.

**(2) 하나 또는 여러개가 연속된 터널길이가 각각 700[m] 이하일 경우(L≤700[m])**

하나 또는 여러개가 연속된 터널길이가 각각 700[m] 이하일 경우(L≤700[m])의 인류장치의 설치는 다음과 같이 한다. 흐름방지장치는 터널입구에서 350[m] 정도 되는 지점에 설치하도록 하며 인류장치는 터널 외부에 설치하도록 한다.

### (3) 터널 길이가 700[m] 초과 1,050[m] 이하일 경우 (700[m]<L≤1,050[m])

터널길이가 700[m] 초과 1,050[m] 이하일 경우 (700[m]<L≤1,050[m])의 인류장치는 다음과 같이 설치한다. 인류장치는 모두 터널 외부에 설치하도록 한다. 터널 내부에 설치하는 고정식 인류장치는 터널입구에서 350[m]되는 지점에 설치하고 터널 외부에 설치하는 인류장치는 자동장력조정장치로 한다.

터널을 통과하는 전차선로의 흐름방지장치는 터널내부에 설치하는 인류장치로부터 550[m] 되는 지점에 설치하고 다른 쪽의 인류장치는 터널외부에 설치되도록 한다.

### (4) 터널 길이가 1,050[m] 초과 1,500[m] 이하일 경우(1,050[m]<L≤1,500[m])

터널길이가 1,050[m] 초과 1,500[m] 이하일 경우(1,050[m]<L≤1,500[m])의 인류장치 설치는 다음과 같이 한다. 터널의 양단에는 터널입구로부터 350[m] 되는 지점의 터널 내부에 고정식 인류장치를 설치하고 터널 외부에 자동장력조정장치를 설치한다. 터널내부에 설치되는 전차선로는 전체길이가 1,250[m] 정도가 되게 설치하고 흐름방지장치는 인류되는 전차선로의 중앙지점에 위치하도록 설치한다.

### (5) 터널 길이가 1,500[m]를 초과할 경우(L>1,500[m])

터널 길이가 1,500[m]를 초과할 경우(L>1,500[m])의 인류장치는 다음과 같이 설치한다. 터널 외부에 설치된 전차선로는 터널에서 인류가 되지 않도록 터널 입구의 적절한 지점에 인류장치를 설치한다. 터널외부로부터 터널 내부로 설치될 전차선로의 인류시작점은 터널외부로부터 하고 이 전차선로의 흐름방지장치는 터널입구로부터 350[m] 되는 지점에 설치한다. 터널 외부로부터 터널 내부로 설치된 전차선로에 설치될 인류장치는 흐름방지장치로부터 750[m] 이내로 한다.

## 8.3 장력조정장치

조가선과 전차선은 온도변화에 의한 신축외에도 전차선 마모에 의한 탄성신장 때문에 생기는 전차선의 늘어남 등으로 전차선의 이도장력에 영향을 미치게 된다. 그 결과 팬터그래프의 이선으로 인한 전차선의 집전성능의 약화와 장력증대로 인한 전차선의 단선 등의 위험이 생겨 고속운전에 지장을 주기 때문에 이런 현상을 방지하기 위해서는 전차선의 장력을 일정하게 유지할 수 있도록 하는 장력장치를 설치한다. 이 장력장치에는 자동장력조정식과 수동장력조정식이 있다.

## 8.4 자동장력조정장치

온도변화에 따라 전선의 이도와 장력이 변화하면 장력추의 중력의 힘으로 중력추와 연결된 활차가 회전하면서 전선의 신축을 조정하여 이도를 조정하게 되므로 장력을 항상 표준장력으로 확보할 수 있게 하는 구조이다.

장력조정장치의 구조는 5개의 알루미늄 합금제 도르래가 서로 와이어로프로 감겨져 있으며 그중 3개의 도르래는 전주 측의 고정금구에 설치되고 2개의 도르래는 전선 측과 연결된 이동블럭과 접속된다.

장력조정장치는 와이어로프의 한쪽 끝을 이동블록에 고정시켜 각 도르래를 차례대로 감은 다음 와이어로프의 다른 한쪽 끝은 장력장치용 중추지지봉과 연결시킨 구조로서 그 동작은 항상 정확하고 확실하게 작용하도록 되어 있으며 도르래의 활차비는 1:5이며 장력추의 전체무게는 전선의 기계적인 장력의 1/5가 된다. 그리고 장력추의 수직 이동은 온도변화에 따른 전선의 신축길이의 5배가 된다.

장력추는 주철제로서 추 1개의 중량은 40[kg]과 20[kg]의 두 종류를 사용하며 장력장치는 종래의 방식과 같은 일괄 조정방식이 아니고 전차선과 조가선을 같은 인류주에 각각 설치하여 개별적으로 작용하는 개별조정방식이다. 활차의 고정셋트와 이동셋트의 설치거리 및 장력추의 설치높이는 온도와 인류구간의 길이에 따라 다르므로 장력장치 설치시 반드시 기본도의 계산표에 의하여 정확히 설치하여야 한다.

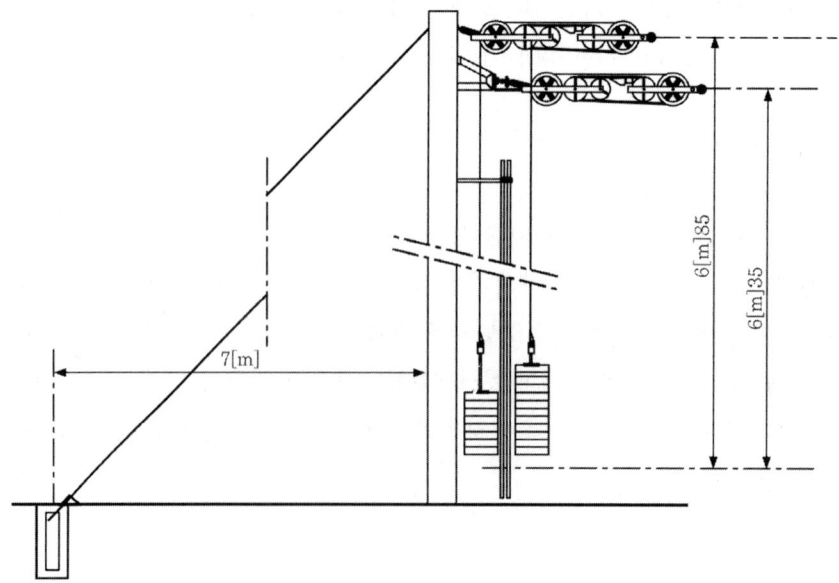

그림 5.52 자동장력조정장치

장력조정장치는 두 개의 인접한 인류구간이 겹쳐지는 접속점에 설치되므로 접속되는 양 전차선을 팬터그래프가 고속으로 원활하고 연속성 있게 습동할 수 있도록 정밀 조정이 필요한 장치이다. 자동장력조정장치의 장력 추 무게는 조가선 280[kg]이고, 전차선은 400[kg]이다.

자동장력조정장치를 초기에 설치할 때 주는 과장력은 조가선 1500[daN](규정치 : 1400[daN]), 전차선 3000[daN](규정치 : 2000[daN])으로 72시간을 주고 있다. 과장력을 주는 방법은 과장력을 72시간 가량 준 다음 과장력을 제거하고 과장력에 의하여 늘어난 케이블을 절단하고 대기온도를 측정하여 자동장력조정장치를 올바로 취부하는 순서로 진행한다. 그리고 정기적으로 전차선과 조가선의 X값과 Y값을 측정하여 늘어난 부분을 제거하여 전차선과 조가선의 장력을 일정하게 유지하도록 한다.

## 8.5 장력조정장치의 조정

자동장력조정장치의 도르래는 1 : 5의 도르래 비를 가지므로 중추의 수직운동거리는 온도의 변화에 의하여 일어나는 전선의 신축의 5배에 해당되는 길이가 된다.

장력조정장치은 +60[℃]에서는 다음과 같은 값을 가진다.
① X의 치수는 0.40[m]의 값을 갖는다.
② Y의 치수는 0[m]의 값을 갖는다.

표 5.11 장력조정장치의 이론적 X값 계산치

| 온 도 범 위 | | | 경간의 길이가 L인 구간의 이론적인 d의 값 $(X=d+40\text{cm}\pm 3\text{cm})$ | | | | | | | | | | | | | |
|---|---|---|---|---|---|---|---|---|---|---|---|---|---|---|---|---|
| Zone1 | Zone2 | Zone3 | | | | | | | | | | | | | | |
| −35℃ (+12℃) +60℃ | −25℃ (+14℃) +60℃ | −0℃ (+25℃) +60℃ | 50m | 100m | 150m | 200m | 250m | 300m | 350m | 400m | 450m | 500m | 550m | 600m | 650m | 700m | 750m |
| −35 | | | 8 | 16 | 24 | 32 | 40 | 48 | 56 | 65 | 73 | 81 | 89 | 97 | 105 | 113 | 121 |
| −30 | | | 8 | 15 | 23 | 31 | 38 | 45 | 54 | 61 | 69 | 77 | 84 | 92 | 100 | 107 | 115 |
| −25 | −25 | | 7 | 15 | 22 | 29 | 36 | 43 | 51 | 58 | 65 | 72 | 80 | 87 | 94 | 101 | 108 |
| −20 | −20 | | 7 | 14 | 20 | 27 | 34 | 41 | 48 | 54 | 61 | 68 | 75 | 82 | 88 | 95 | 102 |
| −15 | −15 | | 6 | 13 | 19 | 26 | 32 | 38 | 45 | 51 | 57 | 64 | 70 | 77 | 83 | 89 | 96 |
| −10 | −10 | | 6 | 12 | 18 | 24 | 30 | 36 | 42 | 48 | 54 | 60 | 66 | 71 | 77 | 83 | 89 |
| −5 | −5 | | 6 | 11 | 17 | 22 | 28 | 33 | 39 | 44 | 50 | 55 | 61 | 66 | 72 | 77 | 83 |
| 0 | 0 | | 5 | 10 | 15 | 20 | 26 | 31 | 36 | 41 | 46 | 51 | 56 | 61 | 66 | 71 | 77 |
| +5 | +5 | +5 | 5 | 9 | 14 | 19 | 23 | 28 | 33 | 37 | 42 | 47 | 51 | 56 | 61 | 66 | 70 |
| +10 | +10 | +10 | 4 | 9 | 13 | 17 | 21 | 26 | 30 | 34 | 38 | 43 | 47 | 51 | 55 | 60 | 64 |
| +15 | +15 | +15 | 4 | 8 | 12 | 15 | 19 | 23 | 27 | 31 | 34 | 38 | 42 | 46 | 50 | 54 | 57 |
| +20 | +20 | +20 | 3 | 7 | 10 | 14 | 17 | 20 | 24 | 27 | 31 | 34 | 37 | 41 | 44 | 48 | 51 |
| +25 | +25 | +25 | 3 | 6 | 9 | 12 | 15 | 18 | 21 | 34 | 27 | 30 | 33 | 36 | 39 | 42 | 47 |
| +30 | +30 | +30 | 3 | 5 | 8 | 10 | 13 | 15 | 18 | 20 | 23 | 26 | 28 | 31 | 33 | 36 | 38 |
| +35 | +35 | +35 | 2 | 4 | 6 | 9 | 11 | 13 | 15 | 17 | 19 | 21 | 23 | 26 | 28 | 30 | 32 |
| +40 | +40 | +40 | 2 | 3 | 5 | 7 | 9 | 10 | 12 | 14 | 15 | 17 | 19 | 20 | 22 | 24 | 26 |
| +45 | +45 | +45 | 1 | 3 | 4 | 5 | 6 | 8 | 9 | 10 | 12 | 13 | 14 | 15 | 17 | 18 | 19 |
| +50 | +50 | +50 | 1 | 2 | 3 | 3 | 4 | 5 | 6 | 7 | 8 | 9 | 9 | 10 | 11 | 12 | 13 |
| +55 | +55 | +55 | 0 | 1 | 1 | 2 | 2 | 3 | 3 | 3 | 4 | 4 | 5 | 5 | 6 | 6 | 6 |
| +60 | +60 | +60 | 0 | 0 | 0 | 0 | 0 | 0 | 0 | 0 | 0 | 0 | 0 | 0 | 0 | 0 | 0 |

※ Zone1 : 서울~경주, Zone2 : 경주~부산, Zone3 : 터널

표 5.12 장력조정장치의 이론적 Y값 계산치

| 온도범위 | | | Y 값(cm) | | | | | | | | | | | | | |
|---|---|---|---|---|---|---|---|---|---|---|---|---|---|---|---|---|
| Zone1 | Zone2 | Zone3 | | | | | | | | | | | | | | |
| −35℃ (+12℃) +60℃ | −25℃ (+14℃) +60℃ | −0℃ (+25℃) +60℃ | 50m | 100m | 150m | 200m | 250m | 300m | 350m | 400m | 450m | 500m | 550m | 600m | 650m | 700m | 750m |
| −35 | | | 40 | 81 | 121 | 162 | 202 | 242 | 283 | 323 | 363 | 404 | 444 | 485 | 525 | 565 | 606 |
| −30 | | | 38 | 76 | 115 | 153 | 191 | 230 | 268 | 306 | 344 | 383 | 421 | 459 | 497 | 535 | 574 |
| −25 | −25 | | 36 | 72 | 108 | 145 | 181 | 217 | 253 | 289 | 325 | 361 | 397 | 434 | 470 | 506 | 542 |
| −20 | −20 | | 34 | 68 | 102 | 136 | 170 | 204 | 238 | 272 | 306 | 340 | 374 | 408 | 442 | 476 | 510 |
| −15 | −15 | | 32 | 64 | 96 | 128 | 160 | 191 | 223 | 255 | 287 | 319 | 351 | 383 | 414 | 446 | 478 |
| −10 | −10 | | 30 | 60 | 89 | 119 | 149 | 180 | 208 | 238 | 268 | 298 | 327 | 357 | 387 | 417 | 446 |
| − 5 | − 5 | | 28 | 55 | 83 | 111 | 138 | 166 | 193 | 221 | 249 | 276 | 304 | 332 | 359 | 387 | 414 |
| 0 | 0 | | 26 | 51 | 77 | 102 | 128 | 153 | 179 | 204 | 230 | 255 | 281 | 306 | 332 | 257 | 383 |
| + 5 | + 5 | + 5 | 23 | 47 | 70 | 94 | 117 | 140 | 164 | 187 | 210 | 234 | 257 | 280 | 304 | 327 | 351 |
| +10 | +10 | +10 | 21 | 43 | 64 | 85 | 106 | 128 | 149 | 170 | 191 | 213 | 234 | 255 | 276 | 298 | 319 |
| +15 | +15 | +15 | 19 | 38 | 57 | 77 | 96 | 115 | 134 | 153 | 172 | 191 | 210 | 230 | 249 | 268 | 287 |
| +20 | +20 | +20 | 17 | 34 | 51 | 68 | 85 | 102 | 119 | 136 | 153 | 170 | 187 | 204 | 221 | 238 | 255 |
| +25 | +25 | +25 | 15 | 30 | 45 | 60 | 74 | 89 | 104 | 119 | 134 | 149 | 164 | 179 | 193 | 208 | 223 |
| +30 | +30 | +30 | 13 | 26 | 38 | 51 | 64 | 77 | 89 | 102 | 115 | 128 | 140 | 153 | 166 | 179 | 191 |
| +35 | +35 | +35 | 11 | 21 | 32 | 43 | 53 | 64 | 74 | 85 | 96 | 106 | 117 | 128 | 138 | 149 | 159 |
| +40 | +40 | +40 | 9 | 17 | 26 | 34 | 43 | 51 | 60 | 68 | 77 | 85 | 94 | 102 | 111 | 119 | 128 |
| +45 | +45 | +45 | 6 | 13 | 19 | 26 | 32 | 38 | 45 | 51 | 57 | 64 | 70 | 77 | 83 | 89 | 96 |
| +50 | +50 | +50 | 4 | 9 | 13 | 17 | 21 | 26 | 30 | 34 | 38 | 43 | 47 | 51 | 55 | 60 | 64 |
| +55 | +55 | +55 | 2 | 4 | 6 | 9 | 11 | 13 | 15 | 17 | 19 | 21 | 23 | 26 | 28 | 30 | 32 |
| +60 | +60 | +60 | 0 | 0 | 0 | 0 | 0 | 0 | 0 | 0 | 0 | 0 | 0 | 0 | 0 | 0 | 0 |

※ Zone1 : 서울~경주, Zone2 : 경주~부산, Zone3 : 터널

X와 Y의 치수는 다음 공식에 의하여 계산된다.

$$X = [(17 \times 10^{-6} \times L) \times (60℃ - T℃)] + A$$
$$Y = [(5 \times 17 \times 10^{-6} \times L)(60℃ - T℃)]$$

여기서, $17 \times 10^{-6}$ : 구리(Cu)와 청동(Bz)의 선팽창계수
      $L$ : 전선의 길이[m]
      $T$ : 현재온도
      $A$ : +60[℃]에서의 X값 (0.40[m])

X값은 도체(전차선과 조가선)의 신축에 의하여 결정되며, Y값은 현수되어 있는 중추를 지지하는 와이어의 동작에 의하여 얻어진다.

## 9. 흐름방지장치

전차선의 인류구간 양측에 활차식 자동장력조정장치를 설치하면 풍압, 팬터그래프의 습동, 전선 자체의 온도변화에 의한 신축 등으로 인해 인류구간의 한쪽 방향으로만 전선이 이동하게 되는 현상을 방지하기 위하여 인류구간의 대략 중간부근에 있는 전주의 가동브래킷에 두 개의 조가선을 취부할 수 있는 조가선 현수크램프를 설치하고 이 현수크램프에 Bz 65.4[$mm^2$]의 청동연선을 고정시켜 전선의 양끝을 흐름방지용 전주 양측에 있는 전주에 10[kg](15[℃])의 장력으로 합성수지제 장간애자로 전주와 절연시켜 인류하여 고정

## 10. 가동브래킷

고속철도에서 전차선의 집전특성 향상은 가동브래킷 성능에 의해 좌우되므로 브래킷 구조의 정밀성이 요구된다. 가동브래킷에는 전차선을 전주 쪽으로 인장하기 위해 짧은 수평파이프에 곡선당김장치를 설치한 인장형 가동브래킷과 전주 반대쪽으로 압축력이 작용하는 길이가 긴 수평파이프 끝에 설치한 곡선당김장치에 의해 전차선을 밖으로 인장하는 압축형 브래킷의 두 종류로 구분하여 사용

전차선로 상하선의 지지물은 항상 등간격으로 이루어져 있으므로 가동브래킷 상호간의 전기적인 안전 이격거리를 확보하기 위해 항상 한쪽이 인장형이면 다른 압축형 가동브래킷이 되도록 설치

### 10.1 가동브래킷의 설치

(1) 주 파이프는 아연도강관에 유리제 장간애자 또는 합성수지제 장간애자 1개를 조립하여 가동고리로 전주에 경사지게 설치
(2) 상부 보조파이프는 아연도강관에 길이 조정이 가능할 수 있도록 아연도 아이롯드를 내장시킨 구조이며 전주 쪽에는 유리제 장간애자 또는 합성수지제 장간애자 1개를 조립하여 가동고리로 전주에 지지시켜 주 파이프와 조립하여 조가선의 가고, 편위 위치를 조정

하도록 된 구조
(3) 수평파이프의 아연도강관은 짧은 인장형과 긴 압축형의 두가지로 구분된다. 수평파이프는 아연도강관 안에 아연도강봉을 내장하여 필요한 길이로 조정 가능한 구조로 주 파이프와 결합되며 전차선에 0.6[m] 상부에 조정 설치
(4) 조정용 지지 아연도강관을 주파이프와 수평파이프 사이에 설치하여 수평파이프의 수평유지를 조절
(5) 곡선당김설치용 수직 아연도강관을 수평파이프와 결합시켜 수직으로 설치하고 여기에 곡선당김장치를 설치하며 수직파이프를 이동하여 편위를 조정한다.
(6) 브래킷용 장간애자는 일반개소에는 최소 누설거리 1,000[mm]의 유리애자, 공해구간에는 최소 누설거리 1,100[mm]의 유리애자, 파손 우려 개소(교량, 과선교, 터널입구 등)에는 합성수지 장간애자를 쓰도록 한다.

## 10.2 가동브래킷의 길이 산정

이상의 브래킷 구조는 길이 계산과 시공상세도(Shop Drawing)에 의해 부품의 길이를 정밀히 산정

**(1) 주파이프 길이($C$)의 계산**

$$C = \sqrt{P^2 + Q^2 + Y_2^2}$$
$$P = E - m + (Y_3 \cos a)$$
$$Q = B \pm (Y_3 \sin a)$$
$$B = X - x_2$$

여기서, $Y_3$ : 조가선 현수크램프의 볼트 중심간 거리
$a$ : 조가선 현수크램프의 경사각

**(2) 상부 보조파이프($h$)의 계산**

$$h = \sqrt{F^2 + G^2}$$
$$F = (Q + x_2 - x_1) - (y_1 + y_2)\sin y$$

여기서, $y$ : 경사 주파이프와 수평면과의 각

**(3) 경사 주파이프와 수평면과의 각 및 G 의 계산**

$$\tan y = \frac{(P \cdot C) + (y_2 \cdot Q)}{(Q \cdot C) - (y_2 \cdot P)}$$

$$y = \tan^{-1} y$$
$$G = H - drilling - (y_1 + y_2)\cos y - p - m - Hc$$

**(4) 진동방지파이프 설치 위치(n)의 계산**

$$n = \frac{Z}{\tan y} + \frac{ha - m}{\sin y}$$

**(5) 진동방지파이프 길이(a)의 계산**

$$a = B - n \cdot \cos y - Z \cdot \sin \pm 0.5$$

(인장형 : -0.5, 압축형 : +0.5)

**(6) 수직 현수파이프(J)의 계산**

① 인장형 가동브래킷의 수직 현수파이프

$$J = (Q - 0.60)\tan y - \frac{0.055}{\cos y} - 0.60 + m - 0.065$$

② 압축형 가동브래킷의 수직 현수파이프

$$Hv = (C - 0.40)\sin y - 0.055\cos y - 0.6 + m - 0.055$$
$$Lh = Q - \{(C - 0.40)\cos y - 0.055 \sin y)\}$$
$$\quad + 곡선당김금구 \ 길이 + 0.075 - 0.40$$
$$\therefore J = \sqrt{Hv^2 + Lh^2}$$

## 10.3 가동브래킷의 조정

 -20~+60[℃]의 범위에서 브래킷와 곡선당김금구를 조정시 조정범위의 평균온도 즉, +20[℃]에서는 선로와 수직한 곳에 위치하여야 한다.
 브래킷와 곡선당김금구는 +20[℃] 이상일 경우 장력 추 방향으로 움직이고 +20[℃] 미만일 경우 흐름방지방향으로 움직인다.

$$D = (17 \times 10^{-6} \times d)(T℃ - 20℃) + 20℃ \ 이상일 \ 경우 \ 장력 \ 방향$$
$$D = (17 \times 10^{-6} \times d)(20℃ - T℃) + 20℃ \ 이하일 \ 경우 \ 장력 \ 방향$$

$17 \times 10^{-6}$ : 구리(Cu)와 청동(Bz)의 선팽창계수
 $D$ : 브래킷과 곡선당김금구의 움직임[m]
 $d$ : 브래킷 또는 곡선당김에서 흐름방지장치 또는 고정 인류점까지의 거리[m]
$T[℃]$ : 현재 온도

## Chapt. 5 고속 전차선로 — 핵심예상문제 필기

**01** ★
다음 중 고속철도의 특징과 거리가 먼 것은?

① 대폭적인 수송능력의 증강
② 에너지 소비의 증가
③ 최첨단 과학기술의 집합체
④ 철도경영 수익의 증대

**해설**
에너지 소비의 절약을 기대할 수 있다.

**02** ★
다음 중 고속철도의 구비조건과 거리가 먼 것은?

① 충분히 큰 곡선반경
② 신뢰성 있는 보안장치 확보
③ 최대의 선로 종단구배
④ 안정된 궤간

**해설**
최소의 선로 종단구배를 유지하여야 한다.

**03** ★
다음 중 고속철도의 기대효과로 볼 수 없는 것은?

① 경제적 효과
② 사회 · 정치적 효과
③ 기술 · 산업적 효과
④ 경영의 합리화와 수입증대 효과

**해설**
사회 · 문화적 효과가 활성화된다.

**04** ★
다음 중 고속철도의 기대효과 중 기술 · 산업적 효과로 볼 수 없는 것은?

① 산업 전반의 설계기술 향상
② 컴퓨터 관련 기술의 발달 촉진
③ 새로운 건설기술력 확보 및 기술의 향상
④ 설계 · 시공 기술력 해외 진출 어려움

**해설**
설계 · 시공 기술력을 갖고 해외시장 진출이 가능하다.

**05** ★★
경부고속철도 구간에서 사용하고 있는 팬터그래프 형(Type)은?

① CPU 형
② 교차형 공기상승식
③ 스프링하강식
④ GPU 형

**해설**
경부고속철도 구간에서 사용하고 있는 팬터그래프 형(Type)은 GPU 형이며, 일반 전기동차구간에서 사용하는 것은 교차형 공기상승식 또는 스프링하강식을 사용한다.

**06** ★★
다음은 고속철도의 팬터그래프에 대한 설명이다. 맞지 않는 것은?

① 질량을 작게하여 관성력을 줄인다.
② 복원력을 크게 하기 위하여 스프링계수를 적게 한다.
③ 각 부품의 연결부위의 마찰력을 감소시키도록 한다.
④ 집전판은 마모율이 작고 전류용량이 큰 재질을 선택한다.

**정답** 01. ② 02. ③ 03. ② 04. ④ 05. ④ 06. ②

**해설**
복원력을 크게 하기 위하여 스프링계수를 크게 하여야 한다.

## 07 ★
고속철도에 사용하는 팬터그래프 추적성능을 뛰어나게 하는 방법이 아닌 것은?

① 질량을 작게하여 관성력을 줄인다.
② 복원력을 크게 하기 위하여 스프링계수를 크게 한다.
③ 고속주행시 속도에 비례하는 양력발생에 의한 형상을 고려한다.
④ 소이선을 줄이고 과다 접촉력을 피한다.

**해설**
고속주행시 속도의 제곱에 비례하는 양력발생에 의한 형상을 고려한다.

## 08 ★★★
다음은 고속철도의 전차선과 팬터그래프의 상호작용에 대한 설명이다. 맞지 않는 것은?

① 커티너리시스템은 복합구조를 가진 길이방향으로 길게 펼쳐진 연속계이다.
② 팬터그래프는 다단구조를 가진 다자유도계이다.
③ 팬터그래프가 지지되어 있는 차체가 상하, 좌우로 난진동한다.
④ 타행시 공기흐름에 의한 양력이 존재하는 선형식이다.

**해설**
주행시 공기흐름에 의한 양력이 존재하는 비선형식이다.

## 09 ★
고속 전차선로에서 단권변압기로부터 전차선로에 전원을 공급하기 위하여 사용되는 전선은?

① 전차선　　　② 조가선
③ 비절연보호선　④ 급전선

**해설**
단권변압기로부터 전차선로에 전원공급을 위하여 사용되는 전선은 급전선이다.

## 10 ★★
고속 전차선로에서 급전선의 이도($F$)를 구하는 식은?(단 $F$ : 이도, $P$ : [m]당 하중, $a$ : 경간, $T$ : 장력이다.)

① $F = \dfrac{a^2 \cdot T}{8P}$　　② $F = \dfrac{a \cdot P^2}{8T}$

③ $F = \dfrac{a^2 \cdot P}{8T}$　　④ $F = \dfrac{a \cdot T^2}{8P}$

**해설**
급전선의 이도($F$) $F = \dfrac{a^2 \cdot P}{8T}$ 이다.

## 11 ★★
고속 전차선로 급전선의 하중이 1.107[daN/m], 장력이 900[daN], 전주의 경간이 50[m]라고 하면 급전선의 이도[m]는?

① 0.235　　② 0.384
③ 0.456　　④ 0.544

**해설**
급전선의 이도($F$)
$F = \dfrac{a^2 \times P}{8T} = \dfrac{50^2 \times 1.107}{8 \times 900} = 0.384[m]$ 이다.

**12** ★★

고속 전차선로 급전선의 하중이 1.107[daN/m], 장력이 800[daN], 급전선의 이도 0.325[m]라고 하면 전주의 경간은 약 몇 [m]인가?

① 43　② 48　③ 53　④ 58

**해설**

급전선이 이도($F$) $F = \dfrac{a^2 \cdot P}{8T}$

전주의 경간 ($a$)는

$a = \sqrt{\dfrac{8 \cdot F \cdot T}{P}} = \sqrt{\dfrac{8 \cdot 0.325 \cdot 800}{1.107}} \fallingdotseq 43[m]$

**13** ★★★

고속전철에서 횡진동에 제한 받는 개소 또는 터널 내에서 이격거리 확보 개소에 사용하는 급전선의 지지방식으로 맞는 것은?

① 수평조가방식　② V형조가방식
③ 현수조가방식　④ 경사조가방식

**해설**

고속전철에서 횡진동에 제한 받는 개소 또는 터널 내에서 이격거리 확보 개소의 급전선의 지지방식은 V형조가방식이다.

**14** ★

고속 전차선로에서 급전선으로부터 전기를 전차선에 공급하기 위해 급전선과 전차선을 접속하는 전선은?

① 건넘선장치
② 급전선 분기장치
③ 흐름방지장치
④ 장력조정장치

**해설**

급전선 분기장치는 급전선으로부터 전기를 전차선에 공급하기 위해 급전선과 전차선을 접속하는 전선이다.

**15** ★★★

고속전차선로에서 급전분기장치 설치개소가 아닌 곳은?

① 변전소(S/S)
② 급전구분소(SP)
③ 병렬급전구분소(PP)
④ 단말보조급전구분소(ATP)

**해설**

급전분기장치는 주로 변전소(S/S), 급전구분소(SP), 병렬급전구분소(PP) 및 구분장치 개소의 단로기 설치 개소 등에 설치한다.

**16** ★★

고속 전차선로의 급전선 분기장치 종류가 아닌 것은?

① 암(Arm)식　② 동봉스팬선식
③ 가동브래킷식　④ 분기식

**해설**

현수애자로 현수시키는 암(Arm)식과 지지애자에 동봉 18[mm]를 지지시켜 설치하는 동봉 스팬선식 및 가동브래킷에 지지시키는 가동브래킷식의 3종류가 있다.

**17** ★★

다음은 고속 전차선로에서 사용하는 급전선의 접속방법에 대한 설명이다. 맞지 않는 것은?

① 고속철도 전차선로의 ACSR 288[mm$^2$]의 급전선과 ACSR 93.3[mm$^2$] 가공보호선은 스리브 압축방식으로 접속한다.
② 전차선 무효부분에 접속하는 Bz 116.2[mm$^2$], 변전소, 구분소 등의 급전 인출선인 Cu 261.5[mm$^2$]의 접속스리브는 알루미늄제 스리브를 사용하여 압축접속한다.
③ 나선의 조가선과 절연보호조가선 또는 절연보호조가선 상호는 소정의 동스리브로

정답　12. ①　13. ②　14. ②　15. ④　16. ④　17. ②

압축접속한다.

④ 급전 개폐기의 설치 개소에 사용되는 급전 분기선으로 Cu 18[mm]의 동봉의 접속은 동제 스리브로 압축 접속한다.

**해설**
전차선 무효부분에 접속하는 Bz 116.2[mm$^2$], 변전소, 구분소 등의 급전 인출선인 Cu 261.5[mm$^2$]의 접속스리브는 동제 스리브를 사용하여 압축접속한다.

## 18 ★
고속 전차선로의 급전용 절연케이블(Al 240[mm$^2$]과 ACSR 288[mm$^2$]의 접속시 절연케이블 단말의 한쪽은 케이블의 절연 동차폐층에 접지리드선을 접속하여 어디에 접지하여야 하는가?

① 매설접지선　② 차폐선
③ 피뢰기　　　④ 보안기

**해설**
절연케이블 단말의 한쪽은 케이블의 절연 동차폐층에 접지리드선을 접속 설치하여 매설접지선이나 가공보호선과 접속하여 접지한다.

## 19 ★
고속화에 요구되는 전차선로의 성능 중 기계적 요건에 해당되지 않는 것은?

① 접촉면의 일정한 높이를 유지하여야 한다.
② 전차선 높이를 다르게 할 경우 가능한 기울기를 적게 한다.
③ 팬터그래프 집전판의 일정한 마모를 위해 Zig Zag 편위를 준다.
④ 열차통과 후에 전주 등 지지물에 지장이 없도록 건축한계 기준을 지켜야 한다.

**해설**
열차통과 후에도 전주 등 지지물에 지장이 없도록 차량한계에 따른 설계기준을 지켜야 한다.

## 20 ★
고속화에 요구되는 전차선로의 성능 중 전기적 요건에 해당되지 않는 것은?

① 서로 다른 전선과의 균압을 통해 순환전류에 의한 전위차를 방지한다.
② 전류용량에 견딜 수 있는 전선의 단면적을 확보한다.
③ 궤도유지보수가 가능하도록 지지물 설치시 공간을 확보하여야 한다.
④ 모든 금속물은 안전을 위하여 보호용 회로에 연결한다.

**해설**
궤도유지보수가 가능하도록 지지물 설치시 공간을 확보하는 것은 기계적 요건에 해당된다.

## 21 ★
경부고속철도 전차선로에 사용하는 전차선의 재질과 단면적으로 맞는 것은?

① Cu 170[mm$^2$]　② Cu 150[mm$^2$]
③ Cu 110[mm$^2$]　④ Cu 85[mm$^2$]

**해설**
고속철도의 전차선로 조가방식은 커티너리 조가방식으로서 전차선은 동(Cu) 150[mm$^2$], 조가선은 청동(Bz 또는 Cu-Mg) 65.4[mm$^2$]를 사용한다.

## 22 ★★
경부고속철도 구간에 가공전차선의 표준높이는 레일면상 몇 [mm]인가?

① 5080　② 5100
③ 5200　④ 5300

**해설**
경부고속철도 구간에서 가공전차선의 표준높이는 레일면상 5080[mm] 이다.

**정답**　18. ①　19. ④　20. ③　21. ②　22. ①

## 23 ★
호남고속철도 구간에 가공전차선의 표준높이는 레일면상 몇 [mm]인가?

① 5080
② 5100
③ 5200
④ 5300

**해설**
호남고속철도 구간에서 가공전차선의 표준높이는 레일면상 5100[mm] 이다.

## 24 ★★★
전차선로의 지지점에 편위를 주는 이유는?

① 이선을 방지하기 위함이다.
② 파동전파속도를 열차 운행속도의 70[%] 이하로 유지하기 위함이다.
③ 선로의 곡선반경에 전주의 중심점에 편위를 확보하기 위함이다.
④ 직선로에서 팬터그래프의 편마모를 방지하기 위함이다.

**해설**
전차선로의 지지점에 편위를 주는 이유는 직선로에서는 팬터그래프의 편마모 방지하고 곡선상에서는 전주 경간의 중심에서 편위를 확보하기 위함이다.

## 25 ★★
고속철도 전차선의 지지점에서 편위가 없다면, 경간의 중심에서 곡선의 편위값 $F$를 구하는 식은? (단, $L$은 경간의 길이, $R$은 곡선반경이다.)

① $F = \dfrac{L^2}{4R}$
② $F = \dfrac{L}{4R}$
③ $F = \dfrac{L^2}{8R}$
④ $F = \dfrac{L}{8R}$

**해설**
경간의 중심에서 곡선의 편위값 $F = \dfrac{L^2}{8R}$ 이다.

## 26 ★★
고속철도 전차선의 지지점에서 편위가 없는 경우 경간의 길이가 63[m], 선로의 곡선반경이 2000[m]라고 하면 경간의 중심에서 곡선의 편위값 $F$[m]는?

① 0.118
② 0.248
③ 0.348
④ 0.418

**해설**
$$F = \dfrac{L^2}{8R} = \dfrac{63^2}{8 \cdot 2000} = 0.248[m]$$

## 27 ★
고속철도 전차선에 바람이 불어 횡변위가 발생되는 경우 풍압을 받은 전차선은 어떤 형태로 변형되는가?

① 쌍곡선함수 형태
② 삼각함수 형태
③ 미적분함수 형태
④ 후크의법칙 형태

**해설**
고속철도 전차선에 바람이 불어 횡변위가 발생되는 경우 풍압을 받은 전차선은 쌍곡선함수 형태로 변형된다.

## 28 ★
고속철도 전차선로의 양쪽 전주에서의 편위가 같은 경우 바람에 의한 최대 처짐(변위)은 어느 곳에서 발생하는가?

① 양쪽 전주의 지지점
② 양쪽 전주의 경간 중앙
③ 어느 곳에도 발생하지 않는다.
④ 경간 지지점의 첫 번째 드로퍼

**해설**
고속철도 전차선로의 양쪽 전주에서의 편위가 같은 경우 바람에 의한 최대 처짐(변위)은 양쪽 전주의 경간 중앙에서 발생한다.

**정답** 23. ② 24. ④ 25. ③ 26. ② 27. ① 28. ②

## 29 ★★★
고속철도 전차선에 발생하는 기울기의 요소로 볼 수 없는 것은?

① 풍압에 의한 기울기
② 곡선로에 의한 기울기
③ 온도변화에 의한 선팽창계수 기울기
④ 차량동요에 의한 집전장치의 기울기

**해설**
고속철도 전차선에 발생하는 기울기의 요소로는 풍압, 곡선로의 횡장력, 온도변화에 의한 가동브래킷, 지지물의 변형, 차량동요에 의한 집전장치의 기울기 등이 있다.

## 30 ★★
고속철도 구간에서 곡선로의 경우 경간 중앙의 전차선 기울기($d_0$)를 구하는 식은? (단, $d_0$ : 경간 중앙의 전차선의 기울기[m], $S$ : 전주 경간[m], $R$ : 곡선반지름[m], $d_s$ : 지지점의 전차선의 편위[m] 이다.)

① $d_0 = \dfrac{S^2}{4R} - d_s$  ② $d_0 = \dfrac{S^2}{4R} + d_s$
③ $d_0 = \dfrac{S^2}{8R} + d_s$  ④ $d_0 = \dfrac{S^2}{8R} - d_s$

**해설**
고속철도 구간에서 곡선로의 경우 경간 중앙의 전차선 기울기($d_0$)는
$$d_0 = \dfrac{S^2}{8R} - d_s$$

## 31 ★
고속철도 구간에서 곡선로의 경우 전주 경간 54[m], 곡선반지름 2000[m], 지지점의 전차선의 편위 200[mm]인 경우 경간 중앙의 전차선 기울기[m]는?

① −0.0178    ② 0.0351
③ −0.0557    ④ 0.0618

**해설**
$$d_0 = \dfrac{S^2}{8R} - d_s = \dfrac{54^2}{8 \times 2000} - 0.2 ≒ -0.0178[m]$$

## 32 ★
고속철도 구간에서 곡선로의 경우 전주 경간 49.5[m], 곡선반지름 1600[m], 지지점의 전차선의 편위 200[mm]인 경우 경간 중앙의 전차선 기울기[m]는?

① −0.0012    ② −0.0086
③ 0.0048     ④ 0.0168

**해설**
$$d_0 = \dfrac{S^2}{8R} - d_s = \dfrac{49.5^2}{8 \times 1600} - 0.2 = -0.0086[m]$$

## 33 ★
고속철도 구간에서 곡선로의 경우 전주 경간 50[m], 곡선반지름 1400[m], 지지점의 전차선의 편위 200[mm]인 경우 경간 중앙의 전차선 기울기[m]는?

① −0.0058    ② −0.0164
③ 0.0232     ④ 0.0468

**해설**
$$d_0 = \dfrac{S^2}{8R} - d_s = \dfrac{50^2}{8 \times 1400} - 0.2 = 0.0232[m]$$

## 34 ★★
궤도면상 585[mm]의 점을 중심으로 좌·우 610[mm]의 수평점에 상·하 각각 최대 32[mm]까지 이동한 경우 전차선 높이를 5080[mm]로 하면 차량동요에 따른 집전장치의 기울기[mm]는?

① 96.6     ② 125.8
③ 155.6    ④ 235.8

**정답** 29. ③  30. ④  31. ①  32. ②  33. ③  34. ④

**해설**

$(5080-585)\dfrac{32}{610} = 235.8[\text{mm}]$

## 35 ★★★★
고속철도의 열차운행 제한속도가 250[km/h] 이상일 때, 전차선의 구배 [‰]는?

① 0    ② 1    ③ 2    ④ 3

**해설**

고속철도 전차선의 구배는 고속 운행시 팬터그래프의 이선현상을 방지하기 위해 열차속도가 250[km/h] 이상일 경우 전차선의 구배는 0[‰]이 되도록 가선하고 있다.

## 36 ★
한 경간을 기준으로 해당 구간의 설계속도가 아래와 같을 때, 전차선의 기울기는?

| 설계속도 $V$ [km/h] | 속도등급 | 기울기 (천분율) |
|---|---|---|
| $300 < V \leq 350$ | 350킬로급 | ( ) |

① 0    ② 1    ③ 2    ④ 3

## 37 ★
고속철도의 열차운행 제한속도가 $250 > V > 200$[km/h]일 때, 전차선의 구배[‰]는?

① 0    ② 1
③ 2    ④ 3

## 38 ★
고속철도의 열차운행 제한속도가 $200 > V > 150$[km/h]일 때, 전차선의 구배[‰]는?

① 0    ② 1
③ 2    ④ 3

**해설**

| 설계속도 $V$[km/h] | 속도등급 | 기울기[‰] |
|---|---|---|
| $300 < V \leq 350$ | 350킬로급 | 0 |
| $250 < V \leq 300$ | 300킬로급 | 0 |
| $200 < V \leq 250$ | 250킬로급 | 1 |
| $150 < V \leq 200$ | 200킬로급 | 2 |
| $120 < V \leq 150$ | 150킬로급 | 3 |
| $70 < V \leq 120$ | 120킬로급 | 4 |
| $V \leq 70$ | 70킬로급 | 10 |

## 39 ★
고속철도 전차선의 이도를 주는 목적에 해당되는 것은?

① 팬터그래프의 편마모를 방지하기 위함이다.
② 다수 팬터그래프의 열차가 운행해도 지장이 없도록 하기 위함이다.
③ 열차운행속도를 파동전파속도의 70[%]로 유지하기 위함이다.
④ 열차운행 중에 이선을 방지하기 위함이다.

**해설**

고속철도 전차선의 이도를 주는 목적은 다수 팬터그래프의 열차가 운행해도 지장이 없도록 하기 위함이다.

## 40 ★
고속철도 전차선의 사전이도(Pre-sag)로 적당한 것은?

① 0    ② $\dfrac{1}{1000}$
③ $\dfrac{1}{2000}$    ④ $\dfrac{1}{2500}$

**해설**

고속철도 전차선의 사전이도(Pre-sag)는 $\dfrac{1}{2000}$로 정하고 있다.

**정답** 35. ① 36. ① 37. ② 38. ③ 39. ② 40. ③

## 41 ★
고속철도 전차선과 조가선을 잡아주는 첫 번째 드로퍼 간의 간격은 지지점에서 몇 [m]인가?

① 2.5　② 3.75　③ 4.5　④ 6.75

**해설**
드로퍼의 간격은 4.5[m], 6.75[m]이며, 지지점에서 첫 번째 드로퍼 간의 간격은 4.5[m] 이다.

## 42 ★★★
고속철도 전차선의 사전 이도량 54/2000에 대한 2번째 드로퍼의 처짐량[m]은? (단, 전차선의 사전 이도구간 길이는 45[m], 첫 번째 드로퍼 거리는 4.5[m], 두 번째 드로퍼 거리는 11.25[m] 이다.)

① 0.01077　② 0.01177
③ 0.01277　④ 0.01377

**해설**
$$d_2 = \frac{4d_c}{S_1^2}(x_2-x_1)(S_1-x_2+x_1)$$
$$= \frac{4\frac{54}{2000}}{45^2}(11.25-4.5)(45-11.25+4.5)$$
$$= 0.01377[m]$$

## 43 ★★
고속철도 전차선로 경간 길이를 제한하는 최대요소와 가장 밀접한 것은?

① 건축한계
② 선로의 곡선반경
③ 파동전파속도
④ 집전장치의 유효폭

**해설**
고속철도 전차선로 경간 길이에 대한 최대 제한요소는 선로의 곡선반경이다.

## 44 ★
고속철도 전차선로의 최대경간 길이를 결정하는 방법으로 맞는 것은?(단 차량의 영향 $M$, 정상 편위 $Q$, 바람의 영향 $N$, 지지물의 변형을 $r$ 이라 한다.)

① $M+Q+N+r \leq \dfrac{W_d}{2}$

② $M\times Q\times N\times r \leq \dfrac{W_d}{4}$

③ $M-Q-N-r \leq \dfrac{W_d}{2}$

④ $M+Q+N+r \leq \dfrac{W_d}{4}$

**해설**
고속철도 전차선로의 최대경간 길이를 결정하는 방법은 $M+Q+N+r \leq \dfrac{W_d}{2}$ 이어야 한다.

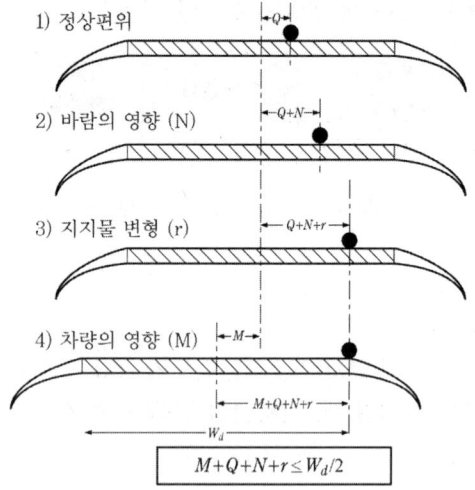

## 45 ★
다음 중 고속철도 전차선로의 최대경간을 산정하는데 있어 선로분야의 검토할 사항이 아닌 것은?

① 슬랙으로 인한 전차선 높이에서의 영향
② 선로 곡선반경

정답 41. ③　42. ④　43. ②　44. ①　45. ①

③ 공칭궤간
④ 양 레일면 높이에 대한 허용오차가 주는 영향

**해설**
고속철도 전차선로의 최대경간을 산정하는데 있어 선로분야의 검토할 사항으로는 선로 곡선반경($R$), 공칭궤간($l_n$), 실제궤간($l$), 캔트/캔트 부족으로 인한 전차선 높이에서의 영향($u_{unbE}/u_{unbI}$), 양 레일면 높이에 대한 허용오차가 주는 영향($u_c$) 등이 다.

## 46 ★
다음 중 고속철도 전차선로의 최대경간을 산정하는데 있어 차량 및 팬터그래프분야의 검토할 사항이 아닌 것은?

① 팬터그래프 압상력의 수평성분에 의한 전차선 이동량
② 차량특성에 따라 팬터그래프 주체의 중심축이 궤도중심으로부터 이탈되는 량
③ 팬터그래프 유효 운전존의 전폭
④ 차량의 회전운동에 의한 영향

**해설**
고속철도 전차선로의 최대경간을 산정하는데 있어 차량 및 팬터그래프분야의 검토할 사항은 팬터그래프 유효 운전존의 반폭($w_w$), 차량특성에 따라 팬터그래프 주체의 중심축이 궤도중심으로부터 이탈되는 량($e_p$), 팬터그래프 압상력의 수평성분에 의한 전차선 이동량($u_p$), 차량의 회전운동(Rolling)에 의한 영향($u_o$) 등이 있다.

## 47 ★
다음 중 고속철도 팬터그래프(GPU 25형)의 주체가 아닌 것은?

① 카본 또는 금속카본 재질인 마모 집전판
② 금속 재질의 연결판
③ 절연성 재질의 가이드
④ 탄소막대 재질의 아킹혼

**해설**
고속철도 팬터그래프(GPU 25형)의 주체는 세 부분으로 되어 있다. 카본 또는 금속카본 재질인 마모 집전판(Wear Strips), 금속 재질의 연결판(Connection Strips), 절연성 재질의 가이드(Horn)으로 구성되어 있다.

## 48 ★★★
다음 중 고속철도 전차선로의 최대경간을 산정하는데 있어 전차선로분야의 검토할 사항이 아닌 것은?

① 접촉점의 높이
② 지지점에서의 편위값
③ 경간 길이
④ 전주 움직임에 의한 전차선 이동량

**해설**
고속철도 전차선로의 최대경간을 산정하는데 있어 전차선로분야의 검토할 사항은 접촉점의 높이($h$), 전주 움직임에 의한 전차선 이동량($u_m$), 경간 중앙에서의 편위값($u_N$), 경간 길이($C$), 시공 허용오차에 의한 전차선의 편위($u_t$), 온도변화로 인한 가동브래킷 회전에 따른 횡변위 영향($u_a$), 편위와 곡선반경 효과를 포함하여 풍압으로 인한 전차선 횡변위량($u_d'$) 등이 있다.

## 49 ★★
다음 중 고속철도 전차선로의 경간 중앙에서의 편위값($u_N$)을 구하는 식으로 맞는 것은? (단 $u_{N_1}$, $u_{N_2}$는 양단 전주에서의 편위값이다.)

① $u_n = \dfrac{u_{N1} - u_{N2}}{2}$  ② $u_n = \dfrac{u_{N1} - u_{N2}}{4}$

③ $u_n = \dfrac{u_{N1} \times u_{N2}}{4}$  ④ $u_n = \dfrac{u_{N1} + u_{N2}}{2}$

**정답** 46. ③ 47. ④ 48. ② 49. ④

**해설**

고속철도 전차선로의 경간 중앙에서의 편위값($u_N$)은 $u_n = \dfrac{u_{N1} + u_{N2}}{2}$

**50** ★★
다음은 고속철도 커티너리(Catenary)가선방식의 전차선의 가고에 대한 설명이다. 맞지 않는 것은?

① 지지점에서 조가선과 전차선의 수직 중심 간격을 가고라고 한다.
② 과선교, 육교, 터널 앞 등의 가선 높이에 제한을 받는 개소에는 가고를 800[mm] 또는 900[mm]로 할 수 있다.
③ 고속철도에서 전차선의 가고는 1400[mm]를 표준으로 정하고 있다.
④ 평행개소의 주축전주 개소에는 가고를 1800[mm]로 높이를 확대 설치한다.

**해설**

지지점에서 조가선과 전차선의 수직 중심간격을 가고라고 하며, 과선교, 육교, 터널 앞 등의 가선 높이에 제한을 받는 개소에는 가고를 800[mm] 또는 900[mm]로 할 수 있다. 평행개소의 주축전주 개소에는 가고를 2000[mm], 중간전주 개소에서는 인상되는 전차선의 가고를 1,800[mm]로 높이를 확대 설치한다.

**51** ★★★★★
고속철도 커티너리(Catenary)가선방식의 지지점에서 전차선의 표준가고[mm]는?
(단, 속도등급은 300, 350 킬로급이다.)

① 800　　② 900　　③ 1400　　④ 2000

**해설**

속도등급은 300, 350 킬로급인 고속철도 커티너리(Catenary)가선방식의 지지점에서 전차선의 표준가고는 1400[mm] 이다.

**52** ★
고속철도 커티너리(Catenary)가선방식의 드로퍼 최소 길이[m]는 얼마 이상으로 하여야 하는가?

① 0.275　　② 0.350
③ 0.475　　④ 0.550

**해설**

드로퍼 최소 길이는 0.275[m] 이상으로 하여야 한다.

**53** ★★
고속철도 커티너리(Catenary)가선방식의 드로퍼의 길이를 구하는 식으로 맞는 것은?

① 드로퍼 길이 = 가고 + 전차선 사전이도에 의한 이도 + 조가선 이도
② 드로퍼 길이 = 가고 − 전차선 사전이도에 의한 이도 − 조가선 이도
③ 드로퍼 길이 = 가고 + 전차선 사전이도에 의한 이도 − 조가선 이도
④ 드로퍼 길이 = 가고 − 전차선 사전이도에 의한 이도 + 조가선 이도

**해설**

드로퍼 길이 = 가고 − 전차선 사전이도에 의한 이도 + 조가선 이도 이다.

**54** ★
다음은 고속철도의 곡선당김장치에 대한 설명이다. 맞지 않는 것은?

① 풍압에 의한 전차선의 움직임과 팬터그래프의 동요에도 전차선의 편위를 유지시켜 준다.
② 곡선에 의한 캔트의 변화 및 전차선의 어떠한 압상작용에서도 전차선의 편위를 유지시켜 주는 역할을 한다.

**정답** 50. ④　51. ③　52. ①　53. ④　54. ④

③ 팬터그래프의 습동 집전에 지장 없도록 전차선의 위치를 확보시켜주는 장치이다.
④ 곡선당김장치는 선로가 분기 교차되는 개소에 설치한다.

**해설**
선로가 분기 교차되는 개소에 설치하는 것은 건넘(교차)선장치이다.

## 55 ★★
다음은 고속철도의 곡선당김장치 길이에 대한 설명이다. 맞지 않는 것은?
① 일반 개소는 1.2[m]의 것을 사용
② 구분장치 또는 장력장치 개소에서는 1.3[m]의 것을 사용
③ 선로 분기개소에는 1.15[m]와 1.5[m]의 특별히 짧은 것을 사용
④ 압축력을 받는 개소에는 1.4[m]의 특수 곡선당김장치를 사용

**해설**
선로 분기개소에는 1.75[m]와 2.0[m]의 특별히 긴 것을 사용한다.

## 56 ★
고속철도에 사용하는 곡선당김금구의 정적 상태에서 설치 각도를 계산하는 식으로 맞는 것은?(단, $\theta$ : 곡선당김금구의 각도[°], $p$ : 곡선에서 전차선의 횡장력[N], $p_0$ 곡선당김에 미치는 수직하중[N] 이다.)
① $\theta = \tan^{-1} \dfrac{p_0}{p}$
② $\theta = \operatorname{cosec} \dfrac{p_0}{p}$
③ $\theta = \cos \dfrac{p}{p_0}$
④ $\theta = \sin \dfrac{p}{p_0}$

**해설**
곡선당김금구의 설치 각도 ($\theta$)는
$\theta = \tan^{-1} \dfrac{p_0}{p}$ 이다.

## 57 ★
경부고속철도에 사용하고 있는 곡선당김금구의 최대 허용압상량[mm]은?
① 50
② 100
③ 150
④ 200

**해설**
경부고속철도에 사용하고 있는 곡선당김금구의 최대 허용압상량은 200[mm] 이다.

## 58 ★★
고속철도의 본선 통과 속도가 V≥220[km/h]인 경우 건넘(교차)선장치에 레일간의 거리가 너무 멀어 장치를 설치 할 수 없는 경우 선간거리가 멀어서 편위조정에 사용되는 곡선당김금구의 구성으로 적당한 것은?
① 1.2[m]와 1.3[m]의 짧은 것과 1.4[m]의 압축형 곡선당김금구 등이 사용된다
② 1.2[m]와 1.3[m]의 짧은 것과 1.4[m]의 인장형 곡선당김금구 등이 사용된다
③ 2.0[m]와 1.75[m]의 특별히 긴 것과 1.4[m]의 압축형 곡선당김금구 등이 사용된다.
④ 1.75[m]와 1.55[m]의 특별히 긴 것과 1.4[m]의 인장형 곡선당김금구 등이 사용된다.

**해설**
2.0[m]와 1.75[m]의 특별히 긴 것과 1.4[m]의 압축형 곡선당김금구 등이 사용된다.

## 59 ★
고속철도의 46번 분기기가 있는 건넘선장치에 팬터그래프의 고속통과시 전기적인 구분장치를 설치하려고 할 때 적정한 것은?
① 에어섹션
② 애자형섹션
③ 이중절연구분장치
④ 에어조인트

**정답** 55. ③  56. ①  57. ④  58. ③  59. ①

**해설**
분기기가 F46형처럼 클 때에는 레일간의 거리 관계와 교차설비를 확보하기 위해 건넘선 중앙부근에 고정빔을 설치하여 여기에 특수 하수강으로 에어섹션을 구성시켜 팬터그래프의 고속통과시 공기절연에 의한 전기적인 구분을 할 수 있도록 한 장치이다.

## 60 ★
고속철도의 18.5번 분기기가 있는 건넘선장치에 상·하 본선간의 전기적인 구분장치를 설치하려고 할 때 적정한 것은?

① 에어섹션
② 애자형섹션
③ 이중절연구분장치
④ 에어조인트

**해설**
고속철도의 18.5번 분기기가 있는 건넘선장치에 상·하 본선간의 전기적인 구분장치는 애자형섹션이 적정하다.

## 61 ★
고속철도의 18.5번 분기기가 있는 건넘선에 열차가 통과하는 속도[km/h]로 적정한 것은?

① 45  ② 80  ③ 90  ④ 130

**해설**
18.5번 분기기의 열차 통과속도는 90[km/h] 이다.

## 62
고속철도 전차선에 전기적인 구분장치를 설치할 때 고려해야 할 내용과 거리가 먼 것은?

① 전차선, 조가선등의 기계적 성능과 협조가 이루어지는 구조로 한다.
② 시설을 중량화하여 집전상 경점이 많이 생기도록 한다.
③ 팬터그래프 통과시 아크로 인해 절연이 파괴되지 않도록 한다.
④ 팬터그래프 통과시 동요가 적도록 조정한다.

**해설**
시설을 경량화하여 집전싱 경점이 많이 생기지 않도록 한다.

## 63 ★
고속철도의 기계적인 구분장치에 해당되는 것은?

① 에어섹션
② 애자형섹션
③ 이중절연구분장치
④ 에어조인트

**해설**
에어조인트는 작업의 용이성과 온도변화 등에 의한 전차선의 신축을 조정하기 위해 전차선을 적정한 길이로 인류하기 위해 설치되어 있는 기계적인 구분장치이다.

## 64 ★
고속철도의 전차선을 적정한 길이로 인류하기 위해 설치되어 있는 에어조인트는 평행개소의 전차선 상호간 이격거리[mm]는?

① 100  ② 200  ③ 300  ④ 400

**해설**
에어조인트의 평행개소에서 전차선 상호간 이격거리는 200[mm] 이다.

## 65 ★
고속철도에 설치되어 있는 에어조인트 구성은 몇 경간을 원칙으로 구성하는가?

① 1  ② 2  ③ 3  ④ 4

**정답** 60. ②  61. ③  62. ②  63. ④  64. ②  65. ④

**해설**
에어조인트 구성은 4경간을 원칙으로 구성한다.

## 66
고속철도의 구분장치 중 집전부분의 전차선에 절연물을 삽입하지 않고 절연하고자 하는 두 전차선 상호에 평행 부분을 일정 간격(500[mm])으로 이격시켜 공기 절연을 이용한 동상용 절연구분장치는?

① 에어섹션
② 애자형섹션
③ 이중절연구분장치
④ 에어조인트

**해설**
에어섹션은 집전부분의 전차선에 절연물을 삽입하지 않고 절연하고자 하는 두 전차선 상호에 평행 부분을 일정 간격으로 이격시켜 공기 절연을 이용한 동상용 구분장치이다.

## 67
에어섹션의 평행 개소에 전차선 상호간의 이격거리[mm]로 맞는 것은? (단, 속도등급 300 킬로급 이상이다.)

① 100　② 150　③ 200　④ 500

**해설**
에어섹션의 평행개소에 두 전차선 상호간 이격거리는 500[mm] 이다.

## 68 ★★★★
고속철도 전차선 4경간의 에어섹션에서 주축전주 (2e 및 2i) 쌍브래킷의 간격[m]은?

① 1.6　　　② 1.8
③ 2.0　　　④ 2.2

**해설**
고속철도 4경간의 에어섹션에서 주축전주(2e 및 2i) 쌍브래킷의 간격은 1.6[m] 이다.

## 69 ★
고속철도에 설치되어 있는 에어섹션은 몇 경간을 원칙으로 구성하는가?

① 1　② 2　③ 3　④ 4

**해설**
에어섹션은 4경간으로 구성되나, 강풍구간은 5경간으로 구성된다.

## 70 ★★
고속철도 4경간의 에어섹션에서 주축전주(2e 및 2i) 쌍브래킷의 가고의 조합으로 맞는 것은?

① 2.0[m]와 1.3[m]
② 2.0[m]와 1.4[m]
③ 1.4[m]와 1.3[m]
④ 1.75[m]와 1.4[m]

**해설**
고속철도 4경간의 에어섹션에서 주축전주(2e 및 2i) 쌍브래킷의 가고의 조합은 2.0[m]와 1.3[m] 이다.

## 71 ★★
고속철도 4경간의 에어섹션에서 중간 전주(1e 및 1i, 3e 및 3i)의 쌍브래킷 간격[m]은?

① 1.0　② 1.3　③ 1.6　④ 2.0

**해설**
고속철도 4경간의 에어섹션에서 중간 전주(1e 및 1i, 3e 및 3i)의 쌍브래킷 간격은 1.0[m]로 설치한다.

**정답** 66. ①　67. ④　68. ①　69. ④　70. ①　71. ①

**72** ★★★
고속철도 4경간의 에어섹션에서 중간 전주(1e 및 1i, 3e 및 3i)의 쌍브래킷 가고의 조합으로 맞는 것은?

① 1.3[m]와 2.0[m]
② 1.75[m]와 2.0[m]
③ 1.4[m]와 1.8[m]
④ 1.2[m]와 1.4[m]

**해설**
고속철도 4경간의 에어섹션에서 중간 전주(1e 및 1i, 3e 및 3i)의 쌍브래킷 가고의 조합은 1.4[m]와 1.8[m] 이다.

**73** ★
전차선로를 구성함에 있어 변전소 또는 급전구분소 앞에 이상전원을 구분하기 위하여 설치하는 것은?

① 장력조정장치
② 건넘선장치
③ 흐름방지장치
④ 절연구분장치

**해설**
절연구분장치는 전차선로를 구성함에 있어 변전소 또는 급전구분소 앞에 이상전원을 구분하기 위하여 설치하는 장치이다.

**74** ★
고속철도 전차선로에 설치하는 절연구분장치는 몇 경간으로 구성하는가?

① 3    ② 5
③ 7    ④ 9

**해설**
절연구분장치는 7경간으로 구성한다.

**75** ★★
고속철도 전차선로에 설치하는 절연구분장치의 구조로 맞는 것은?

① 에어섹션 → 중성구간 → 에어섹션
② 애자형섹션 → 중성구간 → 애자형섹션
③ 에어조인트 → 가압구간 → 에어조인트
④ 에어섹션 → 가압구간 → 에어섹션

**해설**
절연구분장치의 구조는 에어섹션 → 중성구간 → 에어섹션이다.

**76** ★
고속철도 전차선로에 설치하는 절연구분장치의 전체 길이[m]는?

① 115    ② 230    ③ 345    ④ 460

**해설**
절연구분장치는 중심축에서 115[m]씩 총 230[m]의 길이를 가지고 있다.

**77** ★
고속철도 전차선로에 설치하는 절연구분장치의 가압부분과 중성구간을 지지하는 평행틀에서 가동브래킷의 상호 간격[m]은?

① 1.0    ② 1.2    ③ 1.6    ④ 2.0

**해설**
절연구분장치의 가압부분과 중성구간을 지지하는 평행틀에서 가동브래킷의 상호 간격은 1.6[m] 이다.

**78** ★
고속철도 전차선로의 전차선과 조가선의 최대 인류구간은 몇 [m]로 한정하는가?

① 1200    ② 1300
③ 1400    ④ 1500

**해설**
전차선과 조가선의 최대 인류구간은 1500[m]로 한정하고 있다.

## 79 ★
고속철도 전차선로의 전차선과 조가선의 인류구간이 몇 [m] 이상일 때 인류주 양단에 자동장력조정장치를 설치하는가?

① 600
② 750
③ 900
④ 1000

**해설**
전차선과 조가선의 인류구간이 750[m] 이상일 때 인류주 양단에 자동장력조정장치를 설치하여 전선의 신축을 자동 조정할 수 있는 구조로 한다.

## 80 ★
고속철도 터널개소의 터널길이가 700[m] 이하($L \leq 700$[m])일 경우 인류장치의 설치 방법으로 맞는 것은?

① 터널의 중앙에 흐름방지장치가 설치되도록 하고 에어조인트 개소는 터널밖에서 이루어지도록 한다.
② 흐름방지장치는 터널입구에서 350[m]정도 되는 지점에 설치하도록 하며 인류장치는 터널 외부에 설치하도록 한다.
③ 인류장치는 모두 터널 외부에 설치하도록 한다.
④ 터널의 양단에는 터널입구로부터 350[m] 되는 지점의 터널 내부에 고정식 인류장치를 설치하고 터널 외부에 자동장력조정장치를 설치한다.

**해설**
터널길이가 700[m] 이하($L \leq 700$[m])일 경우 인류장치의 설치는 터널의 중앙에 흐름방지장치가 설치되도록 하고 에어조인트 개소는 터널밖에서 이루어지도록 한다.

## 81 ★
고속철도 구간의 하나 또는 여러개가 연속된 터널길이가 각각 700[m] 이하($L \leq 700$[m])일 경우 인류장치의 설치 방법으로 맞는 것은?

① 터널의 중앙에 흐름방지장치가 설치되도록 하고 에어조인트 개소는 터널 밖에서 이루어지도록 한다.
② 흐름방지장치는 터널입구에서 350[m] 정도 되는 지점에 설치하도록 하며 인류장치는 터널 외부에 설치하도록 한다.
③ 인류장치는 모두 터널 외부에 설치하도록 한다.
④ 터널의 양단에는 터널입구로부터 350[m] 되는 지점의 터널 내부에 고정식 인류장치를 설치하고 터널 외부에 자동장력조정장치를 설치한다.

**해설**
하나 또는 여러개가 연속된 터널길이가 각각 700[m] 이하($L \leq 700$[m])일 경우에는 흐름방지장치는 터널입구에서 350[m] 정도 되는 지점에 설치하도록 하며 인류장치는 터널 외부에 설치하도록 한다.

## 82 ★
고속철도 터널개소의 터널길이가 700[m] 초과 1050[m] 이하(700[m]$< L \leq$1050[m])일 경우 인류장치의 설치 방법으로 맞는 것은?

① 터널의 중앙에 흐름방지장치가 설치되도록 하고 에어조인트 개소는 터널 밖에서 이루어지도록 한다.
② 흐름방지장치는 터널입구에서 350[m] 정도 되는 지점에 설치하도록 하며 인류장치는 터널 외부에 설치하도록 한다.
③ 인류장치는 모두 터널 외부에 설치하도록 한다.
④ 터널의 양단에는 터널입구로부터 350[m] 되는 지점의 터널 내부에 고정식 인류장치

**정답** 79. ② 80. ① 81. ② 82. ③

를 설치하고 터널 외부에 자동장력조정장치를 설치한다.

**[해설]**
터널길이가 700[m] 초과 1050[m] 이하(700[m] < $L$ ≤ 1050[m])일 경우 인류장치는 모두 터널 외부에 실치하도록 한다.

## 83 ★★
고속전차선로에서 흐름방지장치는 터널입구에서 350[m] 정도 되는 지점에 설치하고, 인류장치는 터널외부에 설치하는 경우로 맞는 것은?

① 터널길이가 1500[m]를 초과할 경우
② 터널길이가 1050[m] 초과, 1500[m] 이하일 경우
③ 하나 또는 여러 개의 연속된 터널 길이가 각각 700[m] 이하일 경우
④ 터널길이가 700[m] 초과, 1050[m] 이하일 경우

**[해설]**
하나 또는 여러 개의 연속된 터널길이가 각각 700[m] 이하일 경우 흐름방지장치는 터널입구에서 350[m] 정도 되는 지점에 설치하고, 인류장치는 터널외부에 설치한다.

## 84 ★
고속철도 터널개소의 터널길이가 1050[m] 초과 1500[m] 이하(1050[m] < $L$ ≤ 1500[m])일 경우 인류장치의 설치 방법으로 맞는 것은?

① 터널의 중앙에 흐름방지장치가 설치되도록 하고 에어조인트 개소는 터널 밖에서 이루어지도록 한다.
② 흐름방지장치는 터널입구에서 350[m] 정도 되는 지점에 설치하도록 하며 인류장치는 터널 외부에 설치하도록 한다.
③ 인류장치는 모두 터널 외부에 설치하도록 한다.
④ 터널의 양단에는 터널입구로부터 350[m] 되는 지점의 터널 내부에 고정식 인류장치를 설치하고 터널 외부에 자동장력조정장치를 설치한다.

**[해설]**
터널개소의 터널길이가 1050[m] 초과 1500[m] 이하(1050[m] < $L$ ≤ 1500[m])일 경우 터널의 양단에는 터널입구로부터 350[m] 되는 지점의 터널 내부에 고정식 인류장치를 설치하고 터널 외부에 자동장력조정장치를 설치한다.

## 85 ★
고속철도 터널개소의 터널길이가 1500[m]를 초과($L$ > 1500[m])할 경우 인류장치의 설치 방법으로 맞지 않는 것은?

① 터널 외부에 설치된 전차선로는 터널에서 인류가 되지 않도록 터널 입구의 적절한 지점에 인류장치를 설치한다.
② 터널외부로부터 터널 내부로 설치될 전차선로의 인류시작점은 터널외부로부터 한다.
③ 전차선로의 흐름방지장치는 터널입구로부터 350[m]되는 지점에 설치한다.
④ 터널 외부로부터 터널 내부로 설치된 전차선로에 설치될 인류장치는 흐름방지장치로부터 500[m] 이내로 한다.

**[해설]**
터널 외부로부터 터널 내부로 설치된 전차선로에 설치될 인류장치는 흐름방지장치로부터 750[m] 이내로 한다.

## 86 ★
다음은 고속철도 전차선로에 사용하는 자동장력조정장치에 대한 설명이다. 맞지 않는 것은?

**정답** 83. ③  84. ④  85. ④  86. ①

① 장력장치는 전차선과 조가선을 일괄 조정하는 방식이다.
② 장력조정장치의 구조는 알루미늄 합금제 도르래가 5개로 그중 3개는 전주 측의 고정 금구에, 2개는 전선측과 연결된 이동블럭과 접속된다.
③ 장력추는 주철제로서 추 1개의 중량은 40[kg]과 20[kg]의 두 종류를 사용한다.
④ 도르래의 활차비는 1 : 5 이다.

**해설**
장력장치는 전차선과 조가선을 같은 인류주에 각각 설치하는 개별 조정하는 방식이다.

## 87 ★
고속철도 전차선로에 사용하는 자동장력조정장치의 조가선측 추의 무게[kg]는?

① 140　② 280　③ 420　④ 560

**해설**
자동장력조정장치의 조가선측 추의 무게는 280[kg] 이다.

## 88 ★
고속철도 전차선로에 사용하는 자동장력조정장치의 전차선측 추의 무게[kg]는?

① 400　② 500　③ 600　④ 800

**해설**
자동장력조정장치의 전차선측 추의 무게는 400[kg] 이다.

## 89 ★
고속철도 전차선로에 사용하는 자동장력조정장치를 초기에 설치할 때 과장력을 주는 시간으로 맞는 것은?

① 24　② 48　③ 72　④ 96

**해설**
자동장력조정장치를 초기에 설치할 때 주는 과장력은 조가선 1500[daN], 전차선 3000[daN]으로 72시간을 주고 있다.

## 90 ★
고속철도 전차선로에 사용하는 자동장력조정장치를 조정시 +60[℃]에서 $X$의 치수 값은 몇 [m]인가?

① 0　② 0.2　③ 0.4　④ 0.8

**해설**
+60[℃]에서 $X$의 치수 값은 0.4[m] 이다.

## 91 ★
고속철도 전차선로에 사용하는 자동장력조정장치를 조정시 +60[℃]에서 $Y$의 치수 값은 몇 [m]인가?

① 0　② 0.2　③ 0.4　④ 0.8

**해설**
+60[℃]에서 $Y$의 치수 값은 0[m] 이다.

## 92 ★★
고속 전차선로에 사용하는 장력조정장치 $X$의 값을 구하는 식은? (단, $L$ : 전선의 길이[m], $T$ : 현재온도[℃], $A$ : +60[℃]에서의 $X$값 0.4[m] 이다.)

① $X = [(17 \times 10^{-6} \times L) \times (60℃ - T℃)] + A$
② $X = [(17 \times 10^{-6} \times L) \times (60℃ + T℃)] + A$
③ $X = [(5 \times 17 \times 10^{-6} \times L) \times (60℃ - T℃)]$
④ $X = [(5 \times 17 \times 10^{-5} \times L) \times (60℃ + T℃)]$

**해설**
$X = [(17 \times 10^{-6} \times L) \times (60℃ - T℃)] + A$

**정답** 87. ②　88. ①　89. ③　90. ③　91. ①　92. ①

## 93 ★
고속 전차선로에 사용하는 장력조정장치 $Y$의 값을 구하는 식은? (단, $L$ : 전선의 길이[m], $T$ : 현재온도[℃] 이다.)

① $Y = [(17 \times 10^{-6} \times L) \times (60℃ - T℃)] + A$
② $Y = [(17 \times 10^{-6} \times L) \times (60℃ + T℃)] + A$
③ $Y = [(5 \times 17 \times 10^{-6} \times L) \times (60℃ - T℃)]$
④ $Y = [(5 \times 17 \times 10^{-6} \times L) \times (60℃ + T℃)]$

**해설**
$Y = [(5 \times 17 \times 10^{-6} \times L) \times (60℃ - T℃)]$

## 94 ★
다음은 고속철도 전차선로에 사용하는 흐름방지장치에 대한 설명이다. 맞지 않는 것은?

① 전차선로의 풍압, 팬터그래프의 습동, 전선 자체의 온도변화에 의한 신축 등으로 인하여 전선이 한 쪽 방향으로만 이동하는 것을 방지하기 위하여 설치한다.
② 전선의 양끝을 흐름방지용 전주 양측에 있는 전주에 10[kg](15[℃])의 장력으로 합성수지제 장간애자로 인류하여 고정시킨다.
③ 인류구간의 대략 중간부근에 있는 전주의 빔에 설치한다.
④ 흐름방지장치에 사용하는 전선은 Bz 65.4[mm²]의 청동연선을 사용한다.

**해설**
인류구간의 대략 중간부근에 있는 전주의 가동브래킷에 설치한다.

## 95 ★★★★
전차선과 가동브래킷의 수평파이프(진동방지파이프)의 수직 중심간격[mm]은? (단, 속도등급이 300킬로급 이상)

① 300   ② 340   ③ 390   ④ 600

## 96 ★★★
고속철도 가동브래킷용 장간애자는 일반개소에서 최소 누설거리가 몇 [mm]인 유리애자를 사용하는가?

① 800   ② 900
③ 1000  ④ 1200

**해설**
장간애자는 일반개소에서 최소 누설거리가 1000[mm]의 유리애자를 사용한다.

## 97 ★
고속철도 운행구간의 교량, 과선교, 터널 등에 가동브래킷용 장간애자가 파손될 우려가 있는 경우 사용하는 애자의 재질로 적정한 것은?

① 유리제       ② 합성수지제
③ 자기제       ④ 비절연제

**해설**
가동브래킷용 장간애자가 파손될 우려가 있는 교량, 과선교, 터널 등은 합성수지제를 쓰도록 한다.

## 98 ★★
전차선 해빙시스템의 회로구성에 대한 설명 중 틀린 것은?

① 전철변전소에서 하선에만 전원을 공급한다.
② 해빙구간의 각 병렬급전소(PP)의 상·하선 Tie 회로를 투입한다.
③ 변전소 양측의 구분소에서 전차선의 상·하선을 단락시킨다.
④ 상선측 절연구분장치의 차단기를 연결한다.

**해설**
해빙구간의 각 병렬급전소(PP)의 상·하선 Tie 회로를 개방한다.

**정답** 93. ③  94. ③  95. ④  96. ③  97. ②  98. ②

## 99 ★
전차선에 결빙이 발생하는 조건과 거리가 먼 것은?

① 풍속이 0.5[m/s] 이하일 경우 결빙현상이 발생한다.
② 전차선 온도가 -2~0[℃] 사이에서 결빙현상이 발생한다.
③ 대기온도보다 낮고 습기가 많을 때에 결빙현상이 발생한다.
④ 비중이 0.9인 눈이 내릴 때에 결빙현상이 발생한다.

**해설**
풍속이 0.5[m/s] 이하이고, 전차선 온도가 -2~0[℃] 사이에서 대기온도보다 낮고 습기가 많을 때에 결빙현상이 발생한다.

## 100 ★
전차선 해빙시스템 가동시 해빙온도[℃]의 제한 범위로 맞는 것은?

① -5~-10    ② 0~10
③ 10~60     ④ 60~90

**해설**
해빙회로 가동시 교량 및 토공구간에서 전차선 온도가 10[℃] 이상 되어야 결빙을 방지할 수 있고, 터널내에서 조가선의 온도가 60[℃] 이하가 되어야 장력장치가 정상 가동되므로 10~60[℃]가 해빙온도 제한 범위이다.

## 101 ★★★
경간 중앙 드로퍼에 설치되는 균압선의 $M-T$ 최대 설치간격[m]은? (단, 속도 등급은 250킬로급 이상이다.)

① 100    ② 200
③ 300    ④ 400

**정답** 99. ④  100. ③  101. ②

## Chapt. 5 고속 전차선로 핵심예상문제 필답형 실기

**01** 고속철도(호남,경부)와 일반철도의 전차선 표준높이는 몇 [mm]인가?

풀이
1) 호남고속철도 5100[mm]
2) 경부고속철도 5080[mm]
3) 일반철도 : 5200[mm]

**02** 고속철도의 특징에 대하여 간단히 설명하시오.

풀이
1) 수송수요에 대응한 대폭적인 수송능력의 증강
2) 에너지 소비의 절약
3) 최첨단 과학기술의 집합체
4) 혁신적인 철도경영수익의 증대
5) 국민생활권의 시간 이용율 극대화 및 시간가치 요구의 충족

**03** 고속철도가 갖추어야 할 구비조건에 대하여 쓰시오.

풀이
1) 충분히 큰 곡선반경
2) 신뢰성 있는 보안장치 확보
3) 최소의 선로종단구배
4) 안정된 궤간
5) 고속성과 경제성 겸비

**04** 고속철도의 기술·산업적 효과에 대하여 아는대로 쓰시오.

풀이
1) 산업 전반의 설계기술 향상
2) 컴퓨터 관련 기술의 발달 촉진
3) 새로운 건설기술력 확보 및 기술의 향상

## 05 경부고속철도 구간에서 사용하고 있는 팬터그래프 형(Type)은?

**풀이**

경부고속철도 구간에서 사용하고 있는 팬터그래프는 GPU형을 사용하고 있다.

## 06 고속철도의 팬터그래프 특성에 대하여 3가지만 쓰시오.

**풀이**

1) 질량을 작게 하여 관성력을 줄인다.
2) 복원력을 크게 하기 위하여 스프링계수를 크게 한다.
3) 각 부품의 연결부위의 마찰력을 감소시키도록 한다.
4) 집전판은 마모율이 작고 전류용량이 큰 재질을 선택한다.
5) 고속주행시 속도의 제곱에 비례하는 양력발생에 의한 형상을 고려한다.
6) 소이선을 줄이고 과다 접촉력을 피한다.

## 07 고속철도의 전차선과 팬터그래프의 상호작용에 대하여 간단하게 설명하시오.

**풀이**

1) 커티너리시스템은 복합구조를 가진 길이 방향으로 길게 펼쳐진 연속계이다.
2) 팬터그래프는 다단구조를 가진 다자유도계이다.
3) 팬터그래프가 지지되어 있는 차체가 상하, 좌우로 난진동한다.
4) 주행시 공기흐름에 의한 양력이 존재하는 비선형식이다.

## 08 고속화에 요구되는 전차선로의 성능 중 기계적 요건에 대하여 설명하시오.

**풀이**

1) 접촉면의 일정한 높이를 유지하여야 한다.
2) 전차선 높이를 다르게 할 경우 가능한 기울기를 적게 한다.
3) 팬터그래프 집전판의 일정한 마모를 위해 Zig Zag 편위를 준다.
4) 열차통과 후에 전주 등 지지물에 지장이 없도록 차량한계 기준을 지켜야 한다.
5) 궤도유지보수가 가능하도록 지지물 설치시 공간을 확보하여야 한다.

## 09 고속화에 요구되는 전차선로의 성능 중 전기적 요건에 대하여 설명하시오.

풀이

1) 서로 다른 전선과의 균압을 통해 순환전류에 의한 전위차를 방지한다.
2) 전류용량에 견딜 수 있는 전선의 단면적을 확보한다.
3) 모든 금속물은 안전을 위하여 보호용 회로에 연결한다.

**10** 다음은 전차선 해빙시스템에 대한 내용이다. 괄호안에 들어가는 내용을 쓰시오.

> 전차선 해빙시스템은 전차선의 (　　)만을 이용하여 변전소에서 전류를 흘려 줄(Joule)열로 전차선을 해빙하는 시스템이다.

풀이

전차선 해빙시스템은 전차선의 <u>임피던스</u>만을 이용하여 변전소에서 전류를 흘려 줄(Joule)열로 전차선을 해빙하는 시스템이다.

**11** 전차선 해빙시스템의 회로구성에 대하여 3가지만 설명하시오.

풀이

1) 전철변전소에서 하선에만 전원을 공급한다.
2) 해빙구간의 각 병렬급전소(PP)의 상·하선 Tie 회로를 개방한다.
3) 변전소 양측의 구분소에서 전차선의 상·하선을 단락시킨다.
4) 상선측 절연구분장치의 차단기를 연결한다.
5) 전철변전소에서 단권변압기를 통하여 전차선 상·하선을 이용한 해빙용 폐루프(약 70~120[km])를 구성하여 25[kV] 전압을 공급한다.

**12** 전차선에 결빙이 발생하는 조건에 대하여 설명하시오.

풀이

풍속이 0.5[m/s] 이하이고, 전차선 온도가 −2~0[℃] 사이에서 대기온도보다 낮고 습기가 많을 때에 결빙현상이 발생한다.

**13** 전차선 해빙시스템 가동시 장력장치가 정상 가동하기 위한 해빙온도[℃]의 제한 범위에 대하여 아는대로 쓰시오.

> **풀이**
>
> 해빙회로 가동시 교량 및 토공구간에서 전차선 온도가 10[℃] 이상되어야 결빙을 방지할 수 있고, 터널내에서 조가선의 온도가 60[℃] 이하가 되어야 장력장치가 정상 가동되므로 10∼60[℃]가 해빙온도 제한 범위이다.

**14** 고속 전차선로에서 단권변압기로부터 전차선로에 전원을 공급하기 위하여 사용되는 전선을 무엇이라 하는가?

> **풀이**
>
> 단권변압기로부터 전차선로에 전원공급을 위하여 사용되는 전선은 급전선이다.

**15** 고속 전차선로에서 급전선의 이도($F$)를 구하는 식을 쓰시오.?(단 $F$ : 이도, $P$ : [m]당 하중, $a$ : 경간, $T$ : 장력이다.)

> **풀이**
>
> 급전선의 이도($F$) $F = \dfrac{a^2 \cdot P}{8T}$ 이다.

**16** 고속 전차선로 급전선의 하중이 1.107[daN/m], 장력이 900[daN], 전주의 경간이 50[m]라고 하면 급전선의 이도[m]를 계산하시오.

> **풀이**
>
> 급전선의 이도($F$) $F = \dfrac{a^2 \cdot P}{8T} = \dfrac{50^2 \cdot 1.107}{8 \times 900} = 0.384$[m] 이다.

**17** 고속 전차선로 급전선의 하중이 1.107[daN/m], 장력이 800[daN], 급전선의 이도 0.325[m]라고 하면 전주의 경간은 약 몇 [m]인가?

> **풀이**
>
> 급전선의 이도($F$) $F = \dfrac{a^2 \cdot P}{8T}$
>
> 전주의 경간 ($a$)는 $a = \sqrt{\dfrac{8 \cdot F \cdot T}{P}} = \sqrt{\dfrac{8 \cdot 0.325 \cdot 800}{1.107}} ≒ 43$[m]

**18** 고속전철에서 횡진동에 제한 받는 개소 또는 터널 내에서 이격거리 확보개소에 사용하는 급전선의 지지방식으로 알맞은 것은?

**풀이**
고속전철에서 횡진동에 제한 받는 개소 또는 터널 내에서 이격거리 확보개소에 사용하는 급전선의 지지방식은 V형조가방식이다.

**19** 고속 전차선로에서 급전분기장치의 역할에 대하여 간단히 설명하시오.

**풀이**
급전분기장치는 급전선으로부터 전기를 전차선에 공급하기 위해 급전선과 전차선을 접속하는 전선이다.

**20** 고속전차선로에서 급전분기장치 설치개소에 대하여 쓰시오.

**풀이**
급전분기장치 설치개소는 변전소(S/S), 급전구분소(SP), 병렬급전구분소(PP)이다.

**21** 고속전차선로의 급전분기장치의 종류 3가지를 쓰시오.

**풀이**
현수애자로 현수시키는 암(Arm)식과 지지애자에 동봉 $\phi 18$[mm]를 지지시켜 설치하는 동봉 스팬선식 및 가동브래킷에 지지시키는 가동브래킷식의 3종류가 있다.

**22** 고속 전차선로의 급전분기장치에는 크게 3가지가 있다. 다음 설명에 알맞은 방식을 쓰시오.

> 지지애자에 동봉 $\phi 18$[mm]를 지지시켜 설치하는 급전분기장치이다.

**풀이**
동봉 스팬선식 급전분기장치에 대한 설명이다.

### 23 고속화에 요구되는 전차선로의 성능 중 기계적 요건에 대하여 아는바를 쓰시오.

**풀이**

1) 접촉면의 일정한 높이를 유지하여야 한다.
2) 전차선 높이를 다르게 할 경우 가능한 기울기를 적게 한다.
3) 팬터그래프 집전판의 일정한 마모를 위해 Zig Zag 편위를 준다.
4) 열차통과 후에 전주 등 지지물에 지장이 없도록 차량한계 기준을 지켜야 한다.

### 24 고속화에 요구되는 전차선로의 성능 중 전기적 요건에 대하여 아는바를 쓰시오.

**풀이**

1) 서로 다른 전선과의 균압을 통해 순환전류에 의한 전위차를 방지한다.
2) 전류용량에 견딜 수 있는 전선의 단면적을 확보한다.
3) 모든 금속물은 안전을 위하여 보호용 회로에 연결한다.

### 25 경부고속철도 전차선로의 조가방식과 사용하는 전차선의 재질, 단면적을 기술하시오.

**풀이**

경부고속철도의 전차선로 조가방식은 헤비심플커티너리 조가방식으로서 전차선은 동(Cu) 150[$mm^2$], 조가선은 청동(Bz 또는 Cu-Mg) 65.4[$mm^2$]를 사용한다.

### 26 다음은 고속철도 구간에서 가공전차선의 표준높이에 대한 설명이다. 물음에 답하시오.

1) 경부고속철도 구간에 설치한 가공전차선의 높이는 레일면상 몇 [mm]인가?
2) 호남고속철도 구간에 설치한 가공전차선의 높이는 레일면상 몇 [mm]인가?

**풀이**

1) 경부고속철도 구간에 설치한 가공전차선의 높이는 레일면상 5080[mm] 이다.
2) 호남고속철도 구간에 설치한 가공전차선의 높이는 레일면상 5100[mm] 이다.

### 27 전차선로의 지지점에 편위를 주는 이유에 대하여 아는대로 쓰시오.

**풀이**

전차선로의 지지점에 편위를 주는 이유는 직선로에서는 팬터그래프의 편마모를 방지하고 곡선상에서는 전주 경간의 중심에서 편위를 확보하기 위함이다.

**28** 고속철도 전차선의 지지점에서 편위가 없다면, 경간의 중심에서 곡선의 편위값 $F$를 구하는 식을 쓰시오.(단, $L$은 경간의 길이, $R$은 곡선반경이다.)

> 풀이
> 경간의 중심에서 곡선의 편위값 $F$는 $F = \dfrac{L^2}{8R}$ 이다.

**29** 고속철도 전차선의 지지점에서 편위가 없는 경우 경간의 길이가 63[m], 선로의 곡선반경이 2000[m]라고 하면 경간의 중심에서 곡선의 편위값 $F$[m]를 계산하시오.

> 풀이
> $F = \dfrac{L^2}{8R} = \dfrac{63^2}{8 \cdot 2000} = 0.248 [\text{m}]$

**30** 고속철도 전차선에 바람이 불어 횡변위가 발생되는 경우 풍압을 받은 전차선이 변형되는 형태는 어떤 형상인가?

> 풀이
> 고속철도 전차선에 바람이 불어 횡변위가 발생되는 경우 풍압을 받은 전차선은 쌍곡선 함수 형태로 변형된다.

**31** 고속철도 전차선로의 양쪽 전주에서의 편위가 같은 경우 바람에 의한 최대 처짐(변위)이 발생하는 지점은 어느 곳인가?

> 풀이
> 고속철도 전차선로의 양쪽 전주에서의 편위가 같은 경우 바람에 의한 최대 처짐(변위)은 양쪽 전주의 경간 중앙에서 발생한다.

**32** 고속철도 전차선에 발생하는 기울기의 요소를 아는대로 쓰시오.

> 풀이
> 고속철도 전차선에 발생하는 기울기의 요소로는 풍압, 곡선로의 횡장력, 온도변화에 의한 가동브래킷, 지지물의 변형, 차량동요에 의한 집전장치의 기울기 등이 있다.

**33** 고속철도 구간에서 곡선로의 경우 경간 중앙의 전차선 기울기($d_0$)를 구하는 식을 간략하게 쓰시오. (단, $d_0$ : 경간 중앙의 전차선의 기울기[m], $S$ : 전주 경간[m], $R$ : 곡선반지름[m], $d_s$ : 지지점의 전차선의 편위[m] 이다.

**풀이**

고속철도 구간에서 곡선로의 경우 경간 중앙의 전차선 기울기($d_0$)는

$$d_0 = \frac{S^2}{8R} - d_s$$

**34** 고속철도 구간에서 곡선로의 경우 전주 경간 54[m], 곡선반지름 3000[m], 지지점의 전차선의 편위 200[mm]인 경우 경간 중앙의 전차선 기울기[m]는?

**풀이**

$$d_0 = \frac{S^2}{8R} - d_s = \frac{54^2}{8 \times 3000} - 0.2 = -0.0785[\text{m}]$$

**35** 고속철도 구간에서 곡선로의 경우 전주 경간 48.5[m], 곡선반지름 1800[m], 지지점의 전차선의 편위 200[mm]인 경우 경간 중앙의 전차선 기울기[m]는?

**풀이**

$$d_0 = \frac{S^2}{8R} - d_s = \frac{48.5^2}{8 \times 1800} - 0.2 = -0.0366[\text{m}]$$

**36** 고속철도 구간에서 곡선로의 경우 전주 경간 54[m], 곡선반지름 1600[m], 지지점의 전차선의 편위 200[mm]인 경우 경간 중앙의 전차선 기울기[m]는?

**풀이**

$$d_0 = \frac{S^2}{8R} - d_s = \frac{54^2}{8 \times 1600} - 0.2 = 0.0278[\text{m}]$$

**37** 궤도면상 585[mm]의 점을 중심으로 좌·우 610[mm]의 수평점에 상·하 각각 최대 32[mm]까지 이동한 경우 전차선 높이를 5080[mm]로 하면 차량동요에 따른 집전장치의 기울기[mm]를 계산하시오.

**풀이**

$$(5080-585) \times \frac{32}{610} = 235.8 \text{[mm]}$$

**38** 다음은 고속철도의 열차운행 제한속도별 전차선의 구배[‰]에 대한 설명이다. 물음에 답하시오.

1) 고속철도의 열차운행 제한속도가 250 > $V$ > 200[km/h]일 때, 전차선의 구배[‰]는?
2) 고속철도의 열차운행 제한속도가 200 > $V$ > 150[km/h]일 때, 전차선의 구배[‰]는?

**풀이**

1) 고속철도의 열차운행 제한속도가 250 > $V$ > 200[km/h]일 때, 전차선의 구배[‰]는 1 이다.
2) 고속철도의 열차운행 제한속도가 200 > $V$ > 150[km/h]일 때, 전차선의 구배[‰]는 2 이다.

| 설계속도 $V$ [km/h] | 속도등급 | 기울기[‰] |
|---|---|---|
| 300 < $V$ ≤ 350 | 350킬로급 | 0 |
| 250 < $V$ ≤ 300 | 300킬로급 | 0 |
| 200 < $V$ ≤ 250 | 250킬로급 | 1 |
| 150 < $V$ ≤ 200 | 200킬로급 | 2 |
| 120 < $V$ ≤ 150 | 150킬로급 | 3 |
| 70 < $V$ ≤ 120 | 120킬로급 | 4 |
| $V$ ≤ 70 | 70킬로급 | 10 |

**39** 고속철도 전차선의 이도를 주는 목적에 대하여 간단하게 답하시오.

**풀이**

고속철도 전차선의 이도를 주는 목적은 다수 팬터그래프의 열차가 운행해도 지장이 없도록 하기 위함이다.

**40** 고속철도 전차선의 사전이도(Pre-sag)는 얼마인가?

**풀이**

고속철도 전차선의 사전이도(Pre-sag)는 $\frac{1}{2000}$ 로 정하고 있다.

**41** 다음은 고속철도 전차선과 조가선을 잡아주는 드로퍼에 대한 설명이다. 괄호 안에 알맞은 내용을 쓰시오.

> 드로퍼의 간격은 4.5[m], (　　)[m]이며, 지지점에서 첫 번째 드로퍼 간의 간격은 (　　)[m] 이다.

**풀이**

드로퍼의 간격은 4.5[m], 6.75[m]이며, 지지점에서 첫 번째 드로퍼 간의 간격은 4.5[m]이다.

**42** 고속철도 전차선의 사전 이도구간 길이는 45[m], 첫 번째 드로퍼 거리는 4.5[m], 두 번째 드로퍼 거리는 11.25[m]일 때 사전 이도량 54/2000에 대한 2번째 드로퍼의 처짐량 [m]을 계산하시오.

**풀이**

$$d_2 = \frac{4d_c}{S_1^2}(x_2-x_1)(S_1-x_2+x_1)$$

$$= \frac{4\frac{54}{2000}}{45^2}(11.25-4.5)(45-11.25+4.5) = 0.01377[m]$$

**43** 괄호 안에 알맞은 내용을 쓰시오.

> 고속철도 전차선로 경간 길이에 대한 최대 제한요소는 선로의 (　　)이다.

**풀이**

고속철도 전차선로 경간 길이에 대한 최대 제한요소는 선로의 곡선반경이다.

**44** 차량의 영향 $M$, 정상 편위 $Q$, 바람의 영향 $N$, 지지물의 변형을 $r$ 이라 할 때 고속철도 전차선로의 최대경간 길이를 결정하는 식을 쓰시오.

**풀이**

고속철도 전차선로의 최대경간 길이를 결정하는 방법은 $M+Q+N+r \leq \dfrac{W_d}{2}$ 이어야 한다.

**45** 다음 중 고속철도 전차선로의 최대경간을 산정하는데 있어 선로분야의 검토할 사항에 대하여 3가지만 쓰시오.

풀이

고속철도 전차선로의 최대경간을 산정하는데 있어 선로분야의 검토할 사항으로는 선로 곡선반경($R$), 공칭궤간($l_n$), 실제궤간($l$), 캔트/캔트 부족으로 인한 전차선 높이에서의 영향($u_{unbE}/u_{unbI}$), 양 레일면 높이에 대한 허용오차가 주는 영향($u_c$) 등 이다.

**46** 고속철도 전차선로의 최대경간을 산정하는데 있어 차량 및 팬터그래프분야의 검토할 사항에 대하여 2가지만 쓰시오.

풀이

고속철도 전차선로의 최대경간을 산정하는데 있어 차량 및 팬터그래프분야의 검토할 사항은 팬터그래프 유효 운전존의 반폭($w_w$), 차량특성에 따라 팬터그래프 주체의 중심축이 궤도중심으로부터 이탈되는 량($e_p$), 팬터그래프 압상력의 수평성분에 의한 전차선 이동량($u_p$), 차량의 회전운동(Rolling)에 의한 영향($u_o$) 등이 있다.

**47** 다음 중 고속철도 팬터그래프(GPU 25형)의 주체는 어떻게 구성이 되었는지 아는바를 쓰시오.

풀이

고속철도 팬터그래프(GPU 25형)의 주체는 세 부분으로 되어 있다. 카본 또는 금속카본 재질인 마모 집전판(Wear Strips), 금속 재질의 연결판(Connection Strips), 절연성 재질의 가이드(Horn)로 구성되어 있다.

**48** 고속철도 전차선로의 최대경간을 산정하는데 있어 전차선로분야의 검토할 사항에 대하여 3가지만 쓰시오.

풀이

고속철도 전차선로의 최대경간을 산정하는데 있어 전차선로분야의 검토할 사항은 접촉점의 높이($h$), 전주 움직임에 의한 전차선 이동량($u_m$), 경간 중앙에서의 편위값($u_N$), 경간 길이($C$), 시공 허용오차에 의한 전차선의 편위($u_t$), 온도변화로 인한 가동브래킷 회전에 따른 횡변위 영향($u_a$), 편위와 곡선반경 효과를 포함하여 풍압으로 인한 전차선 횡변위량($u_d'$) 등이 있다.

## 49
$u_{N1}$, $u_{N2}$는 양단 전주에서의 편위값인 고속철도 전차선로의 경간 중앙에서의 편위값 ($u_N$)을 구하는 식을 쓰시오.

**풀이**

고속철도 전차선로의 경간 중앙에서의 편위값($u_N$)은

$$u_n = \frac{u_{N1} + u_{N2}}{2}$$

## 50
고속철도 커티너리(Catenary)가선방식의 전차선의 가고에 대하여 아는바를 쓰시오.

**풀이**

1) 지지점에서 조가선과 전차선의 수직 중심간격을 가고라고 한다.
2) 과선교, 육교, 터널 앞 등의 가선 높이에 제한을 받는 개소에는 가고를 800[mm] 또는 900[mm]로 할 수 있다.
3) 고속철도에서 전차선의 가고는 1400[mm]를 표준으로 정하고 있다.
4) 평행개소의 주축전주 개소에는 가고를 2000[mm], 중간전주 개소에서는 인상되는 전차선의 가고를 1,800[mm]로 높이를 확대 설치한다.

## 51
다음은 고속철도 커티너리(Catenary)가선방식에 대한 내용이다 물음에 답하시오.

1) 지지점에서 전차선의 표준가고[mm]는?
2) 경간 중앙에서 드로퍼 최소 길이[m]는?

**풀이**

1) 지지점에서 전차선의 표준가고는 1400[mm] 이다.
2) 드로퍼 최소 길이는 0.275[m] 이상으로 하여야 한다.

## 52
고속철도 커티너리(Catenary)가선방식의 드로퍼의 길이를 구하는 식을 쓰시오.

**풀이**

드로퍼 길이 = 가고 − 전차선 사전이도에 의한 이도 + 조가선 이도 이다.

## 53
고속철도 전차선의 사전 이도량 54/2000에 대한 4번째 드로퍼의 처짐량은 얼마인가? (단, 전차선의 사전 이도구간 길이는 45[m], 첫 번째 드로퍼 거리는 4.5[m], 4번째 드로퍼 거리는 24.75[m] 이다.)

풀이

$$d_2 = \frac{4D}{S_1^2}(X_2 - X_1) \times (S_1 - X_2 + X_1)$$

$$= \frac{\frac{4 \times 54}{2000}}{45^2}(24.75 - 4.5) \times (45 - 24.75 + 4.5) = 0.0267[m]$$

### 54  고속철도의 곡선당김장치 역할에 대하여 아는대로 쓰시오.

풀이

1) 풍압에 의한 전차선의 움직임과 팬터그래프의 동요에도 전차선의 편위를 유지시켜 준다.
2) 곡선에 의한 캔트의 변화 및 전차선의 어떠한 압상작용에서도 전차선의 편위를 유지시켜 주는 역할을 한다.
3) 팬터그래프의 습동 집전에 지장 없도록 전차선의 위치를 확보시켜주는 장치이다.

### 55  다음은 고속철도의 곡선당김장치 길이에 대한 설명이다. 괄호 안에 알맞은 내용을 쓰시오.

> 고속철도의 곡선당김장치는 일반개소에서 (　　)[m]의 것을 사용하고, 구분장치 또는 장력장치 개소에서는 (　　)[m]의 것을 사용한다.

풀이

일반 개소는 1.2[m]의 것을 사용하고, 구분장치 또는 장력장치 개소에서는 1.3[m]의 것을 사용한다.

### 56  다음은 고속철도의 곡선당김장치 길이에 대한 설명이다. 괄호 안에 알맞은 내용을 쓰시오.

> 고속철도의 곡선당김장치는 선로 분기개소에는 1.15[m]와 (　　)[m]의 특별히 짧은것을 사용하고, 압축력을 받는 개소에는 (　　)[m]의 특수한 것을 사용한다.

풀이

선로 분기개소에는 1.15[m]와 1.5[m]의 특별히 짧은것을 사용하고, 압축력을 받는 개소에는 1.4[m]의 특수한 것을 사용한다.

**57** 고속철도에 사용하는 곡선당김금구의 정적 상태에서 설치 각도를 계산하는 식을 쓰시오. (단, $\theta$ : 곡선당김금구의 각도[°], $p$ : 곡선에서 전차선의 횡장력[N], $p_0$ 곡선당김에 미치는 수직하중[N] 이다.)

풀이 )

곡선당김금구의 정적 상태에서 설치 각도 ($\theta$)는 $\theta = \tan^{-1} \dfrac{p_0}{p}$ 이다.

**58** 경부고속철도에 사용하고 있는 곡선당김금구의 최대 허용압상량은 몇 [mm]인가?

풀이 )

경부고속철도에 사용하고 있는 곡선당김금구의 최대 허용압상량은 200[mm] 이다.

**59** 고속철도의 본선 통과 속도가 $V \geq 220$[km/h]인 경우 건넘(교차)선장치에 레일간의 거리가 너무 멀어 장치를 설치 할 수 없는 경우 선간거리가 멀어서 편위조정에 사용되는 곡선당김금구의 구성에 대하여 알맞은 내용을 쓰시오.

풀이 )

고속철도의 건넘(교차)선장치 선간거리가 멀어서 편위조정에 사용되는 곡선당김금구는 2.0[m]와 1.75[m]의 특별히 긴 것과 1.4[m]의 압축형 곡선당김금구 등이 사용된다.

**60** 고속철도의 건넘선에 46번 분기기가 있는 경우 에어섹션을 설치하는 방법에 대하여 아는대로 쓰시오.

풀이 )

분기기가 46번일 경우 건넘선 중앙부근에 고정빔을 설치하여 여기에 특수 하수강으로 에어섹션을 구성시켜 팬터그래프의 고속통과시 공기절연에 의한 전기적인 구분을 할 수 있도록 설치한다.

**61** 고속철도의 18.5번 분기기가 있는 건넘선에 상·하 본선간의 전기적인 구분장치를 설치하려고 할 때 적정한 구분장치는?

풀이 )

고속철도의 18.5번 분기기가 있는 건넘선에 상·하 본선간을 구분할 때 적정한 구분장치는 애자형섹션이다.

**62** 다음은 고속철도의 18.5번 분기기가 있는 건넘선에 열차가 통과하는 속도에 대한 설명이다. 괄호 안에 알맞은 내용을 쓰시오.

> 고속철도의 18.5번 분기기가 있는 건넘선에 열차가 통과하는 속도는 (     )[km/h] 이다.

**풀이**
18.5번 분기기의 열차 통과 속도는 <u>90[km/h]</u> 이다.


**63** 고속철도 전차선에 전기적인 구분장치를 설치할 때 고려해야 할 내용에 대하여 2가지만 적으시오.

**풀이**
1) 전차선, 조가선등의 기계적 성능과 협조가 이루어지는 구조로 한다.
2) 시설을 경량화하여 집전상 경점이 많이 생기지 않도록 한다.
3) 팬터그래프 통과시 아크로 인해 절연이 파괴되지 않도록 한다.
4) 팬터그래프 통과시 동요가 적도록 조정한다.


**64** 다음은 고속철도의 전기적인 구분장치 에어조인트에 대한 설명이다. 괄호안에 알맞은 내용을 쓰시오.

> 고속철도의 전차선을 적정한 길이로 인류하기 위해 설치되어 있는 에어조인트의 평행개소에서 전차선 상호간 이격거리는 (     )[mm] 이다.

**풀이**
에어조인트의 평행개소에서 전차선 상호간 이격거리는 <u>200[mm]</u> 이다.


**65** 고속철도에 설치되어 있는 에어조인트 구성은 몇 경간을 원칙으로 구성하는가?

**풀이**
에어조인트 구성은 4경간을 원칙으로 구성한다.


**66** 고속철도의 구분장치 중 에어섹션에 대하여 간단하게 설명하시오.

**풀이**

에어섹션은 집전부분의 전차선에 절연물을 삽입하지 않고 절연하고자 하는 두 전차선 상호에 평행 부분을 일정 간격(500[mm])으로 이격시켜 공기 절연을 이용한 동상용 구분장치이다.

**67** 다음은 속도등급 300킬로급 이상인 고속철도의 에어섹션에 대한 설명이다. 괄호 안에 알맞은 내용을 쓰시오.

> 속도등급 300킬로급 이상인 고속철도의 에어섹션 평행개소에 두 전차선 상호간 이격거리는 (    )[mm] 이다.

**풀이**

에어섹션의 평행개소에 두 전차선 상호간 이격거리는 500[mm] 이다.

**68** 고속철도 전차선 4경간의 에어섹션에서 주축전주 (2e 및 2i)쌍브래킷의 간격은 몇 [m]인가?

**풀이**

고속철도 4경간의 에어섹션에서 주축전주(2e 및 2i) 쌍브래킷의 간격은 1.6[m] 이다.

**69** 다음은 고속철도에 설치되어 있는 에어섹션에 대한 설명이다. 괄호 안에 알맞은 내용을 쓰시오.

> 고속철도에 설치되어 있는 에어섹션은 (    )경간으로 구성되나, 강풍구간은 (    )경간으로 구성된다.

**풀이**

에어섹션은 4경간으로 구성되나, 강풍구간은 5경간으로 구성된다.

**70** 다음은 고속철도 4경간의 에어섹션의 주축전주(2e 및 2i) 쌍브래킷 가고 조합에 대한 내용이다. 괄호 안에 알맞은 내용을 쓰시오.

> 고속철도 4경간의 에어섹션에서 주축전주(2e 및 2i) 쌍브래킷의 가고의 조합은 (   )[m]와 (   )[m] 이다.

**풀이**

고속철도 4경간의 에어섹션에서 주축전주(2e 및 2i) 쌍브래킷의 가고의 조합은 2.0[m]와 1.3[m]이다.

**71** 고속철도 4경간의 에어섹션에서 중간 전주(1e 및 1i, 3e 및 3i)의 쌍브래킷 간격은 몇 [m]인가?

**풀이**

고속철도 4경간의 에어섹션에서 중간 전주(1e 및 1i, 3e 및 3i)의 쌍브래킷 간격은 1.0[m]로 설치한다.

**72** 다음은 고속철도 4경간의 에어섹션에서 중간 전주의 쌍브래킷 가고 조합에 대한 설명이다. 괄호 안에 알맞은 내용을 쓰시오.

> 고속철도 4경간의 에어섹션에서 중간전주(1e 및 1i, 3e 및 3i) 쌍브래킷의 가고의 조합은 (   )[m]와 (   )[m] 이다.

**풀이**

고속철도 4경간의 에어섹션에서 중간 전주(1e 및 1i, 3e 및 3i)의 쌍브래킷 가고의 조합은 1.4[m]와 1.8[m] 이다.

**73** 전차선로를 구성함에 있어 절연구분장치 설치 목적에 대하여 간단히 쓰시오.

**풀이**

절연구분장치는 전차선로를 구성함에 있어 변전소 또는 급전구분소 앞에 이상전원을 구분하기 위하여 설치하는 장치이다.

**74** 고속철도 전차선로에 설치하는 절연구분장치는 몇 경간으로 구성하는가?

**풀이**

고속철도 전차선로에 설치하는 절연구분장치는 7경간으로 구성한다.

75 다음은 고속철도 전차선로에 설치하는 절연구분장치의 구조에 대한 설명이다. 괄호 안에 알맞은 내용을 쓰시오.

> 고속철도 전차선로에 설치하는 절연구분장치의 구조는 (    ) → 중성구간 → (    )으로 구성되어 있다.

풀이
고속철도 전차선로에 설치하는 절연구분장치의 구조는 에어섹션 → 중성구간 → 에어섹션으로 구성되어 있다.

76 고속철도 전차선로에 설치하는 절연구분장치의 전체 길이는 몇 [m]로 구성되어 있는가?

풀이
절연구분장치는 중심축에서 115[m]씩 총 230[m]의 길이로 구성되어 있다.

77 고속철도 전차선로에 설치하는 절연구분장치의 가압부분과 중성구간을 지지하는 평행틀에서 가동브래킷의 상호 간격은 몇 [m]인가?

풀이
절연구분장치의 가압부분과 중성구간을 지지하는 평행틀에서 가동브래킷의 상호 간격은 1.6[m] 이다.

78 고속철도 전차선로의 전차선과 조가선의 최대 인류구간은 몇 [m]인가?

풀이
전차선과 조가선의 최대 인류구간은 1500[m]로 제한하고 있다.

79 고속철도 전차선로의 인류주 양단에 자동장력조정장치를 설치하는 경우 전차선과 조가선의 인류구간은 몇 [m] 이상일 때인가?

풀이
전차선과 조가선의 인류구간이 750[m] 이상일 때 인류주 양단에 자동장력조정장치를 설치하여 전선의 신축을 자동 조정할 수 있는 구조로 한다.

80 고속철도 터널개소의 터널길이가 700[m] 이하($L \leq 700[m]$)일 경우 인류장치의 설치 방법에 대하여 설명하시오.

> **풀이**
>
> 터널길이가 700[m] 이하($L \leq 700[m]$)일 경우 인류장치의 설치는 터널의 중앙에 흐름방지장치가 설치되도록 하고 에어조인트 개소는 터널밖에서 이루어지도록 한다.

81 고속철도 구간의 하나 또는 여러 개가 연속된 터널 길이가 각각 700[m] 이하($L \leq 700[m]$)일 경우 인류장치의 설치 방법에 대하여 설명하시오.

> **풀이**
>
> 하나 또는 여러 개가 연속된 터널 길이가 각각 700[m] 이하($L \leq 700[m]$)일 경우에는 흐름방지장치는 터널입구에서 350[m] 정도 되는 지점에 설치하도록 하며 인류장치는 터널 외부에 설치하도록 한다.

82 고속철도 터널개소의 터널길이가 700[m] 초과 1050[m] 이하($700[m] < L \leq 1050[m]$)일 경우 인류장치의 설치 방법에 대하여 설명하시오.

> **풀이**
>
> 터널길이가 700[m] 초과 1050[m] 이하($700[m] < L \leq 1050[m]$)일 경우 인류장치는 모두 터널 외부에 설치하도록 한다.

83 고속철도 터널개소의 터널길이가 1050[m] 초과 1500[m] 이하($1050[m] < L \leq 1500[m]$)일 경우 인류장치의 설치 방법에 대하여 설명하시오.

> **풀이**
>
> 터널개소의 터널길이가 1050[m] 초과 1500[m] 이하($1050[m] < L \leq 1500[m]$)일 경우 터널의 양단에는 터널입구로부터 350[m] 되는 지점의 터널 내부에 고정식 인류장치를 설치하고 터널 외부에 자동장력조정장치를 설치한다.

84 고속철도 터널개소의 터널길이가 1500[m]를 초과($L > 1500[m]$)할 경우 인류장치의 설치 방법에 대하여 설명하시오.

> **풀이**
> 터널 외부로부터 터널 내부로 설치된 전차선로에 설치될 인류장치는 흐름방지장치로부터 750[m] 이내로 한다.

## 85 다음은 고속철도 전차선로에 사용하는 자동장력조정장치 추의 무게에 대한 내용이다. 괄호안에 알맞은 내용을 쓰시오.

> 고속철도 전차선로에 사용하는 자동장력조정장치의 조가선측 추의 무게는 (　　)[kg]이고, 전차선측 추의 무게는(　　)[kg] 이다.

> **풀이**
> 고속철도 전차선로에 사용하는 자동장력조정장치의 조가선측 추의 무게는 280[kg]이고, 전차선측 추의 무게는 400[kg] 이다.

## 86 다음은 고속철도 전차선로에 사용하는 자동장력조정장치를 초기에 설치할 때 과장력을 주는 것에 대한 설명이다. 괄호안에 알맞은 내용을 쓰시오.

> 자동장력조정장치를 초기에 설치할 때 주는 과장력은 조가선(　　)[daN], 전차선 3000[daN]으로 (　　)시간을 주고 있다.

> **풀이**
> 자동장력조정장치를 초기에 설치할 때 주는 과장력은 조가선 1500[daN], 전차선 3000[daN]으로 72시간을 주고 있다.

## 87 다음은 고속철도 전차선로에 사용하는 자동장력조정장치 조정에 관련된 내용이다. 괄호 안에 알맞은 내용을 쓰시오.

> 고속철도 전차선로에 사용하는 자동장력조정장치 조정시 +60[℃]에서 $X$의 치수 값은 (　　)[m]이며, $Y$의 치수 값은 (　　)[m] 이다.

> **풀이**
> +60[℃]에서 $X$의 치수 값은 0.4[m], $Y$의 치수 값은 0[m] 이다.

**88** 고속 전차선로에 사용하는 장력조정장치 $X$의 값을 구하는 식을 쓰시오. (단, $L$ : 전선의 길이[m], $T$ : 현재온도[℃], $A$ : +60[℃]에서의 $X$값 0.4[m] 이다.)

**풀이**

$X = [(17 \times 10^{-6} \times L) \times (60℃ - T℃)] + A$ 이다.

**89** 고속 전차선로에 사용하는 장력조정장치 $Y$의 값을 구하는 식을 쓰시오. (단, $L$ : 전선의 길이[m], $T$ : 현재온도[℃] 이다.)

**풀이**

$Y = [(5 \times 17 \times 10^{-6} \times L) \times (60℃ - T℃)]$ 이다.

**90** 고속철도 전차선로에 사용하는 흐름방지장치를 설치하는 목적은?

**풀이**

전차선로의 풍압, 팬터그래프의 습동, 전선 자체의 온도변화에 의한 신축 등으로 인하여 전선이 한 쪽 방향으로만 이동하는 것을 방지하기 위하여 설치한다.

**91** 고속철도 전차선로에 사용하는 흐름방지장치 설치 방법에 대하여 간단히 설명하시오.

**풀이**

1) 전선의 양끝을 흐름방지용 전주 양측에 있는 전주에 10[kg](15[℃])의 장력으로 합성수지제 장간애자로 인류하여 고정시킨다.
2) 인류구간의 대략 중간부근에 있는 전주의 가동브래킷에 설치한다.
3) 흐름방지장치에 사용하는 전선은 Bz 65.4[mm²]의 청동연선을 사용한다.

**92** 속도등급이 300킬로급 이상인 고속철도에서 전차선과 가동브래킷의 수평파이프(진동방지 파이프)의 수직 중심간격[m]은 얼마인가?

**풀이**

수평파이프의 아연도강관은 짧은 인장형과 긴 압축형의 두가지로 구분된다. 수평파이프는 아연도강관 안에 아연도강봉을 내장하여 필요한 길이로 조정 가능한 구조로 주 파이프는 전차선 상부 0.6[m]에 설치한다.

### 93. 고속철도 가동브래킷용 장간애자는 일반개소에서 최소 누설거리가 몇 [mm]의 유리애자를 사용하는가?

**풀이**
장간애자는 일반개소에서 최소 누설거리가 1000[mm]의 유리애자를 사용한다.

### 94. 고속철도 구간에 가동브래킷용 장간애자가 파손될 우려가 있는 교량, 과선교, 터널 등에 사용하는 애자의 재질은?

**풀이**
가동브래킷용 장간애자가 파손될 우려가 있는 교량, 과선교, 터널 등은 합성수지제를 쓰도록 한다.

# MEMO

# Chapter 6. 강체 전차선로

핵심 예상문제풀이 전기철도공학

## 1. 강체 전차선로의 구조 및 원리

전차선로의 가선방식에 있어 지하구간에 적합하도록 개발되어진 가선방식으로 도시지하철 구간의 대표적인 방식이다. 강체 전차선로는 전차선을 강체에 완전하게 일체화시켜서 고정한 것으로 터널 등의 천장에 애자 또는 측면에 브래킷을 취부하고 여기에 강체전차선을 조가하는 방식

### 1.1 강체 전차선로의 특성

#### 1.1.1 강체 전차선로의 장점
(1) 터널구조물의 단면 높이를 축소할 수 있어 건설비 절감
(2) 전주, 빔이 없고 전차선과 리지드 바가 일체로 되어 있기 때문에 장력조정장치, 곡선당김장치, 진동방지장치가 불필요
(3) 설비가 간단하기 때문에 유지보수 용이
(4) 커티너리 조가식의 경우와 같은 단선의 염려가 거의 없고 응급조치 간단
(5) 직류 급전방식에서는 강체 전차선이 충분한 전기적 용량을 갖고 있기 때문에 급전선을 별도로 시설할 필요가 없다.

#### 1.1.2 강체 전차선로의 단점
(1) 팬터그래프가 강체전차선에 습동하여 운행될 때 이에 대한 추종성(追從性)이 없어 집전 특성이 나쁘기 때문에 전기차 운행속도에 한계가 있다.
(2) 유연한 가요성이 없으므로 상대적으로 전차선의 마모가 많게 된다.

## 1.2 R-Bar와 T-Bar의 특성비교

| 구 분 | R-bar | T-bar | 비 고 |
|---|---|---|---|
| 형 상 | (85, 110, 85) | (120, 120, 61, 11, 11) | |
| 단면적 | 2,214[mm$^2$] | 2,642[mm$^2$]<br>본체+이어(2,100+542) | 롱 이어<br>271[mm$^2$]×2 |
| 단위중량 | 5.8[kg/m] | 5.6[kg/m] | |
| 허용응력 | 16[kg·f/mm$^2$] | 11[kg·f/mm$^2$] | |
| 전차선 지지방식 | R-bar 직접 지지 | 롱 이어 부착 지지 | |
| 구 조 | 간단하다 | 복잡하다<br>-롱 이어 부착지지<br>250[mm]마다 볼트 조임 | |
| 강체 지지간격 | 10[m] | 5[m] | |
| 강체연결 | 10[m]마다 특수판 연결 | 10[m]마다 아르곤 용접 연결 | |
| 평행개소 | 평균 400[m]마다 설치<br>자동 신축 조절<br>(익스팬션 일레먼트)<br>(최대 500[m]) | 평균 200[m]마다 설치<br>(최대 250[m]) | 1구간 |
| 전차선 가선 방법 | 자동 가선<br>(1일 15[km]) | 수동 가선<br>(1일 5[km]) | |
| 곡선 반지름에 따른<br>강체 구부리기 | 자동 굴곡<br>$R=120$[m]까지 | 특수 공구 사용 굴곡 | |
| 허용속도 | 160[km/h] | 80[km/h] | |
| 비 고 | 유지 보수, 시공이 쉽다 | | |

# 2. 직류 강체방식(T-Bar)

## 2.1 급전선(feeder line)

**(1) 정급전선(positive feeder line)**
변전소에서 전차선까지의 급전선

**(2) 부급전선(negative feeder line)**
주행레일 임피던스본드의 중성선 단자로부터 변전소 부극(-) 단로기 2차측 단자까지의 급전선

## 2.2 강체 전차선(Rigid Bar Trolley Wire)

### 2.2.1 강체 전차선의 구성

**(1) 전차선**
홈붙이 제형 경동선을 사용

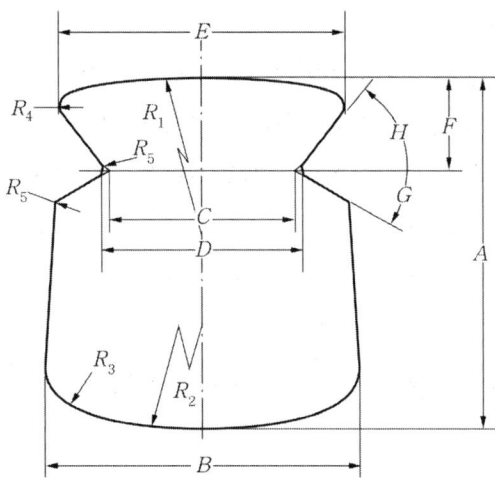

| 공 칭 단면적 [mm²] | $A$ [mm] | $B$ [mm] | $C$ [mm] | $D$ [mm] | $E$ [mm] | $F$ [mm] | $R_1$ [mm] | $R_2$ [mm] | $R_3$ [mm] | $R_4$ [mm] | $R_5$ [mm] | $G$ [°] | $H$ [°] | WT [kg/m] |
|---|---|---|---|---|---|---|---|---|---|---|---|---|---|---|
| (제형) 110 | 11.7 | 10.9 | 6.85 | 7.27 | 9.6 | 3.0 | 30 | 20 | 2.5 | 0.75 | 0.38 | 27 | 51 | 0.9877 |
| (제형) 170 | 14.8 | 13.0 | 6.85 | 7.27 | 9.6 | 3.0 | 30 | 35 | 2.5 | 0.70 | 0.38 | 27 | 51 | 1.511 |

### (2) T형재(AL T-Bar)

커티너리 가선방식의 급전선과 조가선을 합친 역할을 하는 것으로 T자형의 알루미늄 합금제로 되어 있으며, 단면적은 2,100[mm$^2$]이고 애자에 달려 있는 누름금구에 의해 지지된다. AL T-bar는 1개의 길이가 10[m]이며 중량은 1[m]당 5.6[kg]을 표준

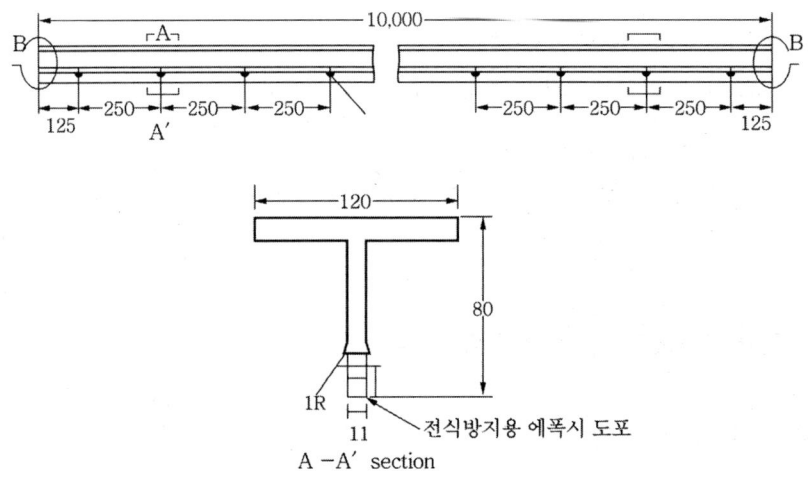

그림 6.2 AL T-bar

### (3) 롱이어(long ear)

전차선을 T-bar에 잘 밀착시키면서 연속적으로 고정시키는 연결금구이다. 이것은 2개 1조로 되어 있고 롱이어, 볼트, 너트, 스프링 와셔, 평 와셔 등으로 구성되어 있으며 T-bar와 전차선을 일체화시켜서 복합도체로서의 강체전차선을 구성

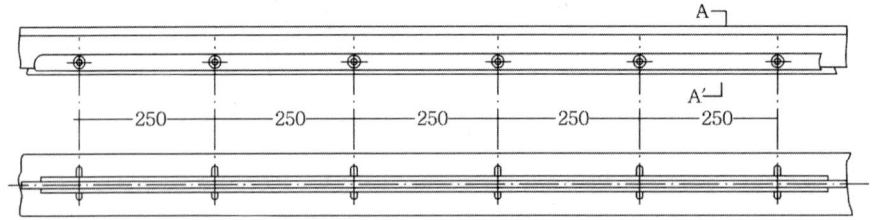

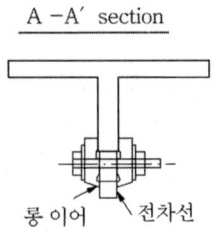

그림 6.3 롱이어

### (4) 절연매립전(節煙埋込栓)

전차선을 구조물에 지지하는 가장 중요한 부품으로 레일 중앙점에 콘크리트 구조물을 타설할 때 설치되는 것

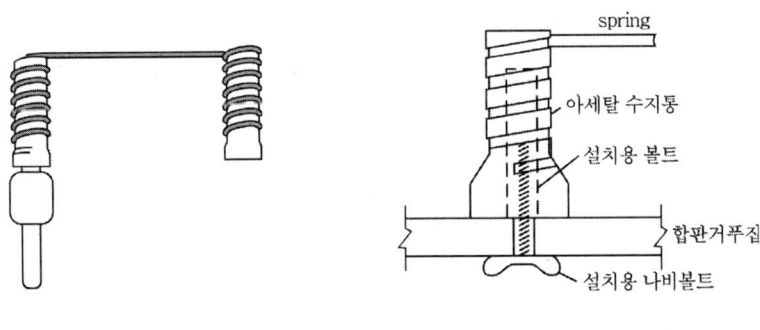

그림 6.4 매립전 형상    그림 6.5 매립전의 각부 명칭

### (5) 지지금구

매립전 볼트와 애자를 연결하는 것으로 강체 전차선을 일정한 높이로 유지하고 열차 운행시 진동이나 탈락 또는 변형되지 않도록 지지해 주는 것

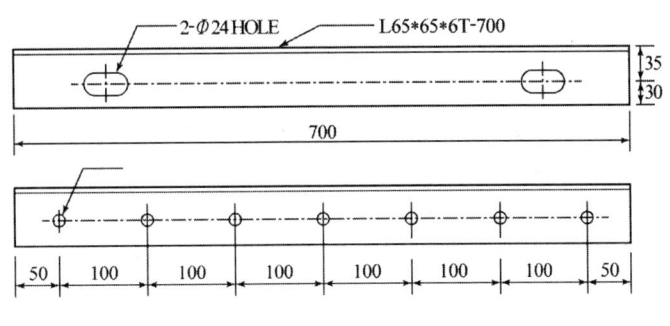

그림 6.6 지지금구의 사양

### (6) 애자(insulator)

전차선을 구조물과 절연하여 전기차를 안전하게 운행하게 하며 T-bar를 붙들어 주는 역할을 하는 것으로 250[mm] 애자를 사용하며 자기부와 캡, 베이스로 구성되고 T-bar를 붙들고 있는 누름금구와 이들을 접속하는 볼트 너트, 분할 핀으로 되어 있다.

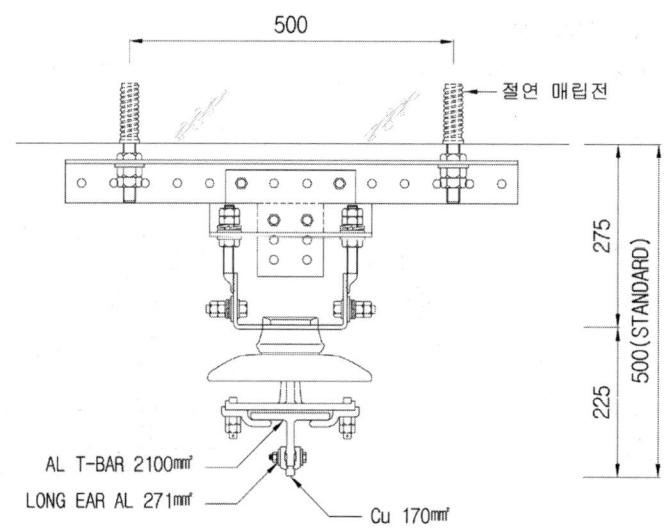

그림 6.7 T-bar의 설치 단면도

## 2.3 익스팬션조인트(expansion joint)

가공전차선로의 에어섹션과 같은 역할을 하는 장치

(1) 강체 전차선의 접속
(2) 온도의 변화에 따른 강체전차선의 신축

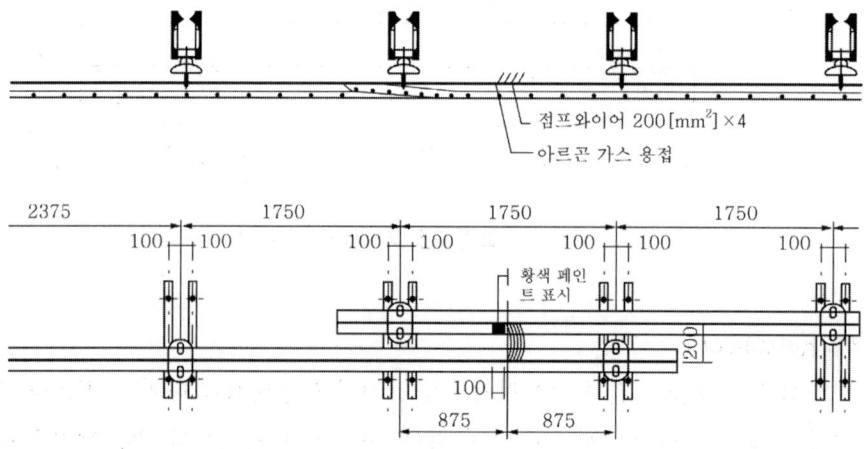

그림 6.8 익스팬션조인트의 구조

## 2.4 에어섹션(air section)

변전소의 급전구분지점, 건널선, 유치선 등에 설치하여 급전구분을 목적으로 설치하는 것으로 익스팬션조인트와 같이 0(Zero) 편위에 설치되며, 다른 점은 점퍼선이 없고 전차선 상호 간격이 250[mm]로서 전기적으로 구분

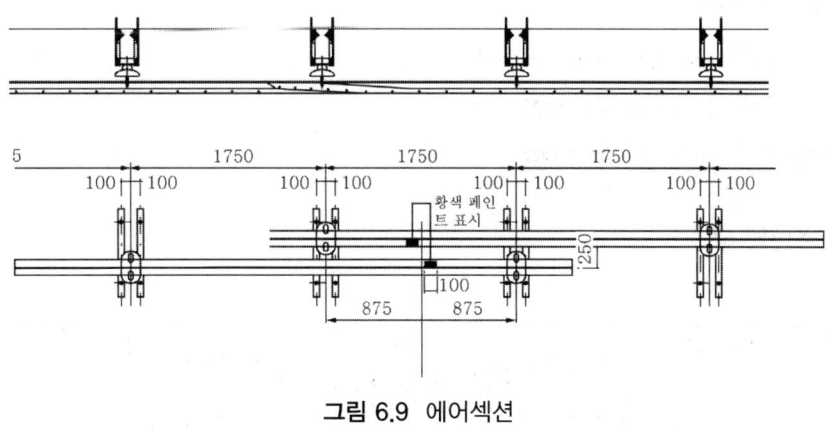

그림 6.9 에어섹션

## 2.5 흐름방지장치(anchoring)

강체 전차선의 이동을 방지하기 위하여 스팬 중앙의 최대 편위지점에 흐름을 저지하는 장치

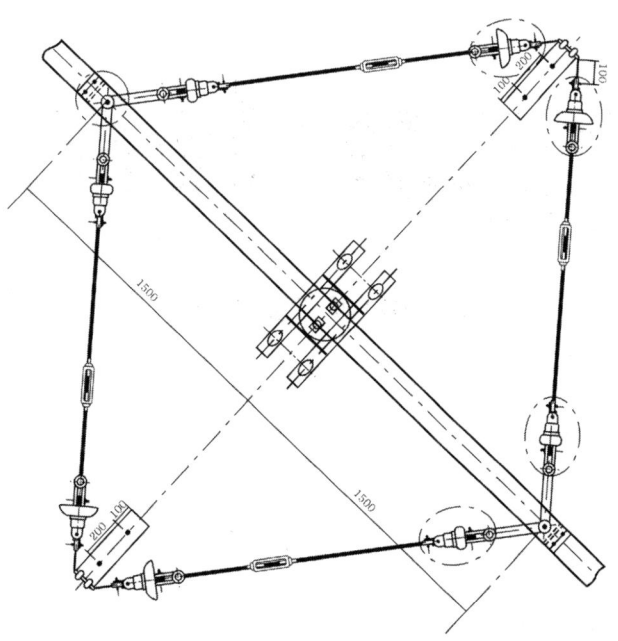

그림 6.10 마름모꼴(롬버스) 앵커링 구조

## 2.6 건넘선장치(overhead cross)

본선에서 다른 본선으로 또는 시단역(始端驛)의 되돌아오는 선 등 전기차의 진행방향을 바꾸는 개소에 설치하여 팬터그래프가 원활하게 건너갈 수 있도록 시설하는 교차장치

### 2.6.1 건넘선의 종류

(1) 교차건넘선(diamond cross over)
(2) 편건넘선(I-type cross over)
(3) Y 건넘선(Y-type cross over)

### 2.6.2 건넘선의 구조

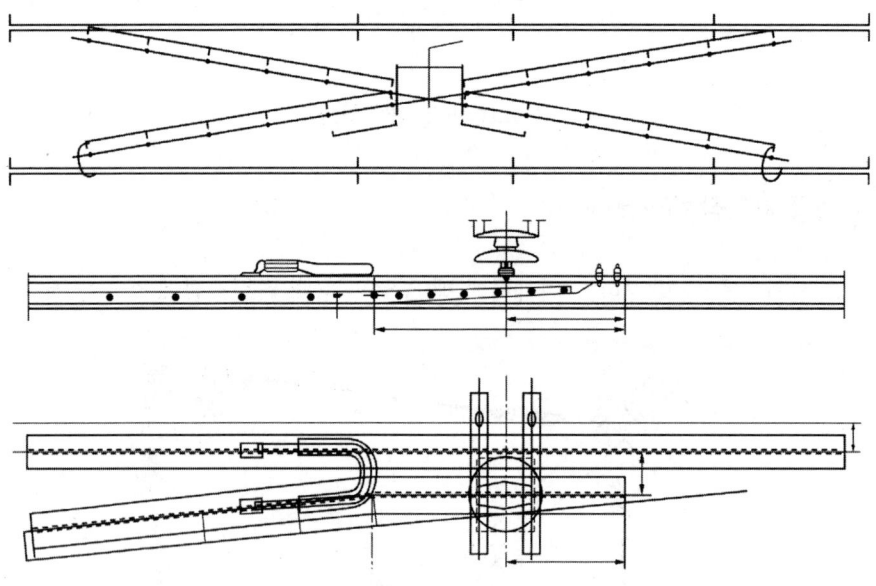

**그림 6.12** 건넘선의 구조도

### 2.6.3 건넘선의 단선도

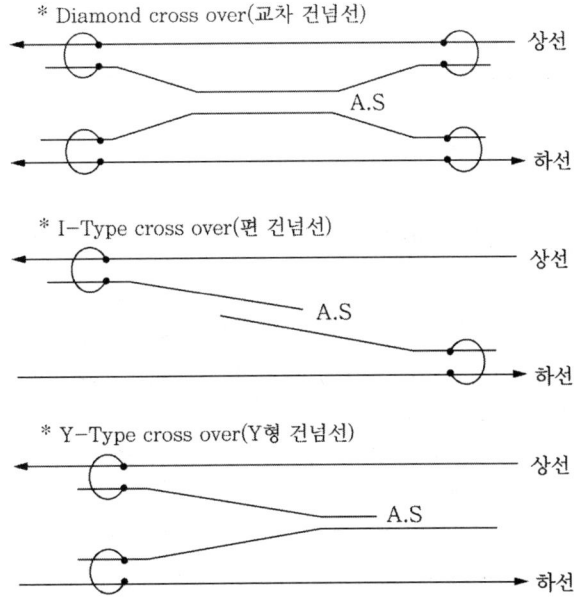

그림 6.13 건넘선의 단선도

## 2.7 지상부 이행장치

지상부의 가공전차선이 터널 내로 들어와 강체 전차선으로 바뀌어지는 부분에 전기차의 팬터그래프가 자연스럽게 옮겨지면서 원활하게 운행할 수 있도록 하는 장치

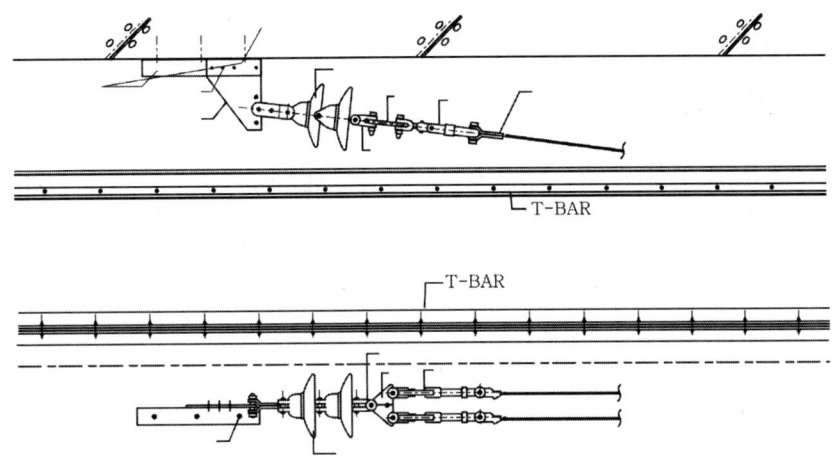

그림 6.14 터널 종단 가공 전차선 인류장치

## 3. 교류 강체방식(R-Bar)

### 3.1 급전선(feeder line)

가공 전차선로방식의 AT 급전선과 역할 동일

#### 3.1.1 급전선용 지지애자(NSP-50)

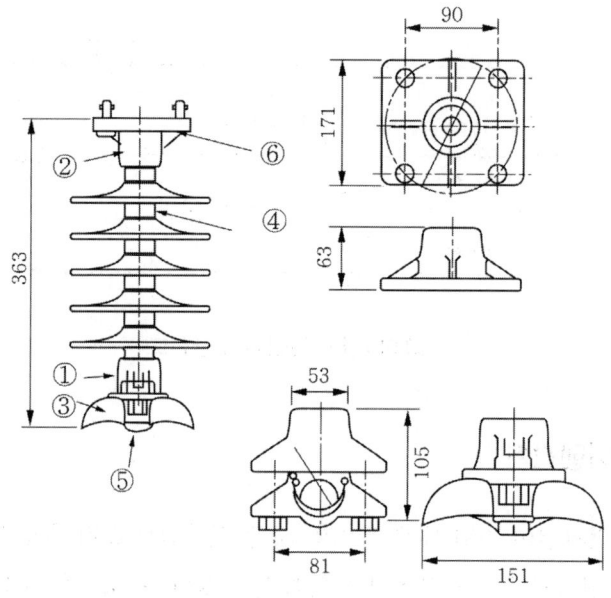

그림 6.18 급전선용 지지애자

### 3.2 비절연보호선(FPW)

섬락보호를 위하여 철제, 지지물을 연결하여 귀선 레일에 접속하고 대지에 대하여 절연하지 않는 전선

## 3.3 강체 전차선(conductor rail)

### 3.3.1 강체 전차선의 구성

**(1) 전차선(trolley wire)**

표 6.6 전차선(110[mm²])의 기계적 성질

| 공칭 단면적 | $A_c$ | 110[mm²] |
|---|---|---|
| 단위중량 | $g_c$ | 9.69[N/m] |
| 탄성계수 | $E_c$ | 127500[N/mm²] |
| 선팽창 계수 | $\alpha_c$ | $1.73 \times 10^{-5}$[1/℃] |

R-bar방식의 전차선은 홈붙이 원형 Cu 110[mm²]을 사용

**(2) 리지드 바(rigid-bar)**

지하구간에서 커티너리 전차선과 조가선을 합친 역할을 하는 것으로 전차선을 R-bar의 취부구에 삽입하는데 별도의 기계(installation device)로 설치를 한다. R-bar의 단면적은 2,214[mm²]로서 알루미늄합금으로 제작되며, 1개의 길이는 10[m]이고 폭은 85[mm]

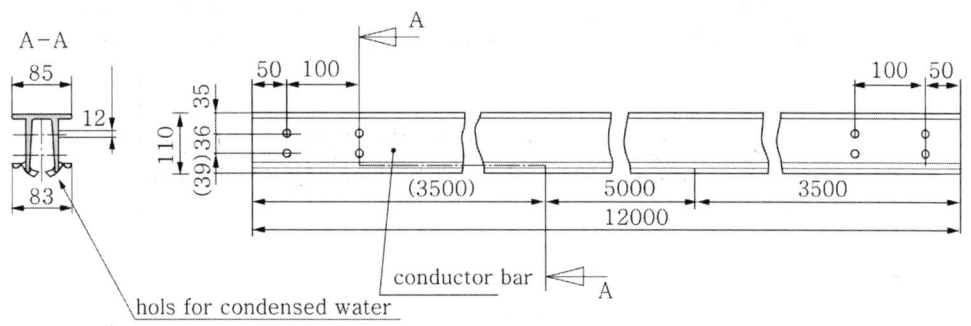

그림 6.19 R-bar(Rigid-bar)

**(3) 연결금구(interlocking joint)**

R-bar와 R-bar간을 접속하는 연결금구는 Rigid-bar와 동일한 합금으로 조인트에는 Rigid-bar의 내측에 걸치기 위한 4개의 리브(직선으로 튀어나온 부분)가 있다.

연결금구는 2개를 1조로 하여 접속 개소의 R-bar 내부 양측에 집어넣은 다음 외부에서 볼트로 채우는 구조

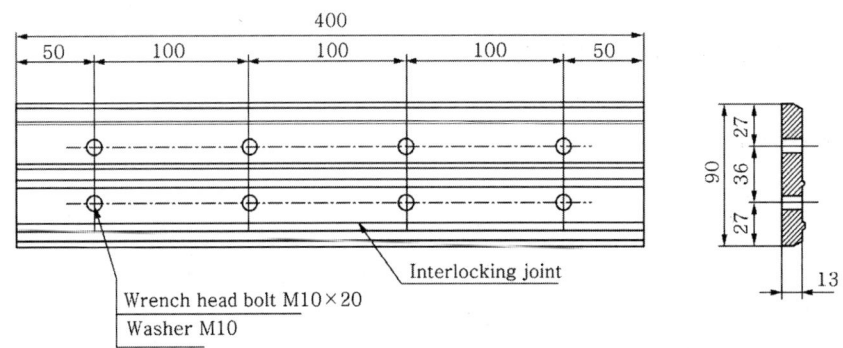

그림 6.20 연결금구(Interlocking Joint)

### 3.4 지지주(suspension pole)

지하구간의 천장 벽면에 부착하여 브래킷을 지지하는 것(주로 H형강을 사용)

### 3.5 R-bar 브래킷(bracket)

브래킷은 지지주에 설치하여 강체 전차선을 지지하는 것

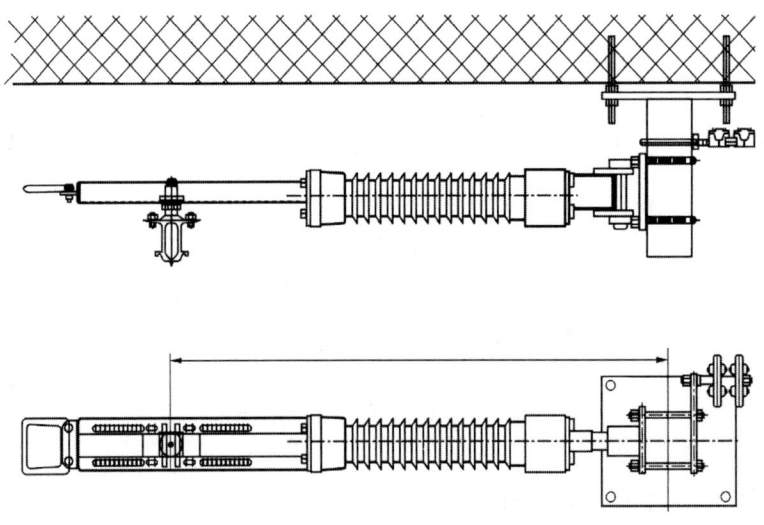

그림 6.21 R-bar 브래킷

### 3.5.1 브래킷의 종류

**(1) 가동형**

일반적인 지지점에 가장 많이 사용되는 브래킷으로 강체 전차선의 신축에 대응되도록 브래킷이 가동되는 타입

**(2) 고정형**

중성구간에 있어서 강체 전차선의 신축이 불필요한 개소에 고정점으로 사용되는 타입

**(3) 단축형**

에어갭 등을 따라 설치되며 길이가 짧은 Ahead 브래킷이 사용되는 타입

## 3.6 확장장치(expansion device)

전차선축에 놓여 있는 확장장치는 긴 강체 전차선 구간에 온도 변화로부터 생기게 되는 리지드 바의 팽창을 상쇄시켜 강체 전차선의 기계적, 전기적 저항이 없이 길이를 유지하는 장치

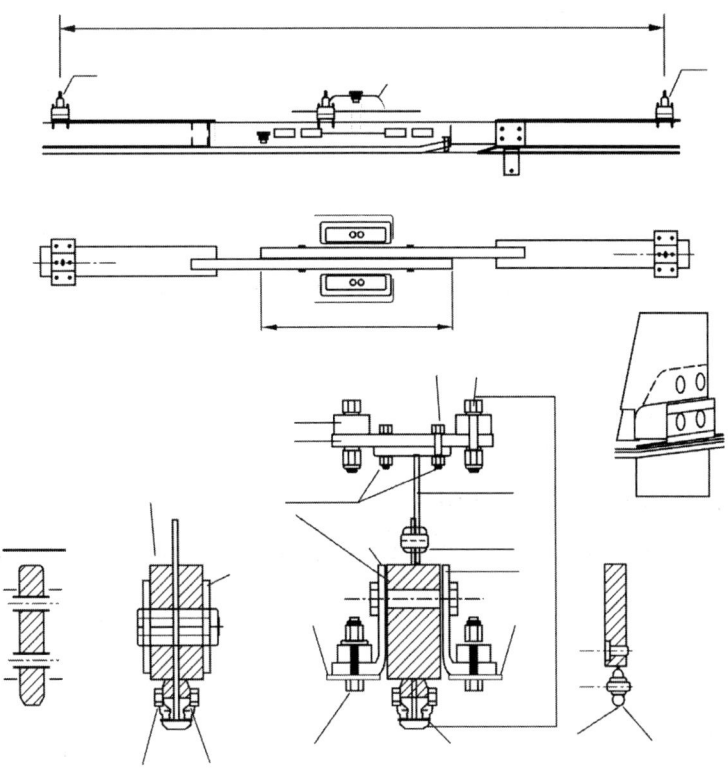

그림 6.23 확장장치(expansion device)

## 3.7 직접유도장치(direct lead-in device)

가공전차선 구간에서 지하 강체전차선 구간으로 진입하는 개소에 설치하는 장치로서 가공의 조가선과 강체 전차선의 강도 차이를 점진적으로 같게 하여 직접 전기차의 팬터그래프가 통과할 수 있도록 하는 것

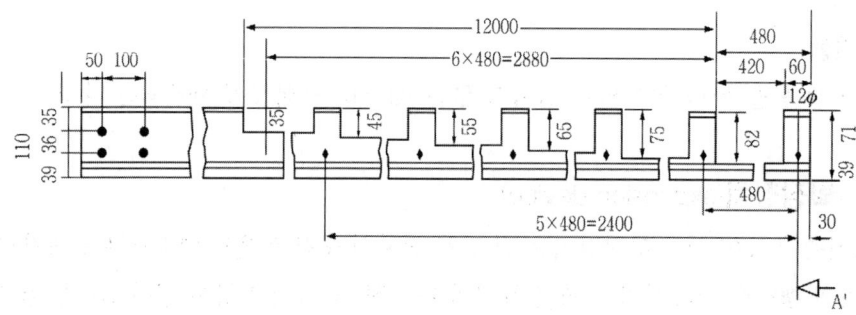

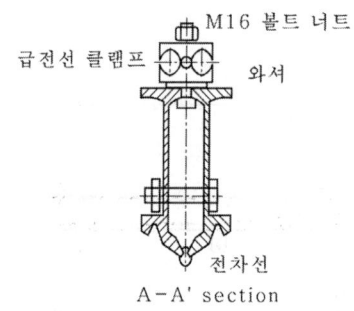

그림 6.24 직접유도장치(direct lead-in device)

## 3.8 구분장치(section device)

### 3.8.1 애자형섹션(insulator section)

건넘선이나 유치선 등에 설치하는 것으로 구분절연체를 삽입하여 전기적으로 구분하는 것

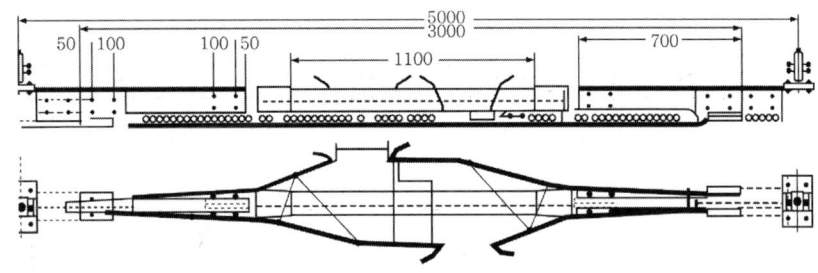

그림 6.26 애자형 섹션

### 3.8.2 에어섹션(air section)

구분소 등의 급전구분 지점 등에 설치하는 것으로 강체 전차선을 전기적으로 구분하기 위해 두 개의 강체 전차선을 평행하게 가공 전차선로와 같이 300[mm]를 이격하여 설치한 것

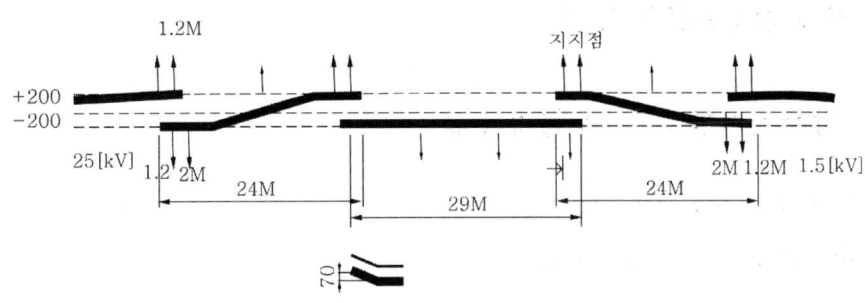

그림 6.27 에어섹션

### 3.9 고정점(fixed point)

강체 전차선의 고정점은 가공 전차선의 흐름방지장치와 같은 역할을 하는 것으로 한 섹션을 $400 \sim 600\,[m]$로 할 때 전기차가 일정한 방향으로 진행하게 되면 그 방향으로 전차선이 이동하게 된다. 이러한 이동을 방지하기 위하여 두 개의 확장장치 사이의 중앙에 흐름을 저지하게 하는 장치

### 3.10 제한점(end point)

제한점은 가공전차선의 인류장치와 같은 용도로 사용되는 장치이며, 이것은 강체전차선으로 들어오는 전차선의 작용을 흡수하는 작용

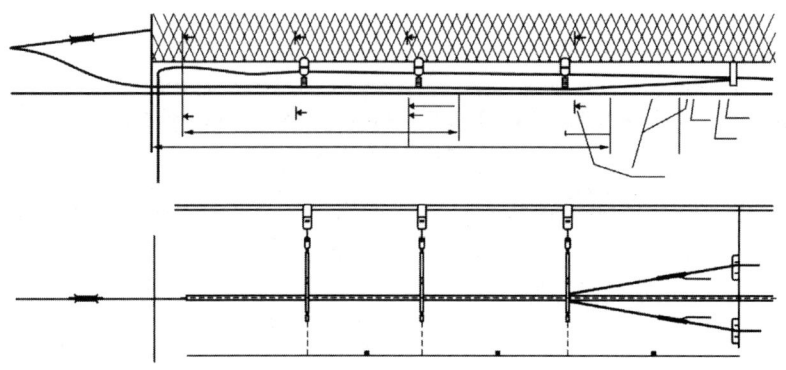

그림 6.28 제한점

## 4. 강체 전차선로의 해석

### 4.1 강체 전차선(R-Bar)의 통계적 값

(1) 단면적 $A_{rail} = A_a + A_c [\text{mm}^2]$

(2) 단위중량 $g_{rail} = g_a + g_c [\text{N/m}]$

(3) 선팽창계수 $\alpha_{rail} = \dfrac{A_c \times E_c \times \alpha_c + A_a \times E_a \times \alpha_a}{A_c \times E_c + A_a \times E_a}$ [1/℃]

### 4.2 강체 전차선의 최대이도

$$f = \frac{(g_a + g_c) \times a^4 \times 10^5}{384 \times E_a \times I_{y-y}} \text{ [mm]}$$

여기서, $g_a + g_c$ : 특정 경간의 중량[N/m]

$a$ : 스팬[m]

$E_a$ : 탄성계수[N/mm$^2$]

$I_{y-y}$ : $y$-$y$축의 관성모멘트[cm$^4$]

## 4.3 강체 전차선의 무게에 의하여 작용하는 힘

### 4.3.1 지지점에 작용하는 힘

$$\sigma_s = + \frac{q \times a^2}{12 \times W_{y-y}} [\text{N/mm}^2]$$

### 4.3.2 경간 중앙에 작용하는 힘

$$\sigma_m = - \frac{q \times a^2}{24 \times W_{y-y}} [\text{N/mm}^2]$$

여기서, $q : g_a + g_c$ [N/m]

$a$ : 경간[m]

$W_{y-y}$ : $y$-$y$축의 저항모멘트[cm$^3$]

## 4.4 강체 전차선의 온도변화에 의하여 작용하는 힘

$$F = \frac{(\alpha_a - \alpha_c) \times \Delta T \times (A_a \times A_c \times E_a \times E_c)}{A_c E_c + A_a E_a} [\text{N}]$$

여기서, $\alpha_a = \dfrac{F}{A_a}$ [N/mm$^2$], $\quad \alpha_c = \dfrac{F}{A_c}$ [N/mm$^2$]

$\pm \Delta T$ [℃] : 온도변화(구리에는 장력, 알루미늄에는 압축력이 작용)

## 4.5 곡선에서 강체 전차선의 구부러짐에 의하여 작용하는 힘

### 4.5.1 지지점 중심에 있는 경우

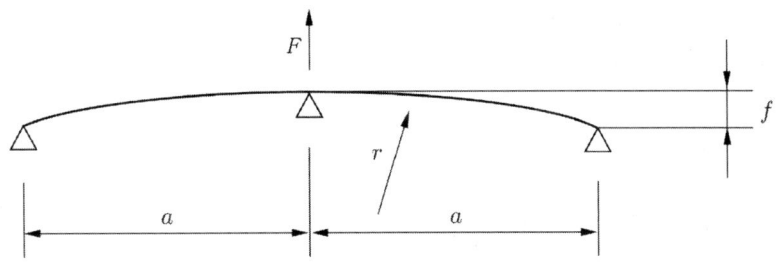

그림 6.29 지지점 중심에 있는 경우

$$f = \frac{a^2}{2 \times r} [\text{m}]$$

$$F = \frac{6 \times E \times I_{z-z} \times f}{100 \times a^3} [\text{N}]$$

$$M_{z-z} = \frac{F \times a}{2} [\text{N} \cdot \text{m}]$$

$$\sigma = \frac{M_{z-z}}{W_{z-z}} [\text{N/mm}^2]$$

여기서, $I_{z-z}$ : z-z축 관성모멘트 [cm$^4$]
  $W_{z-z}$ : z-z축 저항모멘트 [cm$^3$]
  $r$ : 반지름 [m]
  $E$ : 탄성계수 [N/mm$^2$]
  $M_{z-z}$ : 최대모멘트
  $\sigma$ : 내부장력(스팬의 길이와 관계없다)

### 4.5.2 지지점 중심에 있지 않는 경우

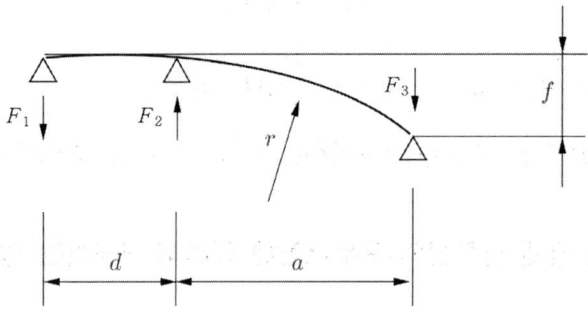

그림 6.30 지지점 중심에 있지 않은 경우

$$f = \frac{a^2}{2 \times r} [\text{m}]$$

$$F_1 = \frac{F_3 \times a}{d} [\text{N}]$$

$$F_2 = \frac{F_3 \times (a+d)}{d} [\text{N}]$$

$$F_3 = \frac{f \times 3 \times E \times I_{z-z}}{100 \times a^2 \times (a+d)} [\text{N}]$$

$$M_{z-z(\text{max. moment})} = F_3 \times a [\text{N} \cdot \text{m}]$$

$$\sigma = \frac{M_{z-z}}{W_{z-z}} [\text{N/mm}^2]$$

여기서, $F_1, F_2$ : 반발력[N]

　　　　$F_3$ : 굽힘력[N]

　　　　$r$ : 반지름[m]

　　　　$E$ : 탄성계수[N/mm$^2$]

　　　　$I_{z-z}$ : $z$-$z$축에 의한 관성모멘트[cm$^4$]

　　　　$W_{z-z}$ : $z$-$z$축에 의한 저항모멘트[cm$^3$]

### 4.5.3 이미 구부려져 있는 경우

$$F < \frac{N_a}{\gamma} [\text{N}]$$

$$N_a = \frac{\pi^2 \times E \times I_{z-z}}{L_a^2 \times 100} [\text{N}]$$

여기서, $F$ : 압축력[N]

　　　　$N_a$ : 굽힘력[N]

　　　　$\gamma$ : 안전율(정상적인 경우 1.6)

　　　　$E$ : 탄성계수 [N/mm$^2$]

　　　　$L_a$ : 반발길이[m]

　　　　$I_{z-z}$ : 가장 약한 축의 관성모멘트[cm$^4$]

## 4.6 고정점에 작용하는 힘

**(1) 경사각 $\mu$[degree]**

$$\mu = \tan^{-1}\left(\frac{\alpha_{rail} \times L \times \Delta T}{h}\right) [\text{degree}]$$

여기서, $\alpha_{rail}$ : 선팽창계수[1/℃]

　　　　$L$ : 고정점과 지지점간의 간격[m]

　　　　$\Delta T$ : 온도변화[℃]

　　　　$h$ : 지지점의 회전길이[m]

(2) 굽힘력 $F$ [N]

$$F = \frac{6 \times E \times I_{z-z} \times f}{100 \times a^3} \text{[N]}$$

(3) 수평 분력(分力) $H'$

$$H' = F \times tan\mu \text{ [N]}$$

(4) 고정점의 힘 $H$(모든 분력의 합)

$$H = \Sigma H'$$

(5) 곡선의 지지에 따른 각 조건을 가정하면 고정점에 나타나는 힘

① $+\Delta T$에서의 내곡선 지지 : $+H$(고정점에 압축력)
② $+\Delta T$에서의 외곡선 지지 : $-H$(고정점에 당김력)
③ $-\Delta T$에서의 내곡선 지지 : $-H$(고정점에 당김력)
④ $-\Delta T$에서의 외곡선 지지 : $+H$(고정점에 압축력)

## 4.7 강체 전차선의 구배에 따라 생성되는 힘

(1) 경사면의 높이(고저차) $h_i$

$$h_i = \frac{S_i \times L_i}{1000} \text{ [m]}$$

여기서, $L_i$ : 경간 $i$ 부분의 길이[m]
$S_i$ : 경간 $i$ 부분의 경사[‰]
여기서, $h_i > 0$이면 오른쪽 끝이 왼쪽보다 높다.

(2) 경사각 $\alpha_i$

$$\alpha_i = \tan^{-1} g \frac{h_i}{L_i}$$

여기서, $g$ : 강체 전차선의 단위중량[N/m]

(3) 경간 $i$ 부분의 중량 $G_i$는

$$G_i = g \times L_i \text{[N]}$$

(4) 고정점에 대한 힘 $F$는

$$F = \Sigma_i G_i \times \sin\alpha_i \text{[N]}$$

## 4.8 온도변화에 따른 확장장치(expansion device)의 길이

$$d' = d - \alpha_{rail} \times (\Delta T - \Delta T') \times (A+B) \, [\text{m}]$$

여기서, $\alpha_{rail}$ : 선팽창계수이며 보통 $23.5 \times 10^{-6} [1/℃]$

## 4.9 강체 전차선의 전기적 성질

### (1) 합성저항

강체 전차선(conductor rail)의 합성저항 $R_0$

$$R_0 = \frac{R_a \times R_c}{R_a + R_c} \, [\Omega]$$

### (2) 온도 $t$ [℃]에서의 저항 $R_t$

$$R_t = \rho_{20°} \times [1 + \alpha_r \times (T-20)] \times \frac{L}{A} \, [\Omega]$$

여기서, $\rho_{20°}$ : 20 [℃]에서의 고유저항
  $\alpha_r$ : 저항온도계수
  $\alpha_{ra}$ : 알루미늄인 경우 $= 4 \times 10^{-3} [1/℃]$
  $\alpha_{rc}$ : 동인 경우 $= 3.9 \times 10^{-3} [1/℃]$
  $T$ : 강체 전차선의 온도[℃]
  $L$ : 길이[m]
  $A$ : 단면적[mm$^2$]

### (3) Al과 Cu간의 전류분배

$$\frac{I_a}{I_c} = \frac{P_c}{P_a} = \frac{A_a}{A_c} \, [\text{A}]$$

## 5. 강체 전차선로의 설계

### 5.1 브래킷의 간격

| 속도 | 최대 허용이도 | 최대 허용경간 |
|---|---|---|
| ≤ 80 [km/h] | $a$ / 750 | 12[m] |
| ≤ 120 [km/h] | $a$ / 1300 | 10[m] |

### 5.2 브래킷과 조인트간의 간격

조인트는 경간 내의 어느 지점이나 설치될 수 있다. 다만 강체 전차선의 교체를 위하여 브래킷 위에 설치하지 않아야 한다.

### 5.3 강체 전차선의 경간 길이

전체 길이 $C = A + d + B$일 때 여기에서 $d$의 값을 무시하면 $C = A + B$가 된다. 앞에서 설명한 온도와 길이의 관계식에서

$$d' = d - \alpha_{rail} \times (\Delta T - \Delta T') \times (A + B) \, [\text{m}]$$

$$\therefore C = (A + B) = \frac{d - d'}{\alpha_{rail} \times (\Delta T - \Delta T')} \, [\text{m}]$$

### 5.4 편위

가공전차선(overhead contact line)의 편위는 톱니형의 지그재그 형태인 반면 강체전차선(conductor rail)의 편위는 보다 완만한 사인(sine)곡선의 형태를 나타낸다.

| 속도 | 경간 | 편위 | 간격 | 지지점 수 |
|---|---|---|---|---|
| ≤ 80 [km/h] | 12[m] | 20[cm] | 120[m] | 10 |
| ≤ 120 [km/h] | 10[m] | 20[cm] | 200[m] | 20 |

## 5.5 전차선의 구배

| 속도 | 경간 | 경간 최대구배증가 | 최대 최종구배 | 구배변경 경간수 |
|---|---|---|---|---|
| ≤ 80[km/h] | 12[m] | 0.8[‰] | 5.0[‰] | 5 |
| ≤ 120[km/h] | 10[m] | 0.7[‰] | 3.5[‰] | 4 |

## 5.6 두 지지점간의 고저차

| 속도 | 최대 고저차 | 허용 구배 · 경간 |
|---|---|---|
| ≤ 80[km/h] | +/− 10[mm] | 0.8[‰] 12[m] |
| ≤ 120[km/h] | −/− 7[mm] | 0.7[‰] 10[m] |

## 5.7 분기개소의 설치

본선과 분기선이 서로 팬터그래프로 하여금 아무 방해 없이 원만하게 연결될 수 있도록 설치

## Chapt. 6 강체 전차선로 — 핵심예상문제 필기

**01** ★
전차선로의 가선방식에 있어 지하구간에 적합하도록 개발되어진 가선방식으로 도시지하철 구간의 대표적인 방식은?

① 커티너리방식　② 강체방식
③ 제3궤조식　　④ 연사조식

**해설**
강체방식은 지하구간에 적합하도록 개발되어진 가선방식으로 도시지하철 구간의 대표적인 방식이다.

**02** ★
다음은 강체방식의 장점에 대한 설명이다. 맞지 않는 것은?

① 구조물의 단면 높이를 축소할 수 있어 건설비를 절감할 수 있다.
② 장력장치, 곡선당김장치, 진동방지장치가 필요하다.
③ 유지보수가 쉽고 단선의 염려가 없다.
④ 직류 급전방식에서는 강체 전차선이 충분한 전기적 용량을 갖고 있기 때문에 급전선을 별도로 시설할 필요가 없다.

**해설**
전주나 빔이 없고 전차선이 Rigid-bar와 일체로 되어 있어 장력장치, 곡선당김장치, 진동방지장치가 불필요하다.

**03** ★
다음은 강체방식의 단점에 대한 설명이다. 맞지 않는 것은?

① 집전특성이 좋지 않아 전기차 운행속도에 한계가 있다.
② 요철부분에 국부적인 아크로 인하여 특정 개소의 마모가 심하다.
③ 커티너리 조가식과 같은 단선의 염려가 있다.
④ 팬터그래프 습판의 손상이 많다.

**해설**
커티너리 조가식과 같은 단선의 염려가 없다.

**04** ★★★
직류 강체전차선로(T-Bar 방식)의 강체 지지간격[m]은?

① 5　　② 10
③ 15　　④ 20

**해설**
직류 강체전차선로(T-Bar 방식)의 강체 지지간격은 5[m] 이다.

**05** ★
직류 강체전차선로(T-Bar 방식)의 허용속도[km/h]는?

① 60　　② 80
③ 100　④ 120

**해설**
직류 강체전차선로(T-Bar 방식)의 허용속도는 80[km/h] 이다.

**06** ★★
다음 중 T-Bar 강체전차선의 구성요소로 볼 수 없는 것은?

① T형제　　② 절연매립전
③ 연결금구　④ 애자

**정답** 01. ② 02. ② 03. ③ 04. ① 05. ② 06. ③

**해설**
T-Bar 강체전차선은 전차선, T형제, 롱이어, 절연매립전(節煙埋立栓), 지지금구(支持金構), 애자(碍子)로 구성되어 있다.

## 07 ★
T-Bar 강체전차선에 사용하는 전차선의 형상은?

① 원형　　　　　② 홈붙이 원형
③ 홈붙이 제형　　④ 홈붙이 이형

**해설**
T-Bar 강체전차선에 사용하는 전차선의 형상은 홈붙이 제형을 사용한다.

## 08 ★★★
T-Bar 강체전차선로에서 롱이어(Long Ear)란?

① 전차선을 T-Bar에 밀착시켜 연속적으로 고정시키는 연결금구이다.
② 레일 중앙점에 콘크리트 구조물을 타설할 때 설치되는 금구이다.
③ 전차선과 전차선을 연결하는 조인트이다.
④ 지상설비와 지하설비를 연결해 주는 설비이다.

**해설**
롱이어(Long Ear)는 전차선을 T-Bar에 밀착시켜 연속적으로 고정시키는 연결금구이다.

## 09 ★★★★
직류강체 전차선로 방식에서 T-Bar에 전차선이 잘 밀착되도록 연속적으로 고정시키는 연결금구는?

① 휘드이어　　　② 볼트
③ 절연매립전　　④ 롱이어

## 10 ★
전차선을 구조물에 지지하는 가장 중요한 부품으로 레일 중앙점에 콘크리트 구조물을 타설할 때 설치되는 것은?

① 롱이어　　　② 절연매립전
③ C 찬넬　　　④ 앵커볼트

## 11 ★★★
강체 조가방식 중 T-bar 방식에 사용하는 지지애자의 규격으로 맞는 것은?

① 95[mm]　　② 105[mm]
③ 250[mm]　④ 300[mm]

**해설**
T-bar 방식에 사용하는 애자는 250[mm] 지지애자를 사용한다.

## 12 ★
직류 T-bar 방식에 사용하는 250[mm] 지지애자의 상용 주파수 유중파괴전압[kV]은?

① 90　② 140　③ 190　④ 240

**해설**
지지애자(250[mm]) 성능

| 건조섬락전압 | 60[kV] | 과전압 파괴하중 | 500[kg] |
|---|---|---|---|
| 주수섬락전압 | 30[kV] | 누설거리 | 290[mm] |
| 50[%] 충격 섬락전압 | 100[kV] | 상용 주파수 유중파괴전압 | 140[kV] |

## 13 ★★★
익스팬션조인트 개소의 편위는 몇 [mm]인가?

① 0　② 100　③ 150　④ 200

**해설**
익스팬션조인트 개소의 편위 0(zero) 위치에 병렬로 겹쳐서 시공하고 전류용량을 고려하여 점퍼선을 가요연선 200[mm²] 4조로써 접속하고 엔드 어프로치를 가공하여 설치한다.

**정답** 07. ③　08. ①　09. ④　10. ②　11. ③　12. ②　13. ①

## 14 ★★★
익스팬션조인트 개소의 T-bar 상호 간격은 몇 [mm]를 표준으로 하는가?

① 100
② 200
③ 300
④ 400

**해설**
익스팬션조인트 개소의 T-bar 상호 간격은 200[mm]를 표준으로 하고 있다.

## 15 ★★
T-bar 방식의 에어섹션에 대한 설명중 맞지 않는 것은?

① 점퍼선은 가요연선 200[mm$^2$] 4조로 접속한다.
② T-bar 상호 간격은 250[mm]로서 전기적으로 구분된다.
③ 변전소의 급전구분 지점, 건널선, 유치선 등에 설치한다.
④ 익스팬션조인트와 같이 0 편위에 설치된다.

**해설**
에어섹션에는 점퍼선을 설치하지 않는다.

## 16 ★★★
T-bar 방식 전차선로에서 터널 내에 설치하는 흐름방지장치의 종류는?

① 원형 흐름방지장치
② 삼각형 흐름방지장치
③ 마름모꼴 흐름방지장치
④ 타원형 흐름방지장치

**해설**
터널 내에 설치하는 흐름방지장치는 마름모꼴 흐름방지장치이다.

## 17 ★★★
T-bar 방식의 전차선로에서 역 승강장에 설치하는 흐름방지장치 종류는?

① 타원형 흐름방지장치
② 특수(스패셜) 흐름방지장치
③ 삼각형 흐름방지장치
④ 마름모꼴 흐름방지장치

**해설**
역 승강장에 설치하는 흐름방지장치는 특수(스패셜) 흐름방지장치이다.

## 18 ★★
다음은 T-bar 방식의 흐름방지장치에 대한 설명이다. 맞지 않는 것은?

① 경간 중앙의 최대 편위점에 흐름을 저지한다.
② 전차선이 레일 중심에 대하여 좌우 200[mm] 지그재그 편위가 되도록 설치한다.
③ 흐름방지장치의 간격은 250[m]를 표준으로 한다.
④ 승강장 내에는 미관을 고려 특수(스패셜) 흐름방지장치를 설치한다.

**해설**
흐름방지장치의 간격은 200[m]를 표준으로 하고 최대 250[m]로 한다.

## 19 ★★
다음은 직류강체방식(T-bar)의 건넘선장치에 대한 설명이다. 맞지 않는 것은?

① 분기선단에는 T-bar를 엔드 어프로치하여 설치하고 점퍼선 200[mm$^2$] 1조를 접속한다.
② I형 및 Y형은 분기선이 본선의 전차선보다 20[mm] 높게 한다.

③ 에어섹션의 길이는 5[m]로 시설한다.
④ T-bar의 상호 간격은 250[mm] 이다.

**해설**
I형 및 Y형은 분기선이 본선의 전차선보다 10[mm] 높게 한다.

## 20 ★★★★★
직류강체방식(T-bar)에서 지상부의 가공 전차선이 터널내로 들어와 강체 전차선으로 바뀌어지는 부분에 팬터그래프가 자연스럽게 옮겨지면서 원활하게 운행할 수 있도록 하는 장치는?

① 건넘선장치  ② 흐름방지장치
③ 지상부 이행장치  ④ 엔드 어프로치

**해설**
지상부의 가공전차선이 터널내로 들어와 강체 전차선으로 바뀌어지는 부분에 팬터그래프가 자연스럽게 옮겨지면서 원활하게 운행할 수 있도록 하는 장치는 지상부 이행장치이다.

## 21 ★★
강체전차선 경간의 길이가 10[m]인 경우 지지점 중앙의 이도[mm]는 개략 얼마 정도 인가?

① 3.1  ② 4.9  ③ 7.5  ④ 11

**해설**
경간의 길이 $a$에 대한 지지점 중앙의 이도 $f$는 다음과 같다.

| $a$ | 6 | 7 | 8 | 9 | 10 | 11 | 12 | [m] |
|---|---|---|---|---|---|---|---|---|
| $f$ | 1.0 | 1.8 | 3.1 | 4.9 | 7.5 | 11.0 | 15.5 | [mm] |

## 22 ★★
강체가선구간에서 R-bar 강체방식 지지점의 표준 간격[m]은?

① 5  ② 10  ③ 15  ④ 20

**해설**
R-bar 강체방식의 지지점 표준 간격은 10[m] 이다.

## 23 ★
교류 강체전차선로(R-Bar 방식)의 허용속도 [km/h]는?

① 80  ② 100  ③ 120  ④ 160

**해설**
교류 강체전차선로(R-Bar방식)의 허용속도는 160 [km/h] 이다.

## 24 ★★
교류 강체전차선로(R-Bar방식)에 사용하는 급전선과 지지애자의 조합은?

① Cu-OC 200[mm$^2$] + NSP 50
② Cu 200[mm$^2$] + NSP 50
③ Cu 150[mm$^2$] + 254[mm]
④ Cu-OC 200[mm$^2$] + 254[mm]

**해설**
교류 강체전차선로(R-Bar방식)에 사용하는 급전선은 Cu-OC 200[mm$^2$], 지지애자는 NSP 50의 조합으로 구성되어 있다.

## 25 ★★
교류 강체전차선로(R-Bar방식)에서 단권변압기방식의 급전계통 보호선은 어떤 보호방식을 사용하고 있는가?

① 절연보호방식
② 비절연보호방식
③ 흡상선보호방식
④ 임피던스본드보호방식

**해설**
비절연보호방식은 섬락보호를 위하여 철제, 지지물을 연결하여 귀선 레일에 접속하는 방식으로 대지에 대하여 절연하지 않는 방식이다.

**정답** 20. ③  21. ③  22. ②  23. ④  24. ①  25. ②

## 26 ★★
강체가선방식에서 R-Bar 합성전차선의 구성에 해당되지 않는 것은?

① 연결금구  ② 드로퍼
③ 전차선    ④ R-Bar

**해설**
R-Bar 합성전차선은 기본적으로 전차선, R-Bar, 연결금구로 구성되어 있다.

## 27 ★★
전기철도 교류 R-bar 강체 전차선로에서 기본 구성 요소로 가장 거리가 먼 것은?

① 롱이어    ② 전차선
③ 연결금구  ④ 리지드 바

**해설**
롱이어는 T-bar 방식에 사용하는 구성품이다.

## 28 ★★★
강체전차선로에서 R-Bar 브래킷의 종류가 아닌 것은?

① 가동형  ② 단축형
③ 확장형  ④ 고정형

**해설**
교류 강체전차선로에서 R-Bar 브래킷의 종류에는 가동형, 고정형, 단축형이 있다.

## 29 ★★★
강체 전차선로(교류 R-bar 방식)에서 사용하는 브래킷의 종류가 아닌 것은?

① 이동형  ② 단축형
③ 고정형  ④ 가동형

**해설**
교류 강체전차선로에서 R-Bar 브래킷의 종류에는 가동형, 고정형, 단축형이 있다.

## 30 ★
교류 R-bar 방식 브래킷의 종류 중 지지점에 가장 많이 사용되는 브래킷으로 강체 전차선의 신축에 대응되도록 브래킷이 가동되는 타입은?

① 이동형  ② 단축형
③ 고정형  ④ 가동형

**해설**
교류 R-bar 방식에서 지지점에 가장 많이 사용되는 브래킷으로 강체 전차선의 신축에 대응되도록 브래킷이 가동되는 타입은 가동형이다.

## 31 ★
교류 R-bar방식 브래킷의 종류 중 중성구간에 있어서 강체 전차선의 신축이 불필요한 개소에 고정점으로 사용되는 타입은?

① 이동형  ② 단축형
③ 고정형  ④ 가동형

**해설**
중성구간에 있어서 강체 전차선의 신축이 불필요한 개소에 고정점으로 사용되는 브래킷은 고정형이다.

## 32 ★★
교류 R-bar방식 브래킷의 종류 중 에어갭 등을 따라 설치되며 길이가 짧은 Ahead 브래킷이 사용되는 타입은?

① 이동형  ② 단축형
③ 고정형  ④ 가동형

**해설**
에어갭 등을 따라 설치되며 길이가 짧은 Ahead 브래킷이 사용되는 타입은 단축형이다.

**정답** 26. ② 27. ① 28. ③ 29. ① 30. ④ 31. ③ 32. ②

## 33 ★
다음 중 R-bar 브래킷의 부품으로 볼 수 없는 것은?

① 꼬리금구　② 머리금구
③ 지지금구　④ 회전금구

**해설**
R-bar 브래킷의 부속품으로는 꼬리금구, 머리금구, 회전금구, 접지봉 연결금구, 애자 등이 있다.

## 34 ★★★
교류 25[kV] 강체방식의 브래킷 부품 중 전차선을 구조물과 절연하고 R-bar를 붙들어주는 역할을 하는 것은?

① 꼬리금구　② 머리금구
③ 회전금구　④ 애자

**해설**
전차선을 구조물과 절연하고 R-bar를 붙들어주는 역할을 하는 것은 애자이다.

## 35 ★★
교류 25[kV] 강체방식의 브래킷 부속품 중 편위 조정을 위하여 R-bar의 위치를 변경할 수 있도록 만든 금구는?

① 꼬리금구　② 머리금구
③ 회전금구　④ 접지봉연결금구

**해설**
편위 조정을 위하여 R-bar의 위치를 변경할 수 있도록 만든 금구는 머리금구이다.

## 36 ★★★
교류 강체가선방식에서 강체전차선의 온도변화에 의한 리지드바의 팽창을 상쇄시켜주는 장치는?

① 확장장치　② 직접유도장치
③ 제한점　　④ 지상부 이행장치

**해설**
전차선 축에 설치되어 있는 확장장치는 강체전차선의 온도변화에 의한 리지드바의 팽창을 상쇄시켜주는 역할을 한다.

## 37 ★★
교류 강체방식 전차선로에서 온도변화로부터 R-bar 자동신축 조절을 위해 설치하는 확장장치는 몇 [m]를 기준으로 설치하는가?

① 200~400　② 400~600
③ 600~800　④ 800~1000

**해설**
확장장치 1개 경간의 길이는 400~600[m]를 기준으로 설치한다.

## 38 ★★
교류강체방식(R-Bar)에서 가공전차선 구간과 지하 강체전차선과의 이행구간에 압상특성을 점진적으로 같게 하여 팬터그래프가 원활히 통과할 수 있도록 하는 장치는?

① 확장장치　② 직접유도장치
③ 구분장치　④ 고정점장치

**해설**
가공전차선과 강체전차선과의 강도 차이를 점진적으로 같게 하여 팬터그래프가 원활히 통과할 수 있도록 하는 장치는 직접유도장치이다.

## 39 ★★
교류 R-bar 강체 전차선 방식에서 이행구간에 설치되는 장치는?

① 확장장치　② 직접유도장치
③ 구분장치　④ 고정점장치

**정답** 33. ③　34. ④　35. ②　36. ①　37. ②　38. ②　39. ②

**해설**
직접유도장치는 가공전차선 구간과 지하 강체전차선과의 접속구간인 이행구간으로 진입하는 개소에 설치한다.

## 40 ★★
교류 강체방식(R-bar)에서 가공전차선로의 흐름방지장치와 같은 역할을 하는 것은?

① 한계점　　② 고정점
③ 제한점　　④ 경계점

**해설**
교류 강체방식(R-bar)에서 가공전차선로의 흐름방지장치와 같은 역할을 하는 것은 고정점이다.

## 41 ★★★
교류 R-bar 방식 전차선로에서 가공전차선로의 인류장치와 같은 용도로 사용하며, 강체 전차선으로 들어오는 전차선의 작용을 흡수하는 장치는?

① 고정점　　② 한계점
③ 제한점　　④ 경계점

**해설**
가공전차선로의 인류장치와 같은 용도로 사용되는 장치는 제한점으로 전체적인 구조는 전차선에 대한 최대강도 1.5[kN]에 견딜 수 있도록 되어 있다.

## 42 ★★
다음 중 교류 강체전차선로(R-bar) 방식에 대한 설명으로 맞지 않는 것은?

① 이행구간에서 가공전차선이 터널 내에 들어와 강체 전차선으로 바뀌어지는 부분에 설치한 장치는 직접유도장치이다.
② 구분장치, 건넘선장치 등의 끝부분에 대한 단말처리는 앤드 어프로치(end approach)이다.
③ 두 개의 확장장치 사이의 중앙흐름을 저지하는 가공전차선로의 흐름장치와 같은 역할을 하는 것은 제한점이다.
④ 신축장치는 가능한 직선구간에 설치하여야 하여 1개의 경간 길이는 400~600[m]를 기준으로 한다.

**해설**
두 개의 확장장치 사이의 중앙흐름을 저지하는 가공전차선로의 흐름장치와 같은 역할을 하는 것은 고정점이다.

## 43 ★★
강체 전차선 경간의 길이가 12[m]인 경우 지지점 중앙의 이도[mm]는 개략 얼마 정도인가?

① 4.9　　② 7.5
③ 11.0　　④ 15.5

**해설**
경간의 길이 $a$에 대한 지지점 중앙의 이도 $f$는 다음과 같다.

| $a$ | 6 | 7 | 8 | 9 | 10 | 11 | 12 | [m] |
|---|---|---|---|---|---|---|---|---|
| $f$ | 1.0 | 1.8 | 3.1 | 4.9 | 7.5 | 11.0 | 15.5 | [mm] |

## 44 ★★
강체가선방식(R-bar)의 최대이도($f$)를 구하는 식은? (단, $(g_a + g_c)$ : R-bar와 전차선의 중량[N/m], $a$ : R-bar의 지지 경간[m], $E_a$ : 탄성계수[N/mm²], $I_{y-y}$ : y-y축의 관성모멘트[cm⁴]이다.)

① $f = \dfrac{(g_a + g_c) \times a^4}{384 \times E_a \times I_{y-y}}$

② $f = \dfrac{384 \times E_a \times I_{y-y}}{(g_a + g_c) \times a^4 \times 10^5}$

③ $f = \dfrac{384 \times E_a \times I_{y-y}}{(g_a + g_c) \times a^4}$

**정답** 40. ② 41. ③ 42. ③ 43. ④ 44. ④

④ $f = \dfrac{(g_a + g_c) \times a^4 \times 10^5}{384 \times E_a \times I_{y-y}}$

**해설**
지지점 중앙의 최대이도
$f = \dfrac{(g_a + g_c) \times a^4 \times 10^5}{384 \times E_a \times I_{y-y}}$ 이다.

## 45 ★★
강체 전차선의 굵기가 110[mm²]이고 경간의 길이가 10[m]일 때 이도는 약 몇 [mm]인가? (단, 특정경간의 중량 : 67.7[N/m], 탄성계수 : 69000[N/mm²], y-y축의 관성모멘트 : 339 [cm⁴] 이다.)

① 3.1  ② 4.9  ③ 7.5  ④ 11.0

**해설**
$f = \dfrac{(g_a + g_c) \times a^4 \times 10^5}{384 \times E_a \times I_{y-y}} = \dfrac{67.7 \times 10^4 \times 10^5}{384 \times 69000 \times 339}$
$= 7.53 ≒ 7.5$

## 46 ★★
강체 전차선의 무게로 인하여 지지점에서 작용하는 장력 $\sigma_1$[N/mm²]의 계산식은? (단, $q$ : $g_a + g_c$로서 알루미늄과 구리를 합산한 단위중량[N/m], $a$ : 경간[m], $W_{y-y}$ : y-y축의 저항모멘트[cm³] 이다.)

① $\sigma_1 = \dfrac{q \times a^2}{12 \times W_{y-y}}$

② $\sigma_1 = \dfrac{q \times a^2}{W_{y-y}}$

③ $\sigma_1 = \dfrac{q \times a^2}{20 \times W_{y-y}}$

④ $\sigma_1 = \dfrac{q \times a^2}{22 \times W_{y-y}}$

**해설**
강체 전차선의 무게로 인하여 지지점에서 작용하는 장력 $\sigma_1$는
$\sigma_1 = \dfrac{q \times a^2}{12 \times W_{y-y}}$ [N/mm²] 이다.

## 47 ★
강체 전차선로에서 일반적으로 고정점에 작용하는 힘이 아닌 것은?

① 전차선과 팬터그래프의 마찰로 인한 힘
② 경사된 지지점의 세로 방향으로 생성되는 힘
③ 강체 전차선의 높이에 따라 생성되는 힘
④ 충격에 의한 힘

**해설**
강체 전차선의 구배에 따라 생성되는 힘이 고정점에 작용한다.

## 48 ★★★★★
강체 전차선로에서 합성저항($R_0$)을 구하는 식은? (단, $R_A$는 알루미늄 T-bar의 저항, $R_C$는 전차선의 저항이다.)

① $R_0 = \dfrac{R_A + R_C}{R_A \times R_C}$

② $R_0 = \dfrac{R_A \times R_C}{R_A + R_C}$

③ $R_0 = \dfrac{R_A - R_C}{R_A \times R_C}$

④ $R_0 = \dfrac{R_A \times R_C}{R_A - R_C}$

**해설**
강체 전차선로에서 합성저항($R_0$)는
$R_0 = \dfrac{R_A \times R_C}{R_A + R_C}$ 이다.

**정답** 45. ③  46. ①  47. ③  48. ②

## 49 ★★★
강체 전차선로를 설계할 때 가장 먼저 고려하여야 하는 것은?

① 차량조건
② 전기공급조건
③ 노선의 최대속도
④ 강체전차선의 합성저항

**해설**
강체 전차선로를 설계할 때 가장 먼저 고려하여야 하는 것은 노선의 최대속도이다.

## 50 ★★
교류 강체 전차선로 R-Bar 방식에서 전기차 운전속도가 120[km/h]보다 작거나 같을 때 브래킷의 최대 허용경간[m]은?

① 5
② 10
③ 15
④ 20

**해설**
브래킷의 최대 허용경간

| 속 도 | 최대 허용이도 | 최대 허용경간 |
|---|---|---|
| ≤ 80[km/h] | a/750 | 12[m] |
| ≤ 120[km/h] | a/1300 | 10[m] |

## 51 ★★
강체 가선방식의 전차선 편위 형태는?

① 지그재그의 형태
② 반원형의 형태
③ 일직선의 형태
④ 완만한 사인곡선의 형태

**해설**
가공 전차선(overhead contact line)의 편위는 톱니형의 지그재그 형태인 반면 강체 전차선의 편위는 보다 완만한 sin 곡선의 형태를 나타낸다.

## 52 ★
강체 가선방식의 전차선 높이[mm]는?

① 4750
② 5000
③ 5200
④ 5400

**해설**
강체 가선방식의 전차선 높이는 4750[mm] 이다.

## 53 ★★
열차속도가 80[km/h] 이하일 때, 교류 강체전차선로 두 지지점간의 최대 고저차는?

① ±5[mm]
② ±7[mm]
③ ±8[mm]
④ ±10[mm]

**해설**
최대 고저차

| 속 도 | 최대 고저차 | 허용 구배·경간 |
|---|---|---|
| ≤ 80[km/h] | ±10[mm] | 0.8[‰] 12[m] |
| ≤ 120[km/h] | ±7[mm] | 0.7[‰] 10[m] |

## 54 ★★
강체 가선구간에서 차고 등 상시 팬터그래프가 승강하는 장소에서는 전차선과 팬터그래프의 접은 높이와의 거리가 몇 [mm] 이상이어야 하는가?

① 50
② 150
③ 250
④ 400

**해설**
강체 가선구간에서 차고 등 상시 팬터그래프가 승강하는 장소에서는 전차선과 팬터그래프의 접은 높이와의 거리는 250[mm] 이상이어야 한다.

## 55 ★
강체 가선구간의 분기개소에서 강체 전차선의 평행부분 이격거리[mm]는 얼마인가?

① 150
② 200
③ 250
④ 300

**해설**
강체 전차선의 평행부분은 200[mm]의 이격거리를 가져야 한다.

**정답** 49. ③ 50. ② 51. ④ 52. ① 53. ④ 54. ③ 55. ②

## Chapt. 6 강체 전차선로 — 핵심예상문제 필답형 실기

**01** ★ 강체방식의 장점은 어떤 것이 있는지 설명하시오.

풀이 •••
1) 구조물의 단면 높이를 축소할 수 있어 건설비를 절감할 수 있다.
2) 장력장치, 곡선당김장치, 진동방지장치가 불필요하다.
3) 유지보수가 쉽고 단선의 염려가 없다.
4) 직류 급전방식에서는 강체 전차선이 충분한 전기적 용량을 갖고 있기 때문에 급전선을 별도로 시설할 필요가 없다.

**02** ★ 강체방식의 단점은 어떤 것이 있는지 설명하시오.

풀이 •••
1) 집전특성이 나쁘기 때문에 전기차 운행속도에 한계가 있다.
2) 강체 전차선의 마모가 많게 된다.
3) 요철부분에 국부적인 아크로 인하여 특정개소의 마모가 심하고 팬터그래프 습판의 손상이 많다.

**03** ★★ 다음은 강체방식에 대한 설명이다. 괄호안에 알맞은 수치를 써 넣으시오.

> 강체 가선방식에서 R-bar 강체전차선의 브래킷 간격은 (   )[m], T-bar 강체 전차선의 지지금구 간격은 (   )[m] 이다.

풀이 •••
강체 가선방식에서 R-bar 강체전차선의 브래킷 간격은 <u>10[m]</u>, T-bar 강체 전차선의 지지금구 간격은 <u>5[m]</u> 이다.

**04** ★★ 다음은 강체방식의 허용속도에 대한 설명이다. 괄호안에 알맞은 수치를 써 넣으시오.

> 강체 가선방식에서 R-bar 방식의 허용속도는 (   )[km/h], T-bar 방식의 허용속도는 (   )[km/h] 이다.

풀이

R-bar 방식의 허용속도는 160[km/h], T-bar방식의 허용속도는 80[km/h] 이다.

**05** T-bar 1본을 곡선을 따라 구부리는 공구는?

풀이

T-bar 1본을 곡선반지름에 따라 구부리는 공구는 F 벤더이다

**06** 직류 강체전차선로(T-Bar 방식)의 강체 지지간격은 몇 [m]인가?

풀이

직류 강체전차선로(T-Bar 방식)의 강체 지지간격은 5[m] 이다.

**07** 직류 강체전차선로(T-Bar 방식)의 허용속도는 몇 [km/h]인가?

풀이

직류 강체전차선로(T-Bar 방식)의 허용속도는 80[km/h] 이다.

**08** 다음 중 T-Bar 강체전차선의 구성 요소는 어떤 것들이 있는지 쓰시오.

풀이

T-Bar 강체전차선은 전차선, T형제, 롱이어, 절연매립전(節煙埋立栓), 지지금구(支持金構), 애자(碍子)로 구성되어 있다.

**09** T-Bar 강체전차선에 사용하는 전차선의 형상은?

풀이

T-Bar 강체전차선에 사용하는 전차선의 형상은 홈붙이 제형을 사용한다.

**10** T-bar 강체방식에서 전차선을 고정시키기 위한 연결금구의 명칭을 쓰시오.

풀이

T-bar 강체방식에서 전차선을 고정시키기 위한 연결금구는 롱이어이다.

## 11 직류강체 전차선로 방식에서 롱이어의 역할에 대하여 아는 바를 쓰시오.

**풀이**

직류강체 전차선로 방식에서 전차선을 고정시키기 위한 연결금구로 사용한다.

## 12 직류 T-bar 방식에 사용하는 절연매립전에 대하여 아는 바를 쓰시오.

**풀이**

전차선을 구조물에 지지하는 가장 중요한 부품으로 레일 중앙점에 콘크리트 구조물을 타설할 때 설치한다.

## 13 직류 T-bar방식에 사용하는 250[mm] 지지애자의 상용 주파수 유중파괴전압[kV]은 얼마인가?

**풀이**

직류 T-bar방식에 사용하는 250[mm] 지지애자의 상용 주파수 유중파괴전압은 140[kV] 이다.

지지애자(250[mm]) 성능

| 건조섬락전압 | 60[kV] | 과전압 파괴하중 | 500[kg] |
|---|---|---|---|
| 주수섬락전압 | 30[kV] | 누설거리 | 290[mm] |
| 50[%] 충격섬락전압 | 100[kV] | 상용 주파수 유중파괴전압 | 140[kV] |

## 14 익스팬션조인트 개소의 편위[mm]와 설치 방법에 대하여 아는바를 쓰시오.

**풀이**

익스팬션조인트 개소의 편위 0(zero) 위치에 병렬로 겹쳐서 시공하고 전류용량을 고려하여 점퍼선을 가요연선 200[mm²] 4조로써 접속하고 엔드 어프로치를 가공하여 설치한다.

## 15 익스팬션조인트 개소의 T-bar 상호 표준간격은 몇 [mm]인가?

**풀이**

익스팬션조인트 개소의 T-bar 상호 간격은 200[mm]를 표준으로 하고 있다.

★
**16** T-bar 방식의 에어섹션의 설치 방법에 대하여 설명하시오.

**풀이**
1) T-bar 상호 간격은 250[mm]로서 전기적으로 구분된다.
2) 변전소의 급전구분 지점, 건넘선, 유치선 등에 설치한다.
3) 익스팬션조인트와 같이 0(Zero) 편위에 설치된다.
4) 사고발생 시 또는 복구작업 시 정전구간을 짧게 하기 위해 설치한다.

★★★
**17** T-bar 방식 전차선로에서 터널 내에 설치하는 흐름방지장치의 종류는?

**풀이**
터널 내에 설치하는 흐름방지장치는 마름모꼴 흐름방지장치이다.

★★★
**18** T-bar 방식의 전차선로에서 역 승강장에 설치하는 흐름방지장치 종류는?

**풀이**
역 승강장에 설치하는 흐름방지장치는 특수(스패셜) 흐름방지장치이다.

★★
**19** 다음은 T-bar 방식의 흐름방지장치의 역할과 설치 방법에 대하여 아는바를 2가지만 쓰시오.

**풀이**
1) 경간 중앙의 최대 편위점에 흐름을 저지하는 역할을 한다.
2) 전차선이 레일 중심에 대하여 좌우 200[mm] 지그재그 편위가 되도록 설치한다.
3) 흐름방지장치의 간격은 200[m]를 표준으로 한다.
4) 승강장 내에는 미관을 고려하여 특수(스패셜) 흐름방지장치를 설치한다.

★★
**20** T-bar 방식의 건넘선장치 설치 방법에 대하여 아는바를 2가지만 쓰시오.

**풀이**
1) 분기선단에는 T-bar를 엔드 어프로치하여 설치하고 점퍼선 200[mm$^2$] 1조를 접속한다.
2) 편건넘선과 Y건넘선의 분기선단에는 분기선이 본선의 전차선보다 10[mm] 높게 한다.
3) 에어섹션의 길이는 5[m]로 시설한다.
4) T-bar의 간격은 250[mm] 이다.

**21** 직류 T-bar방식 전차선로의 편건넘선과 Y건넘선에서 본선의 전차선보다 분기선의 전차선을 몇 [mm] 높게 설치하는가?

> **풀이**
> 직류 T-bar 방식 전차선로의 편건넘선과 Y건넘선에서 본선의 전차선보다 분기선의 전차선을 10[mm] 높게 설치한다.

**22** T-bar에서 앤드어프로치를 하여야 하는 개소 3가지를 쓰시오.

> **풀이**
> T-bar에서 앤드어프로치를 하여야 하는 개소는 익스팬션조인트, 건넘선장치, 지상부 이행장치 등이다.

**23** 직류 강체방식(T-bar)에서 지상부 이행장치에 대하여 간단하게 쓰시오.

> **풀이**
> 지상부의 가공 전차선이 터널내로 들어와 강체 전차선으로 바뀌어지는 부부에 전기차의 팬터그래프가 자연스럽게 옮겨지면서 원활하게 운행할 수 있도록 한 장치이다.

**24** 교류 강체전차선로(R- Bar 방식)에 사용하는 급전선과 지지애자의 조합에 대하여 쓰시오.

> **풀이**
> 교류 강체전차선로(R-Bar 방식)에 사용하는 급전선은 Cu-OC 200[mm$^2$], 지지애자는 NSP 50의 조합으로 구성되어 있다.

**25** 교류 강체전차선로(R-Bar 방식)에서 단권변압기방식의 급전계통 보호선은 어떤 보호방식을 사용하고 있는가?

> **풀이**
> 교류 강체전차선로(R-Bar 방식)에서 단권변압기방식의 급전계통 보호선은 비절연보호방식이다. 비절연보호방식은 섬락보호를 위하여 철제, 지지물을 연결하여 귀선 레일에 접속하는 방식으로 대지에 대하여 절연하지 않는 방식이다.

## 26. 강체가선방식에서 R-Bar 합성전차선의 기본적인 구성 요소에 대하여 아는대로 쓰시오.

**풀이**

R-Bar 합성전차선은 기본적으로 전차선, R-Bar, 연결금구로 구성되어 있다.

## 27. 강체전차선로에서 R-Bar 브래킷의 종류에는 어떤 것이 있는지 쓰시오.

**풀이**

교류 강체전차선로에서 R-Bar 브래킷의 종류에는 가동형, 고정형, 단축형이 있다.

## 28. 다음 중 R-bar 브래킷의 부품에는 어떤 것이 있는지 쓰시오.

**풀이**

R-bar 브래킷의 부품으로는 꼬리금구, 머리금구, 회전금구, 접지봉 연결금구, 애자 등이 있다.

## 29. 교류 25[kV] 강체방식의 브래킷 부품 중 애자의 역할에 대하여 간단히 설명하시오.

**풀이**

애자는 전차선을 구조물과 절연하고 R-bar를 붙들어주는 역할을 한다.

## 30. 교류 25[kV] 강체방식의 브래킷 부품 중 머리금구에 대하여 아는대로 설명하시오.

**풀이**

머리금구는 편위 조정을 위하여 R-bar의 위치를 변경 할 수 있도록 만든 금구이다.

## 31. 교류 강체 가선방식에서 강체 전차선의 온도변화에 의한 리지드바의 팽창을 상쇄시켜 주는 장치를 무엇이라 하는가?

**풀이**

전차선 축에 설치되어 있는 확장장치는 강체 전차선의 온도변화에 의한 리지드바의 팽창을 상쇄시켜주는 역할을 한다.

## 32. 교류 강체방식 전차선로에서 온도변화로부터 R-bar 자동신축조절을 위해 설치하는 확장장치는 몇 [m]를 기준으로 설치하는가?

**풀이**

확장장치 1개 경간의 길이는 400~600[m]를 기준으로 설치한다.

## 33. 교류강체방식(R-Bar)에서 직접유도장치의 역할에 대하여 자세히 설명하시오.

**풀이**

직접유도장치는 가공전차선과 강체전차선과의 강도 차이를 점진적으로 같게 하여 팬터그래프가 원활히 통과할 수 있도록 하는 장치이다.

## 34. 교류 R-bar 강체 전차선 방식에서 직접유도장치의 설치개소에 대하여 아는바를 쓰시오.

**풀이**

직접유도장치는 가공전차선 구간과 지하 강체전차선과의 접속구간인 이행구간으로 진입하는 개소에 설치한다.

## 35. 교류 강체방식(R-bar)에서 가공전차선로의 흐름방지장치와 같은 역할을 하는 것은 무엇인가?

**풀이**

강체전차선의 고정점은 가공전차선로의 흐름방지장치와 같은 역할을 한다.

## 36. 교류 R-bar 방식 전차선로에서 가공전차선로의 인류장치와 같은 용도로 사용하며, 강체 전차선으로 들어오는 전차선의 작용을 흡수하는 장치를 무엇이라 하는가?

**풀이**

가공전차선로의 인류장치와 같은 용도로 사용되는 장치는 제한점으로 전체적인 구조는 전차선에 대한 최대강도 1.5[kN]에 견딜 수 있도록 되어 있다.

## 37

강체 전차선 경간의 길이가 10[m]인 경우 지지점 중앙의 이도[mm]는 개략 얼마 정도인가?

**풀이**

강체 전차선 경간의 길이가 10[m]인 경우 지지점 중앙의 이도는 7.5[mm] 이다.
경간의 길이 $a$에 대한 지지점 중앙의 이도 $f$는 다음과 같다.

| $a$ | 6 | 7 | 8 | 9 | 10 | 11 | 12 | [m] |
|---|---|---|---|---|---|---|---|---|
| $f$ | 1.0 | 1.8 | 3.1 | 4.9 | 7.5 | 11.0 | 15.5 | [mm] |

## 38

강체가선방식(R-bar)의 최대이도($f$)를 구하는 식을 쓰시오. (단, $g_a + g_e$ : R-bar와 전차선의 중량[N/m], $S$ : R-bar의 지지 경간[m], $E_a$ : 탄성계수[N/mm$^2$], ly-y : y-y축의 관성모멘트 [cm$^4$] 이다.)

**풀이**

강체가선방식(R-bar)의 최대 이도

$$f = \frac{(g_a + g_e) \times S^4 \times 10^5}{384 \times E_a \times I_{y-y}} \ [\text{mm}] \ \text{이다.}$$

## 39

강체 전차선의 굵기가 110[mm$^2$]이고 경간의 길이가 10[m]일 때 이도는 약 몇 [mm]인가? (단, 특정경간의 중량 67.7[N/m], 탄성계수 69000[N/mm$^2$], y-y축의 관성모멘트 339[cm$^4$] 이다.)

**풀이**

강체 전차선의 최대 이도는

$$f = \frac{67.7 \times 10^4 \times 10^5}{384 \times 69000 \times 339} = 7.537 ≒ 7.5$$

## 40

강체 전차선의 무게로 인하여 지지점에서 작용하는 장력 $\sigma_1$ [N/mm$^2$]의 계산식을 쓰시오. (단, $q : g_a + g_c$로서 알루미늄과 구리를 합산한 단위중량[N/m], $a$ : 경간[m], $W_{y-y}$ : y-y축의 저항모멘트[cm$^3$] 이다.)

**풀이**

강체 전차선의 무게로 인하여 지지점에서 작용하는 장력 $\sigma_1$ 는

$$\sigma_1 = \frac{q \times a^2}{12 \times W_{y-y}} [\text{N/mm}^2] \ \text{이다.}$$

## 41 강체 전차선로에서 일반적으로 고정점에 작용하는 힘에는 어떤 것이 있는지 2가지만 쓰시오.

**풀이**

강체 전차선로에서 일반적으로 고정점에 작용하는 힘에는 전차선과 팬터그래프의 마찰로 인한 힘, 충격에 의한 힘, 경사된 지지점의 세로 방향으로 생성되는 힘, 강체 전차선의 구배에 따라 생성되는 힘 등이다.

## 42 강체 전차선로에서 합성저항($R_0$)을 구하는 식을 쓰시오. (단, $R_A$는 알루미늄 T-bar의 저항, $R_C$는 전차선의 저항이다.)

**풀이**

강체 전차선로에서 합성저항($R_0$)는
$R_0 = \dfrac{R_A \times R_C}{R_A + R_C}$ 이다.

## 43 강체 전차선로를 설계할 때 가선방식을 결정하기 위한 기본적인 조건에 대하여 아는바를 쓰시오.

**풀이**

강체 전차선로를 설계할 때 가선방식을 결정하기 위한 기본적인 조건은 노선의 조건, 운전조건, 차량조건, 전기공급조건 등이다.

## 44 교류 강체전차선로 R-Bar방식에서 전기차 운전속도가 120[km/h]보다 작거나 같을 때 브래킷의 최대 허용경간은 얼마[m]인가?

**풀이**

R-Bar방식에서 전기차 운전속도가 120[km/h]보다 작거나 같을 때 브래킷의 최대 허용경간은 10[m] 이다.

브래킷의 최대 허용경간

| 속도 | 최대 허용이도 | 최대 허용경간 |
|---|---|---|
| ≤80[km/h] | $a/750$ | 12[m] |
| ≤120[km/h] | $a/1300$ | 10[m] |

## 45 강체 가선방식의 전차선 편위는 어떤 형태로 나타나는가?

**풀이**

가공 전차선(overhead contact line)의 편위는 톱니형의 지그재그 형태인 반면 강체 전차선의 편위는 보다 완만한 sin 곡선의 형태를 나타낸다.

## 46 강체 가선방식의 전차선 높이[mm]는 얼마인가?

**풀이**

강체 가선방식의 전차선 높이는 4750[mm] 이다.

## 47 열차속도가 80[km/h] 이하일 때, 교류 강체전차선로 두 지지점간의 최대 고저차는 얼마인가?

**풀이**

열차속도가 80[km/h] 이하일 때, 교류 강체전차선로 두 지지점간의 최대 고저차는 ±10[mm] 이다.

허용 고저차

| 속 도 | 최대 고저차 | 허용 구배 · 경간 |
|---|---|---|
| ≤80[km/h] | ±10[mm] | 0.8[‰] 12[m] |
| ≤120[km/h] | ±7[mm] | 0.7[‰] 10[m] |

## 48 강체 가선구간에서 차고 등 상시 팬터그래프가 승강하는 장소에서는 전차선과 팬터그래프의 접은 높이와의 거리가 몇 [mm] 이상 이격거리를 유지하여야 하는가?

**풀이**

강체 가선구간에서 차고 등 상시 팬터그래프가 승강하는 장소에서는 전차선과 팬터그래프의 접은 높이와의 거리는 일반적으로 250[mm] 이상 이격거리를 유지하여야 한다.

## 49 강체 가선구간의 분기개소에서 강체 전차선의 평행부분 이격거리[mm]는 얼마인가?

**풀이**

강체 가선구간의 분기개소에서 강체 전차선의 평행부분은 200[mm] 이격거리를 가져야 한다.

# Chapter 7. 계통보호방식 및 설비

## 1. 계통의 보호방식

### 1.1 보호선(PW)에 의한 방식

선로를 따라 보호선을 가선하는 방식으로 2중 절연방식으로 지칭되며 애자는 특별 고압부와 고압부가 있고 이 경계에서 연결하여 지락도선을 PW에 접속하는 방식

### 1.2 가공지선(GW)에 의한 방식

역구내 등 애자의 수가 많은 개소에서는 지지물을 가공지선(ground wire)으로 연결하고 이것을 접지하여 전차선이 지락하였을 때에 2.5[kV]로 동작하는 방전기를 통하여 PW(BT 급전회로는 NF)에 전류가 흐르도록 회로를 구성하는 방법으로 단독접지방식

### 1.3 매설지선에 의한 방식

가선 궤도를 따라 매설지선을 설치하고 전차선로 지지물과 통신, 신호설비 등을 공동으로 접지하여 전차선로의 지락사고 등에 따른 대지전위를 억제시켜 타설비를 보호하도록 하는 방식

## 2. 보호선(PW)

보호선은 AT 급전방식에서 사용되고 있는 가공전선으로 각 지지물에 설치되어 있는 각종 애자의 섬락을 보호하기 위하여 급전선과 병행하여 설치되는 전선

### 2.1 AT용 보호선의 효과

(1) 지지물 등의 접지 전위 상승을 억제
(2) 지지물에 첨가 또는 부근에 부설되어 있는 전력, 신호, 통신 등의 저압전류 회선과 기기의 절연파괴를 방지
(3) 변전소 등에서 사고 검출을 용이하게 하여 신속, 확실한 회로 차단의 보호 동작에 기여
(4) 레일 회로와 함께 급전선 및 전차선에 대하여 차폐선 회로를 구성하기 때문에 전자유도(電磁誘導)의 경감 효과

## 3. 가공지선(GW)

빔, 철주, 완철 등에 연접 접속하여 약 1[km]마다 구분하여 제1종접지공사(A종)를 시행하고, 가공지선의 중앙점에 보안기를 삽입하여 부급전선 또는 보호선에 접속하여 애자의 섬락보호를 위한 전선

## 4. 보안기

교류 전차선로용 보안기는 교류구간이 역구내 등에서 가공지선을 설치하는 경우에 가공지선과 부급전선과의 사이에 설치하는 것

### 4.1 기능구조

(1) 전극, 애자, 단자로 구성
(2) 전극의 방전간극은 쉽게 조정할 수 있고 조정 후에는 볼트 조임으로 쉽게 이완되지 않는 구조
(3) 전극은 일정한 방전간극을 갖도록 조정하여 사용되나 피뢰기와는 달리 속류 차단 능력은 없다.

### 4.2 보안기의 설치

(1) 보안기는 대부분 전주에 설치
(2) 동작이 불확실하면 사람에 위험을 미치게 되므로 1개소에 2개 병렬로 설치
(3) 지표상 3.5[m] 이상의 높이에 설치
(4) 배선용 리드선은 38[mm$^2$] 이상의 경동연선 또는 이것과 동등 이상의 성질을 가진 전선을 사용

## 5. 피뢰기(L.A)

### 5.1 기능구조

(1) 피뢰기는 전차선로와 대지간에 설치하여 뇌 및 회로 이상전압을 대지로 방전시켜 이상전압을 저감
(2) 가선전압에 의해 대지로 흐르는 전류를 차단하여 전차선의 안전을 도모
(3) 변전소, 급전구분소, 보조급전구분소 등 인입 개소와 흡상변압기 양단, 전차선 및 부급전선, 직렬콘덴서의 양단, 선로 변압기 1차측에 설치
(4) 방전전류가 클수록 이상전압의 파고값을 경감하므로 방전용량이 크고 속류(速流) 차단 능력이 우수한 것이 필요

### 5.2 피뢰기의 종류

**(1) 비직선 저항형(non linear service resistor)**
레지스터 밸브, 오토 밸브 등 대저항의 것이 이 종류에 속하며, 동작곡선이 방전전류가 커져도 전압이 상승하지 않는 것

**(2) P 밸브형**
특수절연지에 금속박(金屬箔)을 몇 장 겹쳐 붙여서 둥글게 만든 것으로 방전은 한 쪽의 주석박(錫箔)으로부터 종이를 통하여 다른 쪽의 주석박에 나타난다.

## 5.3 피뢰기의 설치

**(1) 교류 전차선로**
① 흡상변압기 양단의 전차선 및 부급전선
② 급전선 인출 및 터널의 케이블 양단

**(2) 직류 전차선로**
① 급전선 긍장 약 500[m]마다 설치
② 급전선 인출 및 터널의 케이블 양단


# 6. 보호계전기

## 6.1 직류 보호계전기

**(1) 직류 과전류계전기**

정류기의 정극측에서 정극 모선 사이와 정극 모선에서 분기된 각 피더측에 설치되어 직류회로에 과대전류가 흐를 때에 차단하여 정류기 및 급전회로를 보호 할 목적으로 사용
① 76T(정극용)
② 176F(피더용 한시)
③ 76F(피더용 순시)

**(2) 역류계전기**

실리콘정류기의 보호계전기로서 정류기에 유입되는 전류를 감지하여 동작하고 차단기를 차단하여 기기 및 계통을 보호

**(3) 직류 부족전압계전기(80F, 80A)**

전차선 1개 급전구간 양단(급전차단기 선로측)에 80F, 전차선의 중간지점(mid point)에 80A를 설치하여 전차선의 전압이 900[V] 이하로 되면 사고로 판단하여 동작하도록 되어 있다. 이 계전기의 사용목적은 전차선의 단락사고시 발생하는 전압강하를 감지하여 회로를 보호하고 사고가 파급되는 것을 방지

**(4) 연락차단장치**

전차선로에서 단락 또는 지락사고 등이 발생할 경우 사고점이 한쪽 변전소 부근일 경우에는 다른 쪽 변전소는 흐르는 전류가 적어서 사고를 검출할 수 없는 경우 한쪽 변전소

에서 사고를 검출하면 다른 쪽 변전소의 차단기에 차단명령을 보내 동일 급전구간의 사고 전류를 완전히 차단하는데, 이와 같이 차단명령을 전송하기 위한 장치

### 6.2 교류 보호계전기

**(1) 거리계전기(21F)**

고장점까지의 거리를 그 때의 전압, 전류를 계측하여 정정값 이내일 때 동작하도록 한 것

**(2) 고장선택계전기(50F)**

부하전류 변화분과 고장전류 변화분의 차이에 의해 장해를 검출하는 계전기로 거리계전기(21F)의 후비 보호용으로 사용

**(3) 과전류계전기(51F)**

과전류에 의해 동작하는 일반적인 계전기로서 후비 보호로서 저항이 큰 장해 검출을 위한 경우와 급전거리가 비교적 짧은 선로(역구내, 차량기지 내 등)에 사용

**(4) 재폐로(재연결)계전기(79F)**

지락, 단락 등의 사고에 의하여 차단기가 자동 차단되면 동시에 동작을 개시하여 일정 시간 후 차단기를 재투입하며, 재폐로(재연결) 시간은 보통 0.4~0.5초로 설정

**(5) 고장점표정장치(99F : locator)**

전차선로에 단락 또는 지락고장이 발생하게 되면 곧 동작하여 고장점까지의 거리를 나타내는 장치로서 사고의 조기복구에 기여하기 위한 것

고장점표정장치는 거리계전기(21F)나 고장선택계전기(50F)와 조합하여 사용하며 리액턴스 검출방식과 AT 흡상전류비방식

## 7. 이격거리

### 7.1 건축물과의 이격거리

건축한계 및 차량한계는 열차의 운전을 안전하게 확보하기 위하여 건물 및 기타의 건조물을 설치하는 경우에 적용되는 것으로서, 이 한계 내에 들어와서는 안 되는 거리의 한계

## 7.2 곡선로에서의 건축한계

$$W = \frac{50,000}{R} [\text{mm}]$$

여기서, $W$ : 추가하여야 할 수치
$R$ : 곡선 반지름[m]

## 7.3 차량과의 이격거리

차량한계는 차량 단면의 크기를 제한한 것으로 그 어떠한 부분도 그 한계 내에 들지 않으면 안 되는 한계선

## 7.4 전기적 이격거리

### (1) 대지절연 이격거리

1) 직류 1,500[V] 방식
   ① 표준 이격거리 : 250[mm]
   ② 최소 이격거리 : 70[mm]
   ③ 순시접근 이격거리 : 30[mm]

2) 교류 25,000[V] 방식
   ① 표준 이격거리 : 300[mm]
   ② 최소 이격거리 : 250[mm]
   ③ 순시접근 이격거리 : 150[mm]

### (2) 가압부분 상호 이격거리

1) 상이 다른 가압부분 상호의 이격거리 : 300[mm] 이상
2) 급전선과 전차선의 이격거리(AT 방식) :
   550[mm] 이상(특별한 경우 350[mm] 이상)
3) 전차선과 팬터그래프를 접은 높이와의 이격거리 : 300[mm] 이상

## Chapt. 7 계통보호방식 및 설비 — 핵심예상문제 필기

**01** ★
전차선로 계통보호방식과 거리가 먼 것은?

① 보호선에 의한 방식
② 가공지선에 의한 방식
③ 매설지선에 의한 방식
④ 흡상선에 의한 방식

**해설**
전차선로 계통보호방식에는 보호선(PW)에 의한 방식, 가공지선(GW)에 의한 방식, 매설지선에 의한 방식이 있다.

**02** ★★
교류전기철도 철구조물 등에 섬락하는 지락고장의 경우에 보호설비 방식이 아닌 것은?

① 매설지선에 의한 방식
② 고장점표정장치에 의한 방식
③ 보호선에 의한 방식
④ 가공지선에 의한 방식

**해설**
고장점표정장치는 전차선로에 단락 또는 지락고장이 발생할 경우 동작하여 고장점까지의 거리를 나타내는 설비이다.

**03** ★★
전차선로 계통보호방식 및 설비의 설명으로 틀린 것은?

① 보호선에 의한 방식은 애자의 경계에서 연결하여 지락도선을 보호선에 접속하는 방식이다.
② 가공지선에 의한 방식은 매설지선 설치 후 공용으로 접지하여 지락사고 시 대지전위를 억제하는 방식이다.
③ 보안기는 교류구간에서 가공지선을 설치하는 경우에 가공지선과 부급전선 사이에 설치하는 설비이다.
④ 피뢰기는 뇌 및 회로 이상전압을 대지로 방전시켜 이상전압을 저감시키는 설비이다.

**해설**
가공지선에 의한 방식은 역 구내 등 애자의 수가 많은 개소에서는 지지물을 가공지선(ground wire)으로 연결하고 이것을 접지하여 전차선이 지락되었을 때에 2.5[kV]로 동작하는 방전기를 통하여 PW(BT 급전회로는 NF)에 전류가 흐르도록 회로를 구성하는 방식이다.

**04** ★
보호선에 의한 방식(이중절연방식)의 특징이 아닌 것은?

① 이중절연애자와 지락도선의 연결로 설비가 복잡하다.
② 부급전선, AT보호선 및 지락도선이 지지물과 약 3,000[V]로 절연되어 있다.
③ 신속하게 변전소의 차단기를 차단시킬 수 없다.
④ 애자의 섬락사고시 지지물과 대지간에 전압이 발생하지 않는다.

**해설**
애자의 섬락사고시 부급전선 또는 AT보호선이 직접 금속단락되어 사고전류를 통하게 함으로써 신속하게 변전소의 차단기를 차단시키는 방식이다.

**05** ★★
전차선로에 설치하는 섬락보호방식으로 거리가 먼 것은?

**정답** 01. ④  02. ②  03. ②  04. ③  05. ②

① 이중절연방식
② FW절연방식
③ 섬락보호지선방식
④ 단독접지방식

**해설**
섬락보호방식으로 이중절연방식, PW 무절연방식, 섬락보호지선방식, 단독접지방식, 방전간극방식, 매설접지방식 등이 있다.

## 06 ★★
전기철도 급전회로의 섬락보호방식으로 거리가 먼 것은?

① 이중절연방식
② PW 무절연방식
③ 섬락보호지선방식
④ 보호망방식

**해설**
섬락보호방식에는 이중절연방식, PW무절연방식, 섬락보호지선방식, 단독접지방식, 방전간극방식, 매설접지방식 등이 있다.

## 07 ★★
전차선로의 섬락보호지선 시설에 대한 설명으로 틀린 것은?

① 절연보호방식의 전차선로에서는 약 2.5[km]마다 구분하여 접지저항 20[Ω] 이하로 접지한다.
② 가공전차선 등의 가압부분과의 이격거리는 1.2[m] 이상으로 한다.
③ 섬락보호지선의 지표상 높이는 5[m] 이상으로 한다.
④ 비절연보호방식의 전차선로에서는 공용접지선에 접속한다.

**해설**
섬락보호지선은 약 1[km]마다 구분하여 접지저항 10[Ω] 이하로 접지한다.

## 08 ★★
전차선로의 보호방식 중 단독접지방식에 대한 설명으로 맞는 것은?

① 이중절연방식, AT보호방식 또는 섬락보호지선방식을 적용할 수 없는 경우 당해 설비를 단독으로 제1종접지 시행하여 급전회로를 보호하는 방식이다.
② 빔, 완철, 애자금구 등을 전선 또는 지락도대로 접속하고 방전간극을 통하여 부급전선 또는 AT 보호선등에 접속하는 방식이다.
③ 섬락사고가 발생하면 사고전류는 섬락보호지선으로 흘러 대지전위가 상승되며 보안기가 동작되어 AT보호선을 통하여 사고전류를 변전소로 회귀시키는 금속회로를 구성하는 보호방식이다.
④ 가능한 한 많은 금속구조물을 등전위 접지망을 형성하도록 레일과 접속시키는 것으로 이중절연방식으로 지칭한다.

**해설**
단독접지방식은 이중절연방식, AT보호방식 또는 섬락보호지선방식을 적용할 수 없는 경우 당해 설비를 단독으로 제1종접지 시행하여 급전회로를 보호하는 방식이다.

## 09 ★★
전차선로 매설접지방식에서 이상전압 발생 시 레일전위 및 신호·통신기기에 가해지는 유도전압 기준으로 틀린 것은?

① 사람이 접촉되었을 때 허용전류는 전기적 영향을 고려하여 15[mA] 이하로 한다.
② 신호·통신기기의 내전압은 2000[V] 이내를 기준으로 한다.
③ 레일 전위는 정상상태에서 사람의 접촉이 잦은 곳은 180[V] 이하로 한다.
④ 대지 및 구조물 전위는 고장상태에서 650[V] 이하를 기준으로 한다.

**해설**
레일 전위는 정상상태에서 사람의 접촉이 잦은 곳은 60[V] 이하, 사람의 접촉이 많지 않은 곳은 150[V] 이하로 한다.

## 10 ★★★
보호선(PW)에 대한 설명으로 거리가 먼 것은?

① 전자유도현상을 증가시킨다는 단점이 있다.
② 지지물 등의 접지 전위 상승을 억제한다.
③ 사고시 전차선로 보호를 목적으로 하고 있다.
④ 지지물에 설치되어 있는 애자의 섬락을 보호하기 위한 전선이다.

**해설**
보호선(PW)은 전자유도 경감 효과가 있다.

## 11 ★★
단권변압기 방식에서 애자의 부측 빔 등을 연접하여 귀선 레일에 접속하는 가공전선으로 대지에 대하여 절연한 전선은?

① 보호선     ② 가공지선
③ 전차선     ④ 조가선

**해설**
단권변압기 방식에서 애자의 부측 빔 등을 연접하여 귀선 레일에 접속하는 가공전선으로 대지에 대하여 절연한 전선은 보호선이다.

## 12 ★★
교류 AT 급전방식 커티너리 가선방식에서 애자의 섬락보호를 위하여 애자의 부측 또는 빔 등을 연접하여 귀선레일에 접속하는 가공전선의 명칭은?

① 가공지선     ② 피뢰도선
③ 지락도선     ④ 보호선

## 13 ★★★
AT급전방식에서 사용되고 있는 가공전선으로 각 지지물에 설치되어 있는 각종 애자의 섬락을 보호하기 위하여 급전선과 병행하여 설치되는 전선은?

① 보호선
② 흡상선
③ 섬락보호지선
④ 횡단접속선

## 14 ★★★
단권변압기 방식에서 보호선의 설치 목적이 아닌 것은?

① 급전선이나 전차선용 애자의 섬락사고 발생시 금속회로를 구성
② 변전소의 차단기를 차단시켜 애자류의 파손사고를 방지
③ 지락사고로 인한 지지물 등의 접지전위 상승 억제
④ 레일의 전위상승 효과

## 15 ★★
교류 전차선로에서 역구내 등에 애자의 섬락보호를 위해서 빔, 철주, 완철 등에 연접 접속하여 약 1[km]마다 구분하는 전선은?

① 가공지선
② 피뢰도선
③ 지락도선
④ 보호선

**해설**
역구내 등에 애자의 섬락 보호를 위해서 빔, 철주, 완철 등에 연접 접속하여 약 1[km]마다 구분하는 전선은 가공지선(GW)이다.

**정답** 10. ① 11. ① 12. ④ 13. ① 14. ④ 15. ①

## 16 ★
교류 전차선로에서 역구내 등에 애자의 섬락 보호를 위한 가공지선의 접지는?

① A종(구 제1종)접지공사
② B종(구 제2종)접지공사
③ C종(구 특별 제3종)접지공사
④ D종(구 제3종)접지공사

**해설** 가공지선의 접지는 A종(구 제1종)접지공사를 시행한다.

## 17 ★
역구내 등에 설치하는 가공지선과 전차선의 가압부와 이격거리는 몇 [m]이상 유지하여야 하는가?

① 0.6 이상  ② 1.2 이상
③ 1.8 이상  ④ 2.4 이상

**해설** 가공지선과 전차선의 가압부와 이격거리는 1.2[m] 이상 이격하여야 한다.

## 18 ★
교류 전차선로용 보안기는 교류구간의 역구내 등에서 가공지선을 설치하는 경우에 가공지선과 어디 사이에 설치하는 것인가?

① 급전선  ② 부급전선
③ 지락도선  ④ 보호선

**해설** 교류 전차선로용 보안기는 교류구간의 역구내 등에서 가공지선을 설치하는 경우에 가공지선과 부급전선 사이에 설치하는 것이다.

## 19 ★★
교류전기방식 전차선로에서 애자섬락사고 등 부급전선에 이상전압이 발생하면 일정값 초과 시 동작하는 보안기는 지표상 몇 [m] 높이에 설치하는가?

① 2.5  ② 3.0
③ 3.5  ④ 4.0

**해설** 보안기는 지표상 3.5[m] 높이에 설치한다.

## 20
교류전기방식 전차선로에서 애자섬락사고 등 부급전선에 이상전압이 발생하여 어느 값의 전압[$V$]이 보안기에 가압되었을 때만 방전간극을 아크에 의하여 단락시키는가?

① 600~1000  ② 1200~2500
③ 3000~4000  ④ 5000~10000

**해설** 방전간극의 동작 전압은 1200~2500[V] 이다.

## 21 ★
교류 AT방식의 보안기 시설기준과 맞지 않는 것은?

① AT구간 정거장 구내 보호선용접속선이 설치된 가장 가까운 장소에 보안기를 설치하여 보호선에 접속한다.
② 보안기는 C종(구 특별제3종) 접지로 대지와 접속한다.
③ AT구간 정거장간에 설치된 보호선용접속선으로부터 1[km]마다 보안기를 설치하여 보호선에 접속한다.
④ 설치 높이는 지표상 3.5[m] 이상으로 한다.

**해설** 보안기는 A종(구 제1종) 접지로 대지와 접속한다.

**정답** 16. ① 17. ② 18. ② 19. ③ 20. ② 21. ②

## 22 ★★★
피뢰기에 대한 설명으로 맞는 것은?

① 피뢰기는 방전용량이 적고 속류차단능력이 없는 것이 필요하다.
② 직렬갭과 특성요소로 구성되어 있다.
③ 피뢰기의 접지는 제2종접지를 하며, 40[Ω] 이하로 한다.
④ 급전선 인출 및 터널의 케이블 양단은 피뢰기 설치를 제외한다.

**해설**
피뢰기는 직렬갭과 특성요소로 구성되어 있다.

## 23 ★★★
뢰의 파두장 3[μs], 전파속도 300[m/μs]라 할 때 피뢰기의 직선적 유효 보호범위[m]는?

① 450  ② 650
③ 700  ④ 900

**해설**
$$L = \frac{C \cdot t}{2} = \frac{3 \cdot 300}{2} = 450[m]$$

## 24 ★★★
뢰의 파두장 5[μs], 전파속도 500[m/μs]라 할 때, 피뢰기의 직선적 유효보호범위[m]는?

① 850  ② 900
③ 1000  ④ 1250

**해설**
$$L = \frac{C \cdot t}{2} = \frac{5 \cdot 500}{2} = 1250[m]$$

## 25 ★★
전차선로에 설치하는 피뢰기를 주상에 설치할 때 지표상 몇 [m]에 설치하는가?

① 3  ② 5  ③ 8  ④ 10

**해설**
피뢰기를 주상에 설치할 때 지표상 5[m]에 설치한다.

## 26 ★★
다음은 피뢰기의 시설기준에 대한 설명이다. 맞지 않는 것은?

① 직류구간의 피뢰기는 약 500[m] 간격으로 설치한다.
② 피뢰기의 전력케이블은 지표상 2[m] 높이까지는 절연관으로 보호한다.
③ 각 피뢰기를 공용접지 할 경우 접지저항치는 10[Ω] 이하로 한다.
④ 급전케이블의 길이가 600[m] 이상인 경우 양단에 충전전류용 피뢰기를 설치한다.

**해설**
피뢰기의 접지는 A종(구 제1종)접지를 하되, 각 피뢰기를 공용접지 할 경우 접지저항치는 30[Ω] 이하로 한다.

## 27 ★
접지장치를 설계·시공시 고려하여야 할 사항과 거리가 먼 것은?

① 항상 소요의 접지저항을 유지할 것
② 강전류회로와 약전류회로와의 접지는 공용하지 않을 것
③ 접지용 리드선은 소선의 단선 및 부식이 발생하지 않도록 시설할 것
④ 레일전위 상승에 따른 섬락방지를 고려하여 접지위치를 선정할 것

**해설**
대지전위 상승에 따른 역섬락방지를 고려하여 접지위치를 선정하여야 한다.

**정답**  22. ②  23. ①  24. ④  25. ②  26. ③  27. ④

## 28 ★★
다음 중 접지저항치가 10[Ω] 이하인 접지설비가 아닌 것은?

① 철주(단독접지)
② 피뢰기
③ 섬락보호지선
④ 전기기계 및 기기등의 가대, 외함

**해설**
철주(단독접지)의 접지저항치는 100[Ω] 이하이다.

## 29 ★★
다음 중 접지저항치가 100[Ω] 이하인 접지설비가 아닌 것은?

① 보호망
② 피뢰기
③ 보호책
④ 철주(단독접지)

**해설**
피뢰기의 접지저항치는 10[Ω] 이하이다.

## 30 ★★
접지선의 시설방법 중 맞지 않는 것은?

① 접지선은 지하 0.75[m] 이상의 깊이에 매설한다.
② 접지선은 지표면하 0.75[m]로부터 지표상 2[m]까지의 부분은 합성수지관 등으로 보호한다.
③ 접지선은 옥내용 전선(IV 전선)을 사용한다.
④ 접지선을 철주 기타 금속체에 연하여 시설하는 경우 접지극을 지중에서 그 금속체로부터 1[m] 이상 이격한다.

**해설**
접지선은 접지용 전선(GV 전선)을 사용한다.

## 31 ★★
다음 중 접지극의 시설방법 중 맞지 않는 것은?

① 매설 케이블, 지지물 등과 접지극과의 이격은 1[m] 이상으로 한다.
② 접지극은 동봉, 동복강봉 등의 타입시을 사용한다.
③ 1본의 접지극으로 소요의 저항치를 얻을 수 없는 경우 접지봉 2본을 병렬로 타입한다.
④ 다른 기설 접지극과의 이격거리는 10[m] 이상으로 한다.

**해설**
다른 기설 접지극과의 이격거리는 5[m] 이상으로 한다.

## 32 ★
직류전철 급전계통에서 직류회로에 과전류가 흐를 때 차단기를 차단하여 정류기 및 급전회로를 보호할 목적으로 사용하는 계전기는?

① 직류 과전류계전기
② 역류계전기
③ 직류 부족전압계전기
④ 거리계전기

**해설**
직류회로에 과전류가 흐를 때 차단기를 차단하여 정류기 및 급전회로를 보호할 목적으로 사용하는 계전기는 직류 과전류계전기이다.

## 33 ★
직류전철 급전계통에서 정류기의 정극과 직류 1,500[V] 모선 사이에 설치되어 있으며, 실리콘 정류기의 보호계전기로 사용하는 계전기는?

① 거리계전기
② 역류계전기
③ 직류 부족전압계전기
④ 직류 과전류계전기

**정답** 28. ① 29. ② 30. ③ 31. ④ 32. ① 33. ②

**해설**
실리콘정류기의 보호계전기로 정류기의 정극과 직류 1,500[V] 모선 사이에 설치되어 있는 계전기는 역류계전기이다.

## 34 ★★
직류 급전방식에서 실리콘정류기 내부 단락사고를 검출하여 정류기용변압기 2차측 권선 소손을 예방하는 계전기는?

① 온도계전기  ② 역류계전기
③ 고장선택계전기  ④ 지락계전기

**해설**
실리콘정류기 내부 단락사고를 검출하여 정류기용변압기 2차측 권선 소손을 예방하는 계전기는 역류계전기이다.

## 35 ★★
직류전철 급전계통에서 전차선의 단락사고 시 발생하는 전압강하를 감지하여 전차선 전압이 900[V] 이하가 되면 동작하는 계전기는?

① 직류 과전류계전기
② 직류 고압지락계전기
③ 직류 부족전압계전기
④ 거리계전기

**해설**
직류전철 급전계통에서 전차선 전압이 900[V] 이하가 되면 동작하는 계전기는 직류 부족전압계전기이다.

## 36 ★★
교류 전기철도방식에서 급전선로의 보호계전기가 아닌 것은?

① 거리계전기
② 과전류계전기
③ 재폐로(재연결)계전기
④ 비율차동계전기

**해설**
비율차동계전기(87T)는 변압기의 내부고장을 검출하는 계전기이다.

## 37 ★
교류 전기철도방식에서 고장점까지의 거리를 그때의 전압, 전류를 계측하여 정정값 이내일 때 동작하도록 한 계전기는?

① 21F  ② 51F  ③ 79F  ④ 99F

**해설**
고장점까지의 거리를 그때의 전압, 전류를 계측하여 정정 값 이내일 때 동작하도록 한 계전기는 거리계전기(21F) 이다.

## 38 ★
교류 급전회로에서 거리계전기로서 선택이 곤란한 고저항의 접지고장이나 연장 급전시 거리계전기로서 보호되지 않는 접지고장 등을 검출하기 위해 거리계전기의 후비 보호용으로 사용하는 계전기는?

① 21F  ② 50F  ③ 51F  ④ 79F

**해설**
거리계전기의 후비 보호용으로 사용하는 계전기는 고장선택계전기(50F) 이다.

## 39 ★★
교류 전기철도 변전소에서 사용되는 재폐로(재연결)계전기를 나타내는 것은?

① 21F  ② 51F  ③ 79F  ④ 99F

**해설**
재폐로(재연결)계전기는 79F 이다.

**정답** 34. ②  35. ③  36. ④  37. ①  38. ②  39. ③

## 40 ★
건조물 설치 주변 열차운전의 안전을 확보하기 위하여 차량한계 외에 확보하여야 할 최소 공간을 정한 것은?

① 선로한계 　　② 건축한계
③ 가선한계 　　④ 차량한계

**해설**
건축한계는 건조물 설치 주변 열차운전의 안전을 확보하기 위하여 차량한계 외에 확보하여야 할 최소 공간을 정한 것이다.

## 41 ★★
건축한계에 대한 설명으로 맞는 것은?

① 차량운전의 안전을 확보하기 위해 차량한계 외에 확보해야 할 최소 공간이다.
② 차량운전을 위해 확보해야 할 최대공간으로 구조물이 이 한계를 침범할 수 있다.
③ 차량운전에 필요한 최대공간으로 외부로부터 침범할 수 있는 한계이다.
④ 차량운전의 안전을 위해 차량한계보다 작은 공간을 말한다.

**해설**
건축한계란 건조물 설치 주변 열차운전의 안전을 확보하기 위하여 차량한계 외에 확보하여야 할 최소 공간이다.

## 42 ★
건축한계는 레일중심(RC)에서 좌우로 각각 몇 [mm]인가?

① 1300 　　② 1700
③ 2100 　　④ 2500

**해설**
건축한계는 레일중심(RC)에서 좌우로 각각 2100[mm] 이다.

## 43 ★★
곡선반지름이 600[m]인 곡선로에서 건축한계는 직선로에서의 건축한계에 몇 [mm]를 추가해야 하는가?

① 약 50 　　② 약 75
③ 약 83 　　④ 약 100

**해설**
$$W = \frac{50000}{R} = \frac{50000}{600} \fallingdotseq 83[mm]$$

## 44 ★
차량한계는 레일중심(RC)에서 좌우로 각각 몇 [mm]까지 인가?

① 1300 　　② 1700
③ 2100 　　④ 2500

**해설**
차량한계는 레일중심(RC)에서 좌우로 각각 1700[mm] 이다.

## 45 ★
교류 25[kV] 급전방식에서 전차선로 가압부분과 대지와의 표준 이격거리[mm]는?

① 200　② 250　③ 300　④ 400

**해설**
교류 25[kV] 급전방식에서 전차선로 가압부분과 대지와의 표준 이격거리는 300[mm] 이다.

## 46 ★★
교류 25[kV] 급전방식에서 전차선로 가압부분과 대지와의 최소이격거리[mm]는?

① 200　② 250　③ 300　④ 400

**해설**
교류 25[kV] 급전방식에서 전차선로 가압부분과 대지와의 최소 이격거리는 250[mm] 이다.

**정답** 40. ②　41. ①　42. ③　43. ③　44. ②　45. ③　46. ②

**대지 절연 이격거리**

| 급전방식<br>이격거리 | 직류 1,500[V] | 교류 25[kV] | 비고 |
|---|---|---|---|
| 표준 이격거리 | 250[mm] 이상 | 300[mm] 이상 | |
| 최소 이격거리 | 70[mm] 이상 | 250[mm] 이상 | |
| 순시 접근거리 | 30[mm] 이상 | 150[mm]이상 | |

## 47 ★★
직류 1500[V] 급전방식에서 전차선로 가압부분과 대지와의 표준 이격거리[mm]는?

① 200　　② 250
③ 300　　④ 400

## 48 ★★
교류 25[kV] 전차선로에서 M상, T상의 급전계통이 서로 다른 급전선 상호간 이격거리[mm]는?

① 300　　② 600
③ 900　　④ 1200

**해설** 교류 25[kV]전차선로에서 M상, T상의 급전계통이 서로 다른 급전선 상호간 이격거리는 1200[mm] 이상 이격거리를 유지하여야 한다.

## 49 ★★★
교류 25[kV] AT방식에서 급전선과 전차선의 이격거리[mm]는?

① 500　　② 550
③ 600　　④ 650

**해설** 교류 25[kV] AT방식에서 급전선과 전차선의 이격거리는 550[mm] 이다.

## 50 ★
직류 1500[V] 전차선로의 서로 다른 계통 전선이 접근하는 개소에서 보호구를 착용하지 않고 활선작업을 행할 경우 가압부분 상호의 이격거리[m]는?

① 0.6　　② 1.2
③ 1.5　　④ 2.0

**해설** 서로 다른 계통 전선이 접근하는 개소에서 보호구를 착용하지 않고 활선작업을 행할 경우 가압부분 상호의 이격거리는 0.6[m] 이상 이격거리를 확보하여야 한다.

## 51
교류 25[kV] 전차선로의 활선작업은 타의 공작물, 인접 건조물, 기타 접지물 등과 작업자 간의 이격거리는 몇 [m]를 확보할 수 있는 개소에서 행하여야 하는가?

① 0.6　　② 1.2
③ 1.5　　④ 2.0

**해설** 타의 공작물, 인접 건조물, 기타 접지물 등과 작업자 간의 이격거리는 2[m]를 확보할 수 있는 개소에서 행하여야 한다.

**정답** 47. ②　48. ④　49. ②　50. ①　51. ④

## 01 전차선로 계통보호방식의 종류 3가지를 쓰시오.

**풀이**

전차선로 계통보호방식에는 보호선(PW)에 의한 방식, 가공지선(GW)에 의한 방식, 매설지선에 의한 방식이 있다.

## 02 전차선로 계통보호방식의 보호선(PW)에 의한 방식에 대하여 아는바를 쓰시오.

**풀이**

보호선(PW)에 의한 방식은 2중절연방식으로 지칭하며, 애자의 특별고압부와 고압부의 경계에서 연결하여 지락도선을 보호선(PW)에 접속하는 방식이다.

## 03 전차선로 계통보호방식의 가공지선(GW)에 의한 방식에 대하여 아는바를 쓰시오.

**풀이**

가공지선(GW)에 의한 방식은 역 구내 등 애자의 수가 많은 개소에서는 지지물을 가공지선(ground wire)으로 연결하고 이것을 접지하여 전차선이 지락되었을 때에 2.5[kV]로 동작하는 방전기를 통하여 PW(BT 급전회로는 NF)에 전류가 흐르도록 회로를 구성하는 방식이다.

## 04 공용접지방식에서 횡단접속선의 시설기준에 대하여 아는바를 쓰시오.

**풀이**

1) 횡단접속선의 설치 간격은 변전소부터 10[km]내의 특수지역은 1,000~1,200[m], 일반구간은 1,500~2,000[m]로 한다.
2) 궤도회로에 임피던스 본드 또는 신호 유니트 등이 있을 경우에는 횡단접속선과의 거리는 최소 100[m] 이상 이격한다.
3) 터널 및 교량의 길이가 긴 경우에는 그 중간에 횡단접속선을 두어야 한다.
   (다만, 횡단접속이 곤란한 경우에는 횡단접속선을 생략할 수 있다.)
4) 500[m] 이하의 터널 또는 교량의 경우에는 양측에 보조 횡단접속선을 설치하여야 한다.

## 05 매설접지선의 시설기준에 대하여 아는바를 쓰시오.

**풀이**

1) 매설접지선은 Cu 50[mm²]의 연동연선을 사용하여 지하 750[mm] 이상의 깊이에 매설하고 선로 한 쪽에 시설한다.
2) 신설 터널인 경우 상·하선 양쪽에 매설접지선을 미리 포설하고, 매설접지선에 T접속하여 터널 벽면에 동터미널을 250[m]마다 설치한다.
3) 기존 터널 및 교량구간에서 접지선을 매설하기 곤란한 경우에는 절연접지선(GV 95[mm²])을 상·하선 양쪽에 포설하여 접지망을 구성한다.
4) 접지단자함은 250[m] 마다 설치하고 π 접속 또는 T접속을 한다.

## 06 전차선로 매설접지방식에서 이상전압 발생 시 레일전위 및 신호·통신기기에 가해지는 유도전압 기준에 대하여 아는대로 쓰시오.

**풀이**

1) 사람이 접촉되었을 때 허용전류는 전기적 영향을 고려하여 15[mA] 이하로 한다.
2) 신호·통신기기의 내전압은 2000[V] 이내를 기준으로 한다.
3) 레일 전위는 정상상태에서 사람의 접촉이 잦은 곳은 60[V] 이하, 사람의 접촉이 많지 않은 곳은 150[V] 이하로 한다.
4) 대지 및 구조물 전위는 고장상태에서 650[V] 이하를 기준으로 한다.

## 07 애자의 부측 또는 빔등을 연접하여 귀선레일에 접속하면서 대지에 대해 절연하는 가공전선은 무엇인가?

**풀이**

보호선은 애자의 부측 또는 빔등을 연접하여 귀선레일에 접속하면서 대지에 대해 절연하는 가공전선을 말한다.

## 08 비절연보호선(FPW)에 대하여 아는대로 쓰시오.

**풀이**

지하구간 및 공용접지방식 구간에서 섬락보호를 위하여 철재, 지지물을 연접하여 귀선레일에 접속하는 가공전선으로서 대지에 대하여 절연하지 아니하는 전선을 말한다.

**09** 단권변압기 방식의 지하구간 및 공용접지방식구간에서 섬락보호를 위하여 철제 지지물을 연접하여 귀선레일에 접속하는 가공전선으로 대지에 절연하지 아니하는 전선을 무엇이라 하는가?

> **풀이**
> 비절연보호선(FPW)은 철재류, 지지문 등을 연결하여 귀선레일에 접속하는 방식으로 대지에 대하여 절연하지 않는 방식이다.

**10** 그림과 같이 장간애자의 부측 절연부나 현수애자의 부측 절연부에 이 전선을 설비하고 그 일단을 부급전선(NF)또는 AT보호선(PW)에 접속하여 보호회로를 구성하고 애자의 섬락 사고시에는 전차선과 부급전선 또는 AT보호선이 직접 금속 단락되어 사고전류를 통하게 함으로서 신속하게 변전소의 차단기를 차단시키는 방식이다. 이 전선의 명칭은?

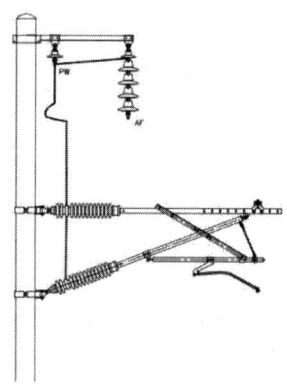

> **풀이**
> 교류 전차선로에서 애자의 섬락사고가 발생했을 때 그 사고전류를 귀선회로(부급전선 또는 AT보호선)로 회귀시키는 목적으로 설치한 전선을 지락도선이라 한다.

**11** 교류 전차선로에서 역구내 등에 애자의 섬락 보호를 위해서 빔, 철주, 완철 등에 연접 접속하여 약 1[km]마다 구분하는 전선은?

> **풀이**
> 가공지선은 교류 전차선로에서 역구내 등에 애자의 섬락 보호를 위해서 빔, 철주, 완철 등에 연접 접속하여 약 1[km]마다 구분하는 전선이다.

**12** 교류 전차선로에서 역구내 등에 애자의 섬락 보호를 위한 가공지선의 접지는?

**풀이**
가공지선의 접지는 A종(구 제1종)접지공사를 시행한다.

**13** 교류 전차선로용 보안기는 역구내 등에서 가공지선을 설치하는 경우에 보안기의 설치방법에 대하여 간단하게 쓰시오.

**풀이**
교류 전차선로용 보안기는 교류구간의 역구내 등에서 가공지선을 설치하는 경우에 가공지선과 부급전선 사이에 설치한다.

**14** 교류전기방식 전차선로에서 애자섬락사고 등 부급전선에 이상전압이 발생하면 일정값 초과시 동작하는 보안기는 지표상 몇 [m] 높이에 설치하는가?

**풀이**
보안기는 지표상 3.5[m] 높이에 설치한다.

**15** 교류방식 전차선로에서 애자섬락사고 등 부급전선에 이상전압이 발생하여 어느 값이상의 전압[kV]이 보안기에 가해진 경우 방전간극이 동작하는가?

**풀이**
방전간극의 동작 전압은 1200~2500[V] 이다.

**16** 교류 AT방식의 보안기 시설기준에 대하여 간단하게 쓰시오.

**풀이**
1) AT구간 정거장 구내 보호선용접속선이 설치된 가장 가까운 장소에 보안기를 설치하여 보호선에 접속한다.
2) 보안기는 A종(구 제1종) 접지로 대지와 접속한다.
3) AT구간 정거장간에 설치된 보호선용접속선으로부터 1[km]마다 보안기를 설치하여 보호선에 접속한다.
4) 설치 높이는 지표상 3.5[m] 이상으로 한다.

**17** 현재 사용되는 교류 피뢰기(LA)의 구성 요소에 대하여 간단히 쓰시오.

**풀이**

피뢰기(LA)는 특성요소와 직렬갭으로 구성되어 있다.

**18** 가공전차선로에서 피뢰기를 설치하는 위치를 쓰시오.

**풀이**

가공전차선로에서 피뢰기를 설치하는 위치는
1) 변전소, 급전구분소, 보조급전구분소 등 인입개소
2) 흡상변압기 양단, 전차선 및 부급전선
3) 직렬콘덴서의 양단
4) 선로변압기 1차측

**19** 다음은 피뢰기에 대한 설명이다. 각 문항에 답하시오.

1) 피뢰기 주상 설치 높이[m]는?
2) 피뢰기는 몇 [m] 높이까지 절연관으로 보호하는가?
3) 직류구간의 피뢰기는 약 (    )[m] 간격으로 설치한다.

**풀이**

1) 피뢰기 주상 설치 높이는 5[m]이다.
2) 피뢰기는 2[m] 높이까지 절연관으로 보호한다.
3) 직류구간의 피뢰기는 약 500[m] 간격으로 설치한다.

**20** 뢰의 파두장 3[$\mu$s], 전파속도 400[m/$\mu$s]라 할 때 피뢰기의 직선적 유효보호범위[m]는?

**풀이**

$$L = \frac{C \cdot t}{2} = \frac{3 \cdot 400}{2} = 600[m]$$

**21** 뢰의 파두장 5[$\mu$s], 전파속도 600[m/$\mu$s]라 할 때, 피뢰기의 직선적 유효보호범위[m]를 계산하시오.

풀이

$$L = \frac{C \cdot t}{2} = \frac{5 \cdot 600}{2} = 1500[\text{m}]$$

22 보호계전기가 구비해야 할 조건 2가지만 쓰시오.

풀이
1) 정확성 : 신뢰도가 높고 정확한 동작으로 오동작이 없어야 한다.
2) 신속성 : 주어진 조건에 도달할 경우 신속하게 동작 하여야 한다.
3) 선택성 : 선택 차단 및 복구로 정전구간을 최소화 할 수 있어야 한다.

23 직류전기철도의 급전차단기 선로측 양단과 전차선의 중간지점에 단락 및 지락사고 발생 시 전압강하를 감지하는 계전기는 무엇인가?

풀이
직류 부족전압계전기(80A – 중간, 80F – 양단)

24 직류방식의 실리콘정류기를 보호하는 각 보호장치를 각각 1가지씩 쓰시오.

1) 과전류보호
2) 직류 역류보호
3) 이상전압보호

풀이
1) 과전류보호 : 직류 과전류계전기 76F(순시)
2) 직류역류보호 : 역류계전기 32
3) 이상전압보호 : 직류 부족전압계전기 80F(양단)

25 다음 계전기의 명칭과 보호검출방식을 설명하시오.

| 계전기 번호 | 계전기 명칭 | 검출내용 |
| --- | --- | --- |
| 27 | | |
| 32 | | |
| 80 | | |

| 계전기 번호 | 계전기 명칭 | 검출내용 |
|---|---|---|
| 27 | 교류 부족전압계전기 | 전압유무를 검출 |
| 32 | 역류계전기 | 내부 단락사고 검출 |
| 80 | 직류 부족전압계전기 | 80F(양단), 80A(중간) |

**26** 계전기 번호 64P의 명칭을 쓰시오.

풀이

64P는 직류 과전압지락계전기이다.

**27** 직류 변전설비의 80F, 80A 계전기 설치 목적과 역할에 대하여 아는바를 쓰시오.

풀이

1) 목적 : 전차선의 단락사고 시 발생하는 전압강하를 감지하여 회로를 보호하고 사고파급을 방지함.
2) 직류 부족전압계전기로 전차선 1개 급전구간 양단(급전차단기 선로측)에 80F, 전차선의 중간지점(Midpoint)에 80A를 설치하여 전차선로 전압이 900[V] 이하로 되면 사고로 판단하여 동작하도록 되어 있다.

**28** 25[kV] 교류전철방식의 급전회로에서 애자절연파괴, 단락사고 등이 발생할 경우 이를 검출하여 차단기를 자동 개방시키는 계전기는 무엇인가?

풀이

애자절연파괴, 단락사고시 차단기를 자동 개방시키는 계전기는 거리계전기(21F) 이다.

**29** 재폐로(재연결)계전기(79)에 대하여 설명하시오.

풀이

재폐로(재연결)계전기는 지락, 단락 등의 사고에 의하여 차단기가 자동 차단되면 동시에 동작을 개시하여 일정 시간 후 차단기를 재투입하며, 재폐로(재연결) 시간은 보통 0.4~0.5[sec]로 설정하고 있다.

**30** 계전기 번호 87T 명칭과 사용목적에 대해 쓰시오.

> 풀이
> 1) 87T : 비율차동계전기
> 2) 사용목적 : 변압기의 내부고장 검출용으로 정상적으로 운전중인 변압기의 1차 및 2차 전류의 차이에 비례하여 동작하는 계전기이다.

**31** 다음 계전기 번호에 알맞는 명칭을 적으시오.

1) 51
2) 52
3) 27

> 풀이
> 1) 51 : 교류 과전류계전기
> 2) 52 : 교류차단기
> 3) 27 : 교류 부족전압계전기

**32** 다음 계전기 번호에 알맞는 명칭을 적으시오.

1) 80F
2) 80A
3) 76F
4) 176F

> 풀이
> 1) 80F : 직류 부족전압계전기(양단)
> 2) 80A : 직류 부족전압계전기(중간)
> 3) 76F : 직류 과전류계전기(순시)
> 4) 176F : 직류 과전류계전기(한시)

**33** 다음 계전기 번호에 알맞는 명칭을 적으시오.

1) 50F
2) 32

> 풀이
> 1) 50F : 고장선택계전기    2) 32 : 역류계전기

## 34 다음 계전기 번호의 정확한 명칭을 쓰시오.

1) 21F
2) 63
3) 79

**풀이**

1) 21F : 거리계전기
2) 63 : 압력계전기
3) 79 : 재폐로(재연결)계전기

## 35 다음 내용은 어떤 장치에 대한 설명인지 알맞은 장치를 쓰시오.

> 전차선로에 단락 또는 지락고장이 발생하게 되면 곧 동작하여 고장점까지의 거리를 나타내는 장치로서 사고 조기복구에 기여하기 위한 것은?

**풀이**

고장점표정장치(99F)에 대한 내용이다.

## 36 다음 내용에 알맞은 계전기를 적으시오(계전기 번호도 같이 기입하시오).

> 25[kV]교류전철방식의 급전회로에서 애자절연파괴, 단락사고 등이 발생할 경우 이를 검출하여 차단기를 자동개방하기 위한 주된 계전기는 (    ) 계전기이며, 이 계전기의 후비보호용으로 사용되는 계전기는 (      )계전기이다.

**풀이**

거리계전기(21F) , 거리계전기의 후비보호용은 고장선택계전기(50F) 이다.

## 37 건축한계에 대하여 간단하게 설명하시오.

**풀이**

건축한계란 건조물 설치 주변 열차운전의 안전을 확보하기 위하여 차량한계 외에 확보하여야 할 최소공간이다.

### 38. 다음은 건축한계에 대한 설명이다. 괄호 안에 알맞은 수치를 쓰시오

> 건축한계는 레일중심(Rail Center)에서 좌우로 각각 (　　)[mm] 이다.

**풀이**

건축한계는 레일중심(RC)에서 좌우로 각각 <u>2100[mm]</u> 이다.

### 39. 곡선반지름이 800[m]인 곡선로에서 건축한계는 직선로에서의 건축한계에 몇 [mm]를 추가해야 하는가?

**풀이**

$$W = \frac{50000}{R} = \frac{50000}{800} = 62.5[\text{mm}]$$

### 40. 다음은 차량한계에 대한 설명이다. 괄호 안에 알맞은 수치를 쓰시오.

> 차량한계는 레일중심(Rail Center)에서 좌우로 각각 (　　)[mm] 이다.

**풀이**

차량한계는 레일중심(RC)에서 좌우로 각각 <u>1700[mm]</u> 이다.

### 41. 교류 25[kV] 급전방식에서 전차선로 가압부분과 대지와의 표준 이격거리[mm]는?

**풀이**

교류 25[kV] 급전방식에서 전차선로 가압부분과 대지와의 표준 이격거리는 300[mm] 이다.

### 42. 교류 25[kV] 급전방식에서 전차선로 가압부분과 대지와의 최소이격거리[mm]는?

**풀이**

교류 25[kV] 급전방식에서 전차선로 가압부분과 대지와의 최소 이격거리는 250[mm] 이다.

대지 절연 이격거리

| 급전방식<br>이격 거리 | 직류 1,500[V] | 교류 25[kV] | 비 고 |
|---|---|---|---|
| 표준 이격거리 | 250[mm] 이상 | 300[mm] 이상 | |
| 최소 이격거리 | 70[mm] 이상 | 250[mm] 이상 | |
| 순시 접근거리 | 30[mm] 이상 | 150[mm] 이상 | |

**43** 직류 1500[V] 급전방식에서 전차선로 가압부분과 대지와의 표준 이격거리[mm]는?

**풀이**

직류 1500[V] 급전방식에서 전차선로 가압부분과 대지와의 표준 이격거리는 250[mm] 이다.

**44** 교류 25[kV] 전차선로에서 M상, T상의 급전계통이 서로 다른 급전선 상호간 이격거리는 몇 [mm] 이상 유지하여야 하는가?

**풀이**

교류 25[kV] 전차선로에서 M상, T상의 급전계통이 서로 다른 급전선 상호간 이격거리는 1200[mm] 이상 이격거리를 유지하여야 한다.

**45** 교류 25[kV] AT방식에서 급전선과 전차선의 이격거리[mm]는 얼마인가?

**풀이**

교류 25[kV] AT방식에서 급전선과 전차선의 이격거리는 550[mm] 이다.

**46** 직류 1500[V] 전차선로의 서로 다른 계통 전선이 접근하는 개소에서 보호구를 착용하지 않고 활선작업을 행할 경우 가압부분 상호의 이격거리는 몇 [m]를 유지하여야 하는가?

**풀이**

서로 다른 계통 전선이 접근하는 개소에서 보호구를 착용하지 않고 활선작업을 행할 경우 가압부분 상호의 이격거리는 0.6[m] 이상 이격거리를 확보하여야 한다.

**47** 교류 25[kV] 전차선로에서 활선작업 시 타공작물, 인접한 건조물, 기타 접지물 등과 작업자 간의 이격거리는 몇 [m]를 확보할 수 있는 개소에서 시행하여야 하는가?

**풀이**

타의 공작물, 인접 건조물, 기타 접지물 등과 작업자 간의 이격거리는 2[m]를 확보할 수 있는 개소에서 시행하여야 한다.

# Chapter 8 제3궤조방식

## 1. 제3궤조방식 일반

### 1.1 제3궤조방식의 적용

제3궤조방식은 철제차륜 AGT SYSTEM, 고무차륜 AGT SYSTEM 및 LIM(Linear Induction Motor) AGT SYSTEM에 적용

#### (1) 제3궤조방식의 설치

① 급전레일은 궤도면에 낮게 설치되므로 승객 및 작업자의 안전을 확보하기 위하여 역 사구내, 분기기구간, 횡단개소 및 그 밖의 필요한 구간에는 안전보호장치(보호덮개)를 설치

② 주행레일을 부하전류의 귀선로로 사용하는 경우 근접된 지중 금속 매설물과 토목 구조물의 금속체에 대한 전식방지 대책 필요

③ 차량의 집전장치의 특성과 운행속도에 적합한 방식을 선정하며 주행 중인 차량의 진동을 고려하여 차량과 POWER RAIL과의 규정된 이격거리를 유지

#### (2) 제3궤조방식의 구비조건

① 도체는 도전성이 우수하여야 한다.
② 가볍고 기계적 강도가 높아야 하며 습동면은 마모가 적고 집전 효율이 좋아야 한다.
③ 열신축이 적고 변형이 없어야 하며 제작 및 설치가 쉬워야 한다.
④ POWER RAIL 및 그 부속설비는 운행 중에 차량의 동적 부하와 열 신축으로 인한 압축력, 장력 및 횡력으로 인한 부하, 단락으로 인한 열적 부하강도를 견뎌야 한다.

### (3) 제3궤조방식의 기상조건

| 온도범위 | −25 ~ +45[℃] |
|---|---|
| 습도범위 | 5 ~ 100[%] |
| 최고풍속 | 45[m/s] (162[km/h]) |
| 최고 강우강도 | 120[mm/h] |
| 일일 최고강우량 | 414[mm/day] |
| 일일 최고강설량 | 30[cm/day] |

## 2. 제3궤조방식의 가선방식

### 2.1 가선방식의 종류

**(1) 상부접촉방식**

통전용량이 크며 안정성이 낮고 설치 및 유지보수가 쉬우며 철제차륜에 유리한 방식

**(2) 하면접촉방식**

통전용량이 작고 안정성이 높으며 철제차륜에 유리한 방식

**(3) 측면접촉방식**

통전용량이 작고 고무차륜에 유리한 방식

가선방식별 특징

| 구 분 | 상부접촉방식 | 하면접촉방식 | 측면접촉방식 |
|---|---|---|---|
| 통전용량 | 크다 | 작다 | 작다 |
| 안정성 | 낮다 | 높다 | 보통 |
| 설치, 유지보수 | 쉽다 | 보통 | 보통 |
| 적용차량 | 철제차륜에 유리 | 철제차륜에 유리 | 고무차륜에 유리 |

## 2.2 가선방식의 형상

### (1) 상부접촉방식

상부접촉방식은 차량의 집전자가 급전레일의 상부면을 습동하는 방식

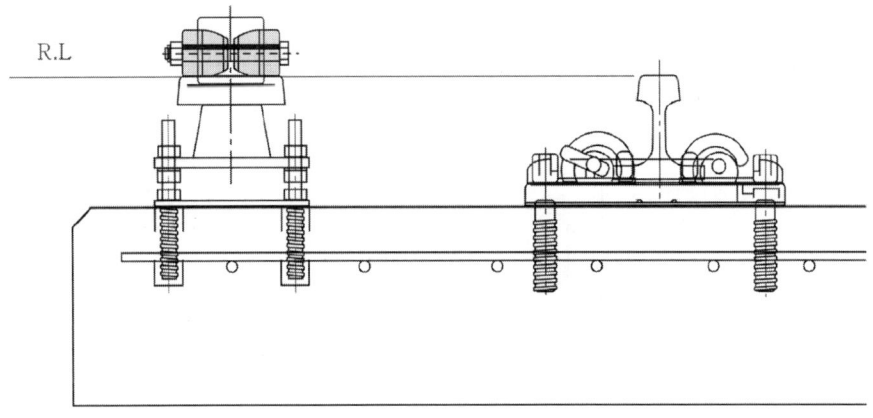

그림 8.1 상부접촉방식

### (2) 하부접촉방식

하부접촉방식은 차량의 집전자가 급전레일의 하부면을 습동하는 방식

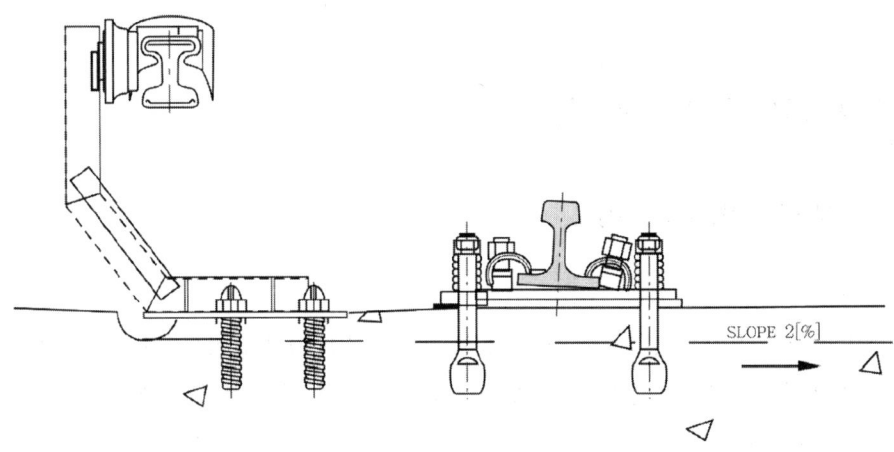

그림 8.2 하부접촉방식

### (3) 측면접촉방식

측면접촉방식은 차량의 집전자가 급전레일의 측면을 습동하는 방식

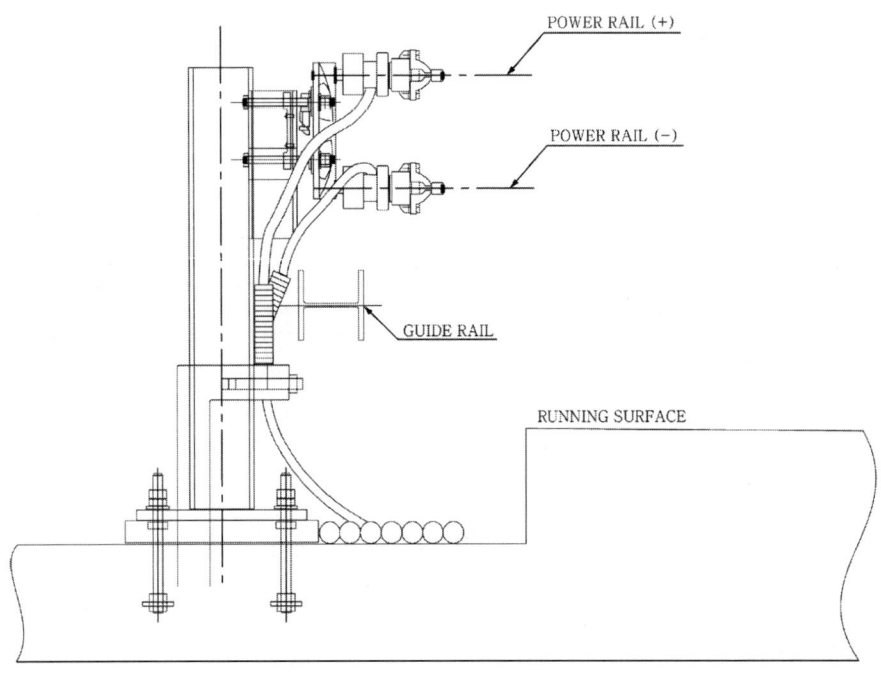

그림 8.3 측면접촉방식

## 3. 제3궤조방식의 구성품

### 3.1 제3궤조방식의 구성

1) 차량에 전원을 공급하는 급전레일
2) 급전레일 상호간을 접속하는 급전레일 접합장치(Rail Joints, Splice Joint)
3) 급전레일이 온도에 따라 길이 방향으로 신축하는 신축량을 조절하는 신축이음장치(Expansion Joint)
4) 급전레일의 신축작용이 아닌 비정상적인 좌, 우 이동을 막는 중앙고정장치(Mid Point Anchor)
5) 일정한 간격으로 급전레일을 지지하는 절연지지대(Insulated Support)
6) 집전레일이 끊기는 부분에서 차량의 집전자를 원활히 접촉하기 위해 집전레일의 끝 부분

을 경사지게 하는 습동완화장치(Ramps End Approch)
7) 집전레일에 의한 감전 및 접지사고를 방지하기 위해 설치하는 보호덮개 및 지지대 (Cover Board 및 Cover Board Support)
8) 급전레일에 전원을 공급하기 위해 급전레일과 케이블을 연결 할 수 있도록 하는 케이블 단자(Cable Terminal)

### (1) 급전레일(Conductor Rail)

급전레일은 가선방식 및 차량조건에 따라 선정하며, 전기적 도전성이 우수하고, 가볍고 기계적 강도가 커야 한다. 또한 습동면은 마모가 적고 집전효율이 좋아야 하며 열신축이 적고 변형이 없어야 한다. 급전레일 1본의 길이는 12~15[m]

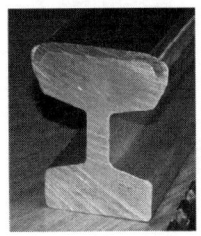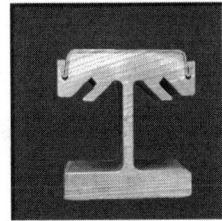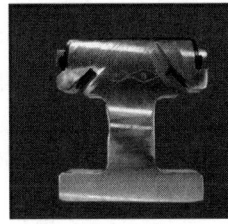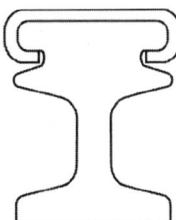

그림 8.4 급전레일(CONDUCTOR RAIL) 형상

### (2) 급전레일접합장치(Rail Joints, Splice Joint)

급전레일접합장치는 급전레일과 급전레일의 상호 접속부에 설치되며 전기적 도전성이 우수하고 가볍고 기계적 강도가 커야 한다.

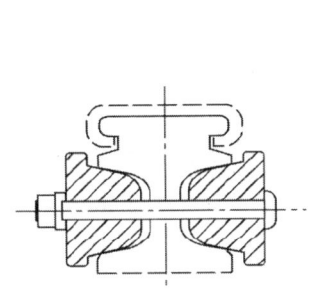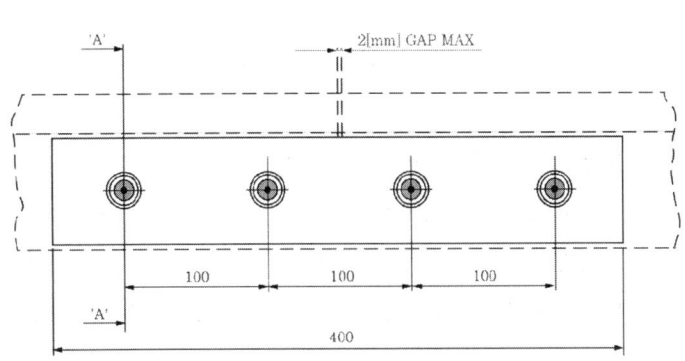

그림 8.5 급전레일접합장치(Rail Joints, Splice Joint)

### (3) 신축이음장치(Expansion Joint)

신축이음장치는 급전레일이 온도에 따라 길이 방향으로 신축하는 신축량을 조절하는 장치로서 급전레일 1본의 길이 결정 후 90~150[m] 간격으로 설치

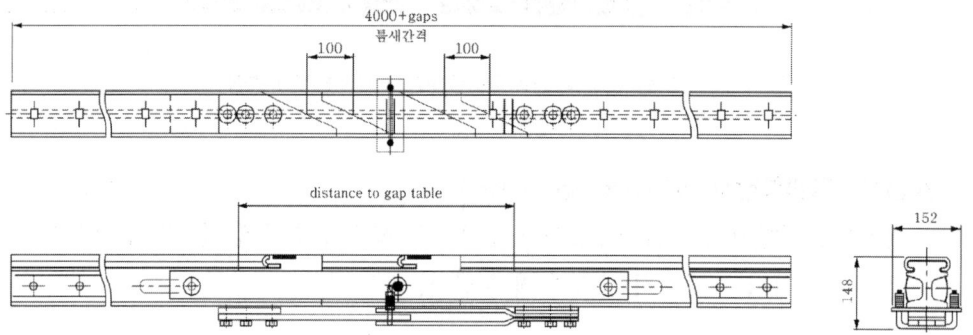

그림 8.6 신축이음장치(Expansion Joint)

### (4) 중앙고정장치(Mid Point Anchor)

중앙고정장치는 급전레일의 신축작용이 아닌 비정상적인 좌, 우 이동을 막는 장치로 급전레일과 신축이음장치 상호간의 중간 위치에 설치한다. 중앙고정장치는 설치 지점의 좌·우로부터 받는 하중의 편차에 충분한 강도를 가져야 한다.

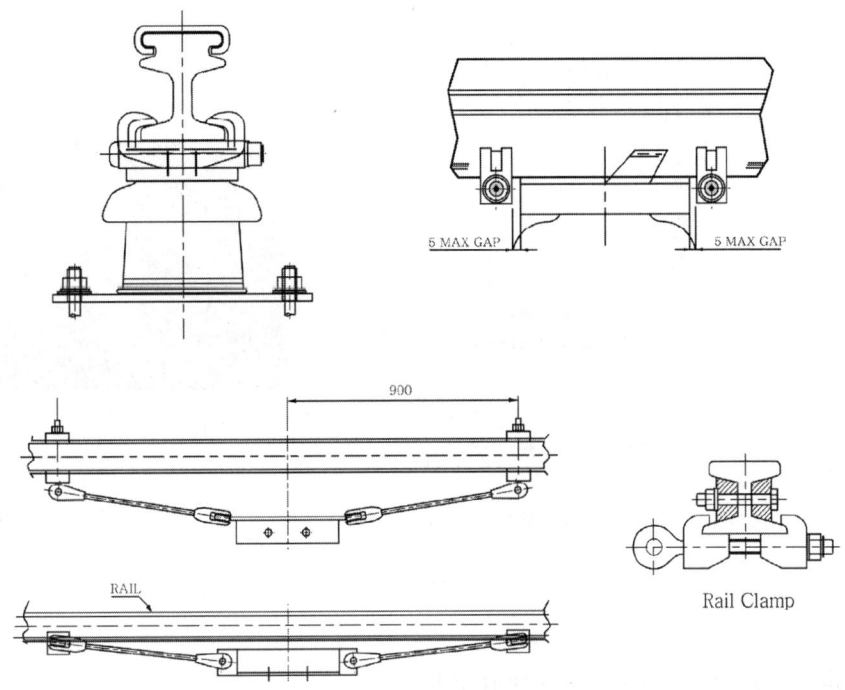

그림 8.7 중앙고정장치(Mid Point Anchor)

### (5) 절연지지대(Insulated Support)

절연지지대는 일정한 간격으로 급전레일을 지지하는 장치로써, 전기적 절연과 정적, 동적 및 진동하중에 견딜 수 있도록 충분한 강도를 가져야 한다. 절연지지대는 GRP 소재의 절연재를 사용하며, 지지대의 기계적, 전기적 결함은 차량의 운행을 방해할 수 있는 주요 원인이 될 수 있다. 절연지지대의 설치 간격은 직선구간에서는 5~6[m], 곡선구간(R=150이하)에서는 5[m] 이하로 한다.

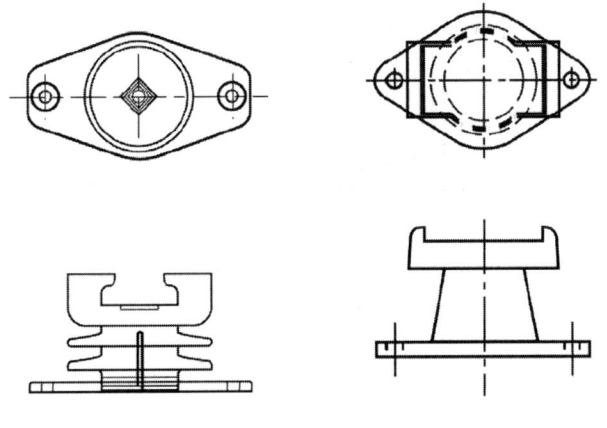

(a) 상부접촉방식

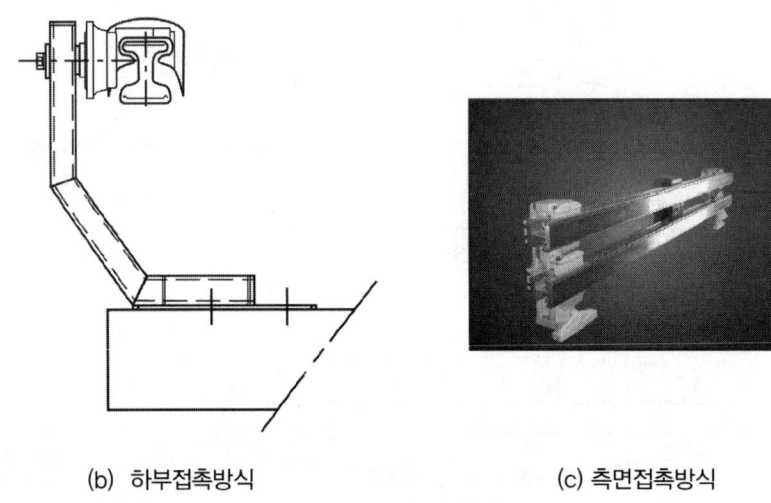

(b) 하부접촉방식  (c) 측면접촉방식

그림 8.8 절연지지대(Insulated Support)

## (6) 습동완화장치(Ramps End Approch)

습동완화장치는 급전레일이 끊기는 부분에서 차량의 집전자를 원활히 접촉하기 위해 급전레일의 끝부분을 경사지게 하는 장치로서 전기적 도전성이 우수해야 한다. 또한 가볍고 기계적 강도가 커야 하며 습동면은 마모가 적고 집전 효율이 좋아야 한다. 습동완화장치의 종류로는 고속과 저속용이 있으며 고속용은 본선 구간, 저속용은 본선 분기기 구간 및 차량기지 구간에 설치한다.

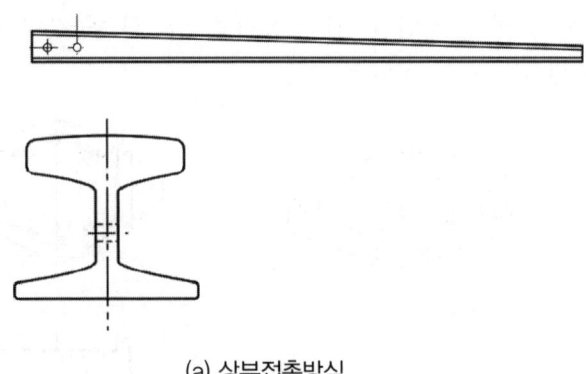

(a) 상부접촉방식

(b) 하부접촉방식            (c) 측면접촉방식

그림 8.9 습동완화장치(Ramps End Approch)

### (7) 보호덮개 및 지지대(Cover Board & Cover Board Support)

보호덮개 및 지지대는 급전레일에 의한 감전 및 접지사고를 방지하기 위해 설치하는 장치로서 지지대를 일정한 간격으로 설치하여 보호덮개를 지지하며 재질은 화재의 위험이 없고, 레일의 이상 전압, 온도 및 자외선에 견뎌야 하며 변형이 생기지 않는 재질을 사용한다.

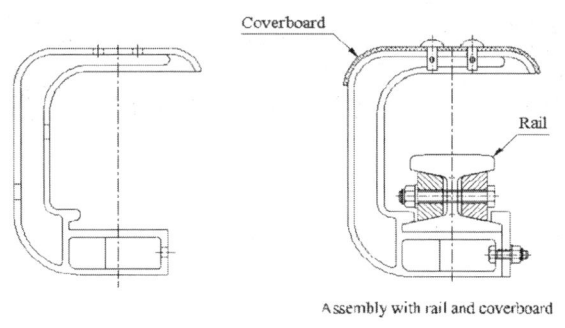 

(a) 상부접촉방식            (b) 하부접촉방식

그림 8.10 보호덮개 및 지지대(Cover Board & Cover Board Support)

### (8) 케이블 단자(Cable Terminal)

케이블 단자는 급전레일에 전원을 공급하기 위해 급전레일과 케이블을 연결할 수 있도록 하는 장치로서 설치 위치는 RAMP구간, 변전소 부근의 급전점 등 전선 관로 위치 및 구조물의 구조에 따라 결정된다.

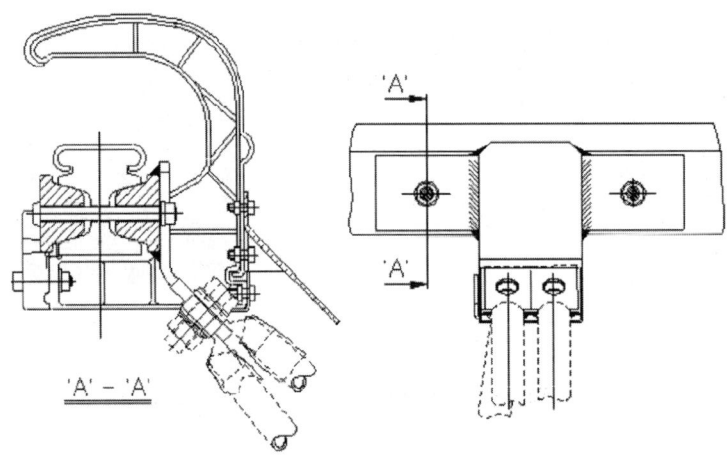

(a) 상부접촉방식

(b) 하부접촉방식

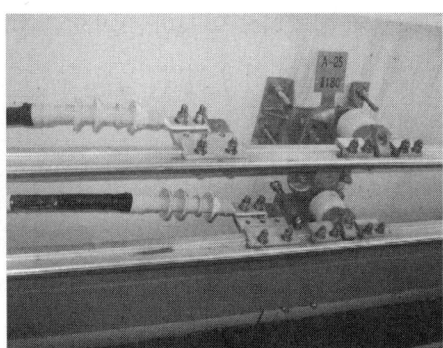

(c) 측면접촉방식

그림 8.11 케이블 단자(Cable Terminal)

## 4. 제3궤조방식의 계산

### 4.1 단락전류에 의해 파워 레일에 가해지는 힘 계산

단락전류에 의해 파워레일에 가해지는 힘을 계산하는 식

$$F = \frac{\mu_0 \cdot l \cdot i_a i_b}{2\pi d}$$

여기서, 도체의 평면에 작용하는 힘 : $i_a = i_b$

자유공간의 자속 투자율 : $\mu_0 = 4\pi \times 10^{-7} [N \cdot Amp^{-2}]$

주행 레일과 파워레일 도심 간의 거리 : $d = 700 [mm]$

최대 절연지지대 간격 : $l = 5.94 [m]$

단락전류 계산 적용치 : $i_a = 50,000 [A]$를 대입하여 풀면

$$F = 4.213 [kN]$$

주행 레일에 흐르는 귀로전류는 파워레일에 흐르는 전류와 반대 방향이므로 두 도체 간에 미는 힘이 작용한다. 레일과 지지물은 반응시간의 제한으로 이러한 힘을 전부 받지는 않는다.

### 4.2 단락전류에 의하여 브래킷에 걸리는 힘 계산

단락전류에 의하여 브래킷에 걸리는 힘을 계산하는 식

단락전류에 의한 힘 : $F = 4.213 [kN]$

단락 지속시간 : $\tau = 0.015 [s]$ (일반적인 값)

절연 지지물의 간격 : $l = 5.94 [m]$

레일 회전반경 : $\rho = 19.2 [mm]$

레일 탄성계수 : $E_{COMP} = 89.3 GPa$ (일반적인 값)

레일에 작용하는 단락전류에 의한 힘은 매우 짧은 동안의 사인파펄스 형태로 작용한다. 레일의 고유진동주파수에 의해 지지대는 전부하 힘을 받지 않을 수도 있다. 무한히 단단한 계는 힘이 가해지는 순간에 작용력을 받게 된다.

유연한계에 있어서는(낮은 고유진동주파수) 조립체는 외력이 제거되고 무가압상태가 된 후 변형이 시작된다. 고유진동주파수와 외부 작용력에 대한 응답을 예측하는 공식이 있으며 관심있는 시간대가 펄스의 작용 시간대와 같다는 가정 하에서의 변위는 아래와 같다.

$$\text{변위} : v = \frac{F_{sc}}{k} \frac{\sin(\frac{\pi \tau}{T})}{1 - \frac{\tau^2}{T^2}} \cdot \sin[\omega_n \cdot (t - \frac{\tau}{2})]$$

지지물에 가해지는 힘 : $F = kv$

연속적이고 일정한 강철 빔의 고유진동주파수

$$A = (f_n \cdot L^4) \cdot 10^4$$

여기서, $f_n$ : 고유진동주파수 (Hz)

$L$ : 지지물의 간격 (inches)

$P = \sqrt{\dfrac{I}{S}}$ : 회전반경 (inches)

일반적인 값 (Inches) $A = 31.73 [\text{m} \cdot \sec^{-1}]$

S.I. 단위로 환산하면 $A = 0.806 [\text{m} \cdot \sec^{-1}]$

$$f_n = \frac{A \cdot \rho}{l^2 \cdot 10^{-4}}$$

$$f_n = 4.386 [\text{Hz}]$$

이것이 무한히 단단한 지지물에 고정된 강철레일의 고유진동주파수이다. 실제적으로 지지물은 무한히 단단하지 않으므로 실제의 주파수는 계산치보다 낮을 것이다. 복합 레일의 고유진동수로 변환하기 위하여 다음의 관계식을 이용

$$\frac{f_{steel}}{\sqrt{E_{steel}}} = \frac{f_{composite}}{\sqrt{E_{composite}}}$$

$$E_{steel} = 210 \, \text{GPa}$$

$$f_{comp} = f_n \sqrt{\frac{E_{comp}}{E_{steel}}}$$

$$f_{comp} = 2.86 \, Hz$$

$$T = \frac{1}{f_{comp}} \quad \omega_n = 2\pi \cdot f_{comp}$$

변위와 지지물에 가해지는 힘의 식을 결합하여 풀면

$$v = F_{sc} \frac{\sin(\frac{\pi \tau}{T})}{1 - \frac{\tau^2}{T^2}} \cdot \sin[\omega_n \cdot (t - \frac{\tau}{2})]$$

최대 피크치의 힘은 다음 경우에 발생

$$\sin \omega_n \cdot (t - \frac{\tau}{2}) = 1$$

$$\omega_n \cdot (t - \frac{\tau}{2}) = \frac{\pi}{2}$$

$$t = \frac{1}{2}(\frac{\pi}{\omega_n} + \tau)$$

$$t = 0.095[\text{s}]$$

$$v = F_{sc} \frac{\sin(\frac{\pi\tau}{T})}{1 - \frac{\tau^2}{T^2}} \cdot \sin[\omega_n \cdot (t - \frac{\tau}{2})]$$

그러므로 단락전류에 의하여 브래킷이 받는 힘 $F = 0.567[\text{kN}]$

## 4.3 자중에 의한 레일 변형량 계산

레일 빔은 절연지지대에 의해 최대 $5.94[m]$마다 지지된다. 근접한 구간의 상호작용에 의하여 레일은 단순지지보로 해석할 수 없다. 레일은 양 끝단이 고정되고 경간에 따라 일정하게 분산된 힘을 받는 빔으로 해석된다. 길이 $l$을 가지는 빔에 대하여 정상 빔과 최대 공차조건의 빔에 대해 자중에 의해 아래의 피크치 변형이 발생한다.

$$y = \frac{w \cdot l^4}{384} \cdot E \cdot I$$

여기에서 각종 변수들을 살펴보면 아래와 같다.

알루미늄 단면적 : $A_a = 4{,}765[\text{mm}^2]$

알루미늄 밀도 : $\rho_a = 2{,}720[\text{kg} \cdot \text{m}^{-3}]$

스텐레스 스틸의 단면적 : $A_{st} = 684[\text{mm}^2]$

스텐레스 스틸의 밀도 : $\rho_{st} = 8{,}000[\text{kg} \cdot \text{m}^{-3}]$

경간길이 : $l = 5.94[\text{m}]$

고체탄성계수 : $E = 89250[\text{N} \cdot \text{mm}^{-2}]$

단면계수 : $I = 6.37 \times 10^6[\text{mm}^4]$

위의 변수들을 삽입하여 계산하여 레일 변형량을 계산해보면 다음과 같다.

레일 질량 : $M = A_a \cdot \rho_a + A_{st} \cdot \rho_{st}$

$$M = 18.433[\text{kg} \cdot \text{m}^{-1}]$$

레일 무게 : $w = M \cdot g$

레일 변형량 : $y = \frac{w \cdot l^4}{384} \cdot E \cdot I$

최대 변형량 : $y = 1.031[\text{mm}]$

이 값은 제조되는 레일의 직선도 값과 결합되어야 하고 설치공차인 ±5[mm]를 초과해서는 안 된다. 일반적인 설치공차는 수평 및 수직 모두 ±5[mm] 이다.

### 4.4 자중과 사람이 레일에 올라선 경우의 레일 변형량 계산

자중과 사람이 레일에 올라선 경우의 레일 변형량 계산의 목적은 레일의 자중과 1500[N]의 집중력(사람이 경간의 중앙에 올라선 경우를 고려)이 작용하는 경우의 변형량을 계산하여 레일에 걸리는 응력을 결정하여 영구변형을 일으키는 항복점이 발생하는가를 검증하는 데 있다.

빔은 5.94[m] 떨어진 절연지지물에 의해 지지된다. 인근 경간의 상호작용에 의하여 레일은 단순지지보로 해석할 수는 없다. 레일은 양 끝단이 고정되고 경간에 따라 일정하게 분산된 힘을 받는 빔으로 해석된다. 길이 $l$을 가지는 빔에 대하여 정상 빔에 대해 자중에 의한 분산력과 가산되는 집중력에 의해 피크치 변형이 발생한다.

$$y_{\max} = \frac{w \cdot l^4}{384 \cdot E \cdot I} + \frac{P \cdot l^3}{192 \cdot E \cdot I}$$

길이 $l$을 가지는 빔에 대하여 정상 빔에 대해 자중에 의한 분산력과 가산되는 집중력에 의해 아래의 최대굽힘응력이 발생한다.

$$BM_l = \frac{P \cdot l}{8} + \frac{w \cdot l^2}{12}$$

여기에서 자중에 의한 변형 계산 항목을 참조하고 집중력은(1명이 레일 위에 있을 경우) 중성축으로부터 레일의 최대거리는 $y_{ef} = 59.5[\text{mm}]$ 이다.

레일의 변위, 최대굽힘응력 및 최대응력을 계산해 보면 아래와 같다.

$$\text{레일의 변위} : y_{\max} = \frac{w \cdot l^4}{384 \cdot E \cdot I} + \frac{P \cdot l^3}{192 \cdot E \cdot I}$$

$$y_{\max} = 3.911[\text{mm}]$$

$$\text{최대굽힘응력} : BM_l = \frac{P \cdot l}{8} + \frac{w \cdot l^2}{12}$$

$$BM_l = 1.645[\text{kN} \cdot \text{m}]$$

$$\text{최대응력} : \sigma_l = \frac{BM_l \cdot y_{ef}}{I}$$

$$\sigma_l = 15.368[\text{MPa}]$$

계산된 최대응력 값과 0.2[%] 응력방지용 알루미늄 6063-T6의 항복응력 180[MPa](레이놀즈 알루미늄 자료 참조)을 비교해 볼 때 영구변형을 일으키는 항복응력은 발생하지 않는다.

## 제3궤조 방식 Chapt. 8 핵심예상문제 필기

**01** ★
제3궤조방식을 적용할 수 없는 시스템(system)은?

① 철제차륜 AGT System
② 모노레일 AGT System
③ 고무차륜 AGT System
④ LIM AGT System

**해설**
제3궤조방식은
1) 철제차륜 AGT System
2) 고무차륜 AGT System
3) LIM AGT System에 적용

**02** ★
제3궤조방식에서 승객 및 작업자의 안전을 확보하기 위하여 안전보호장치(보호덮개) 설치개소가 아닌 것은?

① 역사구내        ② 분기기구간
③ 횡단개소        ④ 건널목개소

**해설**
제3궤조방식의 안전보호장치(보호덮개) 설치개소
1) 역사 구내
2) 분기기 구간
3) 횡단개소 및 그 밖의 필요한 개소

**03** ★★★
제3궤조방식에 대한 설명으로 틀린 것은?

① 주행레일을 귀선로로 사용하는 경우 전식 방지대책이 필요하다.
② 차량과 Power Rail과의 규정된 이격거리를 유지하여야 한다.
③ 제3궤조 방식의 도체는 무겁고 기계적으로 강도가 높아야 한다.
④ 급전레일은 낮게 설치되므로 안전을 위해 필요한 곳에 보호덮개를 설치한다.

**해설**
제3궤조방식의 도체는 가볍고 기계적 강도가 높아야 한다.

**04** ★
제3궤조방식에 사용하는 도체가 갖추어야 할 조건과 거리가 먼 것은?

① 도전성이 우수하여야 한다.
② 가볍고 기계적 강도가 높아야 한다.
③ 열신축이 크고 변형이 없어야 한다.
④ 습동면은 마모가 적고 집전효율이 좋아야 한다.

**해설**
제3궤조방식에 사용하는 도체는
1) 도전성이 우수하고
2) 가볍고 기계적 강도가 높아야 하며
3) 습동면은 마모가 적고 집전효율이 좋아야 한다.
4) 열신축이 적고 변형이 없어야 하며 제작 및 설치가 용이하여야 한다.

**05** ★
제3궤조방식의 Power Rail과 부속설비가 운행중에 견디어야 하는 부하의 종류가 아닌 것은?

① 순환전류에 의한 섬락부하
② 차량의 동적부하
③ 단락으로 인한 열적부하
④ 열신축으로 인한 압축력, 장력 및 횡력으로 인한 부하

정답  01. ②  02. ④  03. ③  04. ③  05. ①

**해설**
제3궤조방식의 Power Rail과 부속설비가 운행중에 견디어야 하는 부하
1) 차량의 동적부하
2) 열신축으로 인한 압축력, 장력 및 횡력으로 인한 부하
3) 단락으로 인한 열적부하의 강도를 견뎌야 한다.

**06** ★★
제3궤조방식의 온도 범위로 맞는 것은?
① −10 ~ +25[℃]
② −20 ~ +35[℃]
③ −25 ~ +45[℃]
④ −30 ~ +55[℃]

**해설**
제3궤조방식의 온도 범위는 −25~+45[℃] 이다.

**07** ★★★★★
제3궤조방식의 최고풍속[m/s]은?
① 25  ② 30  ③ 40  ④ 45

**해설**
제3궤조방식의 최고풍속은 45[m/s] 이다.

**08** ★★
다음 중 제3궤조방식의 가선방식에 해당되지 않는 것은?
① 후면접촉방식   ② 측면접촉방식
③ 상부접촉방식   ④ 하면접촉방식

**해설**
제3궤조방식의 가선방식
1) 상부접촉방식
2) 하면접촉방식
3) 측면접촉방식

**09** ★
다음은 제3궤조방식의 가선방식에 대한 설명이다. 맞는 것은?

> 통전용량이 크며, 안정성이 낮고 설치 및 유지보수가 쉬우며 철제차륜에 유리하다.

① 가공접촉방식   ② 측면접촉방식
③ 상부접촉방식   ④ 하면접촉방식

**해설**
상부접촉방식은 통전용량이 크며, 안정성이 낮고 설치 및 유지보수가 쉬우며 철제차륜에 유리한 방식이다.

**10** ★
다음은 제3궤조방식의 가선방식에 대한 설명이다. 맞는 것은?

> 통전용량이 작고, 안정성이 높으며 철제차륜에 유리하다.

① 가공접촉방식   ② 측면접촉방식
③ 상부접촉방식   ④ 하면접촉방식

**해설**
통전용량이 작고, 안정성이 높으며 철제차륜에 유리한 방식은 하면접촉방식이다.

**11** ★
다음은 제3궤조방식의 가선방식에 대한 설명이다. 맞는 것은?

> 통전용량이 작고, 고무차륜에 유리하다.

① 가공접촉방식   ② 측면접촉방식
③ 상부접촉방식   ④ 하면접촉방식

**정답** 06. ③  07. ④  08. ①  09. ③  10. ④  11. ②

**해설**
통전용량이 작고, 고무차륜에 유리한 방식은 측면접촉방식이다.

## 12 ★★
다음 중 제3궤조방식의 구성품에 해당되지 않는 것은?

① 절연매립전  ② 급전레일
③ 신축이음장치  ④ 중앙고정장치

**해설**
제3궤조방식의 구성품
1) 급전레일
2) 급전레일접합장치
3) 신축이음장치
4) 중앙고정장치

## 13 ★
다음 중 제3궤조방식의 구성품에 해당되지 않는 것은?

① 절연지지대  ② 습동완화장치
③ 케이블 접속재  ④ 보호덮게

**해설**
제3궤조방식의 구성품으로 그 밖에 절연지지대, 습동완화장치, 보호덮게, 케이블 단자 등이 있다.

## 14 ★
제3궤조방식의 구성품 중에 급전레일의 신축작용이 아닌 비정상적인 좌·우 이동을 막는 역할을 하는 것은?

① 절연지지대  ② 습동완화장치
③ 신축이음장치  ④ 중앙고정장치

**해설**
급전레일의 신축작용이 아닌 비정상적인 좌·우 이동을 막는 역할을 하는 것은 중앙고정장치이다.

## 15 ★
제3궤조방식의 구성품 중에 집전레일이 끊기는 부분에서 차량의 집전자를 원활히 접촉하기 위해 집전레일의 끝부분을 경사지게 하는 것은?

① 절연지지대  ② 습동완화장치
③ 신축이음장치  ④ 중앙고정장치

**해설**
습동완화장치는 집전레일이 끊기는 부분에서 차량의 집전자를 원활히 접촉하기 위해 집전레일의 끝부분을 경사지게 하는 장치이다.

## 16 ★
제3궤조방식의 구성품 중 급전레일이 갖추어야 할 조건과 거리가 먼 것은?

① 전기적 도전성이 우수하여야 한다.
② 가볍고 기계적 강도가 커야 한다.
③ 열신축이 적고 변형이 없어야 한다.
④ 마모성이 커야 한다.

**해설**
급전레일이 갖추어야 할 조건
1) 전기적 도전성이 우수하여야 한다.
2) 가볍고 기계적 강도가 커야 한다.
3) 열신축이 적고 변형이 없어야 한다.
4) 급전레일 1본의 길이는 12~15[m]로 한다.

## 17 ★
제3궤조방식의 구성품 중 급전레일 1본의 길이 [m]로 적당한 것은?

① 5 ~ 10  ② 12 ~ 15
③ 16 ~ 20  ④ 20 ~ 25

**해설**
급전레일 1본의 길이는 12~15[m] 이다.

**정답** 12. ① 13. ③ 14. ④ 15. ② 16. ④ 17. ②

## 18 ★
제3궤조방식의 구성품 중 신축이음장치 설치 간격[m]으로 적당한 것은?

① 50 ~ 110　　② 90 ~ 150
③ 160 ~ 220　　④ 200 ~ 260

**해설**
신축이음장치는 급전레일 1본의 길이 결정 후 90~150[m] 간격으로 설치한다.

## 19 ★
제3궤조방식의 구성품 중 중앙고정장치는 어느 장치 상호간 중간에 설치하는가?

① 급전레일과 급전레일접합장치
② 신축이음장치와 중앙고정장치
③ 급전레일과 신축이음장치
④ 급전레일과 절연지지대

**해설**
중앙고정장치는 급전레일과 신축이음장치 상호간 중간 위치에 설치한다.

## 20 ★
제3궤조방식의 구성품 중 절연지지대의 절연재 소재로 적당한 것은?

① 자기　　② 고무
③ EPOXY　　④ FRP

**해설**
절연지지대의 절연재 소재로는 FRP를 사용한다.

## 21 ★
제3궤조방식의 직선구간에서 절연지지대의 설치 간격[m]으로 적당한 것은?

① 5 ~ 6　　② 8 ~ 9
③ 10 ~ 11　　④ 14 ~ 15

**해설**
직선구간에서 절연지지대의 설치 간격은 5~6[m]이다.

## 22 ★
제3궤조방식에서 선로의 곡선반경이 $R=150$[m] 이하인 구간에서 절연지지대의 설치 간격은 몇 [m] 이하로 하는가?

① 3　　② 5　　③ 7　　④ 10

**해설**
선로의 곡선반경이 $R=150$[m] 이하인 구간에서 절연지지대의 설치 간격은 5[m] 이하로 한다.

## 23
제3궤조방식의 구성품 중 보호덮개의 재질이 갖추어야 할 조건으로 부적당한 것은?

① 온도 및 자외선에 견디어야 한다.
② 화재의 위험이 없어야 한다.
③ 변형이 생기지 않아야 한다.
④ 내마모성과 내부식성이 좋아야 한다.

**해설**
보호덮개의 재질이 갖추어야 할 조건으로는 화재의 위험이 없고 레일의 이상 전압, 온도 및 자외선에 견디어야 하며 변형이 생기지 않는 재질을 사용한다.

**정답** 18. ② 19. ③ 20. ④ 21. ① 22. ② 23. ④

# Chapt. 8 제3궤조 방식 핵심예상문제 필답형 실기

**01** 제3궤조방식을 적용할 수 있는 시스템(system)은 무엇이 있는가?

풀이
1) 철제차륜 AGT System
2) 고무차륜 AGT System
3) LIM AGT System

**02** 제3궤조방식에서 승객 및 작업자의 안전을 확보하기 위하여 안전보호장치(보호덮게) 설치개소에 대하여 쓰시오.

풀이

제3궤조방식에서 승객 및 작업자의 안전을 확보하기 위하여
1) 역사 구내
2) 분기기 구간
3) 횡단개소 및 그 밖의 필요한 개소에는 안전보호장치(보호덮게)를 설치한다.

**03** 제3궤조방식에 사용하는 도체가 갖추어야 할 조건에 대하여 간단하게 설명하시오.

풀이

제3궤조방식에 사용하는 도체가 갖추어야 할 조건
1) 도전성이 우수하고
2) 가볍고 기계적 강도가 높아야 하며
3) 습동면은 마모가 적고 집전효율이 좋아야 한다.
4) 열신축이 적고 변형이 없어야 하며 제작 및 설치가 용이하여야 한다.

**04** 제3궤조방식의 Power Rail과 부속설비가 운행중에 견디어야 하는 부하의 종류는?

풀이

제3궤조방식의 Power Rail과 부속설비가 운행중에 견디어야 할 부하는
1) 차량의 동적부하
2) 열신축으로 인한 압축력, 장력 및 횡력으로 인한 부하
3) 단락으로 인한 열적 부하

05 **제3궤조방식의 온도 범위를 쓰시오.**

풀이
제3궤조방식의 온도 범위는 −25~+45[℃]이다.

06 **다음은 제3궤조방식의 최고풍속에 대한 설명이다. 괄호 안에 알맞은 수치를 쓰시오.**

> 제3궤조방식의 최고풍속은 (　　) [m/s]이다.

풀이
제3궤조방식의 최고풍속은 45[m/s] 이다.

07 **제3궤조방식의 가선방식은 어떠한 것이 있는지 쓰시오.**

풀이
제3궤조방식의 가선방식의 종류
1) 상부접촉방식
2) 하면접촉방식
3) 측면접촉방식

08 **제3궤조방식의 가선방식 중 상부접촉방식에 대하여 간단히 쓰시오.**

풀이
상부접촉방식은 통전용량이 크며, 안정성이 낮고 설치 및 유지보수가 쉬우며 철제차륜에 유리한 방식이다.

09 **제3궤조방식의 가선방식 중 하면접촉방식에 대하여 설명하시오.**

풀이
하면접촉방식은 통전용량이 작고, 안정성이 높으며 철제차륜에 유리한 방식이다.

10 **제3궤조방식의 가선방식 중 측면접촉방식에 대하여 설명하시오.**

> **풀이**
> 측면접촉방식은 통전용량이 작고, 고무차륜에 유리한 방식이다.

**11** 제3궤조방식의 구성품에 대하여 그 종류를 쓰시오.

> **풀이**
> 제3궤조방식의 구성품
> 1) 급전레일
> 2) 급전레일접합장치
> 3) 신축이음장치
> 4) 중앙고정장치
> 5) 그 밖에 절연지지대, 습동완화장치, 보호덮개, 케이블 단자 등이 있다.

**12** 제3궤조방식의 구성품 중 중앙고정장치의 역할에 대하여 설명하시오.

> **풀이**
> 중앙고정장치는 급전레일의 신축작용이 아닌 비정상적인 좌·우 이동을 막는 역할을 한다.

**13** 제3궤조방식의 구성품 중 습동완화장치에 대하여 아는 바를 쓰시오.

> **풀이**
> 습동완화장치는 집전레일이 끊기는 부분에서 차량의 집전자를 원활히 접촉하기 위해 집전레일의 끝부분을 경사지게 하는 장치이다.

**14** 제3궤조방식의 구성품 중 급전레일이 갖추어야 할 조건에 대하여 설명하시오.

> **풀이**
> 급전레일이 갖추어야 할 조건
> 1) 전기적 도전성이 우수하고
> 2) 가볍고 기계적 강도가 커야 하며
> 3) 습동면은 마모가 작고 집전효율이 좋아야 하며
> 4) 열신축이 적고 변형이 없어야 한다.

**15** 제3궤조방식의 구성품 중 급전레일 1본의 길이[m]는?

> 풀이
> 급전레일 1본의 길이는 12~15[m]이다.

**16** 다음은 제3궤조방식의 구성품 중 신축이음장치에 대한 설명이다. 괄호 안에 알맞은 내용을 쓰시오.

> 제3궤조방식의 구성품 중 신축이음장치는 급전레일 1본의 길이 결정 후 (   ~   )[m] 간격으로 설치한다.

> 풀이
> 신축이음장치는 급전레일 1본의 길이 결정 후 90~150[m] 간격으로 설치한다.

**17** 다음은 제3궤조방식의 구성품 중 중앙고정장치에 대한 설명이다. 괄호 안에 알맞은 내용을 쓰시오.

> 제3궤조방식의 구성품 중 중앙고정장치는 급전레일과 (          ) 상호간 중간에 설치한다.

> 풀이
> 중앙고정장치는 급전레일과 신축이음장치 상호간 중간 위치에 설치한다.

**18** 제3궤조방식의 구성품 중 절연지지대의 절연재 소재는?

> 풀이
> 절연지지대의 절연재 소재로는 FRP를 사용한다.

**19** 제3궤조방식의 직선구간에서 절연지지대의 설치 간격[m]은?

> 풀이
> 직선구간에서 절연지지대의 설치 간격은 5~6[m]이다.

**20** 다음은 제3궤조방식의 절연지지대 설치 간격에 대한 설명이다. 괄호 안에 알맞은 수치를 쓰시오.

> 제3궤조방식에서 선로의 곡선반경이 $R=150$[m] 이하인 구간에 절연지지대 설치 간격은 (    )[m] 이하로 한다.

**[풀이]**

선로의 곡선반경이 $R=150$[m] 이하인 구간에서 절연지지대의 설치 간격은 5[m] 이하로 한다.

**21** 제3궤조방식의 구성품 중 보호덮개의 재질이 갖추어야 할 조건에 대하여 쓰시오.

**[풀이]**

보호덮개의 재질이 갖추어야 할 조건은
1) 화재의 위험이 없고
2) 레일의 이상전압, 온도 및 자외선에 견디어야 하며
3) 변형이 생기지 않는 재질을 사용한다.

# 부록 1. 전철설비 표준도 기호(Symbol)

## 1. 일반기호

| 번호 | 명 칭 | 도면기호 | 참고내용 |
|---|---|---|---|
| 1-1 | 직 류 | | |
| 1-2 | 교 류 | | |
| 1-3 | 도선의 분기 | | |
| 1-4 | 도선의 교차 | | 접속하는 경우 |
| 1-5 | 도선의 교차 | | 접속하지 않는 경우 |
| 1-6 | 접 지 | | |
| 1-7 | 저항 또는 저항기 | (a) (b) | 1. 필요한 경우 산의 수를 바꿀 수 있다.<br>2. (b)는 무유도를 나타낼 때 사용한다. |
| 1-8 | 정전 용량 또는 콘덴서 | | |
| 1-9 | 전지 또는 직류 전원 | | 1. 다수 연결의 경우는 ┤■ ┤□─로 표시해도 좋다.<br>2. 극성은 장선을 양극, 단선을 음극으로 한다. |
| 1-10 | 교류 전원 | | |
| 1-11 | 피뢰기 | | 접지할 경우 |
| 1-12 | 방전갭(gap) | | |
| 1-13 | 개폐기(단로기) | | 1. lever 단로기 : L, HOOK 단로기 : H 표기 |
| 1-14 | 변압기 | | 몰드형 : M표기 |

## 2. 전선로 지지물 및 부속설비

| 번 호 | 명 칭 | 도면 기호 | 참 고 내 용 |
|---|---|---|---|
| 2-1 | 지지물(일반) | ○ | 목주의 경우 또는 구별할 필요가 없을 때 |
| 2-2 | 철탑(일반) | ⊠ | 필요시 형, 높이 표기 |
| 2-3 | 강관주 | ⊙ | 필요시 형, 높이 표기 ⊙ |
| 2-4 | 콘크리트주 | ◑ | 길이(m)-지름(cm)-형별기호,굽힘모멘트표기<br>(예) 〈2-10 심볼이동〉<br>10-35-N5,000 |
| 2-5 | 철 주 (4각) | □ | 1. 주주재 종별 및 높이 표시(예)<br>  300 × 400 × 9 (끝 숫자는 주장[m])<br>  450 × 450 × 9 (끝 숫자는 주장[m]) |
| 2-6 | 철 주 (삼각) | △ | |
| 2-7 | 철 주 (인류) | ⊏⊐ | |
| 2-8 | 철 주 (I형) | I | |
| 2-9 | 철 주 (H형) | H | H형강 복합주의 경우 : ⊢⊣ (2본 복주) |
| 2-10 | 철 주 (스팬선) | ■ | 1. 스팬선빔용 4각철주<br>2. 종별 표시(예)<br>  1000×1250-H-400×400 (H는 주장[m]) |
| 2-11 | A 주 | ○○ | 필요시 주종류 및 기초 종별, 주장 표시<br>(이하 같음) |
| 2-12 | 인형주 | ○○○ | 〃 |
| 2-13 | H 주 | ○-○ | 〃 |
| 2-14 | 계 주 | ⊙○ | 〃 |
| 2-15 | 찬넬 기초주 | ⊥○⊥ | 〃 |
| 2-16 | 지 주 | ◌-● | 필요시 주종 및 기초 종별, 주장 표시 |

| 번호 | 명칭 | 도면기호 | 참고내용 |
|---|---|---|---|
| 2-17 | 전주방호 | | 필요시 재질, 규격 표시 |
| 2-18 | 보통지선 | | 1. 일반적인 표시의 경우에도 적용<br>2. 필요시 선종, 기초 종별 표시(이하 같음) |
| 2-19 | 다단지선<br>(이난시선) | (a)<br>(b) | 1. 2단을 표시, 3단의 경우 : ⟶<br>2. (b)는 전차선로에 사용한다. |
| 2-20 | 지 선<br>(V) | | 전차선로에 사용한다. |
| 2-21 | 수평지선 | | 필요시 수평의 길이, 선종 및 지주의 주종, 주장 표시 |
| 2-22 | 지 선<br>(궁형) | | 필요시 선종·길이 표시 |
| 2-23 | 지 선<br>(로드식) | | 필요시 선종·길이 표시 |
| 2-24 | 지선방호 | | 필요시 재질·규격 표시 |
| 2-25 | 빔<br>(크로스 단빔) | | 1. 특히 강관의 경우 P, H형강은 H, 찬넬은 C를 표기<br>2. 필요시 주재 종별, 길이 표시(이하 같음) |
| 2-26 | 크로스 빔<br>(복재) | | |
| 2-27 | 빔<br>(스팬선) | | 1. 고속용 : HP(헤드스팬선빔) 표기<br>2. 빔하스팬선이 2선인 경우 D-2W 표기 |
| 2-28 | 빔<br>(V 스팬선) | | 상동 |
| 2-29 | 강관빔 | | |
| 2-30 | 강관빔<br>(복재) | | |
| 2-31 | 빔<br>(평면 트러스) | | 1. 특히 라멘을 명시할 경우 R을 표기(이하 같음)<br>2. 필요시 주주재 종별, 길이 표시 |
| 2-32 | 빔<br>(V 트러스) | | 1. 2. 상동 |
| 2-33 | 빔<br>(4각형) | | 1. 특히 라멘을 명시할 경우는 R을 표기<br>2. 주주재의 종별, 길이 표시 (예 : 26.5) |
| 2-34 | 스팬선<br>(고정빔 하) | | 필요시 선종·길이 표시(빔하스팬선) |

# 부록 1. 전철설비 표준도 기호

| 번 호 | 명 칭 | 도면기호 | 참고내용 |
|---|---|---|---|
| 2-35 | 빔(V 트러스 외팔빔) | | 주주재의 종별·길이 표시 |
| 2-36 | 빔(가압) | | 필요시 주주재의 종별·길이 표시 |
| 2-37 | 고정브래킷 | | 일반 고정형 |
| 2-38 | 가동브래킷 | | 1. 표준형(3.0 [m]) 및 3.5 [m] 이상 : IOF<br>2. L =2.1[m]형 : IOF<br>3. 표준길이(3, 2, 1[m]) 이외의 것은 길이 표시 (예 : 3.5)<br>4. R-Bar 브래킷 : |
| 2-39 | 저가고 가동브래킷 | | 1. 표준형(3.0 [m], 710 [m])<br>2. L =2.1[m]형 : IOF<br>3. 표준 길이(3, 2, 1[m]) 이외의 것은 길이 표시 (예 : 3.5) |
| 2-40 | 끝굽힘 브래킷 | | 끝굽힘 평면 트러스빔의 경우 : |
| 2-41 | 절연 가동 브래킷 | | 브래킷 길이 표시 (예 : 4.0) |
| 2-42 | 가동브래킷 (고정빔하) | | 하수강에 취부하는 가동브래킷 |
| 2-43 | 완철(일반) | | 필요에 따라 몇선용인지 표기 |
| 2-44 | 완철(인류용) | | 필요에 따라 몇선용인지 표기 |
| 2-45 | 전주대용물 | | 문형 완철 : 2선용, 4선용 |
| 2-46 | 하수강 | | 표준길이 이외의 것은 길이 표시 (예 : 4.0) |
| 2-47 | 하수 브래킷 | | 헤드스팬선 아래에 취부하는 브래킷 |

## 3. 전차선

| 번호 | 명 칭 | 도면기호 | 참고내용 |
|---|---|---|---|
| 3-1 | 비가선 구간 | — — — — — | |
| 3-2 | 합성 전차선 (전차선) | ——————— | 1. 필요한 경우 섹숀 중앙 또는 시·종점에 선종 표시 (예)<br>Bz65 [mm$^2$] − Cu 170 [mm$^2$]<br>Bz65 [mm$^2$] − Cu 110 [mm$^2$]<br>2. 지하 강체방식의 경우 시·종점 또는 필요 개소에 R-Bar, T-Bar표시 |
| 3-3 | 가선 방식별 | (예) HS | S : 심플커티너리<br>HS : 헤비심플커티너리<br>Y : 변Y형심플커티너리<br>T : Twin 심플커티너리식<br>RB : R-Bar<br>TB : T-Bar |
| 3-4 | 구분장치 (에어섹션) | | |
| 3-5 | 구분장치 (비상용섹션) | | |
| 3-6 | 구분장치 (에어조인트) | | |
| 3-7 | 구분장치 (동상섹션) | (예) F | 1. S형, 현수애자제(수도권)<br>2. A형, B형, C형, D형 : 장간애자제(산업선)<br>3. F형 : F·R·P제(2 [m]) (수도권) |
| 3-8 | 절연구분장치 (교-교용) | | |
| 3-9 | 절연구분장치 (교-직용) | | |
| 3-10 | 자동장력 조정장치 (MT) | | 1. M·T 일괄 조정(활차식)<br>2. 수치는 장력(ton)을 표시<br>   다만, 2 [ton]의 경우 생략할 수 있다. |
| 3-11 | 자동장력 조정장치 (M 또는 T) | | 1. 전차선 또는 조가선만의 경우(활차식)<br>2. T·M 표기 |
| 3-12 | 자동장력 조정장치 | | spring식 |

# 부록 1. 전철설비 표준도 기호

| 번호 | 명칭 | 도면기호 | 참고내용 |
|---|---|---|---|
| 3-13 | 인류장치 (MT) | | 1. M·T 동시<br>2. 턴버클 사용시 $T_2$, $T_4$ 등 표시 |
| 3-14 | 인류장치 (M 또는 T) | | 1. 전차선 또는 조가선만<br>2. T·M 표기 |
| 3-15 | 흐름방지장치 | | |
| 3-16 | 교차개소 (유효부분) | | |
| 3-17 | 교차개소 (무효부분) | | |
| 3-18 | 교차개소 | | 시서스 포인트(Scissors Point) |
| 3-19 | 균압장치 | | |
| 3-20 | 보조조가장치 | | 빔하스팬선 가선방식에서 조가선에 보조조가선을 설치하는 개소 |
| 3-21 | 애 자 삽 입 | | 빔하스팬선에 삽입하는 경우 등 |
| 3-22 | 전 차 선 접 속 (무효 부분) | | 1. 장력장치, 인류장치 등의 무효 부분<br>2. 무효 부분에 조가선 사용시 선종 표시 |
| 3-23 | 전 차 선 접 속 (유효 부분) | | 필요시 접속 자재 표기 |
| 3-24 | 조 가 선 접 속 | | |
| 3-25 | 곡선당김장치 | | T : 전차선만 당김<br>M : 조가선만 당김 |
| 3-26 | 건넘선장치 | | 1. A형 또는 B형 기입<br>2. 필요한 경우 분기기 번호 기입 |

## 4. 급전선 기타

| 번호 | 명칭 | 도면기호 | 참고내용 |
|---|---|---|---|
| 4-1 | 급전선 | ——— —— —— | 1. 조수를 기입할 경우는(… 〃 …) 등으로 표시<br>2. 필요에 따라 선종별을 기입 |
| 4-2 | 부급전선<br>(보호선) | —— - - —— | 1. 필요에 따라 선종을 표시 |
| 4-3 | 비절연보호선<br>(차폐선) | — — — — — | 1. FPW(fault protection wire)<br>2. 필요에 따라 선종 표시 |
| 4-4 | 가공공동지선 | —— — — —— | 필요에 따라 선종 표시 |
| 4-5 | 매설지선 | —— - - —— | |
| 4-6 | 흡상선 | NF / R | |
| 4-7 | 보호선용접속선 | FPW / R | AT 개소에서는 중성선 |
| 4-8 | 급전분기장치 | | |
| 4-9 | 보안기 | NF / PW / R | |
| 4-10 | 흡상변압기 | B | BT(Booster Transformer) |
| 4-11 | 단권변압기 | AT | AT(Auto-Transformer) |
| 4-12 | 타이템퍼<br>보호금구 | | |

## 5. 변전소·급전구분소 등

| 번 호 | 명 칭 | 도면기호 | 참고내용 |
|---|---|---|---|
| 5-1 | 변전소 | SS | |
| 5-2 | 전철용 교류변전소 | ⊗ | |
| 5-3 | 전철용 직류변전소 (일반) | ○ | |
| 5-4 | 급전구분소 | △SP | 필요시 △내에 SP 표시 △SP |
| 5-5 | 보조급전구분소 | △S △SSP | 1. 급전 Tie-post인 경우 표시<br>2. 필요시 △내에 SSP 표시 △SSP<br>3. ATP의 경우 ATP 표기 |
| 5-6 | 병렬급전구분소 | △P △P | 고속철도 급전계통에 사용 |
| 5-7 | 급전 사령실 | ⬭ | 1. 전철 급전사령실<br>2. 배전사령실의 경우 PCR로 표기 |

## 6. 경계 및 표지류

| 번 호 | 명 칭 | 도면기호 | 참고내용 |
|---|---|---|---|
| 6-1 | 지역본부 경계 | ≫——≪ | 필요에 따라 사용 |
| 6-2 | 신 호 기(일반) | ⊗― | |
| 6-3 | 완목식 신호기 | ▭― | 필요한 경우 전구의 와트수 표기 |
| 6-4 | 가선종단표지 | | |
| 6-5 | 가선절연구간표지 (교류용) | | |
| 6-6 | 가선절연구간표지 (교직용) | | |
| 6-8 | 절연구간예고표지 | | |

| 번호 | 명칭 | 도면기호 | 참고내용 |
|---|---|---|---|
| 6-9 | 구분표 | | |
| 6-10 | 역행표<br>(동력운전) | ㉮ | 전기기관차용 |
| | | ㊧ | 전기동차용 |
| | | ◈ | 고속철도용 |
| 6-11 | 타행표<br>(무동력운전) | | |
| 6-12 | 전용전화 box | TB | |

## 7. 토목구조물 등 기타

| 번호 | 명칭 | 도면기호 | 참고내용 |
|---|---|---|---|
| 7-1 | 교량 | | |
| 7-2 | 건널목 | | |
| 7-3 | 터널 | | |
| 7-4 | 승강장 및 화물하역장 | | |
| 7-5 | 개폐기 조작대 | | |
| 7-6 | 건널목주의표<br>(스팬선식) | | |
| 7-7 | 건널목주의표<br>(입찰식) | | |
| 7-8 | 보호장치<br>(보호망) | | |
| 7-9 | 과선교<br>(구름다리) | | |
| 7-10 | 가공전선로<br>(고배용) | | |

| 번 호 | 명 칭 | 도면기호 | 참고내용 |
|---|---|---|---|
| 7-11 | 지중케이블 | ⫻⋀⋀⋀⫻ ⫻⋀⋀⋀⫻ ⫻⋀⋀⋀⫻ | |
| 7-12 | 가공케이블 | —⋀⋀⋀— ⋀⋀⋀— ⋀⋀⋀— | |
| 7-13 | 단로기 | | |
| 7-14 | 교류차단기 | | |
| 7-15 | 맨홀 | M | |
| 7-16 | 핸드홀 | H | |
| 7-17 | 접지단자함 | E | |
| 7-18 | 케이블 입상 | | |

## 著者略歷

### 김양수(金陽洙)
- 고려대학교 대학원 졸업(공학박사)
- 前 한국교통대학교 교통대학원장/교수
- 前 한국전기철도기술사회 회장
- 前 한국전기철도기술협회 회장
- 現 동산엔지니어링(주) 연구소장

### 심규식(沈奎植)
- 연세대학교 대학원 졸업(공학석사)
- 前 우송대학교 초빙교수
- 現 한국전기철도기술협회 감사
- 現 (합) 부원전기 기술고문

---

핵심예상문제풀이
**전기철도공학** 필기 및 필답형, 실기

발  행 / 2023년 8월 14일

저  자 / 김양수, 심규식
펴낸이 / 정창희
펴낸곳 / 동일출판사
주  소 / 서울시 강서구 곰달래로31길7 (2층)
전  화 / (02) 2608-8250
팩  스 / (02) 2608-8265
등록번호 / 109-90-92166

이 책의 어느 부분도 동일출판사 발행인의 승인문서 없이 사진 복사 및 정보 재생 시스템을 비롯한 다른 수단을 통해 복사 및 재생하여 이용할 수 없습니다.

ISBN 978-89-381-1572-0 13560
값 / 28,000원